CAX工程应用丛书

MATLAB
R2020a从入门到精通

温欣研　编著

清华大学出版社
北京

内 容 简 介

本书基于 MATLAB R2020a 版本编写，书中讲述的内容是使用 MATLAB 进行科学研究、系统仿真、数据分析与处理的必备知识。全书分为 5 篇，共 20 章：基础知识部分包括 MATLAB 概述、MATLAB 基础、数据输入输出基础、编程基础和可视化基础；数学基础部分包括数组与矩阵操作、数学函数运算和符号数学计算；数据分析部分包括多项式分析、数值运算、优化和概率统计；拓展知识部分包括句柄图形、GUI 编程、Simulink 基础、编译器和应用程序接口；MATLAB 应用部分包括信号处理应用、图像处理应用、小波分析应用和偏微分方程应用等内容。通过全面学习本书，读者可以获得使用MATLAB 进行数学计算、数据分析及处理的相关技能，并能快速掌握使用 MATLAB 进行工作的基本方法。

本书结构严谨、重点突出、条理清晰，既可以作为大中专院校相关专业以及社会有关培训机构的教材，也适合广大MATLAB 读者自学使用。

图书在版编目（CIP）数据

MATLAB R2020a 从入门到精通/温欣研编著. —北京：清华大学出版社，2021.7
（CAX 工程应用丛书）
ISBN 978-7-302-58492-6

Ⅰ. ①M… Ⅱ. ①温… Ⅲ. ①Matlab 软件 Ⅳ.①TP317

中国版本图书馆 CIP 数据核字（2021）第 121299 号

责任编辑：王金柱
封面设计：王　翔
责任校对：闫秀华
责任印制：杨　艳

出版发行：清华大学出版社
　　　网　　址：http://www.tup.com.cn，http://www.wqbook.com
　　　地　　址：北京清华大学学研大厦 A 座　　　　　邮　　编：100084
　　　社 总 机：010-62770175　　　　　　　　　　邮　　购：010-62786544
　　　投稿与读者服务：010-62776969，c-service@tup.tsinghua.edu.cn
　　　质量反馈：010-62772015，zhiliang@tup.tsinghua.edu.cn
印 装 者：三河市国英印务有限公司
经　　销：全国新华书店
开　　本：203mm×260mm　　　印　　张：34.5　　　字　　数：938 千字
版　　次：2021 年 8 月第 1 版　　　　　　　　印　　次：2021 年 8 月第 1 次印刷
定　　价：129.00 元

产品编号：093205-01

前　言

MATLAB R2020a 为数据分析与处理提供了强大的工具，MATLAB 已经在很多领域取得了成功应用。

MATLAB 具有的科学计算、仿真和基于模型的设计功能使其在嵌入式系统、控制系统、数字信号处理、通信系统、图像和视频处理、机电系统设计、测试与测量、计算生物学和计算金融学等领域取得了巨大的成功，并在航空和国防、汽车、生物技术和医药、通信、电子和半导体、能源生产、金融服务、工业自动化和机械等行业中得到广泛应用。

由于在各个行业中，MATLAB 体现的技术优势越来越明显，而且在中国已有大量的工程师将 MALTAB 作为设计分析软件，因此学习 MATLAB 显得十分必要。

1. 本书特色

本书由从事多年 MATLAB 工作和实践的一线从业人员编写，不只注重应用技巧的介绍，还重点讲解 MATLAB 和工程实际的关系。本书主要有以下几个特色。

- 本书通过简明易懂的示例展示了MATLAB强大的数学功能和无与伦比的解释语言编程能力，全书基础和实例详解并重，重点讲解对使用MATLAB至关重要的编程及数学运算功能。
- 本书内容编排上注意难易结合，详细介绍MATLAB各功能的使用方法和技巧，不仅能使读者快速入门，还能使读者全面了解MATLAB软件，提高工作效率。通过对各章算例的学习，读者可以从各个方面了解MATLAB进行数学处理的方法论，有助于读者理顺思路，在解决实际问题时正确地建立模型。
- 本书详细介绍MATLAB的操作方法，读者可以很轻松地按照书中的指引逐步完成，同时在编写过程中用醒目的提示指出了读者容易遇到的困扰和错误操作。
- 本书通过线下线上结合的方式，既提供纸质版本的图书资料，也提供邮箱、公众号沟通渠道，使读者可以方便快捷地获得MATLAB使用指导，提高在使用过程中解决问题的效率。

2. 主要内容

本书包括基础知识、数学基础、数据分析、拓展知识、MATLAB 应用 5 篇内容，共 20 章。章节内容安排如下：

第一篇　基础知识，主要介绍 MATLAB 使用和编程方面的基础知识，旨在为读者学习 MATLAB 提供入门引导，尽快熟悉 MATLAB 软件及编程使用规则。

第 1 章　MATLAB 概述　　　　　第 2 章　MATLAB 基础
第 3 章　数据输入输出基础　　　　第 4 章　编程基础
第 5 章　可视化基础

第二篇　数学基础，介绍基本数学计算在 MATLAB 中的实现，旨在建立 MATLAB 进行数学计算的基本概念，使读者能够进行基本的工程、科研数学计算。

第 6 章　数组与矩阵操作　　　　第 7 章　数学函数运算

第 8 章　符号计算

第三篇　数据分析，介绍使用 MATLAB 进行数据分析相关操作的实现方法，旨在为读者介绍使用 MATLAB 进行简单的数据分析操作入门知识，使读者能够将数学工具应用到常见的场景中。

第 9 章　多项式分析　　　　　　第 10 章　数值运算

第 11 章　优　化　　　　　　　　第 12 章　概率统计

第四篇　拓展知识，介绍使用 MATLAB 进行复杂的数据分析处理与编程所需的拓展知识，旨在为读者介绍使用 MATLAB 进行复杂编程的基础知识，将 MATLAB 的优势充分发挥。

第 13 章　句柄图形　　　　　　　第 14 章　GUI 编程

第 15 章　Simulink 基础　　　　　第 16 章　MATLAB 编译器与接口

第五篇　MATLAB 应用，主要介绍使用 MATLAB 实现特定领域应用的操作方法，旨在为读者演示如何通过使用 MATLAB 进行各专业计算，将 MATLAB 引入专业计算中进行示范。

第 17 章　信号处理应用　　　　　第 18 章　图像处理应用

第 19 章　小波分析应用　　　　　第 20 章　偏微分方程应用

3. 入门视频教学与源代码下载

本书提供了入门视频教学与源代码，读者可以扫描下述二维码下载，如果下载有问题，请发送电子邮件到 booksaga@126.com，邮件主题为"MATLAB R2018a 从入门到精通"。

4. 读者对象

本书适合 MATLAB 的初中级读者和从事相关科研工作的技术人员阅读，具体说明如下：

- 相关从业人员
- 初学 MATLAB 的技术人员
- 大中专院校的教师和在校生
- 相关培训机构的教师和学员
- 广大科研工作人员
- MATLAB 爱好者

MATLAB 本身是一个庞大的资源库与知识库，虽然本书卷帙浩繁，但是仍难窥其全貌，加之编者水平有限，书中疏漏之处在所难免，敬请广大读者批评指正，也欢迎广大同行来电、来信，共同交流探讨。

为了方便解决本书疑难问题，读者朋友在学习过程中遇到与本书有关的技术问题，可以发邮件到邮箱 comshu@126.com，编者会尽快给予解答，我们将竭诚为您服务。读者也可以访问"算法仿真在线"公众号在相关栏目下留言获取帮助。

编　者

2021 年 2 月

目　　录

第一篇　基 础 知 识

第二篇　数 学 基 础

第三篇　数 据 分 析

第四篇　拓展知识

第五篇 MATLAB 应用

第一篇

基础知识

该篇主要介绍 MATLAB 使用和编程方面的基础知识，旨在为读者学习 MATLAB 提供入门引导。该篇各章的主要内容如下。

第 1 章　MATLAB 概述，主要介绍工作环境、文件管理和帮助系统等。通过该章的学习，用户可以了解 MATLAB 程序有关的工作环境，并能初步了解使用帮助系统的方法。

第 2 章　MATLAB 基础，主要介绍 MATLAB 数据类型、运算符与运算、字符串处理和矩阵基础等。通过该章的学习，用户可以了解 MATLAB 提供的丰富的数据类型，使用合适的运算符进行不同类型的运算，处理简单字符串问题和 MATLAB 的矩阵数据结构。

第 3 章　数据输入输出基础，主要介绍打开与关闭文件操作和数据导入方法。通过该章的学习，用户可以了解打开和关闭文件、读写不同类型文件的方法以及工作区数据的导入操作。

第 4 章　编程基础，主要介绍编程相关基本概念，包括变量与语句、程序控制、M 文件与脚本、函数与程序调试等。通过该章的学习，用户可以了解 MATLAB 变量、关键字、控制结构实现、M 文件脚本、函数和进行程序调试等有关内容。

第 5 章　可视化基础，主要介绍绘图的基本过程和特殊图形的绘制方法。通过该章的学习，用户可以了解使用 MATLAB 进行二维绘图、三维绘图、四维绘图的基本方法，还可以了解各种特殊图形（如饼图、直方图等）的绘制方法，以及对绘制的图形进行简单处理的操作过程。

第 1 章 MATLAB 概述

MATLAB R2020a 是 MathWorks 公司发布的最新版的科学计算软件，集算法开发、数据可视化、数据分析以及数值计算和交互式环境于一体，性能卓越，在业界受到广泛的推崇。本章介绍 MATLAB 的工作环境、文件管理和帮助系统等有关内容，希望通过这些内容向读者初步展示 MATLAB。

知识要点

- MATLAB 工作环境
- MATLAB 文件管理
- MATLAB 帮助系统

1.1 工 作 环 境

本节介绍 MATLAB 的系统组成、工作窗口和应用初步知识。

1.1.1 系统组成

MATLAB 系统由开发环境、数学函数库、编程语言、图形处理系统和应用程序接口（API）5 大部分构成。

1. 开发环境

MATLAB 开发环境是一套方便用户使用 MATLAB 函数和文件的工具集，其中包括许多图形化用户接口工具，支持输入输出数据，提供 M 文件的编译和调试环境。它是一个集成化的工作区，组件包括 MATLAB 桌面、命令行窗口、M 文件编辑调试器、MATLAB 工作区和帮助文档等。

2. 数学函数库

MATLAB 数学函数库包括数学计算函数，既可以实现基本运算（如四则运算），也可以实现复杂算法（如矩阵求逆、贝塞尔函数、快速傅里叶变换等）。

3. 编程语言

MALAB 编程语言是基于矩阵的解释性编程语言，其形式包括函数和脚本，可以实现程序流控制、数据结构、输入输出、工具箱和面向对象编程等功能。

4. 图形处理系统

图形处理系统让 MATLAB 能方便地显示向量和矩阵，而且能对图形添加标注并且打印。其包括强大的二维及三维图形绘制函数、图像处理函数和动画显示函数等。

5. 应用程序接口

MATLAB 应用程序接口可以让 MATLAB 方便地调用 C 和 Fortran 程序，以及在 MATLAB 与其他应用程序间建立客户 / 服务器关系。

1.1.2　工作窗口

双击位于 MATLAB 安装目录内的 bin 文件夹下的 MATLAB.exe 图标，启动 MATLAB，出现启动界面。启动结束后，桌面上弹出 MATLAB 的用户界面，如图 1.1 所示。

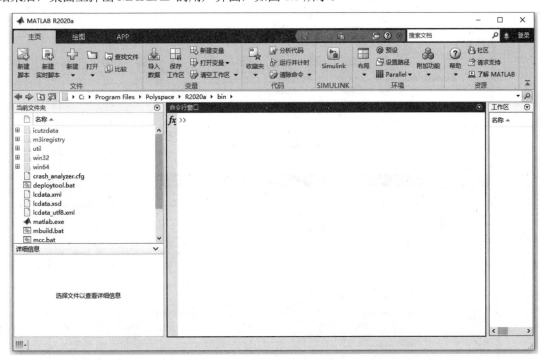

图 1.1　MATLAB 主界面

MATLAB 主界面包括标签栏、菜单栏、工具栏和各个不同用途的窗口。下面介绍 MATLAB 各交互界面的功能及操作方法。

1. APP（应用程序）标签

APP 标签位于主界面标签栏，提供按钮的快捷功能。如图 1.2 所示，APP 标签将各种应用（工具箱）快捷方式收入其中，在使用时只需要单击相应的应用程序图标就能够快捷地打开应用。

2. "绘图"标签

"绘图"标签位于主界面标签栏，其提供绘制图形的快捷功能。如图 1.3 所示，绘图标签将各种绘图快捷方式收入其中，在使用时只需要单击相应的绘图图标就能够快捷地绘制各种需要的图形。

3. "主页"标签

"主页"标签位于主界面标签栏，其提供程序运行的基本功能。如图 1.1 所示，主页标签主要包括"文件"菜单、"变量"菜单、"代码"菜单、SIMULINK 菜单、"环境"菜单和"资源"菜单。

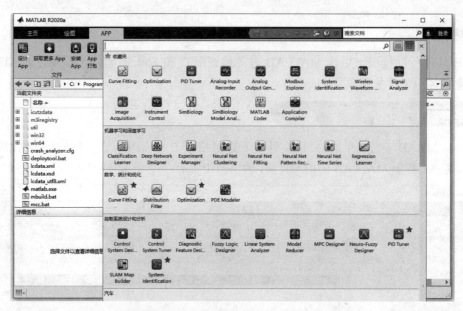

图 1.2　APP 标签及其中的应用列表

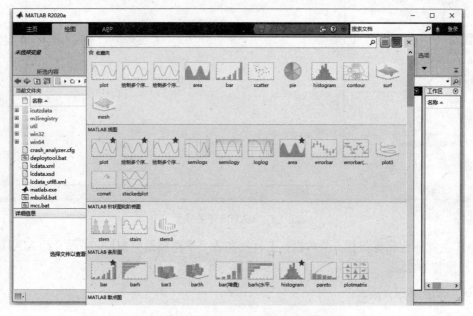

图 1.3　"绘图"标签及绘图快捷方式列表

（1）"文件"菜单："文件"菜单包括"新建脚本""新建""打开""保存""查找文件"和"比较"等功能选项。

- "新建脚本"选项可以用于建立新脚本文件。
- "新建"选项可以用于建立新脚本文件、函数、示例、类、绘图、图形用户界面（GUI）、命令快捷方式、Simulink 模型、状态流程图和 Simulink 项目。
- "打开"选项可以用于打开需要的文件。
- "查找文件"选项支持各类文件的查找。
- "比较"选项可以将文件内容进行对比。

（2）"变量"菜单："变量"菜单包括"导入数据""保存工作区""新建变量""打开变量""清除工作区"选项。

- "导入数据"选项用于从其他文件导入数据到工作区中，单击后弹出对话框，选择导入文件的路径和位置即可。
- "保存工作区"选项可用于将工作区的数据存放到相应的路径文件中。
- "新建变量"选项可用于向工作区添加新的变量。
- "打开变量"选项可用于打开工作区中的变量。
- "清除工作区"用于删除工作区中的变量。

（3）"代码"菜单："代码"菜单包括"分析代码""运行并计时"和"清除命令"等选项。

- "分析代码"选项可用于分析 M 文件代码。
- "运行并计时"选项可用于估计代码运行效率。
- "清除命令"选项可用于删除命令。

（4）SIMULINK 菜单：SIMULINK 菜单包括打开 Simulink Start Page 窗口。

（5）"环境"菜单："环境"菜单包括"布局""预设""设置路径"和 Parallel 等选项。

- "布局"选项可用于设置窗口布置。
- "预设"选项可用于设置命令窗的属性，单击该选项弹出如图 1.4 所示的属性设置窗口。
- "设置路径"选项可用于设置工作路径。
- Parallel 选项可用于设置并行计算的运行环境。

程序运行参数的设置可以通过单击预设选项打开，得到的窗口如图 1.4 所示。在进行交互式编程时经常需要用到这个窗口中的有关内容，例如设置字体、关键字颜色、工具栏图标内容等。

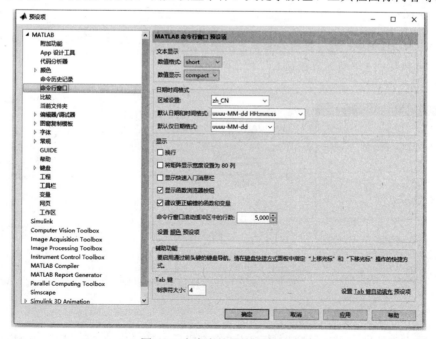

图 1.4　命令窗的属性设置窗口

（6）"资源"菜单："资源"菜单包括"帮助""社区"和"请求支持"等选项。

- "帮助"选项可用于打开帮助相关内容。
- "社区"选项可用于打开 MathWorks 公司 MATLAB 讨论社区。
- "请求支持"选项可用于向客服发送帮助请求。

4．常用操作栏

常用操作栏位于主界面右上角，提供常用操作（如保存、剪切、复制、粘贴、撤销、重做等操作）的快捷方式。

5．文件夹管理栏

文件夹管理栏位于工具栏下方，并包含主界面左方的当前文件夹目录窗口，提供文件夹管理操作的快捷方式。

6．命令行窗口

命令行窗口位于主界面中央（默认布置条件下），是 MATLAB 主界面中最重要的窗口。通过命令行窗口，用户可以输入各种指令、函数、表达式等，如图 1.5（a）所示。

（1）">>"是运算提示符，表示 MATLAB 处于准备状态，等待用户输入指令进行计算。当在提示符后输入命令并按 Enter 键确认后，MATLAB 会给出计算结果，并再次进入准备状态。

（2）位于">>"左侧的"fx"图标可用于快速查找需要的函数。使用时单击该图标，弹出功能菜单，如图 1.5（b）所示。在该菜单中可以通过直接搜索和浏览两种方式查找需要的函数。

（3）位于命令行窗口左上方的三角形按钮提供窗口属性有关操作的菜单。使用时，单击该图标，弹出菜单如图 1.5（c）所示。在该菜单中可以实现清空命令行窗口、查找、全选、打印、页面设置、最大化、最小化等操作。

 使用 MATLAB 的命令行窗口输入过多条命令后，使用键盘上的向上箭头"↑"键和向下箭头"↓"键，可以快捷地重新输入曾经输入过的命令。

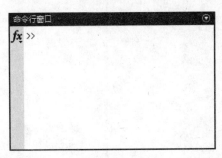　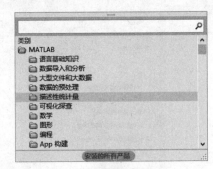　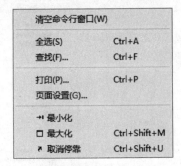

（a）命令行窗口　　　　　（b）快速查找函数菜单　　　　（c）命令行窗口操作菜单

图 1.5　命令行窗口及相关菜单

7．工作区

位于主界面的右中位置的工作区窗口显示当前内存中所有的 MATLAB 变量的变量名、数据结构、字节数以及数据类型等信息。在使用中，工作区中的信息非常有用，可以选中已有变量，单击鼠标右键，进行变量操作。

1.1.3　应用简介

应用（APP，与工具箱的含义基本相同）是 MATLAB 的重要部分，使 MATLAB 的强大功能得以实现，是对 MATLAB 基本功能的重要扩充。

单击主界面标签栏的 APP 标签可以快捷地打开应用列表，典型的 MATLAB 应用包括：

- 数学、统计和优化应用集
- 控制系统设计和分析应用集
- 信号处理与通信应用集
- 图像处理与计算机图形应用集
- 测试应用集
- 计算经济学应用集
- 计算生物学应用集
- 应用开发应用集
- 数据库应用集
- 图形仿真应用集

1.2　文 件 管 理

本节介绍文件管理相关的目录结构、当前文件夹浏览器和路径搜索等知识。

1.2.1　目录结构

在计算机上成功安装 MATLAB 后，安装目录内包含一系列的文件和文件夹，如图 1.6 所示。

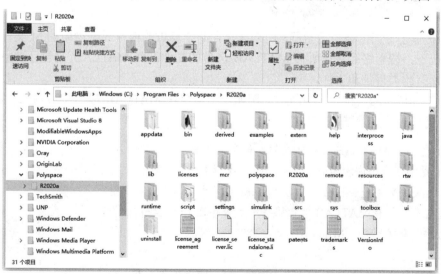

图 1.6　MATLAB 安装目录

安装目录下的部分文件和文件夹及其用途如下所示：

- \bin\win64　包含 MATLAB 系统可执行的相关文件。
- \extern　包含创建 MATLAB 的外部程序接口的工具。
- \help　帮助系统。
- \simulink　包含 Simulink 软件包，用于动态系统的建模、仿真与分析。
- \sys　包含 MATLAB 需要的工具和操作系统库。
- \toolbox　包含 MATLAB 的各种工具箱。
- \uninstall　包含 MATLAB 的卸载程序。
- \patents.txt　包含软件申请的专利内容。

1.2.2　当前文件夹浏览器

在前文已经介绍过文件夹管理栏，当前文件夹浏览器即前文介绍的位于主界面左侧的文件夹管理栏。工作目录窗口可显示或改变当前文件夹，还可以显示当前文件夹下的文件，以及提供文件搜索功能。该窗口可以成为一个独立的窗口，如图 1.7 所示。

图 1.7　当前文件夹浏览器

1.2.3　路径搜索

MATLAB 提供了专门的路径搜索器，用来搜索存储计算机的内存或硬盘中的 M 文件和其他相关文件。在默认情况下，搜索路径包含所有 MATLAB 自带的文件；而 MATLAB 安装目录中的"toolbox"文件夹则包含所有此类目录和文件。

MATLAB 进行搜索的过程如下文所示。例如，当用户在 MATLAB 提示符后输入一个字符串"fft"后，MATLAB 将按如下步骤进行搜索：

- 检查 fft 是不是 MATLAB 工作区内的变量名，如果不是，执行下一步。
- 检查 fft 是不是一个内置函数，如果不是，执行下一步。
- 检查当前文件夹下是否存在一个名为 fft.m 的文件，如果没有，执行下一步。
- 按顺序检查在所有 MATLAB 搜索路径中是否存在 fft.m 文件。
- 如果仍然没有找到 fft，MATLAB 就会给出一条错误信息。

不在搜索路径上的文件或文件夹，不能被 MATLAB 搜索到。

一般情况下，MATLAB 系统的函数（包括工具箱函数），都在系统默认的搜索路径之中；但是，用户设计的函数却不会自动保存到搜索路径下。很多时候，MATLAB 在不能直接搜索到时会误认为该函数不存在，这时只需要把程序所在的目录扩展成 MATLAB 的搜索路径就可以很方便地找到相应的函数。

MATLAB 搜索路径的查看和设置方法如下所示。

1．查看 MATLAB 的搜索路径

选择 MATLAB 主界面"主页"标签"环境"菜单下的"设置路径"菜单，弹出"设置路径"对话框，如图 1.8 所示。该对话框分为左右两部分：左侧的几个按钮用来添加目录到搜索路径，还可以从当前的搜索路径中移除选择的目录；右侧的列表框列出了已经被 MATLAB 添加到搜索路径的目录。

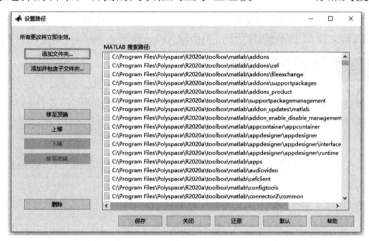

图 1.8　MATLAB 搜索路径设置

此外，在命令行窗口中输入命令：

```
path
```

MATLAB 将会把所有的搜索路径列出来，如下所示：

```
    MATLABPATH
C:\Program Files\Polyspace\R2020a\toolbox\matlab\addons
C:\Program Files\Polyspace\R2020a\toolbox\matlab\addons\cef
C:\Program Files\Polyspace\R2020a\toolbox\matlab\addons\fileexchange
C:\Program Files\Polyspace\R2020a\toolbox\matlab\addons\supportpackages
C:\Program Files\Polyspace\R2020a\toolbox\matlab\addons_product
C:\Program Files\Polyspace\R2020a\toolbox\matlab\supportpackagemanagement
```
……

2．设置 MATLAB 的搜索路径

MATLAB 提供了以下 3 种方法来设置搜索路径。

（1）在命令行窗口中输入：

```
pathtool
```

或者通过 MATLAB 主界面上的"设置路径"菜单进入"设置路径"对话框（见图 1.8），然后通过该对话框编辑搜索路径。

（2）在命令行窗口中输入。

```
path(path, 'path')                    % 'path'是待添加的目录的完整路径
```

（3）在命令行窗口中输入：

```
addpath 'path' -begin                 % 'path'是待添加到搜索路径的开始的目录的路径
addpath 'path' -end                   % 'path'是待添加到搜索路径的末端的目录的路径
```

1.3　帮　助　系　统

帮助系统是软件的重要组成部分，其中的文档编制质量直接关系到应用软件的记录、控制、维护、交流等一系列工作。MATLAB 帮助系统对所有使用 MATLAB 进行科学计算的用户都有很大的帮助作用。

1.3.1　文本帮助

MATLAB 中的所有函数，无论是内建函数、M 文件函数还是 MEX 文件函数等，一般情况下都有使用帮助和函数功能说明；即使是工具箱，也通常会有一个以工具箱名称相同的 M 文件来说明工具箱的构成内容。

可以通过在 MATLAB 命令行窗口中输入一些命令（包括 help、lookfor、which、doc、get、type 等）来获取这些纯文本的帮助信息。

例如，使用 help 命令时，通常会使用以下的调用方式：

```
help FUN
```

执行该命令可以查询到有关于 FUN 函数的使用信息。例如，要了解 fft 函数的使用方法，可以在命令行窗口中输入：

```
help fft
```

确认输入后，命令行窗口将输出：

```
fft - 快速傅里叶变换
    此 MATLAB 函数 用快速傅里叶变换 (fft) 算法计算 X 的离散傅里叶变换 (DFT)。 如果 X 是向量，则
fft(X) 返回该向量的傅里叶变换。
    如果 X 是矩阵，则 fft(X) 将 X 的各列视为向量，并返回每列的傅里叶变换。 如果 X 是一个多维数组，
则 fft(X) 将沿大小不等于 1
    的第一个数组维度的值视为向量，并返回每个向量的傅里叶变换。
    Y = fft(X)
    Y = fft(X,n)
    Y = fft(X,n,dim)
    另请参阅 fft2, fftn, fftshift, fftw, ifft

    fft 的文档
    名为 fft 的其他函数
```

上述帮助文档介绍了 fft 函数的主要功能、调用格式及相关函数的链接等。

look for 命令常用的调用方式为：

```
lookfor topic
```

与

```
lookfor topic -all
```

执行该命令可以按照指定的关键字查找所有相关的 M 文件。例如：

```
lookfor fft
```

命令行窗口将输出：

```
fft                - Discrete Fourier transform.
fft2               - Two-dimensional discrete Fourier Transform.
fftn               - N-dimensional discrete Fourier Transform.
fftshift           - Shift zero-frequency component to center of spectrum.
fftw               - Interface to FFTW library run-time algorithm tuning control.
......
```

其左侧为文件名，右侧为文件的基本描述。

1.3.2　演示帮助

MATLAB 提供了直观便捷的 Demos 演示帮助，可以帮助用户更好地学习 MATLAB 所具有的功能。Demos 演示帮助一般可以通过以下两种方式打开。

- 单击 MATLAB 主界面主页标签菜单栏上的帮助选项菜单中的示例命令。
- 在命令行窗口中输入 demos 命令。

执行命令后都会弹出如图 1.9 所示的帮助窗口。在 MATLAB 示例标题下有"基本矩阵运算""使用 FFT 进行频谱分析""创建常见的二维图"等一系列演示。只需要单击相应的标题，就可以快速跳到相应的演示标题区。然后单击相应的标题，就可以查看相应的演示了。

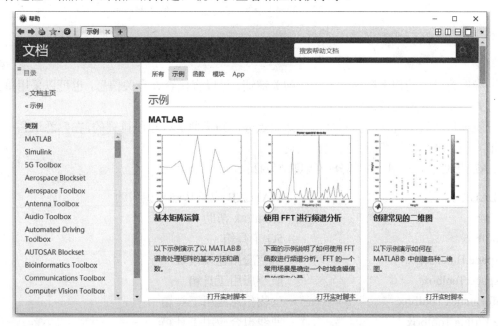

图 1.9　"帮助"窗口

演示系统对于学习工具箱应用以及 MATLAB 各个方面应用的用户非常有意义。通过演示示例，用户可以快速直观地掌握某一工具的使用方法。

1.3.3　帮助导航窗口

帮助导航窗口是 MATLAB 为用户专门提供的一个独立的帮助子系统，包含的所有帮助文件都存储在 MATLAB 安装目录下的/help 子目录下。

可以采用以下 4 种方法打开帮助导航窗口（见图 1.10）：

（1）在命令行窗口输入"helpbrowser"命令。

（2）在命令行窗口输入"helpdesk"命令。

（3）在程序界面按 F1 键。

（4）单击 MATLAB 主界面主页标签菜单栏上的帮助选项菜单中的 Documentation 命令。

图 1.10　帮助导航窗口

在帮助导航窗口中的搜索框内输入相应的关键词，可以直接查询有关信息，也可以采用单击相应链接标题的方式逐步打开相关信息。

帮助导航窗口中的所有帮助信息是按照知识点分门别类地进行组织排列的，在熟悉这些一级目录之后，可以很方便地缩小查询范围进行快捷查询。

MATLAB 帮助导航窗口上的部分一级目录包括：

MATLAB	MATLAB 应用基础知识帮助
Simulink	Simulink 帮助
5G Toolbox	5G 工具箱
Aerospace Blockset	航空应用建模模块
Aerospace Toolbox	航空应用工具箱
Bioinformatics Toolbox	生物信息应用工具箱
Curve Fitting Toolbox	曲线拟合应用工具箱
Data Acquisition Toolbox	数据挖掘应用工具箱
Database Toolbox	数据库应用工具箱

Datafeed Toolbox	数据反馈应用工具箱
DSP Toolbox	数字信号处理工具箱
Econometrics Toolbox	经济应用工具箱
Financial Instruments Toolbox	财务规划应用工具箱
Financial Toolbox	财务处理应用工具箱
Fuzzy Logic Toolbox	模糊逻辑应用工具箱
Global Optimization Toolbox	全局优化工具箱
Image Acquisition Toolbox	图像获取应用工具箱
Image Processing Toolbox	图像处理应用工具箱
Instrument Control Toolbox	仪表控制应用工具箱
Mapping Toolbox	地图应用工具箱
MATLAB Compiler	编译器
MATLAB Distributed Computing Server	分布计算服务器
Model-Based Calibration Toolbox	模型测量应用工具箱
Neural Network Toolbox	神经网络应用工具箱
Optimization Toolbox	优化应用工具箱
Parallel Computing Toolbox	并行计算应用工具箱
Partial Differential Equation Toolbox	偏微分方程应用工具箱
Signal Processing Toolbox	信号处理应用工具箱
SimDriveline	驱动仿真
SimElectronics	电子仿真
SimHydraulics	水力仿真
SimMechanics	机械仿真
SimPowerSystems	动力仿真
Simscape	多物理系统仿真
Simulink 3D Animation	虚拟现实
Stateflow	状态流
Statistics Toolbox	统计应用工具箱
Symbolic Math Toolbox	符号数学应用工具箱
System Identification Toolbox	系统识别应用工具箱
Wavelet Toolbox	小波分析应用工具箱

1.4　MATLAB 使用初步

下面以一个简单的示例来说明如何使用 MATLAB 进行简单的数值计算。

（1）双击桌面上的 MATLAB 图标，进入 MATLAB 的工作环境界面。

（2）在命令行窗口中输入：

```
t=cos(pi/3)
```

按 Enter 键确认，可以在工作区窗口中看到变量 t 的值为 0.5000。同时，在命令行窗口中可以看到如下内容：

```
t =
    0.5000
```

（3）在命令行窗口中输入：

```
x=0.1;
j=(t<x)
```

按 Enter 键确认，可以在工作区窗口中看到变量 j 的值为 0。同时，在命令行窗口中可以看到如下内容：

```
j =
  logical
    0
```

当命令后面有分号（半角符号格式）时，按 Enter 键后，命令行窗口中不显示运算结果；无分号时，则在命令行窗口中显示运算结果。如果希望先输入多条语句再同时执行，则在输入下一条命令时要按住 Ctrl 键的同时按下 Enter 键进行换行输入。

1.5 本 章 小 结

本章介绍 MATLAB 的工作环境、文件管理和帮助系统等有关内容，希望通过这些内容向读者初步展示 MATLAB。很多内容在本章中虽然只是简单提到，但是在使用 MATLAB 时会非常有用，尤其是帮助系统的应用，几乎对任何用户都是不可或缺的，希望本书的读者牢记这一点。

第2章　MATLAB 基础

MATLAB 基础知识的掌握是学习 MATLAB 的关键之一。本章涉及的基础知识包括 MATLAB 数据类型、MATLAB 运算符与运算、字符串处理、矩阵基础知识。通过对这些内容的学习，可以将已学的数学基础知识渐渐融入 MATLAB 的学习中来。

(知识要点)

- 数据类型
- 运算符与运算
- 字符串处理
- 矩阵基础

2.1　数　据　类　型

MATLAB 中的基础数据类型主要包括数值类型、字符串、结构、单元数组和函数句柄等。本节主要介绍这些基础数据类型及其相关的基本操作。

2.1.1　数值类型

数值类型按数值在计算机中存储与表达的基本方式进行分类，主要有整数、单精度浮点数和双精度浮点数三类，如表 2.1 所示。在默认情况下，MATLAB 对所有数值按照双精度浮点数类型进行存储等操作。

表 2.1　数值类型分类

数据格式	示　　例	说　　明
int8, uint8 int16, uint16 int32, uint32 int64, uint64	输入： int16(2^15)　% 2^15 = 32768 得到： ans = 32767	分别表示有符号和无符号的整数类型，相同数值的整数类型占用比浮点类型更少的内存
single	single(0.1)	单精度浮点类型
double	5.324、1.043-0.714i	双精度浮点类型，默认数值类型

相对于双精度浮点数类型数据，整数型与单精度浮点型数据的优点在于节省变量占用的内存空间；在满足精度要求的情况下，可以考虑优先采用。需要时，可以指定系统按照整数型或单精度浮点型对指定的数字或数组进行存储、运算等操作。

提示

MATLAB 自动进行内存的分配和回收，因此操作数据相对 C/C++等编程语言而言简单了很多，有利于专心编制程序算法。

下面介绍这三种数值类型及衍生出来的复数类型。

1. 整数类型

MATLAB 中提供了 4 种有符号整数类型和 4 种无符号整数类型：有符号整数类型可以表示整数和负数，无符号整数类型仅能表示负数。这 8 种类型的存储占用位数、能表示的数值范围和转换函数均不相同，如表 2.2 所示。

表 2.2　MATLAB 中的整数类型

整数类型	数值范围	转换函数
有符号 8 位	$-2^7 \sim 2^7-1$	int8
无符号 8 位	$0 \sim 2^8-1$	uint8
有符号 16 位	$-2^{15} \sim 2^{15}-1$	int16
无符号 16 位	$0 \sim 2^{16}-1$	uint16
有符号 32 位	$-2^{31} \sim 2^{31}-1$	int32
无符号 32 位	$0 \sim 2^{32}-1$	uint32
有符号 64 位	$-2^{63} \sim 2^{63}-1$	int64
无符号 64 位	$0 \sim 2^{64}-1$	uint64

提示　不同的整数类型所占用的位数不同，因此能够表示的数值范围也不同。在实际应用中，应根据实际需要合理选择合适的整数类型。

由于 MATLAB 中数值的默认存储类型是双精度浮点类型，因此在将变量设置为整数类型时，需要使用表 2.3 中所示的转换函数，将双精度浮点数转换为指定的整数类型。

表 2.3　MATLAB 中的取整函数

函　　数	运算法则	示　　例
floor	向下取整	floor (1.4)=1 floor (3.5)=3 floor (-3.5)=-4
ceil	向上取整	ceil (1.4)=2 ceil (3.5)=4 ceil (-3.5)=-3
round	取最接近的整数；如果小数部分是 0.5，就向绝对值大的方向取整	round (1.4)=1 round (3.5)=4 round (-3.5)=-4
fix	向 0 取整	fix(1.4)=1 fix(3.5)=3 fix(-3.5)=-3

2. 浮点数类型

MATLAB 中提供了单精度浮点数类型和双精度浮点数类型，其存储位宽、能够表示的数值范围、数值精度各方面均不相同，具体如表 2.4 所示。

表 2.4　MATLAB 中的取整函数

类　　型	位　　宽	数位意义	数值范围	转换函数
单精度	32	31 位表示符号（0 正 1 负） 30~23 位表示指数部分 22~0 位表示小数部分	-3.40282e+38 ~ -1.17549e-38	single
双精度	64	63 位表示符号（0 正 1 负） 62~52 位表示指数部分 51~0 位表示小数部分	-1.79769e+308 ~ -2.22507e-308 与 2.22507e-308 ~ 1.79769e+308	double

　　MATLAB 中的默认数值类型为双精度浮点类型，但可以通过转换函数来创建单精度浮点类型。

　　双精度浮点数参与运算时，返回值的类型依赖于参与运算的其他数据类型。参与运算的其他数据为逻辑型、字符型时，返回结果为双精度浮点型；其他数据为整数型时，返回结果为相应的整数类型；其他数据为单精度浮点型时，返回结果为相应的单精度浮点型。

在 MATLAB 中，单精度浮点类型不能与整数类型直接进行算术运算。例如，在命令行窗口输入：

`a=uint32(1);b=single(22.809);ab=a*b;`

输出结果为：

错误使用　*

整数只能与同类的整数或双精度标量值组合使用。

下面通过示例说明浮点类型数据的相关操作。

【例 2-1】　使用 realmax 和 realmin 函数求浮点类型数据可表达范围。

在命令行窗口输入：

```
str1 = '双精度浮点数的范围为：\n\t%g 到 %g\t 和 \t %g 到  %g';
sprintf(str1, -realmax, -realmin, realmin, realmax)
str2 = '单精度浮点数的范围为：\n\t%g 到 %g\t 和 \t %g 到  %g';
sprintf(str2,-realmax('single'),-realmin('single'),realmin('single'),realmax('single'))
```

得到的结果如下所示：

```
ans =
双精度浮点数的范围为：
    -1.79769e+308 到 -2.22507e-308        和    2.22507e-308 到 1.79769e+308
ans =
单精度浮点数的范围为：
    -3.40282e+38 到 -1.17549e-38        和    1.17549e-38 到  3.40282e+38
```

【例 2-2】　查看双精度数与其他类型数的求解结果类型。

在命令行窗口输入：

```
clear          %清除工作区的所有数据
clf            %清除命令行窗口中显示的所有内容（清屏）
a=uint32(1);
b=single(1.0);
```

```
c=1.0;
a1=a*c;
b1=b*c;
c1=c*c;
whos
```

输出结果如下所示：

```
Name        Size         Bytes  Class      Attributes
  a         1x1           4     uint32
  a1        1x1           4     uint32
  b         1x1           4     single
  b1        1x1           4     single
  c         1x1           8     double
  c1        1x1           8     double
```

提示 该结果表明双精度数与其他类型数的求解结果由其他数据类型决定。

由于浮点数只占用一定的存储位宽，其中只有有限位分别用来存储指数部分和小数部分，因此浮点类型能够表示的实际数值是有限且离散的，即任何两个最近相邻的浮点数之间都有间隙，而处在间隙中的数值都只能用这两个相邻的浮点数之一表示。

在 MATLAB 中，使用 eps 函数可以获取一个数值和最接近该数值的浮点数之间的间隙。

【例 2-3】 浮点数的精度。

在命令行窗口输入：

```
clear,clc        %"," 用于两个语句的分割，clear、clc 语句多用于程序的开始
format long;
e1=eps(6)
e2=eps(single(6))
format short
```

输出结果为：

```
e1 =
   8.881784197001252e-16
e2 =
  single
   4.7683716e-07
```

提示 MATLAB 中 eps 可视为 0，0 附近的 eps 近似为 2.2e-16，这种特殊表达在避免 0 作为分母时是很有用的。

在 MATLAB 中几乎所有的计算都使用双精度浮点数，然而由于计算机所能处理的精度有限，有些时候这种局限性可能会导致错误。

【例 2-4】 使用双精度浮点数进行计算时可能出现的错误。

在命令行窗口输入：

```
clear,clc
e1= 1 - 3*(4/3 - 1)
a = 0.0;
for i = 1:10
  a = a + 0.1;
end
e2=a-1.0
b = 1e-16 + 1 - 1e-16;
c = 1e-16 - 1e-16 + 1;
e3= b-c
e4= (2^53 + 1) - 2^53
e5=sin(pi)              % pi 为圆周率在 MATLAB 中的表达
e6= sqrt(1e-16 + 1)-1
```

输出结果为：

```
e1 =
   2.2204e-16
e2 =
  -1.1102e-16
e3 =
  -1.1102e-16
e4 =
   0
e5 =
   1.2246e-16
e6 =
   0
```

本例中为使用 MATLAB 进行计算时常见的错误用法，虽然在很多时候这样用并不会造成太大的错误，但在使用中还是应该注意并加以避免。

3．复数

复数由实部和虚部两部分构成。在 MATLAB 中，字符 i 或 j 默认作为虚部标志。创建复数时，可以直接按照复数形式进行输入或者利用 complex 函数。

关于复数的相关函数如表 2.5 所示。

表 2.5　MATLAB 中的相关函数

函　数	说　明	函　数	说　明
complex(a,b)	构造以 a 为实部、b 为虚部的复数	i,j	虚部标识
real(z)	返回复数 z 的实部	imag(z)	返回复数 z 的虚部
abs(z)	返回复数 z 的模	angle(z)	返回复数 z 的辐角
conj(z)	返回复数 z 的共轭复数		

【例 2-5】　复数基本操作示例。

在命令行窗口输入：

```
clear,clc
c1=complex(3,5);
```

```
c2=6+2i;
c=c1-c2
r1=real(c)
i1=imag(c)
a1=abs(c)
ag1=angle(c)
cn1=conj(c)
```

输出结果为：

```
c =
   -3.0000 + 3.0000i
r1 =
   -3
i1 =
    3
a1 =
   4.2426
ag1 =
   2.3562
cn1 =
   -3.0000 - 3.0000i
```

4．无穷量（Inf）和非数值量（NaN）

MATLAB 中使用 Inf 和-Inf 分别代表正无穷量和负无穷量，NaN 表示非数值量。正负无穷量一般由于运算溢出产生，非数值量则是由于类似 0/0 或 Inf/Inf 类型的非正常运算产生。

MATLAB 提供 Inf 函数和 NaN 函数来创建指定数值类型的无穷量和非数值量，生成结果默认为双精度浮点类型中还有一种特殊的指数类型的数据叫作非数，通常表示运算得到的数值结果超出了运算范围。非数的实部用 NaN 表示，虚部用 InF 表示。

【例 2-6】　无穷量及非数值量的产生和性质。
在命令行窗口中输入：

```
clear,clc
a = 0 / 0
a1=1/0
b = log( 0 )
c =exp(1000)
d=NaN- NaN
whos
```

输出结果为：

```
a =
    NaN
a1 =
    Inf
b =
   -Inf
c =
    Inf
```

```
d =
   NaN
   Name       Size          Bytes     Class       Attributes
   a          1x1               8      double
   a1         1x1               8      double
   b          1x1               8      double
   c          1x1               8      double
   d          1x1               8      double
```

2.1.2　字符与字符串

MATLAB 将文本作为特征字符串或简单地当作字符串。这些字符串显示在屏幕上，也可以用来构成一些命令。字符串是存储在行向量中的文本，行向量中的每一个元素代表一个字符。

实际上，元素中存放的是字符的内部代码，即 ASCII 码。在屏幕上显示字符变量的值时，显示出来的是文本，而不是 ASCII 编码，这是因为在显示前已经对 ASCII 编码进行了输出处理。

字符串一般是 ASCII 值的数值数组，作为字符串表达式进行显示。字符串可以通过下标对其中的任一元素进行访问，也可以通过矩阵下标索引进行访问，但是矩阵的每行字符数必须相同。

【例 2-7】　字符串属性示例。

在命令行窗口输入：

```
clear,clc
string ='good boy'
whos
s1=abs (string)
s2=abs (string+'0')
```

输出结果为：

```
string =
    'good boy'
   Name          Size           Bytes   Class     Attributes
   string        1x8               16   char
s1 =
   103   111   111   100    32    98   111   121
s2 =
   151   159   159   148    80   146   159   169
```

2.1.3　结构

MATLAB 的结构与 C 语言类似，一个结构可以通过字段存储多个不同类型的数据。结构相当于一个数据容器，可以把多个相关联的不同类型的数据封装在一个结构对象中。

一个结构中可以具有多个字段，每个字段又可以存储不同类型的数据，这样就可以把多个不同类型的数据组织在了一个结构对象中了。

如图 2.1 所示，结构 patient 中有 3 个字段：姓名字段 name，存储一个字符串类型的数据；账单字段 billing，存储一个浮点数值；成绩字段 test，存储三维浮点数矩阵。

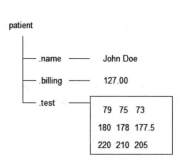

图 2.1　结构 patient 的示意图

下面通过示例来说明创建、访问和连接结构对象等基本操作。

1．创建结构对象

创建结构对象的方法有两种：可以直接通过赋值语句给结构的字段赋值，也可以使用 struct 函数创建结构。

（1）通过字段赋值创建结构

在对结构的字段进行赋值时，赋值表达式的变量名使用"结构名称.字段名称"的形式书写，对同一个结构可以进行多个字段的赋值。

【例 2-8】 通过赋值创建结构。

在命令行窗口输入：

```
clear,clc
patient.name = 'John Doe';
patient.billing = 127.00;
patient.test = [79, 75, 73; 180, 178, 177.5; 220, 210, 205];
patient
whos
```

输出结果为：

```
patient =
  包含以下字段的 struct:
        name: 'John Doe'
     billing: 127
        test: [3x3 double]
  Name          Size              Bytes  Class      Attributes
  patient       1x1                 600  struct
```

在本例中，通过对 3 个字段赋值，创建了结构对象 patient，然后用 whos 函数分析出 patient 是一个 1×1 的结构数组。

提示 进行赋值操作时，对于没有明确赋值的字段，MATLAB 默认赋值为空数组。通过圆括号索引进行字段赋值，还可以创建任意尺寸的结构数组。另外，同一个结构数组中的所有结构对象具有相同的字段组合。

（2）利用 struct 函数创建结构

【例 2-9】 通过 struct 函数创建结构。

在命令行窗口输入：

```
clear,clc
patient=struct('name','John Doe','billing',127.00,'test',[79,75,73; 180, 178, 177.5;
220,210,205])
whos
```

输出结果为：

```
patient =
        name: 'John Doe'
```

```
        billing: 127
          test: [3x3 double]
  Name          Size          Bytes  Class      Attributes
  patient       1x1             600  struct
```

2．访问结构对象

通过对结构对象的字段和其在结构对象组中的位置可以访问结构对象。

【例 2-10】　访问结构对象。

在命令行窗口输入：

```
clear,clc
patient(1)=struct('name','John Doe','billing',127.00,'test',[79,75,73;180,
178,177.5; 220,210,205]);
  patient(2).name = ' Tim Burg ';
  patient(2).billing = 335.00;
  patient(2).test = [89, 80, 72; 183, 175, 172.5; 221, 211, 204];
  p1=patient(1),p2= patient(2), p1name=patient(1).name, p2name=patient(2).name
```

输出结果为：

```
p1 =
  包含以下字段的 struct:
       name: 'John Doe'
    billing: 127
       test: [3×3 double]
p2 =
  包含以下字段的 struct:
       name: ' Tim Burg '
    billing: 335
       test: [3×3 double]
p1name =
    'John Doe'
p2name =
    ' Tim Burg '
```

3．连接结构对象

使用直接连接的方式可以将结构对象连接起来。

【例 2-11】　连接结构对象。

在命令行窗口输入：

```
clear,clc
patient1=struct('name','John Doe','billing',127.00,'test',[79,75,73;180, 178,177.5;
220,210,205]);
  patient2=struct('name','Tim Burg','billing',128.00,'test',[79,75,73;180, 178,177.5;
220,210,205]);
  patient=[ patient1, patient2];
  whos
```

输出结果为:

```
Name          Size           Bytes   Class Attributes
patient       1x2            1008    struct
patient1      1x1             600    struct
patient2      1x1             600    struct
```

从结果中可以看出,patient 结构对象由 patient1 和 patient2 连接而成。

2.1.4 单元数组

单元数组(Cell Arrays)是一种广义矩阵。每一个单元可以包括一个任意数组,如数值数组、字符串数组、结构体数组或另外一个单元数组,因而每一个单元可以具有不同的尺寸和内存占用空间。

1. 创建单元数组

单元数组的创建有两种方法:通过赋值语句或 cell 函数创建。

(1)使用赋值语句创建单元数组:单元数组使用花括号"{}"来创建、使用逗号","或空格分隔单元、使用分号";"来分行。

(2)使用 cell 函数创建空单元数组。

【例 2-12】 创建单元数组。

在命令行窗口输入:

```
clear,clc
A= {'x',[2;3;6];10,2*pi}
B = cell(2,2)
whos
```

输出结果为:

```
A =
 2×2 cell 数组
   {'x' }    {3×1 double}
   {[10]}    {[  6.2832]}
B =
 2×2 cell 数组
   {0×0 double}   {0×0 double}
   {0×0 double}   {0×0 double}
Name        Size          Bytes Class       Attributes
A           2x2            458  cell
B           2x2             32  cell
```

提示　使用 cell 函数创建空单元数组主要是为该单元数组预先分配连续的存储空间,提高执行效率。

2. 访问单元数组

在单元数组中,单元和单元中的内容属于不同范畴,这意味着寻访单元和单元中的内容是两个不同的操作。MATLAB 为上述两种操作设计了相对应的操作对象:单元外标识和单元内编址。

单元外标识使用圆括号进行操作，对于单元数组 C，C(m,n)指的是单元数组中第 m 行第 n 列的单元。单元内编址使用大括号进行操作，对于单元数组 C，C{m,n}指的是单元数组中第 m 行第 n 列的单元中的内容。

【例 2-13】　单元数组的访问。
在命令行窗口输入：

```
clear,clc
A= {'x',[2;3;6];10,2*pi};
b= A(1,2)
C=A{1,2}
```

输出结果为：

```
b =
  1×1 cell 数组
    {3×1 double}
C =
    2
    3
    6
```

3．单元数组的操作

单元数组的操作包括合并、删除单元数组中的指定单元和改变单元数组的形状等。

（1）单元数组的合并

【例 2-14】　单元数组的合并。
在命令行窗口输入：

```
clear,clc
A= {'x',[2;3;6];10,2*pi};
B= {'Jan'}
C = {A B}
whos
```

输出结果为：

```
B =
  1×1 cell 数组
    {'Jan'}
C =
  1×2 cell 数组
    {2×2 cell}    {1×1 cell}
  Name      Size          Bytes  Class    Attributes

  A         2x2             458  cell
  B         1x1             110  cell
  C         1x2             776  cell
```

（2）删除单元数组中指定单元
如果要删除单元数组中指定的某个单元，只需要将空矩阵赋给该单元，即 C{ m,n} = []。

【例 2-15】 删除单元数组中指定单元。

在命令行窗口输入：

```
clear,clc
A= {'x',[2;3;6];10,2*pi};
A{ 1,2}=[];A1=A
whos
```

输出结果为：

```
  2×2 cell 数组
    {'x' }    {0×0 double}
    {[10]}    {[  6.2832]}
  Name      Size            Bytes  Class    Attributes
  A         2x2               434  cell
  A1        2x2               434  cell
```

（3）改变单元数组的形状

使用 reshape 函数改变单元数组的形状。

【例 2-16】 改变单元数组的形状。

在命令行窗口输入：

```
clear,clc
A= {'x',[2;3;6];10,2*pi}
newA = reshape(A,1,4)
whos
```

输出结果为：

```
A =
  2×2 cell 数组
    {'x' }    {3×1 double}
    {[10]}    {[  6.2832]}
newA =
  1×4 cell 数组
    {'x'}    {[10]}    {3×1 double}    {[6.2832]}
  Name      Size            Bytes  Class    Attributes
  A         2x2               458  cell
  newA      1x4               458  cell
```

2.1.5 函数句柄

在 MATLAB 中，可以实现对函数的间接调用，这归功于函数句柄提供的一种间接调用函数的方法。

创建函数句柄需要使用到操作符@。对于 MATLAB 库函数中提供的各种 M 文件中的函数和使用者自主编写的程序中的内部函数，也都可以创建函数句柄，进而通过函数句柄来实现对这些函数的间接调用。

创建函数句柄的一般句法格式为：

```
Function_Handle = @Function_Filename;
```

其中，

● Function_Filename 是函数所对应的 M 文件的名称或 MATLAB 内部函数的名称。

- @是句柄创建操作符。
- Function_Handle 变量保存了这一函数句柄，并在后续的运算中作为数据流进行传递。

【例 2-17】　函数句柄的创建与调用。

在命令行窗口输入：

```
clear,clc
F_Handle = @sin
x = 0 : 0.25 * pi : pi;
F_Handle( x )              %通过函数句柄调用函数
```

输出结果为：

```
F_Handle =
  包含以下值的 function_handle:
    @sin
ans =
        0    0.7071    1.0000    0.7071    0.0000
```

MATLAB 库函数提供了大量处理函数句柄的操作函数，将函数句柄的功能与其他数据类型联系起来，扩展了函数句柄的应用。函数句柄的简单操作函数如表 2.6 所示。

表 2.6　函数句柄的操作函数

函数名称	函数功能
function_handle 或@	间接调用函数
func2str	将函数句柄转换为函数名称字符串
str2func	将字符串代表的函数转换为函数句柄
functions(funhandle)	返回一个存储函数名称、函数类型及函数 M 文件位置的结构体

【例 2-18】　函数句柄的基本操作。

在命令行窗口输入：

```
clear,clc
F_Handle=@sin
f1=functions( F_Handle )
t= func2str(F_Handle)
F_Handle1 = str2func(t)
f2=functions( F_Handle1)
```

输出结果为：

```
F_Handle =
  包含以下值的 function_handle:
    @sin
f1 =
  包含以下字段的 struct:
    function: 'sin'
        type: 'simple'
        file: ''
t =
    'sin'
```

```
F_Handle1 =
  包含以下值的 function_handle:
    @sin
f2 =
  包含以下字段的 struct:
  function: 'sin'
      type: 'simple'
      file: ''
```

2.1.6 映射容器

映射容器（Map Containers，也叫 Map 对象）可以将一个量映射到另一个量。例如，将一个字符串映射为一个数值，那么相应字符串就是映射的键（key）、相应值就是映射的数据（value）。可以将 Map 容器理解为一种快速键查找数据结构。

对一个 Map 元素进行寻访的索引称为"键"。一个"键"可以是以下任何一种数据类型：

（1）1×N 字符串。

（2）单精度或双精度实数标量。

（3）有符号或无符号标量整数。

键和其对应的数据存储在映射容器中，存在一一对应的关系。映射容器 p 中存储的数据可以是任何类型，包括数值类型、字符或字符串类型、结构体类型、单元类型或其他映射容器。

单个映射容器对象是 MATLAB Map 类的对象。Map 类的所有对象具有 3 种属性，如表 2.7 所示。用户不能直接对这些属性进行修改，但可以通过 Map 类操作函数来进行修改。

表 2.7　Map 类的属性

属　　性	说　　明	默　认　值
Count	无符号 64 位整数，表示 Map 对象中存储的 key/value 对的总数	0
KeyType	字符串，表示 Map 对象中包括的 key 的类型	char
ValueType	字符串，表示 Map 对象中包括的数据类型	any

属性的查看方法为：Map 名＋"."＋Map 的属性名。例如，为了查看 mapObj 对象包括的数据类型，可以使用：

```
mapObj.ValueType
```

下面将讨论 Map 对象的创建、读取和编辑等内容。

1．创建 Map 对象

Map 构造方法如下：

```
mapObj = containers.Map({key1, key2, …}, {val1, val2, …})
```

当键和值是字符串时，需要对上述语法稍作变更，即

```
mapObj = containers.Map({'keystr1', 'keystr2', …}, {val1, val2, …})
```

【例 2-19】　创建 Map 对象。

在命令行窗口输入：

```
clear,clc
k = {'Jan', 'Feb', 'Mar', 'Apr', 'May', 'Jun', 'Jul', 'Aug', 'Sep', 'Oct', 'Nov', 'Dec',
'Annual'};
v = {327.2, 368.2, 197.6, 178.4, 100.0,  69.9, 32.3, 37.3, 19.0, 37.0, 73.2, 110.9,
1551.0};
rainfallMap = containers.Map(k, v)
whos rainfallMap
```

输出结果为:

```
rainfallMap =
  Map - 属性:
        Count: 13
      KeyType: char
    ValueType: double
  Name              Size            Bytes  Class            Attributes
  rainfallMap       13x1                8  containers.Map
```

此外，Map 对象的创建可以分为两个步骤：首先创建一个空 Map 对象，然后使用 keys 和 values 方法对其进行内容补充。空 Map 对象的创建方法如下：

```
newMap = containers.Map()
```

输入上述命令，得到的结果如下所示：

```
newMap =
  Map - 属性:
        Count: 0
      KeyType: char
    ValueType: any
```

2. 查看和读取 Map 对象

Map 对象中的每个条目包括两个部分：唯一的键及其对应的值。可以通过使用 keys 函数查看 Map 对象中包含的所有键、通过 values 函数查看所有的值。

【例 2-20】　查看 Map 对象。

在命令行窗口输入：

```
clear,clc
k = {'Jan', 'Feb', 'Mar', 'Apr', 'May', 'Jun', 'Jul', 'Aug', 'Sep', 'Oct', 'Nov', 'Dec',
'Annual'};
v = {327.2, 368.2, 197.6, 178.4, 100.0,  69.9, 32.3, 37.3, 19.0, 37.0, 73.2, 110.9,
1551.0};
rainfallMap = containers.Map(k, v);
kv=keys(rainfallMap)
vv=values(rainfallMap)
```

输出结果为:

```
kv =
  1×13 cell 数组
  列 1 至 7
    {'Annual'}    {'Apr'}    {'Aug'}    {'Dec'}    {'Feb'}    {'Jan'}    {'Jul'}
```

```
列 8 至 13
  {'Jun'}    {'Mar'}    {'May'}    {'Nov'}    {'Oct'}    {'Sep'}
vv =
  1×13 cell 数组
  列 1 至 5
    {[1551]}    {[178.4000]}    {[37.3000]}    {[110.9000]}    {[368.2000]}
  列 6 至 10
    {[327.2000]}    {[32.3000]}    {[69.9000]}    {[197.6000]}    {[100]}
  列 11 至 13
    {[73.2000]}    {[37]}    {[19]}
```

用户可以对 Map 对象进行数据的寻访。寻访指定键（keyName）所对应的值（valueName）使用的格式如下：

```
valueName = mapName（keyName）
```

当键名是一个字符串时，需使用单引号将键名括起来。

【例 2-21】 Map 对象数据寻访。
在命令行窗口输入：

```
clear,clc
k = {'Jan', 'Feb', 'Mar', 'Apr', 'May', 'Jun', 'Jul', 'Aug', 'Sep', 'Oct', 'Nov', 'Dec', 'Annual'};
v = {327.2, 368.2, 197.6, 178.4, 100.0, 69.9, 32.3, 37.3, 19.0, 37.0, 73.2, 110.9, 1551.0};
rainfallMap = containers.Map(k, v);
v5= rainfallMap ('May')
```

输出结果为：

```
v5 =
   100
```

如果需要对多个键进行访问，可以使用 values 函数，例如输入：

```
vs=values(rainfallMap, {'Jan', 'Dec', 'Annual'})
```

得到的结果为：

```
vs =
  1×3 cell 数组
    {[327.2000]}    {[110.9000]}    {[1551]}
```

注意 在对多个键进行访问时，不能像在其他数据类型中那样使用冒号"："，否则将导致错误的产生。

3. 编辑 Map 对象

（1）删除 keys/values 对
可以使用 remove 函数从 Map 对象中删除 keys/values 对。

【例 2-22】 删除 keys/values 对。
在命令行窗口依次输入：

```
clear,clc
k = {'Jan', 'Feb', 'Mar', 'Apr', 'May', 'Jun'};
v = {327.2, 368.2, 197.6, 178.4, 100.0, 69.9};
rainfallMap = containers.Map(k, v);
remove(rainfallMap, 'Jan');
ks=keys(rainfallMap)
vs=values(rainfallMap)
```

得到的结果为：

```
ks =
  1×5 cell 数组
    {'Apr'}    {'Feb'}    {'Jun'}    {'Mar'}    {'May'}
vs =
  1×5 cell 数组
    {[178.4000]}    {[368.2000]}    {[69.9000]}    {[197.6000]}    {[100]}
```

（2）添加 keys/values 对

可以直接向 Map 对象中删除 keys/values 对。

【例 2-23】　添加 keys/values 对。

在命令行窗口依次输入：

```
clear,clc
k = {'Jan', 'Feb', 'Mar', 'Apr', 'May', 'Jun'};
v = {327.2, 368.2, 197.6, 178.4, 100.0, 69.9};
rainfallMap = containers.Map(k, v);
rainfallMap('Jul')=33.3;
ks=keys(rainfallMap)
vs=values(rainfallMap)
```

得到的结果如下：

```
ks =
  1×7 cell 数组
    {'Apr'}    {'Feb'}    {'Jan'}    {'Jul'}    {'Jun'}    {'Mar'}    {'May'}
vs =
  1×7 cell 数组
    {[178.4000]}    {[368.2000]}    {[327.2000]}    {[33.3000]}    {[69.9000]}
{[197.6000]}    {[100]}
```

（3）修改 keys 与 values

如果在需要值不变的情况下对键名进行更改，首先要删除键名和对应的值，然后添加一个有正确键名的新条目。通过赋值操作，覆盖原有的值，即可对 Map 对象中的值进行修改。

【例 2-24】　修改 keys 与 values。

在命令行窗口输入：

```
clear,clc
k = {'Jan', 'Feb', 'Mar', 'Apr', 'May', 'Jun'};
v = {327.2, 368.2, 197.6, 178.4, 100.0, 69.9};
rainfallMap = containers.Map(k, v);
remove(rainfallMap, 'Jan');
```

```
rainfallMap('JAN')= 327;
rainfallMap(' Mar ')=33.3;
ks=keys(rainfallMap)
vs=values(rainfallMap)
```

程序运行结果为：

```
ks =
  1×7 cell 数组
    {' Mar '}    {'Apr'}    {'Feb'}    {'JAN'}    {'Jun'}    {'Mar'}    {'May'}
vs =
  1×7 cell 数组
    {[33.3000]}    {[178.4000]}    {[368.2000]}    {[327]}    {[69.9000]}
{[197.6000]}    {[100]}
```

2.1.7　数据类型识别与转换

数据类型识别用以确定变量的数据类型，常用到的函数如表 2.8 所示。

表 2.8　数据类型识别函数

函　　数	说　　明	函　　数	说　　明
isa	判断是否归属特定类	isnumeric	判断是否为数值数组
iscell	判断是否为单元数组	isobject	判断是否为 MATLAB 对象
iscellstr	判断是否为字符单元数组	isreal	判断是否为实数
ischar	判断是否为字符数组	isscalar	判断是否为标量
isfield	判断是否为类的字段	isstr	判断是否为字符串
isfloat	判断是否为浮点数	isstruct	判断是否为结构数组
ishghandle	判断是否为图形对象句柄	isvector	判断是否为向量
isinteger	判断是否为整数数组	class	判断对象所属的类
isjava	判断是否为 Java 类	validateattributes	验证数组有效性
islogical	判断是否为逻辑数组	whos	列举变量类型相关数据

MATLAB 提供了如表 2.9 所示的函数，用以完成不同数据类型间的转换。

表 2.9　数据类型转换函数

函　　数	说　　明	函　　数	说　　明
char	转换为字符类型	dec2bin	将十进制数值转化为二进制数值
int2str	将整数转换为字符串	dec2hex	将十进制数值转化为十六进制数值
mat2str	将矩阵转换为字符串	hex2dec	将十六进制数值转化为十进制数值
num2str	将数值转换为字符串	hex2num	将十六进制数值转化为双精度数值
str2double	将字符串数转换为浮点数	num2hex	将双精度数值转化为十六进制数值
str2num	将字符串数转换为数值	cell2mat	将单元数组转化为数值数组
native2unicode	将数值字节转换为 Unicode 字符	cell2struct	将单元数组转化为结构数组
unicode2native	将 Unicode 字符转换为数值字节	cellstr	从字符串中创建单元数组
base2dec	将以 N 为基的数值转化为十进制	mat2cell	将数值数组转化为单元数组
bin2dec	将二进制数值转化为十进制	num2cell	将数值数组转化为单元数组
dec2base	将十进制数值转化以为 N 为基数值	struct2cell	将结构数组转化为单元数组

【例 2-25】　将字符串数转换为浮点数。

在命令行窗口输入：

```
clear,clc
c = {'37.294e-1'; '-58.375'; '13.796'}
d = str2double(c)
```

得到的结果为：

```
c =
  3×1 cell 数组
    {'37.294e-1'}
    {'-58.375'  }
    {'13.796'   }
d =
    3.7294
  -58.3750
   13.7960
```

2.2　运算符与运算

MATLAB 中的运算符分为算术运算符、关系运算符和逻辑运算符三种。这三种运算符可以分别使用，也可以同时出现。在同一运算式中同时出现两种或两种以上运算符时，运算按优先级顺序进行：算术运算符优先级最高，其次是关系运算符，最低级别是逻辑运算符。

2.2.1　算术运算符

MATLAB 中的算术运算符有四则运算符和带点四则运算符等，相关运算法则如表 2.10 所示。

表 2.10　MATLAB 中的算术运算符

运　算　符	运算法则	运　算　符	运算法则
A+B	A 与 B 相加	A-B	A 与 B 相减
A*B	A 与 B 相乘	A.*B	A 与 B 相应元素相乘（A、B 为相同维度的矩阵）
A/B	A 与 B 相除（A、B 为数值或矩阵）	A./B	A 与 B 相应元素相除（A、B 为相同维度的矩阵）
A^B	A 的 B 次幂（A、B 为数值或矩阵）	A.^B	A 的每个元素的 B 次幂（A 相同维度的矩阵，B 为数值）

【例 2-26】　数值与矩阵的算术运算示例。

在命令行窗口输入：

```
clear,clc
A =2* eye(2)
B = ones(2)
C = A * B
D = A .* B
E=A.^2
```

输出结果为：

```
A =
    2    0
    0    2
B =
    1    1
    1    1
C =
    2    2
    2    2
D =
    2    0
    0    2
E =
    4    0
    0    4
```

2.2.2 关系运算符

MATLAB 带有 6 个关系运算符，其运算法则如表 2.11 所示。

表 2.11　MATLAB 中的关系运算符

关系运算符	关系说明	关系运算符	关系说明
<	小于	<=	小于等于
>	大于	>=	大于等于
==	等于	~=	不等于

‘==’和‘=’的区别在于：‘==’的运算法则是比较两个变量，当它们相等时返回 1，当它们不相等时返回 0；而‘=’则是被用来赋值的。

表 2.11 中的运算符可以用来对数值、数组、矩阵或是字符串等数据类型进行比较，也可以进行不同类型两个数据之间的比较。比较的方式根据所比较的两个数据类型的不同而不同。例如，对矩阵与一个标量进行比较时，即将矩阵中的每个元素与标量进行比较；而将结构相同的矩阵进行比较时，则将矩阵中的元素相互比较：关系运算符比较对应的元素，产生一个仅包含 1 和 0 的数值或矩阵。其元素代表的意义如下：

● 返回值为 1，比较结果是真。
● 返回值为 0，比较结果是假。

【例 2-27】 关系运算符运算。
在命令行窗口输入：

```
clear,clc
A=1:5, B=6-A
TrueorFalse1 = ( A>4 )
TrueorFalse2 = ( A==B )
TrueorFalse3 = ( A>B )
```

输出结果为：

```
A =
     1     2     3     4     5
B =
     5     4     3     2     1
TrueorFalse1 =
  1×5 logical 数组
   0   0   0   0   1
TrueorFalse2 =
  1×5 logical 数组
   0   0   1   0   0
TrueorFalse3 =
  1×5 logical 数组
   0   0   0   1   1
```

2.2.3　逻辑运算符

逻辑运算符提供组合或否定关系表达方法。MATLAB 逻辑运算符如表 2.12 所示。

表 2.12　MATLAB 中的逻辑运算符

逻辑运算符	说　明
&	与
|	或
~	非

【例 2-28】　逻辑运算符的运用。

在命令行窗口输入：

```
clear,clc
A=1:5, B=6-A
TrueorFalse1 =~ ( A>4 )
TrueorFalse2 =(A>1)&(A<5)
TrueorFalse3 =(A>3)|(B>3)
```

输出结果为：

```
A =
     1     2     3     4     5
B =
     5     4     3     2     1
TrueorFalse1 =
  1×5 logical 数组
   1   1   1   1   0
TrueorFalse2 =
  1×5 logical 数组
   0   1   1   1   0
TrueorFalse3 =
  1×5 logical 数组
   1   1   0   1   1
```

　　逻辑运算符与关系运算符一样可以进行矩阵与数值之间的比较,方式为将矩阵的每一个元素都与数值进行比较,比较结果为相同维数的矩阵,矩阵的每一个元素都代表比较矩阵中相同位置上的元素与数值的逻辑运算结果。

　　使用逻辑运算符比较两个相同维数的矩阵时,按元素来进行比较,其结果是一个包含1和0的矩阵。0元素表示逻辑为假,1元素表示逻辑为真。

- A&B:返回一个与 A 和 B 相同维数的矩阵。在这个矩阵中,A 和 B 对应元素都为非零时,对应项为 1,否则为 0。
- A|B:返回一个与 A 和 B 相同维数的矩阵。在这个矩阵中,A 和 B 对应元素只要有一个为非零,对应项为 1,否则为 0。
- ~A:返回一个与 A 相同维数的矩阵。在这个矩阵中,A 是零时,对应项为 1,否则为 0。

　　除了上面的逻辑运算符,MATLAB 还提供了各种逻辑函数,如表 2.13 所示。

表 2.13　MATLAB 部分逻辑函数

函　　数	运算法则
xor(x,y)	异或运算。x 与 y 不同时,返回 1;否则返回 0
any(x)	● 向量 x 中有任何元素是非零,返回 1;否则返回 0 ● 矩阵 x 中的每一列有非零元素,返回 1;否则返回 0
all(x)	● 向量 x 中所有元素非零,返回 1;否则返回 0 ● 矩阵 x 中的每一列所有元素非零,返回 1;否则返回 0

2.2.4　运算优先级

　　MATLAB 中具体的运算优先级排列如表 2.14 所示。在表达式中,算术运算符优先级最高,其次是关系运算符,最后是逻辑运算符。需要时,可通过加括号来改变运算顺序。

表 2.14　运算优先级

优　先　级	运算法则	优　先　级	运算法则
1	括号—— ()	6	关系运算—— >, >=, <, <=, ==, ~=
2	转置和乘幂—— ', ^, .^	7	逐个元素的逻辑与—— &
3	一元加减运算和逻辑非—— +, -, ~	8	逐个元素的逻辑或—— |
4	乘除,点乘,点除—— *, /, .*, ./	9	捷径逻辑与—— &&
5	冒号运算—— :	10	捷径逻辑或—— ||

注:优先级数值越小,优先级别越高。在表达式的书写中,建议采用括号的方式明确运算的先后顺序。

2.3　字符串处理

　　MATLAB 提供了大量的字符串函数,如表 2.15 所示。

表 2.15　字符串相关函数

函　　数	函数功能	函　　数	函数功能
eval(string)	作为一个 MATLAB 命令求字符串的值	isspace	空格字符存在时返回真值
blanks(n)	返回一个 n 个零或空格的字符串	isstr	输入是一个字符串，返回真值
deblank	去掉字符串中后拖的空格	lasterr	返回上个 MATLAB 所产生错误的字符串
feval	求由字符串给定的函数值	strcmp	字符串相同时返回真值
findstr	从一个字符串内找出字符串	strrep	用一个字符串替换另一个字符串
isletter	字母存在时返回真值	strtok	在一个字符串里找出第一个标记

2.3.1　字符串构造

字符串或字符串数组的构造可以通过直接给变量赋值来实现，字符串的内容需要写在单引号内；如果字符串的内容包含单引号，就需要以两个重复的单引号来表示。

构造多行字符串时，如果字符串内容写在[]内，那么多行字符串的长度必须相同；如果字符串内容写在{}内，则字符串的长度可以不同。

【例 2-29】　直接赋值构造字符串。
在命令行窗口输入：

```
clear,clc
Str1='How are you?', Str2='Fine, thank you.', Str = strcat( Str1, Str2)
Str_mat1 = {'July';'August';'September';}
Str_mat2 = ['July';'August';'September';]%将报错，如结果输出部分
```

输出结果为：

```
Str1 =
    'How are you?'
Str2 =
    'Fine, thank you.'
Str =
    'How are you?Fine, thank you.'
Str_mat1 =
  3×1 cell 数组
    {'July'     }
    {'August'   }
    {'September'}
错误使用 vertcat
要串联的数组的维度不一致。
```

MATLAB 还提供了 strvcat 函数和 char 函数，用于纵向连接多个字符串。

strvcat 函数连接多行字符串时，每行字符串的长度不要求相等，所有非最长字符串的右边会自动补偿空格，使每行字符串的长度相同。

char 函数与 strvcat 函数类似，不过当多行字符串中有空字符串时，strvcat 函数会自动进行忽略，而 char 函数会把空字符串也用空格补偿后再进行连接。

【例2-30】 连接字符串。

在命令行窗口输入：

```
clear,clc
A='Top';  B='Middle';  C='Bottom';
CAT1=strvcat(A,B,C),CAT2=char(A,B,C),size=[size(CAT1);size(CAT2)]
```

输出结果为：

```
CAT1 =
  3×6 char 数组
    'Top   '
    'Middle'
    'Bottom'
CAT2 =
  3×6 char 数组
    'Top   '
    'Middle'
    'Bottom'
size =
    3     6
    3     6
```

2.3.2 字符串比较

有时需要比较两个字符串之间的关系，既可以使用关系运算符，也可以使用 strcmp 函数。

【例2-31】 比较字符串。

在命令行窗口输入：

```
clear,clc
A1 = ('Hello' == 'World')
B1 = ('Hello' == 'Hello')
A2 = strcmp('Hello', 'World')
B2 = strcmp('Hello', 'Hello')
```

输出结果为：

```
A1 =
  1×5 logical 数组
   0  0  0  1  0
B1 =
  1×5 logical 数组
   1  1  1  1  1
A2 =
  logical
   0
B2 =
  logical
   1
```

使用关系运算符进行比较时，返回值是一个与字符串长度相同大小的数组，这时要求被比较的两个字符串的长度必须相同；strcmp 函数用于判断两个字符串是否相同时，没有被比较的两个字符串长度必须相同的要求，返回值为数值 0 或 1。

2.3.3　查找与替换

通过 findstr 函数可以实现字符串的查找与搜索。

通过对字符串数组中相应的元素直接赋值可以实现字符串的替换，也可以使用 strrep 函数来实现字符串的替换。

【例 2-32】　查找与替换字符串。

在命令行窗口输入：

```
clear,clc
string =' You smile like sunshine. ' ;
spacePos=findstr(string,' ')          %搜索字符串内的空格位置
ePos= findstr(string,'e')             %搜索字母 e
ouPos= findstr(string,'ou')           %搜索字符串 ou
dstring=' We smile like sunshine. '
idstring= strrep( string, ' You', 'We')
```

输出结果为：

```
spacePos =
    1    5   11   16   26
ePos =
   10   15   24
ouPos =
    3
dstring =
   ' We smile like sunshine. '
idstring =
   'We smile like sunshine. '
```

- findstr 函数对字母的大小写敏感。
- findstr 函数对字符串矩阵不起作用，因此对字符串矩阵的搜索只能先通过循环索引矩阵内的元素再进行搜索。
- 直接赋值方法并不能使两个不同长度的字符串相互替换，而 strrep 函数可以替换两个任意长度的字符串。与 findstr 函数类似，strrep 对字符串矩阵不起作用。

2.3.4　字符串类型转换

MATLAB 还提供了大量字符串与各种数据类型之间的转换函数，如表 2.16 所示。

表 2.16　字符串类型与数据类型转换函数

函数名称	函数功能	函数名称	函数功能
abs	字符串转换成 ASCII	num2str	数字转换成字符串
dec2hex	十进制数转换成十六进制字符串	setstr	ASCII 转换成字符串

函数名称	函数功能	函数名称	函数功能
fprintf	把格式化文本写到文件或显示屏	sprintf	用格式控制，数字转换成字符串
hex2dec	十六进制字符串转换成十进制数	sscanf	用格式控制，字符串转换成数字
hex2num	十六进制字符串转换成浮点数	str2mat	字符串转换成一个文本矩阵
int2str	整数转换成字符串	str2num	字符串转换成数字
lower	字符串转换成小写	upper	字符串转换成大写

【例2-33】 将数字转换成字符串。

在命令行窗口输入：

```
clear,clc
r=4;  a=pi*r^2;
string =[' A circle of radius '  num2str(r)  ' has an area of ' num2str(a) ' .' ] ;
disp(string)
```

输出结果为：

```
A circle of radius 4 has an area of 50.2655 .
```

2.4　矩　阵　基　础

矩阵的基本操作主要包括构造矩阵、改变矩阵维度与矩阵大小、矩阵索引、获取矩阵属性信息等。MATLAB 提供了相应的命令或相应的库函数。

2.4.1　有关概念

有关矩阵的概念，可以参考有关的数学书籍，这里不再赘述。向量本质上是一维矩阵，在使用 MATLAB 进行科学计算时基本不区分矩阵与向量，因此需要注意。

在程序设计中，可把具有相同类型的若干变量按有序的形式组织起来，这些按序排列的同类数据元素的集合称为数组。

矩阵和数组在 MATLAB 中的区别主要表现在两方面：

- 矩阵是数学上的概念，而数组是计算机程序设计领域的概念。
- 矩阵作为一种变换或者映射运算符的体现，其运算有着明确而严格的数学规则；而数组运算是 MATLAB 软件定义的规则。

两者的联系主要体现在，矩阵是以数组的形式存在的，一维数组相当于向量，二维数组相当于矩阵，可将矩阵视为数组的子集。

2.4.2　创建矩阵

矩阵可以通过两种方式创建：

- 对变量直接进行赋值。
- 使用 MATLAB 提供的特殊矩阵创建函数，如表 2.17 所示。

表 2.17　特殊矩阵的创建函数

函数名称	函数功能
ones(n)	构建一个 n×n 的 1 矩阵
ones(m , n ,…, p)	构建一个 m×n×…×p 的 1 矩阵
ones(size(A))	构建一个和矩阵 A 同样大小的 1 矩阵
zeros(n)	构建一个 n×n 的 0 矩阵
zeros(m , n ,…, p)	构建一个 m×n×…×p 的 0 矩阵
zeros(size(A))	构建一个和矩阵 A 同样大小的 0 矩阵
eye(n)	构建一个 n×n 的单位矩阵
eye(m, n)	构建一个 m×n 的单位矩阵
eye(size(A))	构建一个和矩阵 A 同样大小的单位矩阵
magic(n)	构建一个 n×n 的矩阵，其每一行、每一列的元素之和都相等
rand(n)	构建一个 n×n 的矩阵，其元素为 0~1 之间均匀分布的随机数
rand(m , n ,…, p)	构建一个 m×n×…×p 的矩阵，其元素为 0~1 之间均匀分布的随机数
randn(n)	构建一个 n×n 的矩阵，其元素为零均值、单位方差的正态分布随机数
randn(m , n ,…, p)	构建一个 m×n×…×p 的矩阵，其元素为零均值、单位方差的正态分布随机数
diag(x)	构建一个 n 维的方阵，它的主对角线元素值取自向量 x，其余元素的值都为 0
diag(A , k)	构建一个由矩阵 A 第 k 条对角线的元素组成的列向量
diag(x , k)	构建一个(n+|k|)×(n+|k|)维的矩阵，该矩阵的第 k 条对角线元素取自向量 x，其余为零
triu(A)	构建一个和 A 大小相同的上三角矩阵，主对角线上元素为 A 中相应元素，其余为 0
triu(A , k)	构建一个和 A 大小相同的上三角矩阵，第 k 条对角线上元素与 A 相同，其余为 0
tril(A)	构建一个和 A 大小相同的下三角矩阵，主对角线上元素与 A 相同，其余为 0
tril(A , k)	构建一个和 A 大小相同的下三角矩阵，第 k 条对角线上元素与 A 相同，其余为 0

注：k=0 为主对角线；k<0 为下第 k 对角线；k>0 为上第 k 对角线。

下面介绍简单矩阵和特殊矩阵的创建方法。

1. 创建简单矩阵

采用矩阵构造符号——方括号"[]"，将矩阵元素置于方括号内，同行元素之间用空格或逗号来隔开、行与行之间用分号"；"隔开。

【例 2-34】　创建简单矩阵。

在命令行窗口输入命令：

```
clear,clc
A = [1,2,3;4,6,8]          % 使用逗号和分号构造矩阵
B = [2 3 4;3 2 1]          % 使用空格和分号构造矩阵
V1 = [6,9,12,3]            % 构造行向量
V2 = [1;8]                 % 构造列向量
```

程序运行过程中的输出为：

```
A =
    1    2    3
    4    6    8
B =
    2    3    4
    3    2    1
V1 =
    6    9   12    3
V2 =
    1
    8
```

2. 创建特殊矩阵

使用表 2.17 中的命令可以创建特殊矩阵。

【例 2-35】 创建特殊矩阵。
在命令行窗口输入：

```
clear,clc
OnesMat= ones(2)
ZerosMat= zeros(2)
IdenMat = eye(2)
IdenMat23 = eye(2, 3)
IdenMat32 = eye(3, 2)
```

输出结果为：

```
OnesMat =
    1    1
    1    1
ZerosMat =
    0    0
    0    0
IdenMat =
    1    0
    0    1
IdenMat23 =
    1    0    0
    0    1    0
IdenMat32 =
    1    0
    0    1
    0    0
```

3. 创建空矩阵

使用[]代表空矩阵，可以通过直接赋值的方法来创建空矩阵。

2.4.3　改变矩阵结构

　　矩阵大小和结构可以改变,实现的方式主要有旋转矩阵、改变矩阵维度、删除矩阵元素等。MATLAB 提供的此类函数如表 2.18 所示。

表 2.18　矩阵结构改变函数

函数名称	函数功能
fliplr(A)	矩阵每一行均进行逆序排列
flipud(A)	矩阵每一列均进行逆序排列
flipdim(A, dim)	生成一个在 dim 维矩阵 A 内的元素交换位置的多维矩阵
rot90(A)	生成一个由矩阵 A 逆时针旋转 90° 而得的新阵
rot90(A, k)	生成一个由矩阵 A 逆时针旋转 $k \times 90°$ 而得到的新阵
reshape(A , m , n)	生成一个 $m \times n \times \cdots \times p$ 维的矩阵,其元素以线性索引的顺序从矩阵 A 中取得
repmat(A,[m n···p])	创建一个和矩阵 A 有相同元素的 $m \times n \times \cdots \times p$ 维的矩阵
repmat(x,[m n···p])	创建一个 $m \times n \times \cdots \times p$ 的多维矩阵,所有元素的值都为标量 x
shiftdim(A , n)	矩阵的列移动 n 步。n 为正数,矩阵向左移;n 为负数,矩阵向右移
squeeze(A)	返回没有空维的矩阵 A
cat(dim, A, B)	将矩阵 A 和 B 组合成一个 dim 维的矩阵
permute(A, order)	根据向量 order 来改变矩阵 A 中的维数顺序
ipermute(A, order)	进行命令 permute 的逆变换
sort(A)	对矩阵升序排序并返回排序后矩阵。当 A 为二维矩阵时,对每列分别排序
sort(A, dim)	对矩阵升序排序并返回排序后矩阵。dim=1 时,对每列排序;dim=2 时,对每行排序
sort(A, dim, mode)	mode 为'ascend'时,进行升序排序;mode 为'descend'时,进行降序排序

　　【例 2-36】　矩阵的旋转与维度的改变。

在命令行窗口输入:

```
clear,clc
A = [1,2,3;4,6,8]
B= reshape(A, 2, 3)
C= fliplr(A )
D= rot90(A)
E= repmat(A,[1 2])
```

输出结果为:

```
A =
    1    2    3
    4    6    8
B =
    1    2    3
    4    6    8
C =
    3    2    1
    8    6    4
```

```
D =
     3     8
     2     6
     1     4
E =
     1     2     3     1     2     3
     4     6     8     4     6     8
```

2.4.4 矩阵下标

矩阵元素索引可分为双下标索引和单下标索引。

● 双下标索引通过两个下标对来对应元素在矩阵中的行列位置。例如，A(2,3)表示矩阵 A 中第 2 行第 3 列的元素。

● 单下标索引通过一个下标对来对应元素在矩阵中的行列位置，其采用列元素优先的原则，对 m 行 n 列的矩阵按列排序，重组成为一维数组，再取新的一维数组中的元素位置作为元素在矩阵中的单下标。例如，对于 3×4 的矩阵，A(7)表示矩阵 A 中第 1 行第 3 列的元素，而 A(9)表示矩阵 A 中第 3 行第 3 列的元素。

下面介绍访问矩阵元素的具体方法。

1. 矩阵下标引用

常用的矩阵索引表达式如表 2.19 所示。

表 2.19 矩阵的索引表达式

索引表达式	说　明
A(i)	将二维矩阵 A 重组为一维数组，返回数组中第 i 个元素
A(:,j)	返回二维矩阵 A 中第 j 列列向量
A(i,:)	返回二维矩阵 A 中第 i 行行向量
A(:,j:k)	返回由二维矩阵 A 中的第 j 列到第 k 列列向量组成的子阵
A(i:k,:)	返回由二维矩阵 A 中的第 i 行到第 k 行行向量组成的子阵
A(i:k,j:l)	返回由二维矩阵 A 中的第 i~k 行行向量和第 j~l 列列向量的交集组成的子阵
A(:)	将矩阵 A 中的每列合并成一个长的列向量
A(j:k)	返回一个行向量，其元素为 A(:)中的第 j 个元素到第 k 个元素
A([j1 j2…])	返回一个行向量，其中的元素为 A(:)中的第 j1、j2 个元素
A(:,[j1 j2…])	返回矩阵 A 中第 j1 列、第 j2 列等的列向量
A([i1 i2…]:,)	返回矩阵 A 中第 i1 行、第 i2 行等的行向量
A([i1 i2…],[j1 j2…])	返回矩阵第 i1 行、第 i2 行等和第 j1 列、第 j2 列等的元素

【例 2-37】 矩阵下标的引用示例。

在命令行窗口输入：

```
clear,clc
M= magic(5)
SubM = M( 2:3, 3:4 )
AM = M ( [7:8 16:18] )
```

输出结果为：

```
M =
    17    24     1     8    15
    23     5     7    14    16
     4     6    13    20    22
    10    12    19    21     3
    11    18    25     2     9
SubM =
     7    14
    13    20
AM =
     5     6     8    14    20
```

2．引用转换

矩阵中某一元素的单下标索引值和双下标索引值可以通过 sub2ind 函数进行转换。

【例 2-38】　单双下标索引值转换。

在命令行窗口输入：

```
clear,clc
ind = sub2ind([3 4], 1,3)
[I J]= ind2sub([3 4], 7)
```

输出结果为：

```
ind =
     7
I =
     1
J =
     3
```

3．访问多个矩阵元素

【例 2-39】　访问多个矩阵元素。

在命令行窗口输入：

```
clear,clc
A=magic(3)
A1= A(1:2:9)
A2= A(1:3,1:2)
```

输出结果为：

```
A =
     8     1     6
     3     5     7
     4     9     2
A1 =
     8     4     5     6     2
```

```
A2 =
    8    1
    3    5
    4    9
```

2.4.5 矩阵信息

矩阵的信息主要包括矩阵结构、矩阵大小、矩阵维度、矩阵的数据类型及内存占用等。

1. 矩阵结构

矩阵的结构是指矩阵子元素的排列方式。MATLAB 提供了如表 2.20 所示的结构判断函数。这类函数的返回值是逻辑类型的数据：返回值为"1"表示该矩阵是某特定类型的矩阵，返回值为"0"表示该矩阵不是某特定类型的矩阵。

表 2.20　矩阵结构判断函数

函数名称	函数功能
isempty(A)	判断矩阵是否为空
isscalar(A)	判断矩阵是否是单元素的标量矩阵
isvector (A)	判断矩阵是否是只具有一行或一列元素的一维向量
issparse(A)	判断数组是否为稀疏矩阵

【例 2-40】　矩阵结构判断函数的使用方法。

在命令行窗口输入：

```
clear,clc
A=magic(3);
p1=isempty(A)        % 判断矩阵 A 是否为空矩阵
p2=isscalar(A)       % 判断矩阵 A 是否为标量
p3=isvector(A)       % 判断矩阵 A 是否为向量
p4=issparse(A)       % 判断矩阵 A 是否为稀疏矩阵
```

输出结果为：

```
p1 =
  logical
   0
p2 =
  logical
   0
p3 =
  logical
   0
p4 =
  logical
   0
```

2. 矩阵大小

矩阵的形状信息通常包括：

- 矩阵的维数。
- 矩阵各维长度。
- 矩阵元素个数。

MATLAB 提供了 4 个函数，分别用于获取矩阵形状以上三方面的相关信息，如表 2.21 所示。

表 2.21　矩阵形状信息查询函数

函　　数	调用格式	描　　述
ndims	nd=ndims(X)	获取矩阵维数
size	[r,c]=size(X)	获取矩阵各维长度
length	l=length(X)	获取矩阵最长维长度
numel	n=numel(X)	获取矩阵元素个数

【例 2-41】　矩阵形状信息查询函数的使用。

在命令行窗口输入：

```
clear,clc
X=[magic(3) [1 1 1]']
nd=ndims(X)
[r,c]=size(X)
l=length(X)
n=numel(X)
```

输出结果为：

```
X =
    8    1    6    1
    3    5    7    1
    4    9    2    1
nd =
    2
r =
    3
c =
    4
l =
    4
n =
   12
```

3. 矩阵维度

MATLAB 将空矩阵、标量矩阵、一维矩阵和二维矩阵都作为普通二维数组对待，并提供 ndims 函数计算矩阵维度。

【例 2-42】　矩阵维度。

在命令行窗口输入：

```
clear,clc
A = [];
```

```
B = 5;
C = 1:3;
D = zeros(2);
E(:,:,2) = [1 2; 3 4];
Nd= [ndims(A) ndims(B) ndims(C) ndims(D) ndims(E)]
```

输出结果为：

```
Nd =
    2    2    2    2    3
```

4. 矩阵数据类型

矩阵的元素可以使用各种各样的数据类型，对应不同数据类型的元素，可以是数值、字符串、单元数组、结构等。

MATLAB 中提供了一系列关于数据类型的判断函数，如表 2.22 所示。这类函数的返回值是逻辑类型数据：返回值为"1"表示是某一特定的数据类型，返回值为"0"表示不是该特定的数据类型。

表 2.22　矩阵数据类型的测试函数

函数名称	函数功能	函数名称	函数功能
isnumeric	判断矩阵元素是否为数值型变量	ischar	判断矩阵元素是否为字符型变量
isreal	判断矩阵元素是否为实数数值型变量	isstruct	判断矩阵元素是否为结构体型变量
isfloat	判断矩阵元素是否为浮点数值型变量	iscell	判断矩阵元素是否为元胞型变量
isinteger	判断矩阵元素是否为整数型变量	iscellstr	判断矩阵元素是否为结构体的单元数组型变量
islogical	判断矩阵元素是否为逻辑型变量		

【例 2-43】　判断矩阵元素的数据类型。

在命令行窗口输入：

```
clear,clc
A =[magic(3) [1 1 1]'];
p1=isnumeric(A)
p2=isfloat(A)
p3=islogical(A)
```

得到的结果为：

```
p1 =
  logical
   1
p2 =
  logical
   1
p3 =
  logical
   0
```

5. 矩阵占用的内存

可以通过 whos 命令查看当前工作区中指定变量的所有信息，包括变量名、矩阵大小、内存占用和数据类型等。

【例 2-44】　查看矩阵占用的内存。

在命令行窗口输入：

```
clear,clc
Matrix = rand(3)
whos Matrix
```

输出结果如下：

```
    0.2238    0.5060    0.9593
    0.7513    0.6991    0.5472
    0.2551    0.8909    0.1386
  Name        Size            Bytes  Class      Attributes
  Matrix      3x3                72  double
```

2.5　本 章 小 结

　　本章中涉及的基础知识包括 MATLAB 数据类型、MATLAB 运算符与运算、字符串处理、矩阵基础知识，这些知识的学习旨在建立起对 MATLAB 的基础认识。在接下来的章节里，将应用这些知识来深入学习 MATLAB。

第 3 章 数据输入输出基础

MATLAB 提供了许多文件输入输出（I/O）操作命令，用户可以很方便地对二进制文件或 ASCII 文件进行打开、关闭和存储等操作。本章将介绍 MATLAB 与文件的数据交换等操作。

知识要点

- 打开与关闭文件
- 读写二进制文件
- 读写文本文件
- 数据导入

3.1 打开与关闭文件

打开和关闭文件是在使用 MATLAB 进行编程时经常要遇到的操作，下面将具体讲述这两种操作。

3.1.1 打开文件

操作系统一般都要求程序在使用或者创建一个磁盘文件时必须向操作系统发出打开文件的命令，且在使用完毕后还必须通知操作系统关闭这些文件。

MATLAB 通过使用 fopen 函数来实现上述功能。该函数的语法结构为：

`fid=fopen('filename', 'permission')` %filename 是将要打开文件的文件名称，permission 为要对文件进行处理的方式代号，fid 为文件标识

permission 可以为下列字符串：

- 'r': 只读文件（reading）。
- 'w': 只写文件，创建新文件或覆盖文件原有内容。
- 'a': 增补文件，打开或创建新文件，并在文件尾增加数据。
- 'r+': 读写文件。
- 'w+': 创建新文件或覆盖文件原有内容。
- 'a+': 打开或创建新文件，并读取或增补文件。

文件可以以二进制或者文本的形式打开（默认情况下是前者）。

- 在二进制形式下，字符串不会被特殊对待。
- 如果要求以文本形式打开，就在 permission 字符串后面加't'，例如'rt+'、'w+t'等。需要说明的是，在 UNIX 下，文本形式和二进制形式没有什么区别。

　　fid 是一个非负整数，称为文件标识，对于文件的任何操作都是通过这个标识值来传递的，MATLAB 通过这个值来标识已打开的文件，实现对文件的读、写和关闭等操作。

　　正常情况下 fid 是一个非负整数，这个值是由操作系统设定的。如果返回的文件标识为'-1'，则表示 fopen 无法打开该文件，原因可能是该文件不存在；而以'r'或'r+'方式打开时，可能是用户无权限打开此文件。

　　在程序设计中，每次打开文件都要进行打开操作是否正确的测试。如果要知道 fopen 操作失败的原因，可以使用下列方式来完成。

【例 3-1】　以只读方式打开 log、exp、cos 函数和不存在的 tttt 函数对应的文件。

在命令行窗口中输入：

```
[fid1,messange1]=fopen('log.m','r')
[fid2,messange2]=fopen('exp.m','r')
[fid3,messange3]=fopen('cos.m','r')
[fid4,messange4]=fopen('tttt.m','r')
```

输出结果为：

```
fid1 =
    3
messange1 =
  空的 0×0 char 数组
fid2 =
    4
messange2 =
  空的 0×0 char 数组
fid3 =
    5
messange3 =
  空的 0×0 char 数组
fid4 =
   -1
messange4 =
    'No such file or directory'
```

注意

需要说明的是，前面几条语句返回值仅是标识，不代表具体的文件，且在不同的情况下运行时数值可能不同。

　　在程序设计中，为了后续操作的顺利进行，每次打开文件都要判断是否正确打开文件，具体代码如下：

```
[fid,message]=fopen('filename','r');
if fid==-1
    disp(message);
end
```

【例 3-2】　如果目标文件存在，用函数 fopen 按只读的方式打开文件。

在命令行窗口中输入：

```
[fid,message]=fopen('tan.m','r')
 if fid==-1
disp(message)
end
```

输出结果为：

```
fid =
     6
message =
  空的 0×0 char 数组
```

3.1.2 关闭文件

文件打开并完成读写操作后，必须关闭文件，以免打开文件过多而造成系统资源浪费。关闭文件的命令为：

```
status=fclose(fid)
```

其中 fid 参数为关闭文件的文件标识，是打开该文件时的返回值；如果关闭成功，则返回 status 值为 0，否则返回-1。

【例 3-3】　打开与关闭文件。

在命令行窗口中输入：

```
[fid1,messange1]=fopen('log.m','r') ;      %打开文件
[fid2,messange2]=fopen('exp.m','r');       %打开文件
[fid3,messange3]=fopen('cos.m','r');       %打开文件
status1=fclose(fid1);                      %关闭文件
status2=fclose(fid2);                      %关闭文件
status3=fclose(fid3);                      %关闭文件
status=[status1 status2 status3]
```

输出结果为：

```
status =
    0    0    0
```

上述命令打开并关闭了文件标识为 fid1~ fid3 的文件，如果要一次关闭所有打开的文件，则需执行下面的代码：

```
status=fclose('all')
```

通过检查 status 的值可以确认文件是否关闭。

在某些情况下，可能需要用到暂存目录及临时文件，要取用系统的暂存目录，tempdir 函数可以实现这一功能，输入如下命令：

```
directory=tempdir
```

输出结果可能如下：

```
directory =C:\Users\ADMINI~1\AppData\Local\Temp\
```

要打开一个临时文件，可用 tempname 命令：

```
filename=tempname
```

输出结果可能如下：

```
filename =
C:\Users\ADMINI~1\AppData\Local\Temp\tp3cf05588_7631_4c4d_a931_663146207ca1
```

在使用文件打开或关闭函数时，尽量不要将对文件的打开和关闭操作放置于循环中来提高程序的效率。

3.2 读写二进制文件

MATLAB 中的二进制文件通常包括*.bin、*.dat 等文件。在 MATLAB 中，二进制文件相对于文本文件或 XML 文件，更加容易进行操作，使用起来也更加方便。MATLAB 提供 fwrite 函数用于写二进制文件、fread 函数用于读二进制文件。

3.2.1 写二进制文件

写二进制文件的操作函数主要包括 fwrite 函数。该函数的作用是将一个矩阵的元素按所定的二进制格式写入已经打开的文件中，并返回成功写入的数据个数。调用格式为：

```
count=fwrite(fid,a,precision)    %fid 是从 fopen 得到的文件标识，a 是待写入的矩阵，precision
```
设定了结果的精度，可用的精度类型见 fread 中的叙述

【例 3-4】 写二进制文件。
在命令行窗口中输入：

```
fid=fopen('example.bin','w');
count=fwrite(fid,magic(5),'int32');
status=fclose(fid)
```

输出结果为：

```
count =
    25    %代表输入数据的个数为 25
status =
     0    %代表文件已正常关闭
```

此时，example.bin 中存储了 5×5 个 32 位整型数据，即 5 阶方阵的数据，每个数据占用 4 个字节的存储单位，数据类型为整型，输出变量 count 值为 25。由于是二进制文件，因此无法用 type 命令来显示文件内容，如果要查看，可使用以下命令：

```
fid=fopen('example.bin','r')
data= reshape(fread(fid,count,'int32'),5,5)
fclose(fid);
```

中间一条命令涉及的 fread 函数将在下一小节讲述。
命令行窗口中的输出结果为：

```
fid =
    5
```

```
data =
    17    24     1     8    15
    23     5     7    14    16
     4     6    13    20    22
    10    12    19    21     3
    11    18    25     2     9
```

3.2.2 读二进制文件

fread 函数可用于读二进制文件,作用是将二进制文件中的数据读入内存中。其最基本的调用形式为:

`data=fread(fid)`   %fid 是从 fopen 中得来的文件标识。MATLAB 读取整个文件并将文件指针放在文件末尾处(在下文的 feof 命令介绍中有详细解释)

例如,创建文件 e1.m,内容如下:

```
a=[5,20,35,14,36];
b=[0.88,15.24,1555.00,1506.20,2556.68];
figure(1)
plot(a,b)
```

【例 3-5】 读二进制文件 e1.m。
在命令行窗口中输入:

```
fid=fopen('e1.m','r')       %打开文件
data=fread(fid);            %读文件
disp(char(data'))           %显示内容
```

输出结果为:

```
fid =   5                   %可能会不同
a=[5,20,35,14,36];
b=[0.88,15.24,1555.00,1506.20,2556.68];
figure(1)
plot(a,b)
```

此外,使用 char 将 data 转换为 ASCII 字符的方法如下所示。
在命令行窗口中输入:

```
fid=fopen('e1.m','r')       %打开文件
data=fread(fid);            %读文件
disp((data'))               %显示内容
```

注意　data'代表 data 数组的转置,这里是为了方便阅读。

输出结果为:

```
fid =
     6
    97    61    91    53    44    50    48    44    51    53    44    49    52
    44    51    54    93    59    13    10    98    61    91    48    46    56
    56    44    49    53    46    50    52    44    49    53    53    53    46
    48    48    44    49    53    48    54    46    50    48    44    50    53
```

53	54	46	54	56	93	59	13	10	102	105	103	117
114	101	40	49	41	13	10	112	108	111	116	40	97
44	98	41	13	10								

可以设置函数 fread 的参数来控制返回矩阵的大小和形式，具体通过 fread 的第 2 个输入变量来实现，格式如下：

```
a=fread(fid,size)
```

有效的 size 输入包括 3 种。

- n：读取前 n 个整数，并写入一个列向量中。
- inf：读至文件末尾，并写入一个列向量中。
- [m,n]：读取数据到 m×n 的矩阵中，按列排序，n 可以是 inf，m 不可以是 inf。

【**例 3-6**】 控制返回矩阵的大小和形式。

在命令行窗口中输入：

```
fid=fopen('e1.m ','r');        %打开文件
data1=(fread(fid,3))'          %读文件前 3 个 ASCII 字符编码
data2=fread(fid,[2,5])         %读文件接下来 10 个 ASCII 字符编码，并排成矩阵
```

命令行窗口中的输出结果为：

```
data1 =
   97    61    91
data2 =
   53    50    44    53    49
   44    48    51    44    52
```

后一个 fread 读取的数据是紧接第一个 fread 读取的数据。

fread 命令还有第 3 个输入变量，用来控制二进制数据转换成 MATLAB 矩阵时所用的精度，命令格式为：

```
a=fread(fid,size,precision)
```

precision 包括两部分：数据类型定义（如 int、float 等）与一次读取的位数，默认情况下为 uchar（8 位字符型）。

3.3 读写文本文件

MATLAB 提供读写文本文件的函数包括 fprintf、fgetl 和 fgets 等，下文结合示例介绍使用这些函数进行读写操作的方法。

3.3.1 写文本文件

fprintf 函数将数据转换成指定格式字符串，写入文本文件中。其调用格式可以为：

```
count=fprintf(fid,format,y)
```

其中 fid 是要写入的文件标识，由 fopen 函数产生；format 是格式类型标识，用以指定数据写入文件的格式；y 是 MATLAB 的数据变量；count 是返回的成功写入的字节数。

fid 值也可以是代表标准输出的 1 和代表标准出错的 2，如果 fid 字段省略，则默认值为 1，此时将结果输出到屏幕上。常用的格式类型标识如下：

- %e　科学记数形式，即数值表示成 $a \times 10^b$ 形式。
- %f　固定小数点位置的数据形式。
- %g　在上述两种格式中自动选取较短的格式。

该函数可以使用一些特殊格式（如\n、\r、\t、\b、\f 等）来产生换行、回车、tab、退格等字符，并用\\来产生反斜线符号\、用%%来产生百分号。此外，该函数还可以包括数据占用的最小宽度和数据精度的说明。

【例 3-7】　写文本文件。

在命令行窗口中输入：

```
clear,clc
x = 0:0.25:1;
y = [x; sin(x)];                          %创建矩阵
fid = fopen('exptable.txt', 'w');         %打开将写入的文件
fprintf(fid, 'Sin Function\n\n');         %写入首行
fprintf(fid, '%f  %f\n', y);              %写入矩阵
fclose(fid);                              %关闭文件
type exptable.txt                         %列表显示文件
```

输出结果为：

```
Sin Function
0.000000  0.000000
0.250000  0.247404
0.500000  0.479426
0.750000  0.681639
1.000000  0.841471
```

在本例中，第一条 fprintf 语句输出一行标题，随后换行；第二条 fprintf 语句输出函数值表，每组自变量和函数值占一行，都是固定小数点位置的形式。

提示

sprintf 函数与 fprintf 函数功能类似，但是 sprintf 将数据以字符串形式返回，而不是直接写入文件。

3.3.2　读文本文件

在 MATLAB 中可以使用 fgetl 和 fgets 函数读取文本文件。两函数的调用格式如下：

```
tline=fgetl(fid)
tline=fgets(fid)
```

两个函数的功能很相似，均可从文件中读取一行数据，区别在于 fgetl 会舍弃换行符，而 fgets 则保留换行符。

【例 3-8】　读文本文件。

在命令行窗口中输入：

```
fid=fopen('fgetl.m');
tline1 = fgetl(fid)
fclose(fid);
fid=fopen('fgetl.m');
tline2 = fgets(fid)
fclose(fid);
whos tline1 tline2
```

命令行窗口中的输出结果为：

```
tline1 =
   'function tline = fgetl(fid)'
tline2 =
   'function tline = fgetl(fid)'
 Name        Size          Bytes  Class Attributes
 tline1      1x27             54  char
 tline2      1x28             56  char
```

3.4　读写位置控制

在读写数据时，操作系统默认总是按顺序从磁盘文件的开始在磁盘空间中向后进行读写数据操作。

操作系统通过一个文件指针来指示当前的文件位置，有时需要专门的函数来控制和移动文件指针，达到随机访问磁盘文件的目的。MATLAB 提供了这样的函数，如表 3.1 所示。

表 3.1　控制文件内位置指针的函数

函　　数	功　　能	函　　数	功　　能
feof	检测指针是否在文件结束位置	feof	检测指针是否在文件结束位置
fseek	设定文件指针位置	fseek	设定文件指针位置
ftell	获取文件指针位置	ftell	获取文件指针位置
frewind	重设指针至文件起始位置	frewind	重设指针至文件起始位置

常用的几个函数说明如下。

1．feof

feof 用于检测指针是否在文件结束位置，其调用格式为：

```
feof(fid)
```

如果文件标识为 fid 文件的末尾指示值已被设置，则此命令返回 1；否则返回 0。

2. fseek

fseek 用于设定指针位置，其调用格式为：

```
status=fseek(fid,offset,origin)
```

其中，fid 是文件标识；offset 是偏移量，以字节为单位，可以为整数（表示要往文件末尾方向移动指针）、0（不移动指针位置）或负数（表示往文件起始方向移动指针）；origin 是基准点，可以是 'bof'（文件的起始位置）、'cof'（指针的目前位置）或 'eof'（文件的末尾），也可以用-1、0 或 1 来表示。

如果返回值 status 为 0 就表示操作成功，为-1 则表示操作失败。

3. ftell

ftell 用于返回现在的位置指针，其调用格式为：

```
position=ftell(fid)
```

返回值 position 是距离文件起始位置的字节数，如果返回-1 就说明操作失败。

4. frewind

frewind 用于将指针返回到文件开始，其调用格式为：

```
frewind(fid)
```

【例 3-9】 读写位置控制。

在命令行窗口中输入：

```
clear,clc
a=[1:6];                            %创建数组
fid1=fopen('pc.bin','w')
fwrite(fid1,a,'short');             %写入文件
status=fclose(fid1);               %关闭文件
fid2=fopen('pc.bin ','r')
data=fread(fid2,'short');           %读取文件
data= data'
eof=feof(fid2);                    %判断检测指针是否在文件结束位置
frewind(fid2);                     %将指针返回到文件开始
status=fseek(fid2,3,0);            %设定指针位置
position=ftell(fid2);              %返回现在的位置指针
```

输出结果为：

```
fid1 =
   11
fid2 =
   11
data =
   1    2    3    4    5    6
```

3.5 导 入 数 据

在 MATLAB 中，可使用向导或命令将外部的数据文件导入 MATLAB 工作区中，然后进行分析和处理。

3.5.1 使用向导导入数据

具体步骤如下：

01 在 MATLAB 中可通过主页标签下的导入数据命令，启动导入数据对话框来导入数据。

02 选择相应文件。系统弹出如图 3.1 所示的数据预览对话框，可以预览导入的数据。

03 确认导入的数据。

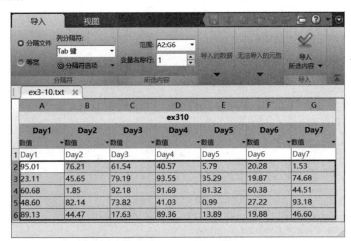

图 3.1 导入数据预览

3.5.2 使用命令导入数据

典型的导入数据命令有 importdata 和 load，使用方法可参考下例。

【例 3-10】 使用命令 importdata 导入数据。

首先建立 ex3_10.txt 文件，内容如下：

```
Day1    Day2    Day3        Day4    Day5    Day6    Day7
95.01   76.21   61.54       40.57   5.79    20.28   1.53
23.11   45.65   79.19       93.55   35.29   19.87   74.68
60.68   1.85    92.18       91.69   81.32   60.38   44.51
48.60   82.14   73.82       41.03   0.99    27.22   93.18
89.13   44.47   17.63       89.36   13.89   19.88   46.60
```

在命令行窗口输入：

```
filename = 'ex3-10.txt';
delimiterIn = ' ';
headerlinesIn = 1;
A = importdata(filename,delimiterIn,headerlinesIn);
```

```
for k = 3:5
    disp(A.colheaders{1, k})
    disp((A. data(:, k))')
    disp(' ')
end
```

输出结果为:

```
 Day3
61.5400    79.1900    92.1800    73.8200    17.6300
 Day4
40.5700    93.5500    91.6900    41.0300    89.3600
 Day5
5.7900    35.2900    81.3200     0.9900    13.8900
```

【例 3-11】 使用命令 load 导入数据。

在命令行窗口输入:

```
clear,clc
a = magic(4);
b = ones(2, 4) * -5.7;
c = [8 6 4 2];
save -ascii mydata.dat a b c
clear a b c
data=load('mydata.dat')
```

输出结果为:

```
data =
    16.0000     2.0000     3.0000    13.0000
     5.0000    11.0000    10.0000     8.0000
     9.0000     7.0000     6.0000    12.0000
     4.0000    14.0000    15.0000     1.0000
    -5.7000    -5.7000    -5.7000    -5.7000
    -5.7000    -5.7000    -5.7000    -5.7000
     8.0000     6.0000     4.0000     2.0000
```

3.6 本 章 小 结

本章主要介绍了使用 MATLAB 时进行数据输入和输出操作的基础知识,包括打开与关闭文件、读写二进制/文本文件、控制读写位置和导入数据等知识。为避免表述过于烦琐,本章对很多相关内容进行了简化处理,希望读者在使用 MATLAB 时积极地使用帮助文件。

第4章 编程基础

MATLAB 是强大的科学计算编程软件，要掌握 MATLAB 以进行分析计算，就必须能够使用其进行编程。本章将介绍使用 MATLAB 进行编程的基本内容，包括变量与语句、程序控制、M 文件、脚本、函数、变量检查和程序调试等。

知识要点

- 变量与语句
- 程序控制
- M 文件
- 脚本
- 函数
- 变量检测
- 程序调试

4.1 变量与语句

在程序中，通过变量来存储数据、通过语句来处理数据。变量代表了一段可操作的内存，而语句代表了对变量执行的操作。本节将介绍 MATLAB 中变量与语句的相关知识。

4.1.1 变量命名

在 MATLAB 中，变量不需要预先声明就可以直接进行赋值操作。变量的命名遵循以下规则：

- 变量名和函数名对字母的大小写敏感。例如，x 和 X 是两个不同的变量，sin 是 MATLAB 定义的正弦函数，而 SIN 不是。
- 变量名必须以字母作为开端，其后可以是任意字母或下画线，但是不能有"空格"或非 ASCII 字符。例如：_xy、a.b 均为不合法的变量名，而 cNum_x 是合法的变量名。
- 不能使用 MATLAB 的关键字作为变量名。例如，设置变量名为'if'、'end'等。
- 变量名最多可包含 63 个字符，从第 64 个字符开始及其后的字符将被忽略。为了保证程序的可读性及维护方便，变量名一般具有一定的含义。
- 避免使用函数名作为变量名。若变量采用函数名，则该函数失效。

MATLAB 提供 isvarname 函数来验证用户指定的变量名是否为 MATLAB 接受的合法变量名。该函数返回值为 1 或者 0，分别代表合法或者不合法。

【例 4-1】 变量命名验证示例。

在命令行窗口输入：

```
is_name1=isvarname('_x')
is_name2=isvarname('Num_x')
```

输出结果为：

```
is_name1 =
  logical
   0
is_name2 =
  logical
   1
```

4.1.2 变量类型

MATLAB 变量分为三类：局部变量、全局变量和永久变量。

（1）局部变量

MATLAB 中每个函数都有自己的局部变量。局部变量存储在该函数独立的工作区中，与其他函数的变量及主工作区中的变量分开存储。当函数调用结束后，局部变量将随之被删除。

（2）全局变量

全局变量在 MATLAB 全部工作区中有效。当在一个工作区内改变该变量的值时，该变量在其余工作区内的值也将改变。

全局变量的声明格式如下所示：

```
global X_Val
```

使用全局变量的目的是减少数据传递的次数，然而，使用全局变量容易造成难以察觉的错误。

（3）永久变量

永久变量可以用 persistent 声明，只能在 M 文件函数中定义和使用。当声明它的函数退出时，永久变量继续保存在内存中。

全局变量的声明格式如下所示：

```
persistent a
```

4.1.3 特殊变量

特殊变量是指 MATLAB 预定义的具有默认意义的变量。MATLAB 预定义了许多特殊变量，这些变量具有系统默认的含义，详见表 4.1。

表 4.1　MATLAB 特殊变量或函数

标　识	描　述	标　识	描　述
ans	系统默认保存运算结果的变量名	nargout	函数的输出参数个数
pi	圆周率	realmin	可用的最小正实数
Eps	机器零阈值，MATLAB 中的最小数	realmax	可用的最大正实数

（续表）

标 识	描 述	标 识	描 述
inf	表示无穷大	bitmax	可用的最大正整数（以双精度格式存储）
NaN 或 nan	表示不定数	varargin	可变的函数输入参数个数
i 或 j	虚数	varargout	可变的函数输出参数个数
nargin	函数的输入参数个数	beep	使计算机发出"嘟嘟"声音

【例 4-2】 特殊变量应用。

在命令行窗口输入：

```
pi*6^2
eps
```

输出结果为：

```
ans =
  113.0973
ans =
   2.2204e-16
```

4.1.4 关键字

关键字是 MATLAB 程序设计中常用到的流程控制变量，共有 20 个，通过 iskeyword 命令即可查询这 20 个关键字。

【例 4-3】 查询关键字。

在命令行窗口输入：

```
keywords=reshape(iskeyword,[5 4])
```

输出结果为：

```
keywords =
  5×4 cell 数组
    {'break'   }    {'else'    }    {'global'    }    {'return'}
    {'case'    }    {'elseif'  }    {'if'        }    {'spmd'  }
    {'catch'   }    {'end'     }    {'otherwise' }    {'switch'}
    {'classdef'}    {'for'     }    {'parfor'    }    {'try'   }
    {'continue'}    {'function'}    {'persistent'}    {'while' }
```

注意，这些关键字不能作为变量名。

4.1.5 语句构成

MATLAB 的语句为执行 MATLAB 程序的最小可执行单元，每个可执行的 MATLAB 语句必须包含一个主体，另外还可能出现句终符号和注释。

- 主体是指语句中发挥实际作用的句子或词，可以为变量、函数式、程序控制语句等。例如，【例 4-3】中就只有语句主体。

- 句终符号在语句的结尾,一般包括 3 种,分别为 ",""；" 和回车。使用 "," 时,语句的输出暂缓;使用 ";" 时,语句的输出被抑制;使用回车时,可以连续输入多行。所有的句终符号都不用,则直接输出结果或出错信息。
- 注释是 MATLAB 用来提供程序说明的补充性文字,可构成 MATLAB 语句,但在执行中被忽略。注释由 "%" 作为开始引出,可以单独成句,或放在句子后面对句子进行补充说明。在编写复杂程序时,尽量给句子加上注释以提高程序的可读性和可维护性。

4.2 程序控制

MATLAB 平台上的控制流结构包括顺序结构、分支结构和循环结构,这些结构的算法及使用与其他计算机编程语言十分相似。

4.2.1 顺序结构

顺序结构是程序最基本的结构,表示程序中的各操作是按照它们在程序文本中出现的先后顺序执行的。

顺序结构可以独立使用,构成一个简单的完整程序。大多数情况下,顺序结构作为程序的一部分,与其他结构一起构成一个复杂的程序。

【例 4-4】 顺序结构示例。

在命令行窗口输入:

```
a=1
b=5
c=a/b
```

输出结果为:

```
a =
    1
b =
    5
c =
    0.2000
```

以上程序顺序执行,并顺序输出相应结果。

4.2.2 分支结构

MATLAB 中可用的分支结构有三种,分别为 if-else-end 结构、switch-case 结构和 try-catch 结构。

1. if-else-end 结构

if-else-end 结构的主要形式有以下三种:

（1）如果可选择的执行命令组只有一组,则调用下面的结构:

```
if expression
    commands                %判决条件为真,执行命令组 commands
end
```

若判决条件 expression 为一个空数组，则在 MATLAB 中默认该条件为假。

（2）如果可选择的执行命令组有两组，则调用下面的结构：

```
if expression          %判决条件
        commands1      %判决条件为真，执行命令组 commands1
else
        commands2      %判决条件为真，执行命令组 commands2
end
```

（3）如果可选择的执行命令组有 n（n>2）组，则调用下面的结构：

```
if expression1         %判决条件
        commands1      %判决条件 expression1 为真，执行 commands1
elseif expression2
        commands2      %判决条件 expression1 为假，expression2 为真，执行 commands2
...
else
        commandsn      %前面所有判决条件均为假，执行 commandsn
end
```

判决条件可以由多个逻辑子条件组合而成，进行条件判决时，MATLAB 将尽可能地减少判断子条件的次数。例如，判决条件为子条件 1&子条件 2，MATLAB 检测到子条件 1 为假时，则认为判决条件为假，而不再检测子条件 2 的真假。

【例 4-5】 if-else-end 分支结构（形式 1）的简单运用示例。

在命令行窗口输入：

```
t=1:5
if 1                   %这里判断条件恒为真
t1=6-t
end
```

输出结果为：

```
t =
    1    2    3    4    5
t1 =
    5    4    3    2    1
```

【例 4-6】 if-else-end 分支结构（形式 3）的简单运用示例。

在命令行窗口输入：

```
t=1:5
if 0                   %这里判断条件恒为假
t1=6-t
else
t1=t-2
end
```

输出结果为：

```
t =
    1    2    3    4    5
t1 =
   -1    0    1    2    3
```

【例 4-7】 if-else-end 分支结构（形式 3）的简单运用示例。

在命令行窗口输入：

```
t=1:5
if 0                    %这里判断条件恒为假
t1=6-t
elseif 0
t1=t-2
else
t1=t
end
```

输出结果为：

```
t =
    1    2    3    4    5
t1 =
    1    2    3    4    5
```

2. switch-case 结构

switch-case 结构的执行基于变量或表达式值的语句组。switch-case 结构的具体语法结构如下：

```
switch value            %value 为需要进行判决的标量或字符串
    case test1
        command1        %如果 value 等于 test1，执行 command1
    case test2
        command2        %如果 value 等于 test2，执行 command2
    ...
    case testk
        commandk        %如果 value 等于 testk，执行 commandk
otherwise
        commands        %如果 value 不等于前面所有值，执行 commands
end
```

说明：

- switch-case 结构至少有一组命令组将被执行。
- switch 后的表达式 value 应为一个标量或一个字符串。当表达式为标量时，比较形式为"表达式==检测值 i"；当表达式为字符串时，MATLAB 将调用字符串函数 strcmp 来进行比较，比较形式为"strcmp（表达式，检测值 i）"。
- case 后的检测值不仅可以是一个标量值或一个字符串，还可以是一个元胞数组。如果检测值是一个元胞数组，那么 MATLAB 将会把表达式的值与元胞数组中的所有元素进行比较；如果元胞数组中有某个元素与表达式的值相等，那么 MATLAB 会认为此次比较的结果为真，从而执行该次检测相对应的命令组。

【例 4-8】 switch-case 结构示例。

在命令行窗口输入：

```
num = 3;
switch num
    case 1
        data = '差'
    case 2
        data = '次'
    case 3
        data = '中'
    case 4
        data = '良'
    case 5
        data = '优'
otherwise
        data = '请确认输入'
end
```

输出结果为：

```
data =
    '中'
```

3．try-catch 结构

try-catch 结构的具体形式如下：

```
try
    command1      %命令组 commands1 总是首先被执行。若正确，则执行完成此命令组
catch
    command2      %命令组 commands1 执行发生错误时，执行命令组 commands2
end
```

说明：

- 只有当命令组 commands1 发生错误时，才执行命令组 commands2。
- try-catch 结构只提供两个可供选择的命令组。
- 当执行 commands1 发生错误时，可调用 lasterr 函数查询出错的原因。如果函数 lasterr 的运行结果为空字符串，则表示命令组 commands1 被成功执行了。
- 如果执行命令组 commands2 又发生错误了，那么 MATLAB 将会终止该结构。

【例 4-9】 try-catch 结构示例。

在命令行窗口输入：

```
n = 16;
mat = magic(3)            %生成 3 阶魔法矩阵
try
    mat_num = mat(n)      %取 mat 的第 n 个元素
catch
mat_end = mat(end)        %若 mat 没有第 n 个元素，则取 mat 的最后一个元素
reason=lasterr            %显示出错原因
end
```

输出结果为：

```
mat =
    8    1    6
    3    5    7
    4    9    2
mat_end =
    2
reason =
    '索引超出数组元素的数目(9)。'
```

提示   try-catch 结构在程序调试场合非常有用。

4．三种分支结构比较

三种分支结构的比较如表 4.2 所示。

表 4.2　三种分支结构的比较

if-else-end 结构	switch-case 结构	try-catch 结构
比较复杂，特别是嵌套使用的 if 语句	可读性强，容易理解	
调用 strcmp 函数比较不同长度字符串	可比较不同长度的字符串	可以很方便地用于程序调试
可检测条件相等和不相等	仅检测条件相等	

4.2.3　循环结构

MATLAB 中可用的循环结构有两种，分别为 for 循环结构和 while 循环结构。

1．for 循环结构

for 循环重复执行一组语句一个预先给定的次数，一般调用方式如下：

```
for x=array
    commands
end
```

说明：

- for 命令后面的变量 x 称为循环变量，而 for 与 end 之间的组命令 commands 为循环体。循环体被重复执行的次数由 array 数组的列数决定：在 for 循环过程中，循环变量 x 被依次赋值为数组 array 的各列，每赋值一次，循环体被执行一次。
- for 循环内部语句末尾一般设置分号抑制输出，而在循环后可以在命令行窗口输入相关语句来显示最终结果。

【例 4-10】　通过 for 循环创建对称矩阵。
在命令行窗口中输入：

```
for i = 1:4
    for j = 1:4
```

```
        if i>=j
            mat(i,j)=i^2;
        else
           mat(i,j) =j^2;;
        end
    end
end
mat
```

输出结果为：

```
mat =
     1     4     9    16
     4     4     9    16
     9     9     9    16
    16    16    16    16
```

【例 4-11】　求解 1+3+…+1001 的和。

在命令行窗口中输入：

```
sum = 0;
for i = 1:2:1001
    sum = sum + i;
end
sum
```

输出结果为：

```
sum =
   251001
```

2．while 循环结构

while 循环在逻辑条件的控制下重复一组语句一个不定的次数，直到该条件为假，其具体的语法结构如下：

```
while expression
    commands
end
```

说明：

- 命令组 commands 被称为循环体。在运行 while 循环前，首先检测 expression 的值，若其逻辑值为真，则执行命令组 commands；命令组第一次执行完毕后，继续检测 expression 的逻辑值，若其逻辑值为真，则循环执行命令组 commands，直到表达式 expression 的逻辑值为假时结束 while 循环。
- while 循环和 for 循环的区别在于，while 循环结构的循环体被执行的次数是不确定的，而 for 循环中循环体的被执行次数是确定的。
- 表达式的值一般是标量值，但也可为数组。当表达式为数组时，当且仅当数组所有元素的逻辑值均为真时，while 循环才继续执行命令组。
- 如果 while 命令后的表达式为空数组，那么 MATLAB 默认表达式的值为假，此时直接结束循环。

- 判决条件可以由多个逻辑子条件组合而成。进行条件判决时，MATLAB 将尽可能减少判断子条件的次数。例如，判决条件为（子条件 1&子条件 2），MATLAB 检测到子条件 1 为假时，就认为判决条件为假，而不再检测子条件 2 的真假。

【例 4-12】 while 结构示例。

在命令行窗口输入：

```
sum=0;
i=0;
while i <=100
sum=sum+i;
    i = i + 2;
end
sum
```

运行 M 文件，结果如下：

```
sum =
    2550
```

3. for 循环、while 循环比较

for 循环与 while 循环的区别在于 for 循环的循环次数是一定的，由(end-start)/initval 决定；而 while 循环的循环次数是不确定的。

当用户无法确定循环次数但知道满足什么条件循环就会停止时，使用 while 循环比较合理。

4.2.4 其他常用控制命令

MATLAB 还提供了如下的命令，用于控制程序的运行。

1. return 命令

一般在函数被执行完成后，MATLAB 才自动将控制权转回主函数或命令行窗口。如果在函数中插入 return 命令，可以强制 MATLAB 结束该函数并把控制权转回主函数或命令行窗口。

2. input 和 keyboard 命令

input 命令将 MATLAB 的控制权暂时交给用户，等待用户通过键盘输入数值、字符串或表达式等并按下 Enter 键将输入内容传递到工作区后，收回控制权。

其常用的调用格式如下：

```
value = input('message')         %将用户输入的内容赋值给变量 value
value = input('message', 's')    %将用户输入的内容以字符串的形式赋值给变量 value
```

说明：

- 命令中的'message'是将显示在屏幕上的字符串。
- 对于第一种调用格式，可以输入数值、字符串等各种形式的数据。
- 对于第二种调用格式，无论输入什么内容，均以字符串的形式赋值给变量。

keyboard 命令将控制权暂时交给键盘，用户可以由键盘输入各种合法的 MATLAB 命令，只有当用户输入完成，并输入 return 命令后，才收回控制权。

input 命令和 keyboard 命令的不同之处在于：keyboard 命令允许输入任意多个 MATLAB 命令，而 input 命令只允许用户输入赋值给变量的数组、字符串或元胞数组等。

3. pause 命令

pause 命令的功能为控制执行文件的暂停与恢复，其调用格式如下：

```
pause                %暂停执行文件，等待用户按任意键继续
pause(n)             %在继续执行文件之前，暂停 n 秒
```

4. continue 命令

continue 语句把控制权交给下一个 for 或 while 循环所嵌套的迭代。

5. break 命令

在 for 循环或 while 循环结构中，有时并不需要运行到最后一次循环，而需要及时跳出循环。break 命令可以满足这一功能，其可终止 for 循环或 while 循环结构。

6. error 和 warning 命令

在编写 M 文件时，常用的错误或警告命令调用格式有以下几种：

```
error('message')     %显示出错信息 message，终止程序
errortrap            %在错误发生后，控制程序继续执行与否的开关
lasterr              %终止程序并显示 MATLAB 系统判断的最新出错原因
warning('message')   %显示警告信息 message，继续运行程序
lastwarn             %显示 MATLAB 系统给出的最新警告程序并继续运行
```

【例 4-13】 continue 命令使用示例。

建立 ex4_13a.m 文件，内容如下：

```
%sum of numbers
sum=0;
i=0;
while i <=100
sum=sum+i;
    i = i + 2;
end
sum
```

在命令行窗口中输入：

```
fid = fopen('ex4_13a.m','r');
count = 0;
while ~feof(fid)
    line = fgetl(fid);
    if isempty(line) | strncmp(line,'%',1)
        continue
    end
    count = count + 1;
```

```
end
disp(sprintf('%d lines',count));
```

输出结果为：

```
7 lines
```

ex4_13a.m 共 8 行，其中有效计数的为 7 行。

【例 4-14】 for 循环的中途终止。

在命令行窗口中输入：

```
sum=0;
i=0;
while i <=100
    sum=sum+i;
    i = i + 2;
    if i==100
     break
    end
end
sum
```

输出结果为：

```
sum =
   2450
```

提示 可与【例 4-12】进行比较。

4.3　M 文件与脚本

M 文件有函数和脚本两种不同的类型，二者都是以 m 作为扩展名的文本文件，可以在不进入命令行窗口的情况下通过文本编辑器来创建外部文本文件。

4.3.1　M 文件

虽然在命令行窗口中直接输入命令可以很好地进行程序编程和数据处理工作，然而当运算复杂、需要几十行甚至成百上千行命令来完成时，命令行窗口就显得不再适用了。这时，可以使用 MATLAB 提供的 M 文件来进行编程。

MATLAB 提供了文本文件编辑器，以创建 M 文本文件来写入命令。M 文件的后缀为.m。一个 M 文件中包含许多连续的 MATLAB 命令。

1. 创建新的 M 文件

通过启动 M 文件编辑器创建新的 M 文件的操作方法有如下几种：

- 在 MATLAB 命令行窗口中运行命令 edit。

- 单击 MATLAB 界面工具栏或 M 文件编辑器工具栏的图标。
- 选择 MATLAB 主页标签菜单栏中的 File 子菜单下的 New 命令后，在右拉菜单中选择 Script 或 Function 选项。

2．打开已有的 M 文件

打开已有的 M 文件的操作方法如下：

- 在 MATLAB 命令行窗口运行命令：edit filename。其中，filename 是文件名，不带后缀。
- 单击 MATLAB 界面工具栏或 M 文件编辑器工具栏上的相应图标，再按照弹出对话框中的提示选择已有的 M 文件。
- 选择 MATLAB 主页标签下菜单栏中的打开命令，再按照弹出对话框中的提示选择已有的 M 文件。

3．M 文件的保存方法

经过修改的 M 文件的保存方法如下：

单击 M 文件编辑器工具栏上的"保存命令"图标，若是已有此 M 文件，则保存操作完成；若是新的 M 文件，则会弹出"保存"对话框，选择存放目录并设置文件名进行保存。

MATLAB 的工具库包含大量的预定义 M 文件，例如 magic.m 文件等，这些文件一般在安装 MATLAB 软件时直接被存放在安装目录中。可以使用命令 what 列出由用户定义的或在 MATLAB 目录中存放的 M 文件。

4．M 文件内容编辑

M 文件是可以被 MATLAB 直接执行的文件，相当于源代码文件。M 文件的主要内容包括脚本和函数两种，下文将陆续介绍这两种 M 文件的内容。另外，M 文件的内容编辑与其他文本工具的内容编辑没有实质性的区别，这里不再赘述。

4.3.2 脚本

脚本是 M 文件的一种，其内容由可执行的 MATLAB 程序构成，使原本需要在命令行窗口中逐句输入的程序能够一次性集中地输入到 MATLAB 中。

脚本的构成比较简单，其主要特点如下：

- 文件是一系列 MATLAB 命令的集合。
- 脚本文件运行后，其运算过程中所产生的所有变量都自动保留在 MATLAB 工作区中。
- 调用脚本时，MATLAB 会简单地执行文件中找到的命令。脚本可以运行工作区中存在的数据，或者创建新数据，但脚本产生的所有变量都是全局变量，并不随脚本的关闭而清除。

【例 4-15】 脚本文件示例。

创建 M 文件 ex4_15.m，输入内容如下：

```
%This is an example.
type('ex4_15.m')
disp('THIS IS AN EXAMPLE.')
```

在命令行窗口输入：

```
type ex4_15.m
```

输出结果为：

```
%This is an example.
type('ex4_15.m')
disp('THIS IS AN EXAMPLE.')
```

执行 ex4_15.m，输出结果为：

```
THIS IS AN EXAMPLE.
```

提示　本书中所有的命令行窗口输入的命令组都可以写入到 M 文件中执行，另外在本书的资源中将提供所有示例的 M 文件（大部分为脚本）。

4.4　函　数

4.4.1　M 文件函数

M 文件函数是可以定义输入参数或返回输出变量的 M 文件。M 文件名称和函数的名称必须一致。

函数文件的第一行为 function 所引导的函数声明行，列出该函数的所有输入输出的变量名称。函数文件对输入输出变量的数量并没有限制，可以完全没有输入变量，也可以是任意数目的组合。常用的 M 函数文件参数控制命令如表 4.3 所示。

表 4.3　M 文件函数参数控制命令

控制命令	说　明
nargin	表示一个变量，指定调用函数所带参数的个数
nargout	表示一个变量，指定调用函数所返回参数的个数
inputname(x)	返回输入表上数字 x 所在位置的输入参数变量的名字，若为表达式则返回一个空字符串
nargchk	功能为控制函数的输入参数的个数
varargin	表示函数可带有任意多个输入参数
varargout	表示函数可带有任意多个输出参数

【例 4-16】　查看 M 函数文件结构。

在命令行窗口输入：

```
type mean.m
```

输出结果为：

```
function y = mean(x,dim,flag,flag2)
%MEAN   Average or mean value.
% 省略部分
if nargin == 1 || (nargin == 2 && isDimSet)
```

```
    flag = 'default';
    omitnan = false;

else % nargin >= 3 || (nargin == 2 && ~isDimSet)

    if nargin == 2
        flag = dim;
    elseif nargin == 3
        if ~isDimSet
            flag2 = dim;
            isFlag2Set = true;
        end
    elseif nargin == 4 && ~isDimSet
        error(message('MATLAB:mean:nonNumericSecondInput'));
    end
% 省略部分
else
    s = numel(x);
end
end
```

提示

MATLAB 提供的 M 函数文件内容包括声明行、说明内容、主体和注释。

说明：

- 函数定义名应和文件保存名一致，当两者不一致时，MATLAB 将忽视文件首行的函数定义名，而以文件保存名为准。
- MATLAB 中的函数文件名必须以字母开头，可以是字母、下画线以及数字的任意组合，但不可以超过 31 个字符。

与脚本文件不同的是，函数文件的内部运算流程不可见，一般只能看到其输入的参数和输出的运算结果。函数文件的主要特点如下：

- MATLAB 在实现对函数的调用时，允许使用比声明变量数目少的输入输出变量。
- 当函数文件运行时，MATLAB 会专门为它打开一个临时的函数工作区，函数运行中产生的所有中间变量都存放在函数工作区中。
- 当执行完文件最后一条命令或遇到 return 命令时，就结束该函数文件的运行，同时该临时的函数空间及其保存的所有中间变量将立即被清除。函数只执行自己工作区内的变量。
- 调用一个函数时，输入变量不会被复制到函数的工作区，但是它们的值在函数内可读。但当改变输入变量内的任何值时，输入变量就会被复制到函数的工作区。
- 函数工作区随着 M 函数文件的被调用而产生，随着调用的结束而删除。相对于基本空间，函数工作区是独立和临时的，在 MATLAB 的整个运行期间，可以产生任意多个临时函数空间。
- 如果函数文件对脚本文件进行了调用，那么该脚本文件运行产生的所有变量都存放在函数工作区中，而不是存放在基本空间中。

【例 4-17】 函数文件调用示例。

在命令行窗口输入：

```
a=magic(3)              %调用 magic.m 函数文件产生矩阵
avg1=mean(a)            %调用 mean.m 函数文件，输入一个参数计算平均值
avg2=mean(a,2)          %调用 mean.m 函数文件，输入一个参数计算平均值
```

输出结果为：

```
a =
    8    1    6
    3    5    7
    4    9    2
avg1 =
    5    5    5
avg2 =
    5
    5
    5
```

4.4.2 匿名函数

匿名函数没有函数名，也不是函数 M 文件，只有表达式和输入、输出参数。可以在命令行窗口中输入代码，创建匿名函数。匿名函数的创建方法为：

```
f = @(input1,input2,…) expression
```

其中，f 为创建的函数句柄；input1、input2 等为输入变量；expression 为函数的主体表达式。

> 如果匿名函数没有输入参数，就在调用函数时用空格来替换 input，否则 MATLAB 将不执行该程序。

【例 4-18】 匿名函数示例。

在命令行窗口输入：

```
clear,clc
sqr = @(x) x.^2 %创建匿名函数句柄
t= sqr([1.25 2])
whos
```

输出结果为：

```
sqr =
  包含以下值的 function_handle:
    @(x)x.^2
t =
  1.5625    4.0000
  Name      Size            Bytes  Class Attributes
  sqr       1x1                16  function_handle
  t         1x2                16  double
```

4.4.3 子函数

子函数也称为局部函数,是在 MATLAB 中多个函数的代码可以同时写到一个 M 函数文件中时出现的一种函数。

M 函数文件出现的第一个函数称为主函数,其他函数称为子函数。保存时所用的函数文件名应当与主函数定义名相同,而且外部程序只能对主函数进行调用。

子函数的书写规范有如下几条:

- 每个子函数的第一行是其函数声明行。
- 在 M 函数文件中,主函数的位置不能改变,但是多个子函数的排列顺序可以任意改变。
- 子函数只能被处于同一 M 文件中的主函数或其他子函数调用。
- 在 M 函数文件中,任何命令通过名称对函数进行调用时,子函数优先级仅次于 MATLAB 内置函数。
- 同一 M 文件的主函数、子函数的工作区都是彼此独立的。各个函数间的信息传递,可以通过输入输出变量、全局变量或跨空间命令来实现。
- help、lookfor 等帮助命令不能显示 M 文件中子函数的任何相关信息。

【例 4-19】 子函数示例。

创建 ex4_19func.m 文件,并写入:

```
function [avg, med] = ex4_18func (x)
n = length(x);
avg = mymean(x,n);
med = mymedian(x,n);
end
function a = mymean(v,n)
% 求平均子函数
a = sum(v)/n;
end
function m = mymedian(v,n)
% 求中位数子函数
w = sort(v);
if rem(n,2) == 1
   m = w((n + 1)/2);
else
   m = (w(n/2) + w(n/2 + 1))/2;
end
end
```

在命令行窗口输入:

```
x=[1 3 5 9 11];
[mean,median]= ex4_18func(x)
```

输出结果为:

```
mean =
    5.8000
median =
    5
```

4.4.4 私有函数

私有函数是指位于私有目录 private 上的 M 函数文件，主要性质如下：

- 私有函数的构造与普通 M 函数完全相同。
- 私有函数只能被 private 直接父目录内的 M 文件所调用，而不能被其他目录上的任何 M 文件或 MATLAB 命令窗中的命令所调用。
- M 文件中任何命令调用函数时，私有函数优先级仅次于 MATLAB 内置函数和子函数。
- help、lookfor 等帮助命令都不能显示私有函数文件的任何相关信息。

4.4.5 重载函数

重载函数经常用于处理功能类似但变量属性不同的函数。

MATLAB 内置函数中就有许多重载函数，分别放置在不同的文件路径下。这些文件所在的文件夹通常命名为"@+代表 MATLAB 数据类型的字符"。例如，@int16 路径下的重载函数的输入变量应为 16 位整型变量，而@double 路径下的重载函数的输入变量应为双精度浮点类型。

4.4.6 内联函数

内联函数的属性与编写方式和普通函数文件不同。相对来说，内联函数的创建要简单得多，调用形式如下：

```
inline(expr)
inline(expr,arg1,arg2,...)
inline(expr,n)
```

inline 命令的功能为将字符串表达式 expr 转化为输入变量自动生成的内联函数。其中，arg1,arg2,... 为指定的输入变量，n 为指定输入变量个数。

MATLAB 中关于内联函数属性的相关命令如表 4.4 所示。

表 4.4 内联函数属性命令集

命　令	功　能
class(inline_fun)	提供内联函数的类型
char(inline_fun)	提供内联函数的计算公式
argnames(inline_fun)	提供内联函数的输入变量
vectorize(inline_fun)	使内联函数适用于数组运算的规则

【例 4-20】 内联函数示例。
在命令行窗口输入：

```
f = inline('3 *x.^2')
ans1=argnames(f)
ans2=formula(f)
ans3=char(f)
ans4=class(f)
ans5=f([1 2 3 4 5])
```

输出结果为：

```
f =
    内联函数:
    f(x) = 3 *x.^2
ans1 =
  1×1 cell 数组
    {'x'}
ans2 =
    '3 *x.^2'
ans3 =
    '3 *x.^2'
ans4 =
    'inline'
ans5 =
    3    12    27    48    75
```

4.4.7 eval、feval 函数

eval、feval 函数可用于将文本与函数联系起来。

1. eval 函数

eval 函数用于翻译并执行文本字符串并返回结果,调用形式如下:

```
eval(expression)
[output1,...,outputN] = eval(expression)
```

【例 4-21】 eval 函数示例。

在命令行窗口输入:

```
x=3
str='magic(x)'
magic3=eval(str)
```

输出结果为:

```
x =
    3
str =
    'magic(x)'
magic3 =
    8    1    6
    3    5    7
    4    9    2
```

2. feval 函数

feval 函数可以将函数句柄文本与函数连续,提供函数计算输入并返回求解结果。其调用形式如下:

```
[y1, y2,...] = feval(fhandle, x1,...,xn)
[y1, y2,...] = feval(fname, x1,...,xn)
```

【例 4-22】 feval 函数示例。

在命令行窗口输入:

```
x=3
str=@magic
magic3=feval(str, 3)
```

输出结果为:

```
x =
    3
str =
  包含以下值的 function_handle:
    @magic
magic3 =
    8    1    6
    3    5    7
    4    9    2
```

4.4.8 函数的函数

函数的函数是指以函数名为自变量的函数。这类函数的用户包括求零点、最优化、求积分和常微分方程等。

【例 4-23】 函数的函数示例。

在命令行窗口输入:

```
f = @(x,c) x(1).^2+c.*x(2).^2;        %匿名函数
c = 1.5;                              %参数
X = fminsearch(@(x) f(x,c),[0.3;1])   %使用函数的函数求最小值
```

输出结果为:

```
X =
  1.0e-04 *
  -0.2447
   0.3159
```

4.4.9 内嵌函数

内嵌函数是指完全包含在父函数中的函数。任何函数都可以包含内嵌函数。例如,下面的代码中函数 parent 就包含了内嵌函数 nestedfx:

```
function parent
disp('This is the parent function')
nestedfx
  function nestedfx
    disp('This is the nested function')
  end
end
```

4.4.10 函数编写建议

在编写大型程序时,有必要养成一些好的编程习惯。

(1)为函数语句添加必要的注释。

（2）尽可能地将循环转化为向量。例如，下面的语句可以进行向量化：

```
x = 0.01;
for k = 1:1001
  y(k) = log(x);
  x = x + 0.01;
end
```

向量化可得：

```
x =0.01:0.01:10;
y = log(x);
```

（3）如果代码不能向量化，就可以通过预分配任何输出结果所在的向量或数组来加快循环。例如：

```
r = zeros(32,1);              %创建矩阵为结果预留空间
for n = 1:32
  r(n) = rank(magic(n));
end
```

（4）在编程时应在程序前以注释的形式编写帮助文件，以方便使用和维护。

4.5 M 文件变量检测

不同 M 文件之间的数据传递是以变量为载体来实现的，数据的保存和中转都是以空间为载体来实现的。M 文件变量的检测与传递是检验运算关系和运算正确性的有力保障。

4.5.1 输入输出变量检测

MATLAB 提供了输入输出变量相关的检测命令，如表 4.5 所示。

表 4.5 输入输出变量相关的检测命令

命　　令	功　　能
nargin	在函数体内获得实际的输入变量
nargout	在函数体内获得实际的输出变量
nargin('fun')	获取 fun 指定的函数的标称输入变量数量
nargout('fun')	获取 fun 指定的函数的标称输出变量数量
inputname(n)	获取第 n 个输入变量的实际调用变量名

注：nargin 和 nargout 与程序流控制命令配合，对于不同数目的输入输出变量，函数可实现不同功能。

4.5.2 可变数量输入输出

MATLAB 中的许多命令或函数的输入变量可以是任意数量，varargin 和 varargout 函数分别可以实现函数的输入、输出变量为可变的数目。

【例 4-24】 可变数量输入示例。

建立 M 函数文件 ex4_23fun.m，内容如下：

```
function ex4_23fun(varargin)
  fprintf('Number of arguments: %d\n',nargin);
  celldisp(varargin)
```

在命令行窗口输入：

```
ex4_23fun (magic(3),'This function is good.',eps)
disp('NEXT:')
ex4_23fun(1.1)
```

输出结果为：

```
Number of arguments: 3
varargin{1} =
    8    1    6
    3    5    7
    4    9    2
varargin{2} =
    This function is good.
varargin{3} =
    2.2204e-16
NEXT:
Number of arguments: 1
varargin{1} =
    1.1000
```

【例4-25】 可变数量输出示例。

建立 M 函数文件 ex4_24fun.m，内容如下：

```
function [s,varargout] =ex4_24fun (x)
nout = max(nargout,1) - 1;
s = size(x);
for k=1:nout
    varargout{k} = s(k);
end
```

在命令行窗口输入：

```
[s,rows,cols] = ex4_24fun (rand(3,5,2))
```

输出结果为：

```
s =
    3    5    2
rows =
    3
cols =
    5
```

4.6　程　序　调　试

程序的错误可分为语法错误和逻辑错误。语法错误包括变量名与函数名的误写、标点符号的缺漏和 end 的漏写等。逻辑错误可能是程序本身的算法问题或对命令使用不当。

在使用 MATLAB 时，可以采用直接调试或工具调试的方法对程序进行调试。

4.6.1　直接调试

对于简单程序，直接调试法是一种简便快捷的方法。直接调试法采用的基本调试手段包括：

- 通过分析将重点怀疑语句后的分号删除，将结果显示出来。然后将结果与预期值做比较，从而判断程序执行到该处时是否发生了错误。
- 在适当的位置添加输出变量值的语句。
- 在程序的适当位置添加 keyboard 命令。当程序执行到该处时暂停，并显示 k>>提示符。用户可以查看或变更工作区中显示的各个变量的值，在提示符后输入 return 命令可以继续执行原文件。
- 调试函数 M 程序时，可以利用注释符号"%"屏蔽函数声明行，并定义输入变量的值。以脚本 M 文件的方式执行程序，可以方便地查看中间变量，从而找出错误。

4.6.2　工具调试

对于大型程序，直接调试已经不能满足调试要求，可以考虑采用工具调试。所谓工具调试，是指利用 MATLAB 的 M 文件编辑器中集成的程序调试工具对程序进行调试。

工具调试的步骤如下：

01 准备文件。最好将需要调试的文件单独放置到新的文件夹中，并将该文件夹设置为工作目录。使用 M 文件编辑器打开文件。

02 调试前，若对文件有所改动，则应及时保存。保存后，才能安全地进行调试。

03 单击 run 对程序进行试运行，查看程序的可运行情况。

04 设置断点。断点的类型包括标准断点、条件断点和错误断点。

05 在断点存在的情况下运行程序，这时命令行窗口出现 K>>提示符。程序运行碰到断点时，会在 M 文件编辑器和命令行窗口给出提示。

06 检查变量的值。根据这些值判断程序当前的正误情况。

07 按需要单击 M 文件编辑器的 Continue、Step、Step In、Step Out 等按钮。

08 结束调试，修改程序，继续上述步骤。

这里仅给出进行攻击调试的粗略步骤，更多的相关知识可以参考 MATLAB 的帮助文档。

4.7　本 章 小 结

本章介绍了使用 MATLAB 进行编程的基本内容，包括变量、语句、程序控制、M 文件、脚本、函数、变量检查和程序调试等。这些内容单独而言不能够体现任何价值，然而结合本书的学习和编程实践将会发挥很大的作用。

第5章 可视化基础

对数据进行可视化操作是使用 MATLAB 进行数据分析的一个重要方面。本章的宗旨在于介绍使用 MATLAB 进行数据可视化操作的基础，主要内容包括二维图形、三维图形、四维图形和特殊图形的绘制操作以及基本的图形处理方法。

知识要点

- 图形绘制对象
- 二维图形
- 三维图形
- 四维图形
- 特殊图形
- 图形处理
- 绘图窗口

5.1 图形绘制对象

MATLAB 绘图的对象为数据，包括离散数据和连续函数两种。

- **离散数据**：MATLAB 中的数据以矩阵的方式存储，这意味着所有的数据都是离散的。这样的数据是 MATLAB 绘图的基本对象。
- **连续函数**：以表达式方式表达的一种数据间的映射关系。在计算机中，要对连续函数进行绘制，需要将自变量进行离散化，最后得到离散的数据绘图。

5.2 二 维 图 形

5.2.1 plot 命令

plot 命令是使用 MATLAB 绘制图形最为常见和最为典型的命令，可以实现二维绘图、图形设置等功能。该命令的调用格式如下：

```
plot(Y)
plot(X1,Y1,...,Xn,Yn)
plot(X1,Y1,LineSpec,...,Xn,Yn,LineSpec)
plot(...,'PropertyName',PropertyValue,...)
plot(axes_handle,...)
h = plot(...)
```

其中，Xn 为横坐标数据，Yn 为纵坐标数据，LineSpec 为绘图线的属性，'PropertyName'为绘图属性名，PropertyValue 为绘图属性值，axes_handle 为坐标轴句柄，h 为绘图后返回的图形句柄。

考虑 plot 的命令的基本应用，下面重点介绍该命令的前三种调用格式。

1．plot(Y)

该命令中的参数 Y 可以是向量、实数矩阵或复数向量。参数 Y 的类型不同，绘图的方式会稍有不同：

- 若 Y 为向量，则绘制的图形以向量索引为横坐标值、以向量元素的值为纵坐标值。
- 若 Y 为实数矩阵，则绘制 Y 的列向量对其坐标索引的图形。
- 若 Y 为复向量，则绘制的图形以复向量实部为横坐标值、以复向量虚部为纵坐标值。

【例 5-1】　plot(Y)绘图示例。

在命令行窗口输入：

```
clear,clc,clf        %clf 用于清空图形窗口中的图形
y1=sin((1:100)/100*pi*2);
y2=cos((1:100)/100*pi*2);
y3=[y1' y2'];
y4=y1'+y2'*i;
whos
subplot(221);plot(y1)        %绘制 y1，见图 5.1 左上图
subplot(222);plot(y2)        %绘制 y2，见图 5.1 右上图
subplot(223);plot(y3)        %绘制 y3，见图 5.1 左下图
subplot(224);plot(y4)        %绘制 y4，见图 5.1 右下图
```

输出结果为：

```
Name       Size        Bytes   Class       Attributes
y1         1x100         800   double
y2         1x100         800   double
y3         100x2        1600   double
y4         100x1        1600   double      complex
```

得到的图形如图 5.1 所示。

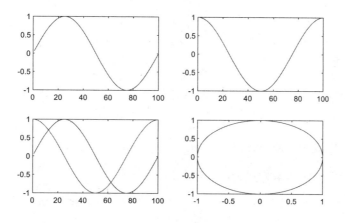

图 5.1　plot(Y)绘图示例

2．plot(X1,Y1,...,Xn,Yn)

该调用形式下最简单的调用方式为：

```
plot(X,Y)
```

其中，参数 X、Y 均可为向量和矩阵。

- 当 X、Y 均为 n 维向量时，绘制向量 Y 对向量 X 的图形，以 X 为横坐标、Y 为纵坐标。
- 当 X 为 n 维向量、Y 为 m×n 或 n×m 的矩阵时，该命令将在同一图内绘得 m 条不同颜色的连线。
- 当 X、Y 均为 m×n 矩阵时，将绘制 n 条不同连线。绘制规则为：以 X 矩阵的第 i 列分量作为横坐标、矩阵 Y 的第 i 列分量作为纵坐标，绘得第 i 条连线。

对于通用的调用形式：

```
plot(X1,Y1,...,Xn,Yn)
```

Xn、Yn 均满足上述绘图规则。

【例 5-2】 plot(X1,Y1,...,Xn,Yn)绘图示例。
在命令行窗口输入：

```
clear,clc,clf
x1=(1:100) /100*pi*2;
x2=((1:100) -20)/100*pi*2;
x3=[x1' x2'];
y1=sin((1:100)/100*pi*2);
y2=cos((1:100)/100*pi*2);
y3=[y1' y2'];
whos
subplot(221);plot(x1,y1);axis tight          %绘制情形 a)，见图 5.2 左上图
subplot(222);plot(x1,y3);axis tight          %绘制情形 b)，见图 5.2 右上图
subplot(223);plot(x3,y3);axis tight          %绘制情形 c)，见图 5.2 左下图
subplot(224);plot(x1,y2, x3,0.5*y3);axis tight %绘制通用调用形式，见图 5.2 右下图
```

输出结果为：

```
Name      Size         Bytes Class      Attributes
x1        1×100          800  double
x2        1×100          800  double
x3        100×2         1600  double
y1        1×100          800  double
y2        1×100          800  double
y3        100×2         1600  double
```

得到的图形如图 5.2 所示。

3．plot(X1,Y1,LineSpec,...,Xn,Yn,LineSpec)

在该调用形式下最简单的调用方式为：

```
plot(X,Y,LineSpec)
```

其中，X、Y 数据要求同前文中一致，LineSpec 为属性设置字符，可设置线型、标识和颜色。

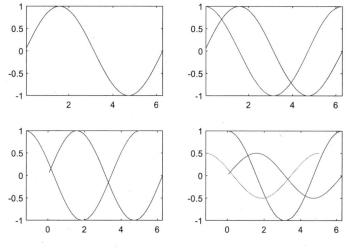

图 5.2　plot(X1,Y1,...,Xn,Yn)绘图示例

　　plot(X1,Y1,LineSpec,...,Xn,Yn,LineSpec)是 plot(X,Y,LineSpec)的一种通用推广形式,其中的参数要求和绘图方式同前文中提到的一致。

【例 5-3】 　plot(X1,Y1,LineSpec,...,Xn,Yn,LineSpec)绘图示例。
在命令行窗口输入:

```
clear,clc,clf
x1=(1:100) /100*pi*2;
x2=((1:100) -20)/100*pi*2;
x3=[x1' x2'];
y1=sin((1:100)/100*pi*2);
y2=cos((1:100)/100*pi*2);
y3=[y1' y2'];
subplot(131);plot(x1,y1,'k.');axis tight              %见图 5.3 左图
subplot(132);plot(x1,y1,'k.',x2,y2,'r+');axis tight   %见图 5.3 中间图
subplot(133);plot(x1,y2, 'k.',x3,0.5*y3,'r+');axis tight  %见图 5.3 右图
```

窗口无输出, 得到的图形如图 5.3 所示。

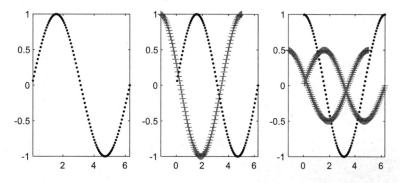

图 5.3　plot(X1,Y1,LineSpec,...,Xn,Yn,LineSpec)绘图示例

　　以上介绍的是 plot 命令的三种常用方式,其中 plot 命令还有很多使用方式,这里不再介绍。如需了解,可参考帮助文档。

上文中提到的 LineSpec 为属性设置字符，可设置线型、标识和颜色。设置线型、标识和颜色的代表字符如表 5.1 所示。

表 5.1　线型 S、标识 M 和颜色 C 的代表字符

字　　符	S/M/C	字　　符	S/M/C	字　　符	S/M/C
'-'	实线（默认）	'--'	虚线	'v'	下向三角
':'	点线	'-.'	点画线	'<'	左向三角
r	红色	g	绿色	'^'	上向三角
b	蓝色	c	蓝绿色	'>'	右向三角
m	品红色	y	黄色	'diamond'或'd'	菱形
k	黑色	w	白色	'hexagram'或'h'''	六芒星
'+'	加号	'o'	圆圈	'square' 或 's'	方形
'*'	星号	'.'	点	'pentagram'或'p'	五角星
'x'	叉形				

提示

设置属性时，可在线型、标识和颜色中各取最多的一种进行设置。

【例 5-4】　线型属性设置示例。

在命令行窗口输入：

```
clear,clc,clf
t = 0:pi/20:2*pi;
plot(t,sin(t),'-.r*')
hold on;plot(t,sin(t-pi/2),'--mo')
plot(t,sin(t-pi),':bs');hold off
```

窗口无输出，得到的图形如图 5.4 所示。

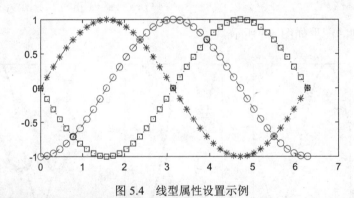

图 5.4　线型属性设置示例

5.2.2　图形叠绘

很多时候，用户需要将不同的数据绘制到一张图上，这时就需要进行叠绘了，即保持原有图形的情况下绘制新的图形。

MATLAB 提供了 hold 命令用于图形叠绘控制。默认情况下，图形叠绘功能没有打开，此时绘制图

形则会将图上的原有图形覆盖；在打开的情况下，绘制图形时不会覆盖原有图形，而会在上次绘制的基础上叠加。

hold 命令有以下 3 种用法。

（1）hold on

功能：使当前轴及图形保留下来，而不被覆盖，并接受即将绘制的新曲线。

（2）hold off

功能：不保留当前轴及图形，绘制新的曲线后，原图即被覆盖。

（3）hold

功能：hold on 语句与 hold off 语句的切换。

【例 5-5】　图形叠绘示例。

在命令行窗口输入：

```
clear,clc,clf
x = -pi:pi/20:pi;
figure; hold off ;subplot(121);
plot(sin(x))
plot(cos(x)) %绘制结果如图 5.5 左图所示
subplot(122);plot(sin(x))
hold on;
plot(cos(x)) %绘制结果如图 5.5 右图所示
hold off
```

命令行窗口无输出，得到的图形如图 5.5 所示。

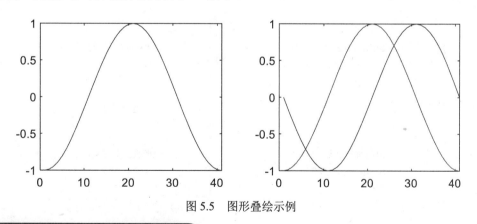

图 5.5　图形叠绘示例

5.2.3　子图绘制

很多时候，在同一视图中绘制多个图形可便于分析比较数据或操作方法等。MATLAB 提供了 subplot 函数来实现这一功能。

subplot 函数最常用的调用格式为：

```
subplot(m,n,p)
```

其代表的含义为将在(m,n)幅子图中的第 p 幅图作为当前曲线的绘制图。

提示

（1）subplot(m, n, k)命令生成的图窗中将会有(m,n)幅子图，k是子图的编号，编号的顺序为：左上为第 1 幅子图，然后先向右后向下依次排号。

（2）命令所产生的子图彼此相互独立，所有的绘图命令都可以在任一子图中运用，而对其他的子图不起作用。

（3）在书写该命令时，(m, n, k)形式也可以写成(mnk)形式。

（4）在使用 subplot 命令之后，如果再想绘制整个图窗的图时，应先使用 clf 命令清空。

（5）不同位置的子图可以根据需要进行组合来绘制非对称子图。

【例 5-6】 对称子图的绘制说明。

在命令行窗口输入：

```
clear,clc,clf
subplot(2,2,1)
text(.5,.5,{'subplot(2,2,1)';'or subplot 221'},'FontSize',10,'HorizontalAlignment',
'center')
subplot(2,2,2)
text(.5,.5,{'subplot(2,2,2)';'or subplot 222'},'FontSize',10,'HorizontalAlignment',
'center')
subplot(2,2,3)
text(.5,.5,{'subplot(2,2,3)';'or subplot 223'},'FontSize',10,'HorizontalAlignment',
'center')
subplot(2,2,4)
text(.5,.5,{'subplot(2,2,4)';'or subplot 224'},'FontSize',10,'HorizontalAlignment',
'center')
```

命令行窗口无输出，得到的图形如图 5.6 所示。

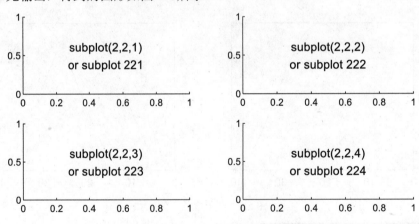

图 5.6　绘制对称子图

【例 5-7】 非对称子图的绘制示例。

在命令行窗口输入：

```
clear,clc,clf
subplot(2,2,[1 3])
text(.5,.5,'subplot(2,2,[1 3])','FontSize',10,'HorizontalAlignment','center')
subplot(2,2,2)
text(.5,.5,'subplot(2,2,2)', 'FontSize',10,'HorizontalAlignment','center')
```

```
subplot(2,2,4)
text(.5,.5,'subplot(2,2,4)','FontSize',10,'HorizontalAlignment','center')
```

命令行窗口无输出，得到的图形如图 5.7 所示。

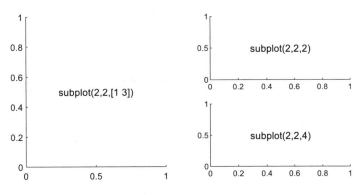

图 5.7　绘制非对称子图

5.2.4　交互绘图

交互绘图是指使用鼠标进行绘图。在 MATLAB 中，相应的鼠标操作图形命令包括 ginput、gtext 和 zoom 函数。

（1）除 ginput 函数只能用于二维图形外，其余函数对二维和三维图形均适用。

（2）ginput 函数与 zoom 函数配合使用，可从图形中获得较准确的数据。

（3）在逻辑顺序不清晰的情况下，不提倡同时使用这几个命令。

1．ginput 命令

该函数典型的调用格式如下：

```
[x, y]=ginput(n)
```

其功能为使用鼠标从二维图形中获得 n 个点的数据坐标(x,y)。其中，n 应为正整数。

该命令运行之后，会将当前的图形从后台调度到前台，同时，鼠标光标变化为十字，用户可以移动鼠标，将其位置定位于待取点的位置处，单击鼠标左键，则可获得该点的数据值，然后通过相同的方式，取得之后的 n-1 组数据值，当 n 组数据全部取得之后，图窗便退回后台，即返回到 ginput 命令执行前的环境中。

2．gtext 命令

该函数典型的调用格式如下：

```
gtext('string')
gtext({'string1';'string2';'string3';...})
```

其功能为用鼠标把字符串或字符串元胞数组放置到图形中作为文字说明。

该命令运行后，会将当前的图形从后台调度到前台，同时，鼠标光标变化为十字，用户可以移动鼠标，将其定位于待放置的位置处，单击鼠标右键，则字符串将被放在紧靠十字中心点的"第一象限"位置上。

如果输入的是单个字符串,那么单击鼠标左键可以一次性将所有字符以单行的形式放置在图形之中;如果输入的是多行字符串,那么每次单击鼠标左键均可将其中的一行字符串放置在图形之中,直到将所有的字符串全部放置完成后操作完成。

3. zoom 命令

该函数典型的调用格式如表 5.2 所示。

表 5.2　缩放命令典型格式

命令格式	说　明
zoom on	规定当前图形可以进行缩放
zoom off	规定当前图形不可进行缩放
zoom	当前图形在是否可以缩放状态的切换
zoom xon	规定当前图形的 x 轴可以进行缩放
zoom yon	规定当前图形的 y 轴可以进行缩放
zoom out	使图形返回初始状态
zoom(factor)	设置缩放变焦因子,默认值为 2

使用 zoom 命令时,其变焦操作方式与标准的 Windows 缩放相同,可直接单击鼠标进行图形放大,也可以选择区域放大,还可以单击鼠标右键使图形缩小。

以上三个命令可以使得交互绘图很简便,读者在绘图时可以尝试,本书对此不再赘述。

5.2.5　双纵坐标图

很多时候都需要把同一自变量的两个不同量纲和量级的因变量同时绘制在同一个图窗中进行比较,这时需要使用两个纵轴来表现不同的因变量。

MATLAB 提供的 plotyy 函数可以实现上述功能。该函数的典型调用形式如下:

```
plotyy(X1,Y1,X2,Y2)
plotyy(X1,Y1,X2,Y2,function)
plotyy(X1,Y1,X2,Y2,'function1','function2')
```

其中,X1-Y1 和 X2-Y2 为两条曲线,function 表示用来绘图的函数,可用的函数包括 plot、semilogx、semilogy、loglog 和 stem 等。

【例 5-8】　双坐标轴绘制示例。

在命令行窗口中输入:

```
clear,clc,clf
x = 0:0.01:20;
y1 = 200*exp(-0.05*x);
y2 = 0.8*exp(-0.5*x);
figure;
subplot(131);plotyy(x,y1,x,y2)                          %见图 5.8 左图
subplot(132); plotyy(x,y1,x,y2,'semilogy')             %见图 5.8 中间图
subplot(133); plotyy(x,y1,x,y2, 'plot','semilogy')     %见图 5.8 右图
```

命令行窗口无输出，得到的图形如图 5.8 所示。

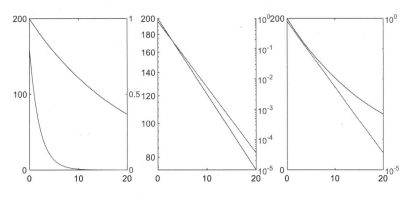

图 5.8 双坐标轴绘制示例

提示

上例中涉及的特殊坐标轴将在下一小节中进行介绍。

5.2.6 特殊坐标绘图

在实际情况中，很多数据表现出指数性的变化规律，这时需要采用对数坐标来刻画图形的特征；还有的时候需要采用极坐标绘制图形。本小节将对这些特殊坐标的绘图方式进行介绍。

1. 对数坐标

MATLAB 提供了 semilogx、semilogy 和 loglog 函数来绘制对数坐标图。

- semilogx：该函数对 x 轴的刻度求常用对数（以 10 为底），而 y 轴为线性刻度。
- semilogy：该函数对 y 轴的刻度求常用对数（以 10 为底），而 x 轴为线性刻度。
- loglog：该函数对 x、y 轴的刻度均求常用对数（以 10 为底）。

这三个函数的具体调用方式与 plot 函数基本相同。

【例 5-9】 对数坐标绘图示例。
在命令行窗口中输入：

```
clear,clc,clf
x = 0:100;
y = exp(0.05*x);
figure;
subplot(221); plot (x,y)
axis tight; title(' plot ');              %见图 5.9 左上图
subplot(222); semilogx (x,y)
axis tight; title(' semilogx ');          %见图 5.9 右上图
subplot(223); semilogy (x,y)
axis tight; title(' semilogy ');          %见图 5.9 左下图
subplot(224); loglog (x,y)
axis tight; title(' loglog ');            %见图 5.9 右下图
```

命令行窗口无输出，得到的图形如图 5.9 所示。

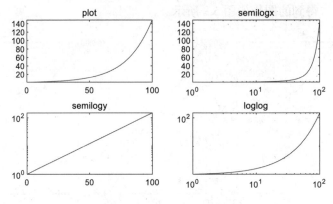

图 5.9　对数坐标绘图示例

2. 极坐标

极坐标图可通过 polar 命令来绘制。该命令接受极坐标形式的函数，并在直角平面坐标系中绘制极坐标形式的图形。

polar 命令典型的调用格式如下：

```
polar(theta,rho)
polar(theta,rho,LineSpec)
```

其中，极角 theta 为从 x 轴到半径的单位为弧度的向量，极径 rho 为各数据点到极点的半径向量，LineSpec 用于设置极坐标图中线条的线型、标识和颜色等。

【例 5-10】　极坐标图示例。
在命令行窗口中输入：

```
clear,clc,clf
t = 0:.01:2*pi;
y= sin(2*t).*cos(2*t);
subplot(121);plot(t,y,'k');
axis tight; title('plot');                    %见图 5.10 左图
subplot(122);polar(t,sin(2*t).*cos(2*t),'--k')
axis tight; title('polar');                   %见图 5.10 右图
```

命令行窗口无输出，得到的图形如图 5.10 所示。

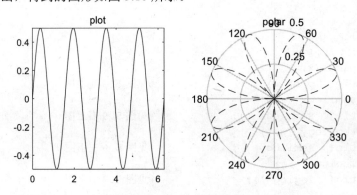

图 5.10　直角坐标图和极坐标图对比

5.2.7 函数绘图

前文中提到的绘图均采用了已有的离散数据，下面对函数对象的绘图进行说明。在实际应用中，函数随着自变量的变化趋势常常是未知的，可能在不同的区域内表现出了很大区别的变化差异，这时采用plot 命令进行绘图将会使图变得十分粗糙。针对这种情况，MATLAB 提供了 fplot 函数和 ezplot 函数。

1．fplot 函数

该函数典型的调用格式如下：

```
fplot(fun,limits)
fplot(fun,limits,LineSpec)
fplot(fun,limits,tol)
fplot(fun,limits,tol,LineSpec)
fplot(fun, limits, n)
```

其中，fun 为待绘制的函数，limits 表示绘制时自变量的上下限，LineSpec 用于设置绘制线的属性，tol 表示容许误差，n 表示最少分段数。

【例 5-11】 函数图绘制示例。
在命令行窗口中输入：

```
clear,clc,clf
t1= 0.01:0.005:0.1;
t2= 0.01:0.001:0.1;
t3= 0.01:0.0002:0.1;
sn = @(x) sin(1./x);
y1= sn(t1);
y2= sn(t2);
y3= sn(t3);
subplot(411);plot(t1,y1,'k');
axis tight; title('plot 间距0.005');          %见图 5.11 上图
subplot(412);plot(t2,y2,'k');
axis tight; title('plot 间距0.001');          %见图 5.11 中上图
subplot(413);plot(t3,y3,'k');
axis tight; title('plot 间距0.0002');         %见图 5.11 中下图
subplot(414); fplot(sn,[0.01 0.1])
axis tight; title('fplot 自动调整间距');       %见图 5.11 下图
```

命令行窗口无输出，得到的图形如图 5.11 所示。

2．ezplot 函数

该函数典型的调用格式如下：

```
ezplot(fun)
ezplot(fun,[xmin,xmax])
ezplot(fun2)
ezplot(fun2,[xymin,xymax])
ezplot(fun2,[xmin,xmax,ymin,ymax])
ezplot(funx,funy)
ezplot(funx,funy,[tmin,tmax])
```

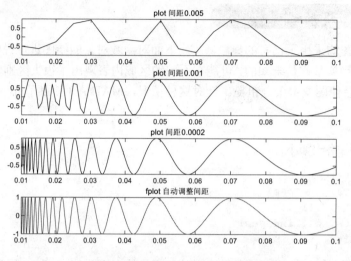

图 5.11   函数图与普通图对比

其中，fun 为待绘制的函数，默认的自变量范围为$-2\pi < x < 2\pi$，可通过[xmin,xmax]设置自变量范围；fun2 为隐式函数 fun2(x,y)，自变量为 x、y，自变量的使用同 fun；funx、funy 为对自变量 t 的函数，自变量的使用同 fun。

【例 5-12】   ezplot 函数绘图示例。
在命令行窗口中输入：

```
clear,clc,clf
subplot(231);ezplot('sin(x)')                              %见图 5.12 左上图
subplot(232);ezplot('sin(x)',[-pi,pi])                     %见图 5.12 中上图
subplot(233);ezplot('x^2-y^2-1')                           %见图 5.12 右上图
subplot(234);ezplot('x^2-y^2-1',[-10,10,-10,10])           %见图 5.12 左下图
subplot(235);ezplot('cos(x)','sin(x)')                     %见图 5.12 中下图
subplot(236);ezplot('cos(x)','sin(x)', [-0.75*pi,pi])      %见图 5.12 右下图
```

命令行窗口无输出，得到的图形如图 5.12 所示。

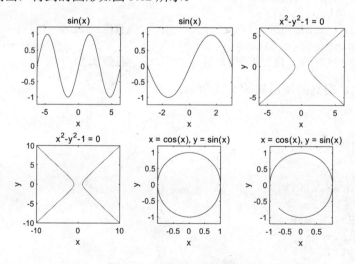

图 5.12   ezplot 函数绘图示例

5.3　三　维　图　形

MATLAB 提供了三维图形的绘制功能，最常用的三维图形有三维曲线图、三维网格图和三维曲面图这三种基本类型，相应的命令分别为 plot3、mesh 和 surf。本节将介绍这些图形的绘制方式。

5.3.1　曲线图

MATLAB 提供的三维曲线图的绘图命令为 plot3。该函数的用法和 plot 函数基本一样，但需要输入的数据比 plot 多。该函数常用的调用形式如下：

```
plot3(X1,Y1,Z1,...)
plot3(X1,Y1,Z1,LineSpec,...)
```

其中，X1,Y1,Z1 为向量或矩阵，LineSpec 用于定义曲线线型、颜色和标识等。

- 当 X1、Y1、Z1 为长度相同的向量时，plot3 命令将绘得一条分别以向量 X1、Y1、Z1 为 x、y、z 轴坐标值的空间曲线。
- 当 X1、Y1、Z1 均为 m×n 的矩阵时，plot3 命令将绘得 m 条曲线。其第 i 条空间曲线分别以 X1、Y1、Z1 矩阵的第 i 列分量为 x、y、z 轴坐标值的空间曲线。

【例 5-13】　三维曲线图绘制示例。

在命令行窗口输入：

```
clear,clc,clf
x1= cos((1:100)/25*pi*2);
x2= sin((1:100)/25*pi*2);
x3=[x1',x2'];
y1=(1:100)/100.*sin((1:100)/25*pi*2);
y2=cos((1:100)/25*pi*2);
y3=[y1',y2'];
z1=0.01:0.01:1;
z2=0.005:0.005:0.5;
z3=[z1',z2'];
whos
subplot(221);plot3(x1,y1,z1)                    %绘制 y1，见图 5.13 左上图
subplot(222);plot3(x2,y2,z2)                    %绘制 y2，见图 5.13 右上图
subplot(223);plot3(x3,y3,z3)                    %绘制 y3，见图 5.13 左下图
subplot(224);plot3(x1,y1,z1, x2,y2,z2, 0.5*x3,y3,z3) %绘制 y4，见图 5.13 右下图
```

输出结果为：

Name	Size	Bytes	Class	Attributes
x1	1x100	800	double	
x2	1x100	800	double	
x3	100x2	1600	double	
y1	1x100	800	double	
y2	1x100	800	double	
y3	100x2	1600	double	
z1	1x100	800	double	

```
z2          1x100           800   double
z3          100x2          1600   double
```

得到的图形如图 5.13 所示。

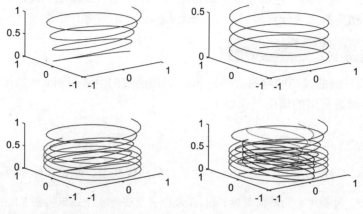

图 5.13　三维曲线图绘制示例

5.3.2　网格图

MATLAB 提供的三维网格图的绘图命令为 mesh。该函数常用的调用格式如下：

```
mesh(X,Y,Z)
mesh(Z)
mesh(...,C)
```

其中，X 和 Y 必须均为向量，若 X 和 Y 的长度分别为 m 和 n，则 Z 必须为 m×n 的矩阵；C 用于定义颜色，如果没有定义 C，则 mesh(X,Y,Z)绘制的颜色随 Z 值（曲面高度）成比例变化。在提供 X、Y 的情况下，网格线的顶点为（X(j)，Y(i)，Z(i,j)）；如果没有提供 X、Y，则将索引(i,j)作为 Z(i,j)的 x、y 轴坐标值。

三维网格图的绘制比三维曲线图的绘制稍显复杂，主要是因为绘图数据的准备以及三维图形的色彩处理。绘制函数 z=f(x,y)三维网格图的过程如下。

（1）确定自变量 x 和 y 的取值范围和取值间隔。

```
x=x1:dx:x2
y=y1:dy:y2
```

（2）构成 xoy 平面上的自变量采样点矩阵。

● 利用格点矩阵的原理生成矩阵。

```
x=x1:dx:x2;  y=y1:dy:y2;
X=ones(size(y))*x;
Y=y*ones(size(x));
```

● 利用 meshgrid 命令生成格点矩阵。

```
x=x1:dx:x2;  y=y1:dy:y2;
[X,Y]=meshgrid(x,y);
```

（3）计算在自变量采样"格点"上的函数值：Z=f(X,Y)。

【例 5-14】　三维网格图绘制示例。

在命令行窗口输入：

```
clear,clc,clf
[X,Y] = meshgrid(-8:.5:8);
R = sqrt(X.^2 + Y.^2) + eps;
Z = sin(R)./R;
C = gradient(Z);
subplot(131); mesh(Z);                              %见图 5.14 左图
subplot(132);mesh(X,Y,Z); axis([-8 8 -8 8 -0.5 1])  %见图 5.14 中图
subplot(133);mesh(X,Y,Z,C); axis([-8 8 -8 8 -0.5 1]) %见图 5.14 右图
```

命令行窗口无输出，得到的图形如图 5.14 所示。

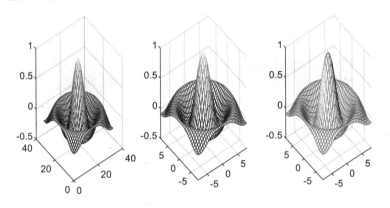

图 5.14　三维网格图绘制示例

5.3.3　曲面图

MATLAB 提供的三维曲面图的绘图命令为 surf。该函数常用的调用格式如下：

```
surf(Z)
surf(Z,C)
surf(X,Y,Z)
surf(X,Y,Z,C)
```

相关的参数和操作方法可以参考 mesh 命令。

surf 与 mesh 命令不同的是：mesh 命令所绘制的图形是网格划分的曲面图，而 surf 命令绘制得到的是平滑着色的三维曲面图,着色的方式是在得到相应的网格点后对每一个网格根据该网格所代表的节点色值（由变量 C 控制）来定义这一网格的颜色。

【例 5-15】　三维曲面图绘制示例。

在命令行窗口输入：

```
clear,clc,clf
[X,Y] = meshgrid(-8:.5:8);
R = sqrt(X.^2 + Y.^2) + eps;
Z = sin(R)./R;
```

```
C = gradient(Z);
subplot(221); surf (Z);                              %见图 5.15 左上图
subplot(222); surf (Z,C);                            %见图 5.15 右上图
subplot(223); surf (X,Y,Z); axis([-8 8 -8 8 -0.5 1])    %见图 5.15 左下图
subplot(224); surf (X,Y,Z,C); axis([-8 8 -8 8 -0.5 1])  %见图 5.15 右下图
```

命令行窗口无输出，得到的图形如图 5.15 所示。

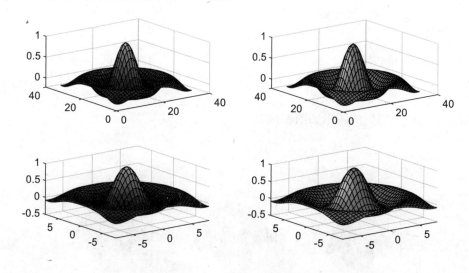

图 5.15　三维曲面图绘制示例

5.4　四　维　图　形

MATLAB 除了可以绘制二维、三维数据图形外，还可以绘制四维图形。本节将描述如何表达和绘制四维图。

5.4.1　第四维表达

前面介绍的 mesh 和 surf 等命令除了使用三维数据外，还使用了一个颜色数据。在未给出颜色参量的情况下，图像的颜色是沿着 z 轴数据变化的，但该颜色也可以由其他数据来决定。如果用颜色表示第四维数据，就能够绘制出四维图。

MATLAB 表达四维图的方式正是采用颜色来表现第四维数据。这样通过不同的颜色就能够很好地将四维数据在二维平面上表现出来。

【例 5-16】　使用颜色描述第四维数据。

在命令行窗口输入：

```
clear,clc,clf
[X,Y,Z]=peaks(60);
R = sqrt(X.^2+Y.^2)+eps;
subplot(121);surf(X,Y,Z,Z);axis tight    %见图 5.16 左图
subplot(122);surf(X,Y,Z,R);axis tight    %见图 5.16 右图
```

命令行窗口无输出，得到的图形如图 5.16 所示。

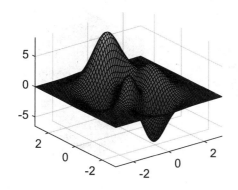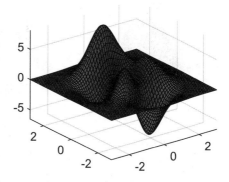

图 5.16　使用颜色描述第四维数据

左图与默认情况相同，使用 z 轴数据控制颜色；右图则采用了第四维数据 R。

5.4.2　四维图绘制

从前文可以看到 surf 命令可以将第四维数据使用颜色表示，从而绘制四维图；mesh 命令和 surf 命令一样，也可以绘制四维图。

除了 surf 命令和 mesh 命令外，slice 命令也可以绘制四维图。该函数常用的调用格式如下：

```
slice(V,sx,sy,sz)
slice(X,Y,Z,V,sx,sy,sz)
slice(V,XI,YI,ZI)
slice(X,Y,Z,V,XI,YI,ZI)
```

其功能为显示三元函数 V=V(X, Y, Z)确定的立体形状在 x 轴、y 轴、z 轴方向上的若干点的切片图，各点的坐标由数量向量 sx、sy、sz 指定，其中 V 为 m×n×p 的三维数组。默认情况下，X=1:m、Y=1:n、Z=1:p；参量 XI、YI、ZI 定义了一个面，在面上的点将会计算颜色值。

【例 5-17】　四维图绘制示例。

在命令行窗口输入：

```
clear,clc,clf
[x1,y1] = meshgrid(-1:.05:1);
[x2,y2,z2] = meshgrid(-1:.05:1,-1:.05:1,-1:.05:1);
z1= sqrt(2-x1.^2+y1.^2);
v1= exp(-x1.^2-y1.^2-z1.^2);
v2 = x2.*exp(-x2.^2-y2.^2-z2.^2);
subplot(131); surf(x1,y1,z1,v1)                    %见图 5.17 左图
subplot(132); mesh(x1,y1,z1,v1)                    %见图 5.17 中图
xslice = [-0.6,.4,1]; yslice = 1; zslice = [-1,0];
subplot(133); slice(x2,y2,z2,v2,xslice,yslice,zslice);colormap hsv
                                                   %见图 5.17 右图
```

命令行窗口无输出，得到的图形如图 5.17 所示。

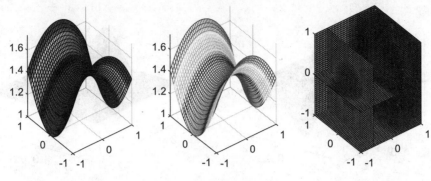

图 5.17　四维图绘制示例

5.5　特殊图形

MATLAB 提供的常见二维特殊图形函数和三维特殊图形函数如表 5.3 和表 5.4 所示。

表 5.3　二维特殊图形函数

函 数 名	说　　明	函 数 名	说　　明
pie	饼状图	barh	水平柱形图
area	填充绘图	bar	柱形图
comet	彗星图	plotmatrix	分散矩阵绘制
errorbar	误差带图	hist	直方图
feather	矢量图	scatter	散点图
fill	多边形填充	stem	离散序列火柴杆状图
gplot	拓扑图	stairs	阶梯图
quiver	向量图	rose	极坐标系下的柱状图

表 5.4　三维特殊图形函数

函 数 名	说　　明	函 数 名	说　　明
bar3	三维柱形图	stem3	三维离散数据点图
comet3	三维彗星轨迹图	trisurf	三角形表面图
ezgraph3	函数控制绘制三维图	trimesh	三角形网格图
pie3	三维饼状图	sphere	球面图
scatter3	三维散点图	cylinder	柱面图
quiver3	三维向量图	contour3	三维等值线图

本节将介绍一些常见的特殊图形的绘制方法。

5.5.1　饼状图

二维饼状图可采用 pie 函数进行绘制。该函数的调用格式如下：

```
pie(x)
pie(x,explode)
pie(...,labels)
```

上述命令为绘制参数为 x 的饼图；explode 为与 x 同维的矩阵，如果其中有非零元素，x 矩阵中的相应位置的元素在饼图中对应的扇形将向外移出一些，加以突出；labels 用于定义相应块的标签。

相应的，三维饼图可采用 pie3 函数进行绘制。该函数的调用格式如下：

```
pie3(x)
pie3(x,explode)
pie3(...,labels)
```

参数的含义与 pie 函数相同。

【例 5-18】　二维饼图和三维饼图绘制示例。

在命令行窗口中输入：

```
clear,clc,clf
x = [2 5 0.5 3.5 2];
explode = [0 1 0 1 0];
subplot(121);pie(x,explode)        %见图 5.18 左图
colormap jet
subplot(122);pie3(x,explode)       %见图 5.18 右图
colormap hsv
```

命令行窗口无输出，得到的图形如图 5.18 所示。

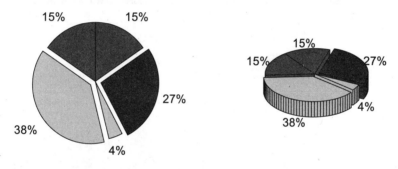

图 5.18　二维饼图和三维饼图绘制示例

5.5.2　直方图

MATLAB 提供 hist 命令绘制统计直方图。该函数的调用格式如下：

```
n = hist(Y)
n = hist(Y,x)
n = hist(Y,nbins)
```

其中，Y 为待统计量，x 为分组向量，nbins 用于指定条形的数目。

该命令可以显示出数据的分布情况。所有向量 y 中的元素或者是矩阵 y 列向量中的元素都是根据它们的数值范围来分组的，每一组作为一个条形进行显示。

还可以通过 histc 计算统计分布量。histc 的调用格式如下：

```
n = histc(x,edges)
n = histc(x,edges,dim)
```

其中 x 为待统计量，edges 为统计范围，dim 代表维度。

【例 5-19】 绘制统计直方图并计算绘制累积分布柱状图。

在命令行窗口中输入：

```
clear,clc,clf
x = -2.9:0.1:2.9;
y = randn(100000,1);
subplot(121);hist(y,x)                    %见图 5.19 左图
n_elements = histc(y,x);
c_elements = cumsum(n_elements);
subplot(122);bar(x,c_elements,'BarWidth',1)    %见图 5.19 右图
```

命令行窗口无输出，得到的图形如图 5.19 所示。

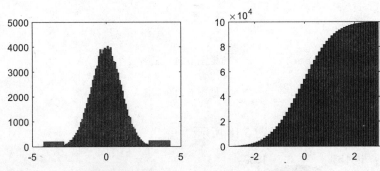

图 5.19　绘制统计直方图与累积分布柱状图

5.5.3　柱形图

MATLAB 提供 bar 命令绘制柱形图。该函数的调用格式如下：

```
bar(Y)
bar(x,Y)
bar(___,Name,Value)
bar(___,width)
bar(___,style)
bar(___,bar_color)
```

其中，Y 为待绘制的向量或矩阵；x 定义 x 轴方向的绘制位置；width 为绘制宽度占空比，默认为 0.8；style 定义形状类型，可以取值'group'、'stacked'、'hist'和'histc'等；bar_color 定义颜色；Name 和 Value 分别设置属性名和属性值。

绘制水平柱形图可以采用 barh 函数。该函数的调用格式如下：

```
barh(Y)
barh(X,Y)
barh(...,width)
barh(...,'style')
```

参数参考 bar 函数。

相应的，三维柱形图可采用 bar3 函数进行绘制。该函数的调用格式如下：

```
bar3(Y)
bar3(x,Y)
bar3(...,width)
```

```
bar3(...,'style')
bar3(...,LineSpec)
```

参数参考 bar 函数,但 style 可以取值'group'、'stacked'和'detached'等。三维横向柱形图可采用 bar3h 函数进行绘制,关于该函数的介绍,请参考 barh 函数,这里不再赘述。

【例 5-20】 二维柱形图绘制示例。

在命令行窗口中输入:

```
clear,clc,clf
y1 = [123.203,131.669, 150.697,179.323,203.212]';
y2= [75.995,91.972,105.711, 226.505,249.633]';
Y= [y1,y2];
x=[2:4:18]';
subplot(241); bar(y1); title('Default')
subplot(242); bar(y1,0.4); title('Width=0.4')
subplot(243); bar(x, y1); title('Specified x ')
subplot(244); barh(x, y1); title('Horizontal')
subplot(245); bar(Y,'grouped'); title('Group')
subplot(246); bar(Y,'stacked'); title('Stack')
subplot(247); bar(Y,'histc'); title('Histc')
subplot(248); bar(Y,'hist'); title('Hist')
```

命令行窗口无输出,得到的图形如图 5.20 所示。

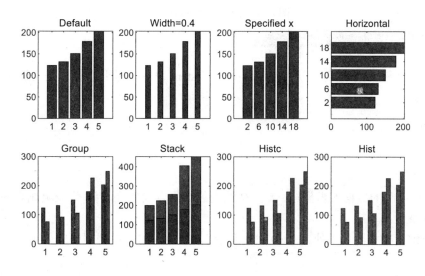

图 5.20 二维柱形图绘制示例

【例 5-21】 三维柱形图绘制示例。

在命令行窗口中输入:

```
clear,clc,clf
load count.dat;
y = count(1:10,:);
subplot(241);bar3(y,'detached');title('Detached');axis tight;
subplot(242);bar3(y,0.5,'detached');title('Width = 0.5'); axis tight;
```

```
subplot(243);bar3(y,'grouped');title('Grouped'); axis tight;
subplot(244);bar3(y,0.25,'grouped');title('Width = 0.25'); axis tight;
subplot(245);bar3(y,'stacked');title('Stacked'); axis tight;
subplot(246);bar3(y,0.25,'stacked');title('Width = 0.25'); axis tight;
subplot(247);bar3h(y,'detached');title('Detached'); axis tight;
subplot(248);bar3h(y,0.5,'detached');title('Width = 0.5'); axis tight;
```

命令行窗口无输出，得到的图形如图 5.21 所示。

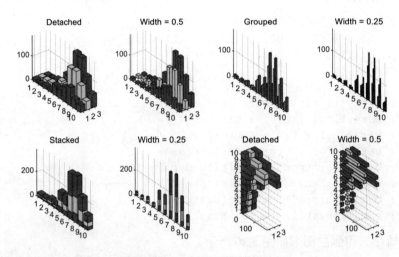

图 5.21 三维柱形图绘制示例

5.5.4 离散数据点图

离散数据点图又称为火柴杆图。MATLAB 提供了 stem 命令，用于绘制二维火柴杆图。该命令的常用调用格式如下：

```
stem(Y)
stem(X,Y)
stem(...,'fill')
stem(...,LineSpec)
```

其中，Y 是待绘制的数据点纵坐标，X 为待绘制的数据点横坐标，'fill'代表填充点的颜色，LineSpec 设置火柴杆线的属性。

相应的，三维火柴杆图可以使用 stem3 命令绘制，该命令的常用调用格式如下：

```
stem3(Z)
stem3(X,Y,Z)
stem3(...,'fill')
stem3(...,LineSpec)
```

该命令的各项参数可参考 stem 命令，这里不再赘述。

【例 5-22】 离散数据点图绘制示例。

在命令行窗口中输入：

```
clear,clc,clf
t = linspace(-2*pi,2*pi,10);
```

```
x= cos(t);y= sin(t);
subplot(231);stem(y); axis tight;
subplot(232);stem(y, 'fill','--'); axis tight;
subplot(233);stem(t, y); axis tight;
subplot(234);stem(x, y); axis tight;
subplot(235);stem3(t); axis tight;
subplot(236);stem3(x, y, t); axis tight;
```

命令行窗口无输出，得到的图形如图 5.22 所示。

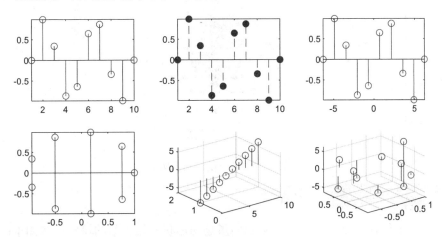

图 5.22　离散数据点图绘制示例

5.5.5　散点图

使用 scatter 函数可以绘制二维散点图。该函数的调用格式如下：

```
scatter(X,Y,S,C)
scatter(X,Y)
scatter(X,Y,S)
scatter(...,markertype)
scatter(...,'filled')
```

其中，函数以 X，Y 的值为横纵坐标，绘制散点；S 决定点标识的大小；C 设置颜色；markertype 为标识形状；filled 代表填充点的颜色操作。

相应的，scatter3 函数可以绘制三维散点图。该函数的调用格式如下：

```
scatter3(X,Y,Z,S,C)
scatter3(X,Y,Z)
scatter3(X,Y,Z,S)
scatter3(...,markertype)
scatter3(...,'filled')
```

相关参数的含义可参考 scatter 函数的说明。

【例 5-23】　散点图绘制示例。

在命令行窗口中输入：

```
clear,clc,clf
load seamount
```

```
subplot(131);scatter(x,y,5,z); axis tight
subplot(132);scatter(x,y,sqrt(-z/2),[.5 0 0],'filled'); axis tight
subplot(133);scatter3(x,y,z,5,'filled'), view(40,35); axis tight
```

命令行窗口无输出，得到的图形如图 5.23 所示。

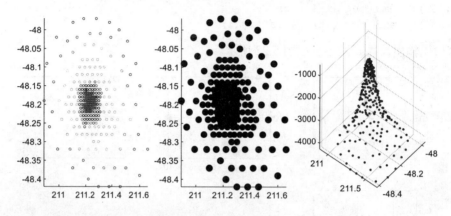

图 5.23 散点图绘制示例

5.5.6 向量图

quiver 函数可用于绘制二维向量图，即绘制向量场的形状。该函数的调用格式如下：

```
quiver(x,y,u,v)
quiver(u,v)
quiver(...,scale)
quiver(...,LineSpec)
quiver(...,LineSpec,'filled')
```

该函数在坐标（x,y）点处用箭头图形绘制向量，若未设置则使用下标代替；（u,v）为相应点的速度分量；'filled'代表填充点的颜色；LineSpec 设置线属性；scale 是用来控制看到的图中向量"长度"的实数，默认值为 1，有时需要设置小点的值，以免绘制的向量彼此重叠。

相应的，三维向量图可以使用 quiver3 函数进行绘制。该函数的调用格式如下：

```
quiver3(x,y,z,u,v,w)
quiver3(z,u,v,w)
quiver3(...,scale)
quiver3(...,LineSpec)
quiver3(...,LineSpec,'filled')
```

该函数在坐标（x,y,z）点处用箭头图形绘制，向量（u,v,w）为相应点的速度分量，其余参数与函数 quiver 相同。

【例 5-24】 向量图绘制示例。
在命令行窗口中输入：

```
clear,clc,clf
vz = 10;a = -32;
t = 0:.1:1;
z = vz*t + 1/2*a*t.^2;
```

```
vx = 2;x = vx*t;vy = 3;y = vy*t;
u = gradient(x);v = gradient(y);w = gradient(z);
scale = 0;
subplot(131);quiver3(x,y,z,u,v,w,scale);view([70 18])
title('抛物运动路径与速度')
subplot(132);quiver(x,z,u,w,scale);axis([0 4 -10 2])
title('抛物运动路径与速度 XZ 面投影')
subplot(133);quiver(y,z,v,w,scale); axis([0 4 -10 2])
title('抛物运动路径与速度 YZ 面投影')
```

命令行窗口无输出，得到的图形如图 5.24 所示。

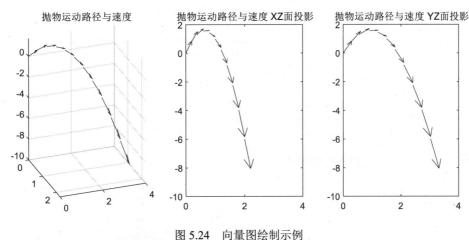

图 5.24　向量图绘制示例

5.5.7　等值线图

contour 命令可用于绘制二维等值线图，调用格式如下：

```
contour(Z)
contour(Z,n)
contour(Z,v)
contour(X,Y,Z)
contour(X,Y,Z,n)
contour(X,Y,Z,v)
contour(...,LineSpec)
```

其中，变量 Z 为数值矩阵；n 为所绘图形等值线的条数；v 为向量，等值线条数等于该向量的长度，并且等值线的值为对应向量的元素值；LineSpec 用于设置线属性。

相应的，三维等值线的绘制函数为 contour3，其调用格式如下：

```
contour3(Z)
contour3(Z,n)
contour3(Z,v)
contour3(X,Y,Z)
contour3(X,Y,Z,n)
contour3(X,Y,Z,v)
contour3(...,LineSpec)
```

其中的参数可以参考 contour 中的内容，这里不再赘述。

很多时候，采用叠绘的方法绘制等值线图、向量图、曲面图等组合图形，可以更加明确地表达图形的物理意义。

【例 5-25】 等值线图绘制示例。

在命令行窗口中输入：

```
clear,clc,clf
[X,Y] = meshgrid([-2:.25:2]);
Z = X.*exp(-X.^2-Y.^2);
[px,py] = gradient(Z,.25,.25);
subplot(221);contour(X,Y,Z,30);title('2D Contour');
subplot(222);contour3(X,Y,Z,30);title('3D Contour'); view(-15,25)
subplot(223);contour(X,Y,Z,30);hold on;
quiver(X,Y,px,py), hold off; title('2D Contour & Quiver');
subplot(224);contour3(X,Y,Z,30); hold on;
surface(X,Y,Z,'EdgeColor',[.8 .8 .8],'FaceColor','none')
grid off; view(-15,25); title('3D Contour & Surface');
```

命令行窗口无输出，得到的图形如图 5.25 所示。

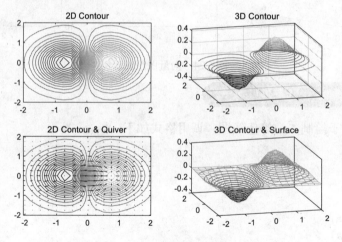

图 5.25 等值线图绘制示例

5.6 图 形 处 理

5.6.1 图形输出

使用 MATLAB 绘制各种图形的最终目的是进行输出。MATLAB 常用两种不同的方式输出当前的图形。

- 通过图窗口的命令菜单或者是工具栏中的打印或复制选项来输出。
- 使用 MATLAB 语言提供的内置打印引擎或系统的打印服务来实现图形输出，最后可以使用其他的图形格式存储图形。

第一种方式非常简单，主要用于 GUI 操作的用户；另一种方式需要了解很多命令，十分复杂，但在进行图形输出时非常高效。

通过命令输出图形的方式很多，包括保存、打印、复制等。这里简单介绍实现打印的函数 print 的基本调用格式：

```
print
print('argument1','argument2',...)
print(handle,'filename')
print argument1 argument2 ... argumentn
```

其中，print 命令将图形发送到由 printopt 定义的打印设备和系统打印命令中；filename 是输出图形的保存文件名；handle 为图形句柄；argumentn 可以为表 5.5 中所示的选项。

表 5.5　argumentn 值与描述

argumentn 值	描　　述
handle	打印对象
filename	目标文件
-ddriver	使用由 ddrive 定义的打印设备打印当前图形
-dformat	将当前图形复制到系统粘贴板
-dformat filename	以自定义格式 dformat 将图形输出到自定义 filename 文件中
-smodelname	打印当前 Simulink 模型 smodelname
-options	定义打印选项，关于各种可设置的选项名

5.6.2　图形细化

本小节介绍细化图形的一些操作，包括添加栅格、文字标注等内容。

1．栅格

栅格是用于辅助图形标注尺寸和找正的细线，可以使得图形表达更清楚。MATLAB 提供 grid 命令用于控制栅格：

- grid on 命令可以在当前图形中添加栅格。
- grid off 命令可以在当前图形中取消栅格。
- 单独使用 grid 命令可以在 on 与 off 状态下交替转换。
- grid minor 可以细化栅格。

还可以使用 set 命令进行设置，如设置三个方向的栅格：

```
set(axh,'XGrid','on','YGrid','on','ZGrid','on')
```

对于 set 命令，本文将在后面讲述。

【例 5-26】　栅格绘制示例。

在命令行窗口中输入：

```
clear,clc,clf
X = (0:200)*pi/100; Y = 2*sin(X);
```

```
subplot(221); plot(X, Y, 'LineWidth', 1); xlim([0 2*pi]); title('无栅格');
subplot(222); plot(X, Y, 'LineWidth', 1); xlim([0 2*pi]); grid on; title('有栅格');
subplot(223); plot(X, Y, 'LineWidth', 1); xlim([0 2*pi]); grid on; grid; title('栅格
切换后');
subplot(224); plot(X, Y, 'LineWidth', 1); xlim([0 2*pi]); grid on; grid minor; title('
细化栅格');
```

命令行窗口无输出，得到的图形如图 5.26 所示。

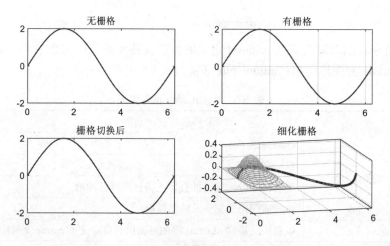

图 5.26　栅格绘制示例

2. 标注

在绘图时，常需要进行一些文字标注来更加清楚地表达图形意义。MATLAB 提供的图形标注命令如下所示：

- title: 在图窗口顶端的中间位置输出字符串作为标题。
- xlabel: 在 x 轴下的中间位置输出字符串作为标注。
- ylabel: 在 y 轴边上的中间位置输出字符串作为标注。
- zlabel: 在 z 轴边上的中间位置输出字符串作为标注。
- text(x,y, 'text'): 在图窗的(x,y)处写字符串'text'。坐标 x、y 按照与所绘制图形相同的刻度给出。对于向量 x 和 y，字符串'text'写在(xi,yi)的位置上。如果'text'是一个字符串向量，即一个字符矩阵，且与 x、y 有相同的行数，则第 i 行的字符串将写在图窗口(xi,yi)的位置上。
- text(x,y, 'text', 'sc'): 在图窗的(x,y)处输出字符串'text'。图窗口左下角的坐标为(0.0,0.0)，右上角的坐标为(1.0,1.0)。通过 gtext('text')使用鼠标或方向键移动图窗口中的十字光标，让用户将字符串 text 放置在图窗口中。当十字光标移到所期望的位置时，按下任意键或单击鼠标上的任意按钮，字符串将会写入窗口中。
- legend('string1','string2',... ,'location','location'): 在当前图上输出图例,并用说明性字符串 string1、string2 等做标注。其中参数'location'的可选项目列表如表 5.6 所示。
- legend off: 从当前图形中清除图例。

表 5.6　location 可选设置

可 选 项	说 明	可 选 项	说 明
North	图窗内最上端	SouthOutside	图窗外下部
South	图窗内最下端	EastOutside	图窗外右侧
East	图窗内最右端	WestOutside	图窗外左侧
West	图窗内最左端	NorthEastOutside	图窗外右上部
NorthEast	图窗内右上角（默认）	NorthWestOutside	图窗外左上部
NorthWest	图窗内左上角	SouthEastOutside	图窗外右下部
SouthEast	图窗内右下角	SouthWestOutside	图窗外左下部
SouthWest	图窗内左下角	Best	与曲线交叠最小的位置
NorthOutside	图窗外上部	BestOutside	图窗外最不占空间的位置

【例 5-27】　文字说明示例。

在命令行窗口中输入：

```
clear,clc,clf
t = -pi:pi/20:pi;
x=cos(t);
y=sin(t);
subplot(131);plot(t,x);title('仅标注标题');
subplot(132);plot(t,y);title('标题与图例');xlabel('t');ylabel('y');
subplot(133);plot(x,y);title('文本标记');text(0,0,'圆'); xlabel('x');ylabel('y');
```

命令行窗口无输出，得到的图形如图 5.27 所示。

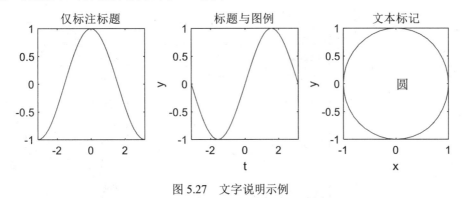

图 5.27　文字说明示例

3．特殊字符控制

这里提到的特殊字符包括上下标字符和不常见字符，相应的控制方法如表 5.7 和表 5.8 所示。

表 5.7　上下标的控制命令

	命 令	arg 取值	输 入	文字输出效果
上标	^{arg}	任何合法字符	'x^5+2x^4+4x^2+5x+6'	$x^5+2x^4+4x^2+5x+6$
下标	_{arg}		'x_1+x_2+x_3+x_4+x_5'	$x_1+x_2+x_3+x_4+x_5$

表 5.8　特殊字符

表示方法	字　符	表示方法	字　符	表示方法	字　符
\alpha	α	\upsilon	υ	\sim	~
\angle	∠	\phi	Φ	\leq	≤
\ast	*	\chi	χ	\infty	∞
\beta	β	\psi	ψ	\clubsuit	♣
\gamma	γ	\omega	ω	\diamondsuit	♦
\delta	δ	\Gamma	Γ	\heartsuit	♥
\epsilon	ε	\Delta	Δ	\spadesuit	♠
\zeta	ζ	\Theta	Θ	\leftrightarrow	↔
\eta	η	\Lambda	Λ	\leftarrow	←
\theta	Θ	\Xi	Ξ	\Leftarrow	⇐
\vartheta	ϑ	\Pi	Π	\uparrow	↑
\iota	ι	\Sigma	Σ	\rightarrow	→
\kappa	κ	\Upsilon	Υ	\Rightarrow	⇒
\lambda	λ	\Phi	Φ	\downarrow	↓
\mu	μ	\Psi	Ψ	\circ	°
\nu	ν	\Omega	Ω	\pm	±
\xi	ξ	\forall	∀	\geq	≥
\pi	π	\exists	∃	\propto	∝
\rho	ρ	\ni	∋	\partial	∂
\sigma	σ	\cong	≅	\bullet	•
\varsigma	ς	\approx	≈	\div	÷
\tau	τ	\Re	ℜ	\neq	≠
\equiv	≡	\oplus	⊕	\aleph	ℵ
\Im	ℑ	\cup	∪	\wp	℘
\otimes	⊗	\subseteq	⊆	\oslash	∅
\cap	∩	\in	∈	\supseteq	⊇
\supset	⊃	\lceil	⌈	\subset	⊂
\int	∫	\cdot	·	\o	o
\rfloor	⌋	\neg	¬	\nabla	∇
\lfloor	⌊	\times	x	\ldots	...
\perp	⊥	\surd	√	\prime	′
\wedge	∧	\varpi	ϖ	\0	∅
\rceil	⌉	\rangle	〉	\mid	|
\vee	∨	\langle	〈	\copyright	©

【例 5-28】 特殊字符示例。

在命令行窗口输入：

```
clear,clc,clf
subplot(121);plot(0:0.01:1,1- (0:0.01:1).^2)
text(0.5,0.75,' \leftarrow x^2')
subplot(122);plot(0:pi/20:2*pi,sin(0:pi/20:2*pi))
text(pi,0,' \leftarrow sin(\pi)')
```

命令行窗口无输出，得到的图形如图 5.28 所示。

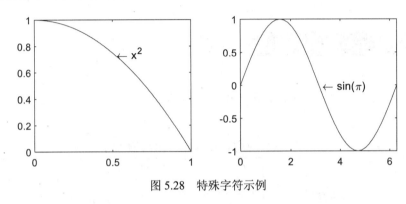

图 5.28 特殊字符示例

4.字体样式

MATLAB 中的字符串可以对输出的文字风格进行预先设置，可以预先设定的有字体、风格、大小及颜色，如表 5.9 所示。

表 5.9 字体样式设置

字体命令（\fontname{arg}）		文字风格（arg）		文字大小（\fontsize{arg}）	
Arial	Arial 字体	bf	黑体	10	默认，字号为小五
Roman	Roman 字体	it	斜体一	12	五号字体
宋体	字体为宋体	sl	斜体二		
黑体	字体为黑体	rm	正体		

注意

文字颜色（\color{colorSpec}）请参考帮助文档。

【例 5-29】 字体样式设置示例。

在命令行窗口输入：

```
clear,clc,clf
text(.1,.5,['\fontsize{16}black {\color{magenta}magenta '...
'\color[rgb]{0 .5 .5}teal \color{red}red} black again'])
```

命令行窗口无输出，得到的图形如图 5.29 所示。

115

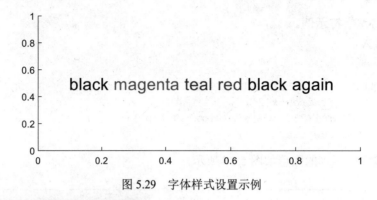

图 5.29　字体样式设置示例

5.6.3　坐标轴控制

默认情况下，MATLAB 可通过内部自适应设置坐标轴，但有的时候，默认设置生成的图形往往达不到要求的效果。这时就可以使用 MATLAB 提供的坐标轴控制函数（见表 5.10）来调整和设置坐标轴的某些参数。

表 5.10　MATLAB 的坐标轴控制函数

命　令	描　述	命　令	描　述
axis auto	使用坐标轴的默认设置	axis([xmin,xmax, ymin,ymax])	设置 x、y 轴的范围为[xmin,xmax]及[ymin,ymax]
axis manual	保持当前坐标刻度范围	axis equal	横、纵坐标采用等长刻度
axis fill	使坐标充满整个绘图区	axis image	效果与命令 axis equal 相同，只是图形区域刚好紧紧包围图像数据
axis off	取消坐标轴标签、刻度及背景	axis tight	把数据范围设置为坐标范围
axis on	打开坐标轴标签、刻度及背景	axis square	使用方形坐标系
axis ij	使用矩阵式坐标，原点在左上方	xlim([xmin xmax])	设置 x 轴范围为[xmin,xmax]
axis xy	使用直角坐标	ylim([ymin ymax])	设置 y 轴范围　[ymin,ymax]
axis normal	使用默认矩形坐标系	zlim([zmin zmax])	设置 z 轴范围为[zmin zmax]

【例 5-30】　坐标轴设置示例。

在命令行窗口输入：

```
clear,clc,clf
X= -5*pi:pi/20:5*pi;
Y=cos(X);
subplot(131); plot(X, Y, 'LineWidth', 1); title('自动');
subplot(132); plot(X, Y, 'LineWidth', 1); xlim([0 10]); title('设置 x 轴');
subplot(133); plot(X, Y, 'LineWidth', 1); axis tight; title('显示整个数据范围');
```

命令行窗口无输出，得到的图形如图 5.30 所示。

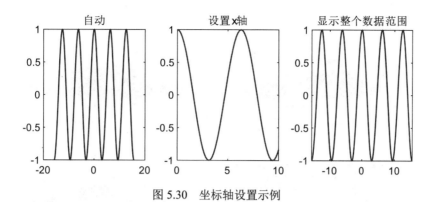

图 5.30　坐标轴设置示例

5.6.4　视角与透视

从不同的位置和角度观察三维视图,可以发现图形会有不同的效果,另外不同透明度的图形效果也大不相同。MATLAB 提供了图形视角与透视功能。

1．视角控制命令

MATLAB 提供的视角控制函数主要有 view 和 rotate3D 等。下面只介绍 view 函数的用法, rotate3D 等函数的用法请读者参考帮助文件。

view 函数可以设置立体图形的观察点,调用格式如下:

```
view(az,el)/view([az,el])
view([x,y,z])
view(2)
view(3)
[az,el] = view
```

其中,az 为方位角,el 为仰角;[x,y,z]设置指向原点的视角方向;view(2)函数设置默认的二维形式视点;view(3)函数设置默认的三维形式视点。

【例5-31】　view 命令设置视点示例。

在命令行窗口输入:

```
clear,clc,clf
[X,Y,Z]=peaks(30);
subplot(221);surf(X,Y,Z,Z);axis tight; view(-37.5,30);
subplot(222);surf(X,Y,Z,Z);axis tight; view([1 1 2]);
subplot(223);surf(X,Y,Z,Z);axis tight; view(2);
subplot(224);surf(X,Y,Z,Z);axis tight; view(3);
```

命令行窗口无输出,得到的图形如图 5.31 所示。

2．三维透视命令

在 MATLAB 中使用 mesh 等命令绘制网格曲面时,在默认情况下会隐藏重叠在后的图形,使用透视命令 hidden 可对这种隐藏功能进行设置。该命令的调用格式如下:

```
hidden on
hidden off
hidden
```

该命令的使用方法同 hold 命令类似，可参考 hold 命令的使用说明。

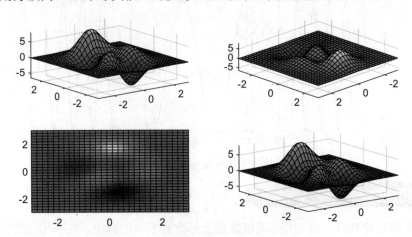

图 5.31　view 命令设置视点示例

【例 5-32】　透视命令使用示例。

在命令行窗口输入：

```
clear,clc,clf
[X,Y,Z]=peaks(30);
subplot(121);mesh(X,Y,Z,Z);axis tight; title('不透视');
subplot(122);mesh(X,Y,Z,Z);axis tight; hidden off; title('透视');
```

命令行窗口无输出，得到的图形如图 5.32 所示。

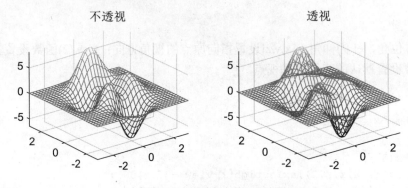

图 5.32　透视命令使用示例

5.7　绘 图 窗 口

绘图窗口是绘制图形的窗口，其中的窗口菜单和工具栏可以支持很多操作。下面介绍有关绘图窗口的知识。

5.7.1　创建绘图窗口

创建绘图窗口的命令为 figure，其调用方式如下：

```
figure
figure('PropertyName',propertyvalue,...)
figure(h)
h = figure(...)
```

其中，'PropertyName'为属性名，propertyvalue 为属性值；h 为窗口对应的句柄。以上几种调用格式均会产生绘图窗口。

通过下面两个命令可以分别查询和设置绘图窗口的属性和参数。

● get(n)：该命令返回句柄值为 n 的绘图窗口的参数名称及其当前值。
● set(n)：该命令返回句柄值为 n 的绘图窗口的参数名称及取值范围。

【例 5-33】　创建绘图窗口。

在命令行窗口输入：

```
figure; get(gcf)
```

输出图形如图 5.33 所示，此处省略窗口输出结果。

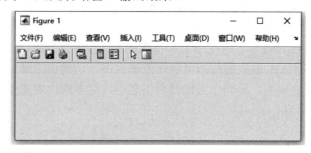

图 5.33　绘图窗口

5.7.2　绘图窗口工具栏

绘图窗口常用图标的说明如表 5.11 所示（部分工具栏未出现在图 5.33 中）。

表 5.11　绘图窗口工具栏

图　标	说　明	图　标	说　明
	新建图窗口		打印图形
	打开图窗口文件		移动图形
	保存图窗口文件		旋转三维图形
	放大图窗口中的图形		取点
	缩小图窗口中的图形		插入颜色条
	插入图例		隐藏绘图工具
	打开绘图工具		设置环行视角
	设置光照属性		转动视角
	设置水平方向视角		前后移动视角
	设置视角大小		水平面移动视角

（续表）

图　标	说　明	图　标	说　明
	以 x 方向为标准设置环行视角		以 y 方向为标准设置环行视角
	以 z 方向为标准设置环行视角		选择是否打开光照
	重置图形的视角和光照		停止光照和视角的移动
	设置绘图颜色		边界颜色
	插入直线		插入箭头
	插入双箭头		插入文本箭头
	插入文本框		插入方框
	插入椭圆		为图形上的点添加 pin
	对齐		编辑模式

5.8　本　章　小　结

　　本章介绍了二维图形、三维图形、四维图形和特殊图形的绘制操作，以及基本的图形处理方法。从这些介绍中可以看到，MATLAB 提供的数据可视化方法很多，功能也很强大。事实上，前文中的介绍仅为 MATLAB 可视化操作的皮毛，只能作为抛砖引玉之用，更多的内容需要读者在使用的过程中逐渐掌握。

第二篇

数 学 基 础

该篇主要介绍基本数学计算在 MATLAB 中的实现,旨在为读者建立 MATLAB 进行数学计算的基本概念。该篇各章的主要内容如下。

第 6 章 数组与矩阵操作,主要介绍数组运算、矩阵操作、矩阵元素运算、矩阵运算和稀疏矩阵等内容。通过该章的学习,用户可以了解数组的创建和运算方法、矩阵的创建和运算方法以及和稀疏矩阵有关的操作。

第 7 章 数学函数运算,主要介绍在 MATLAB 中实现初等函数和特殊函数运算的方法。通过该章的学习,用户可以了解三角函数、指数函数、复数函数、截断与求余函数、离散数学函数、坐标函数等在 MATLAB 中的实现方法。

第 8 章 符号计算,主要介绍符号变量与表达式、符号函数、符号微积分、符号积分变换、符号矩阵计算和符号方程求解操作。通过该章的学习,用户可以了解符号变量的创建与运算、表达式操作、符号函数与反函数运算、符号微积分运算、符号 Fourier 变换及其他变换、符号矩阵算术运算及线性代数运算、符号代数方程与微分方程等在 MATLAB 中的实现方法。

第6章 数组与矩阵操作

数组是 MATLAB 数据进行存储和处理的基本形式。矩阵是一种特殊的数组，是 MATLAB 进行数据处理的基本单元。在前面篇章对数组和矩阵进行了简单介绍，本章将继续介绍数组和矩阵的操作。

知识要点 >>>>>>>>>>

- 数组运算
- 矩阵操作
- 矩阵元素运算
- 矩阵运算
- 稀疏矩阵

6.1 数 组 运 算

数组运算是 MATLAB 计算的基础。本节将系统地介绍数组创建、操作和函数运算等内容。

6.1.1 创建与访问数组

本小节介绍在 MATLAB 中如何建立数组以及数组的常用操作，包括数组的算术运算、关系运算和逻辑运算等。

1. 创建数组

可以使用方括号（[ ]）、逗号（,）、空格和分号（;）来创建数组。数组中同行不同列元素采用逗号或空格进行分隔，不同行元素采用分号进行分隔。

注意　书写以上符号时必须使用西文，MATLAB 不能识别中文符号。

【例 6-1】　创建数组示例。

在命令行窗口输入：

```
A=[]                    %创建空数组
B=[2 1]                 %创建行向量数组
C=[2,1]                 %创建行向量数组
D=[2;1]                 %创建列向量数组
E=[2 1; 1, 2]           %创建二维数组
whos                    %查看创建的数组属性
```

输出结果为：

```
A =
    []
B =
    2    1
C =
    2    1
D =
    2
    1
E =
    2    1
    1    2
    Name        Size            Bytes  Class     Attributes
    A           0x0                 0  double
    B           1x2                16  double
    C           1x2                16  double
    D           2x1                16  double
    E           2x2                32  double
```

可以通过访问下标的方式访问数组，实现的方式为使用数组名与下标的组合进行访问。访问时，下标可以取标量，也可以取数组。通过对数组的访问，可以进一步修改数组。

【例 6-2】　访问与修改数组。

在命令行窗口输入：

```
A=[1 2 3 4 5]                %创建行向量数组
a1=A(3)                      %访问数组第 3 个元素
A1=A; A1(3)=33               %复制 A 数组到 A1 数组中，并通过访问修改 A1 第三个元素
a2=A(1:3)                    %访问数组第 1、2、3 个元素
A2=A; A2(1:3)=[0 0 0]        %复制 A 数组到 A2 数组中，并通过访问修改 A2 前三个元素
a3=A(3:end)                  %访问数组第 3 个到最后一个元素
a4=A(end:-1:1)              %数组元素反序输出
a5=A([1 5])                  %访问数组第 1 个与第 5 个元素
```

输出结果为：

```
A =
    1    2    3    4    5
a1 =
    3
A1 =
    1    2   33    4    5
a2 =
    1    2    3
A2 =
    0    0    0    4    5
a3 =
    3    4    5
a4 =
    5    4    3    2    1
```

```
a5 =
    1    5
```

MATLAB 中还可以通过其他方式创建一维等差与等比数组，具体如下：

- 通过冒号创建一维等差数组。
- 通过 linspace 函数创建一维等差数组。
- 通过 logspace 函数创建一维等比数组。

2. 通过冒号创建一维等差数组

通过冒号创建一维等差数组的格式如下：

```
X=a:step:b
```

其中，a 是待创建一维数组的第一项，step 为相邻元素递增或递减的数值（MATLAB 设置的默认值为 1），b 是待创建数组元素值的上限或下限；该数组按 step 变换，直到与 b 的差的绝对值小于等于 step 的绝对值，并将此时的数值作为数值的最后一项。

【例 6-3】 通过冒号创建一维等差数组示例。
在命令行窗口输入：

```
A= 1:5              %使用默认 step
B=1:0.8:5           %使用充分利用上下限的间距
C=1:0.7:5           %使用未充分利用上下限的间距
D=5:-1:1            %使用为负值的 step
```

输出结果为：

```
A =
    1    2    3    4    5
B =
   1.0000   1.8000   2.6000   3.4000   4.2000   5.0000
C =
   1.0000   1.7000   2.4000   3.1000   3.8000   4.5000
D =
    5    4    3    2    1
```

3. 通过 linspace 函数创建一维等差数组

linspace 函数创建一维等差数组的调用方式如下：

```
y = linspace(a,b)
y = linspace(a,b,n)
```

其中，y 为待创建行向量；a 为首元素；b 为尾元素；n 为数组元素总数量，在未设置的情况下默认为 100，设置为 1 时 y 的值为 b。

【例 6-4】 通过 linspace 函数创建一维等差数组示例。
在命令行窗口输入：

```
A1=linspace(1,30);whos A1        %创建默认长度的等差数列 A1，查看其属性
d1=A1(2)-A1(1)                   %求解 A1 的公差
```

```
A2= linspace (1,30,4)          %创建长度为 4 的等差数列 A2
A3= linspace (1,30,1)          %创建长度为 1 的等差数列 A3
```

输出结果为：

```
 Name       Size             Bytes  Class        Attributes
 A1         1x100             800          double
d1 =
   0.2929
A2 =
   1.0000   10.6667   20.3333   30.0000
A3 =
   30
```

4．通过 logspace 函数创建一维等比数组

logspace 函数创建一维等比数组的调用方式如下：

```
y = logspace(a,b)
y = logspace(a,b,n)
y = logspace(a,pi)
```

其中，y 为待创建行向量；10^a 为首元素；10^b 为尾元素；n 为数组元素总数量，在未设置的情况下默认为 100，设置为 1 时 y 的值为 10^b；logspace(a,pi)创建 10^a 到 pi 之间的等比数量，这种用法在电子信号处理中很有用。

【例 6-5】　通过 logspace 函数创建一维等比数组示例。

在命令行窗口输入：

```
A1=logspace(1,2);whos A1       %创建默认长度的等比数列 A1，查看其属性
d1=A1(2)/A1(1)                  %求解 A1 的公比
A2= logspace(1,2,4)            %创建长度为 4 的等比数列 A2
A3=logspace(1,2,1)             %创建长度为 1 的等比数列 A3
A4= logspace(2,pi,5)          %创建 100 到 pi 的等比数列 A4
```

输出结果为：

```
 Name       Size             Bytes  Class        Attributes
 A1         1x50              400          double
d1 =
   1.0481
A2 =
   10.0000   21.5443   46.4159  100.0000
A3 =
   100
A4 =
  100.0000   42.1005   17.7245    7.4621    3.1416
```

6.1.2　数组运算

本小节介绍数组的算术运算、关系运算和逻辑运算等内容。

1. 算术运算

在 MATLAB 中，数组的基本运算包括加、减、乘、左除、右除和乘方等。

（1）数组的加减运算：通过格式 A+B 或 A-B 可实现数组的加减运算。运算规则要求数组 A 和 B 的维数相同。实现数组对应元素间的加减。

（2）数组与标量的加减：通过格式 A+b 或 A-b 可实现数组与标量的加减运算。实现数组每个元素与标量的加减。

（3）数组的乘除法：通过格式 A.*B 或 A./B（或 B.\A）可实现数组的乘除法。数组 A 和 B 的维数相同，运算为数组对应元素相乘除，计算结果与 A 或 B 是相同维数的数组。

提示 右除和左除的关系：A./B=B.\A，其中 A 是被除数，B 是除数。

（4）数组与标量的乘除法：通过格式 A*b 或 A/b 可实现数组与标量的乘除法。实现数组每个元素与标量的乘除。

（5）数组的乘方：通过乘方格式 A.^ B 实现数组的乘方运算。数组的乘方运算包括数组间的乘方运算、数组元素和标量的乘方。

（6）数组的点积：通过函数 dot() 可实现。要求数组 A 和 B 的维数相同，其调用格式如下：

```
C= dot(A,B)
C = dot(A,B,dim)
```

其中，dim 为维度。

提示 点积通过函数 sum(A.*B) 也可以得到相同的结果。

（7）数组的叉积：通过函数 cross() 可实现。要求数组 A 和 B 的维数相同，其调用格式如下：

```
C = cross(A,B)
C = cross(A,B,dim)
```

【例6-6】 数组的加减运算示例。

在命令行窗口输入：

```
A=[1 2 3 4 5]
B=[5 4 3 2 1]
b=[1 2 3 4]
C=A+B              %加法
E=A-B              %减法
F=A+10             %数组与标量的加法
G=A-b              %不同长度数组运算，将报错
```

输出结果为：

```
A =
    1    2    3    4    5
```

```
B =
     5     4     3     2     1
b =
     1     2     3     4
C =
     6     6     6     6     6
E =
    -4    -2     0     2     4
F =
    11    12    13    14    15
```
矩阵维度必须一致。

如果两个数组的长度不相同，就将给出错误的信息。

【例 6-7】　数组的乘法示例。

在命令行窗口输入：

```
A=[1 2 3 4 5]
B=[5 4 3 2 1]
C=A.*B              %数组的点乘
D=A*3               %数组与标量的乘法
```

输出结果为：

```
A =
     1     2     3     4     5
B =
     5     4     3     2     1
C =
     5     8     9     8     5
D =
     3     6     9    12    15
```

【例 6-8】　数组的除法示例。

在命令行窗口输入：

```
A=[1 2 3 4 5]
B=[5 4 3 2 1]
C=A./B              %数组左除
D=A.\B              %数组右除
E=A./3              %数组与标量的除法
F=A/3               %数组与标量的除法
G=A/eps             %数组与很小数的除法
H=A/0               %数组与标量的除法
```

输出结果为：

```
A =
     1     2     3     4     5
B =
     5     4     3     2     1
```

```
C =
    0.2000    0.5000    1.0000    2.0000    5.0000
D =
    5.0000    2.0000    1.0000    0.5000    0.2000
E =
    0.3333    0.6667    1.0000    1.3333    1.6667
F =
    0.3333    0.6667    1.0000    1.3333    1.6667
G =
    1.0e+16 *
    0.4504    0.9007    1.3511    1.8014    2.2518
H =
    Inf    Inf    Inf    Inf    Inf
```

提示　　如果除数为 0，那么结果为无穷大 Inf。如果可能出现除数为 0 的情况，就不妨在除数上加减 eps，防止运算出错。

【例 6-9】　数组的乘方示例。

在命令行窗口输入：

```
A=[1 2 3 4 5]
B=[5 4 3 2 1]
C=A.^B              %数组间的乘方
D=A.^3              %数组元素的乘方
E=3.^A              %常数数组的乘方
```

输出结果为：

```
A =
    1    2    3    4    5
B =
    5    4    3    2    1
C =
    1   16   27   16    5
D =
    1    8   27   64  125
E =
    3    9   27   81  243
```

【例 6-10】　数组的点积示例。

在命令行窗口输入：

```
A=[1 2 3 4 5]
B=[5 4 3 2 1]
C=dot(A,B)              %数组的点积
D=sum(A.*B)            %数组元素的乘积之和
E=[A; B]
F=dot(A,E)            %不同结构大小的数组点积，将报错
```

输出结果为：

```
A =
    1    2    3    4    5
```

```
B =
    5    4    3    2    1
C =
   35
D =
   35
E =
    1    2    3    4    5
    5    4    3    2    1
错误使用 dot (line 39)
A 和 B 的大小必须相同。
```

注意　dot(A,B)和 sum(A.*B)得到相同的结果，点积运算的数组长度需一致。

2. 关系运算

MATLAB 提供了 6 种关系运算符，即<（小于）、<=（小于等于）、>（大于）、>=（大于等于）、==（恒等于）、~=（不等于），可用来进行数组关系运算。

关系运算的运算法则为：

- 当两个比较量是标量时，直接比较两个比较量的大小。若关系成立，返回 1，否则返回 0。
- 当两个比较量是维数相等的数组时，比较两个数组相同位置的元素，并返回一个与参与数组维数相同的数组，其组成元素为 0 或 1。
- 当两个比较量分别是标量与数组时，将标量与数组元素进行比较，返回一个数组，其组成元素为 0 或 1。

【例 6-11】 数组关系运算示例。

在命令行窗口输入：

```
A=[1 2 3 4 5];
B=[5 4 3 2 1];
C=A<4                %数组与标量比较
D=A>=4               %数组与标量比较
E=A<B                %数组与数组比较
F=A==A'              %维度不同的数组比较，注意结果的不同
```

输出结果为：

```
C =
 1×5 logical 数组
  1  1  1  0  0
D =
 1×5 logical 数组
  0  0  0  1  1
E =
 1×5 logical 数组
  1  1  0  0  0
>> A==A'
```

```
ans =
  5×5 logical 数组
    1   0   0   0   0
    0   1   0   0   0
    0   0   1   0   0
    0   0   0   1   0
    0   0   0   0   1
```

3. 逻辑运算

MATLAB 提供了 3 种关系运算符，即&（与）、|（或）和~（非），可用来进行数组逻辑运算。
逻辑运算的运算法则为：

- 非零元素为真，用 1 表示；零元素为假，用 0 表示。
- 当两个运算量是标量时，进行逻辑运算。若成立，返回 1，否则返回 0。
- 当两个运算量是维数相等的数组时，比较两个数组相同位置的元素，并返回一个与参与数组维数相同的数组，其组成元素为 0 或 1。
- 当两个运算量分别是标量与数组时，将标量与数组元素进行比较，返回一个数组，其组成元素为 0 或 1。

【例 6-12】 数组逻辑运算示例。
在命令行窗口输入：

```
A=[1 2 0 4 0];
B=[0 4 3 0 1];
C=A&B              %数组与数组逻辑运算
D= A|B             %数组与数组逻辑运算
E=~ A              %数组逻辑运算
F=A&1              %数组与标量逻辑运算
G= A&A'            %维度不同的数组比较，注意结果的不同
```

输出结果为：

```
C =
  1×5 logical 数组
    0   1   0   0   0
D =
  1×5 logical 数组
    1   1   1   1   1
E =
  1×5 logical 数组
    0   0   1   0   1
F =
  1×5 logical 数组
    1   1   0   1   0
G =
  5×5 logical 数组
    1   1   0   1   0
    1   1   0   1   0
    0   0   0   0   0
    1   1   0   1   0
    0   0   0   0   0
```

6.2　矩　阵　操　作

6.2.1　创建矩阵

在前面章节中已经介绍了零矩阵、单位矩阵和全 1 矩阵等特殊矩阵。除此之外，MATLAB 中还有一些命令用于生成特殊矩阵。

表 6.1 给出了 MATLAB 用于创建其他特殊矩阵的函数。

表 6.1　特殊矩阵创建函数

函　　数	功　　能
compan(p)	产生伴随矩阵
gallery	产生测试矩阵
Hadamard	产生阿达玛矩阵
hankel	产生汉克尔矩阵
hilb	产生希尔伯特矩阵
invhilb	产生希尔伯特矩阵的逆矩阵整数矩阵
magic(n)	产生魔方矩阵
pascal(n)	产生帕斯卡矩阵
rosser	产生经典对称特征测试问题矩阵
toeplitz	产生托普利兹矩阵
vander(x)	产生范德蒙矩阵
wilkinson(n)	产生威尔金逊特征值测试矩阵

下面介绍上述特殊矩阵函数中的部分函数。

1．希尔伯特（Hilbert）矩阵函数

希尔伯特（Hilbert）矩阵也称 H 阵，其元素为 $h_{ij}=1/(i+j-1)$。由于该矩阵是一个条件数差的矩阵，因此常被用作试验矩阵。

关于希尔伯特矩阵的命令函数有：

`H = hilb(n)`：作用为生成一个 n×n 的希尔伯特矩阵。

`H = invhilb(n)`：作用为生成一个 n×n 的希尔伯特矩阵的逆矩阵整数矩阵。

【例 6-13】　希尔伯特矩阵创建示例。

在命令行窗口输入：

```
A=hilb(3)
B=invhilb(3)
```

输出结果为：

```
A =
    1.0000    0.5000    0.3333
    0.5000    0.3333    0.2500
    0.3333    0.2500    0.2000
```

```
B =
    9   -36    30
  -36   192  -180
   30  -180   180
```

2. 托普利兹（Toeplitz）矩阵函数

创建托普利兹矩阵的函数调用格式如下：

```
T = toeplitz(c,r)
T= toeplitz(r)
```

该函数产生的托普利兹矩阵第 1 列为 c 向量、第 1 行为 r 向量，其余元素等于其左上角元素，若只自定义了 r 则产生对称托普利兹矩阵。

toeplitz(c)：作用为用向量 c 生成一个对称的托普利兹矩阵。

【例 6-14】 托普利兹矩阵创建示例。

在命令行窗口输入：

```
c = [1 2 3 4 5];
r = [6 7 8 9 0];
symT=toeplitz(c,r)          %非对称的托普利兹矩阵
asymT=toeplitz(r)           %对称的托普利兹矩阵
```

输出结果为：

```
symT =
    1    7    8    9    0
    2    1    7    8    9
    3    2    1    7    8
    4    3    2    1    7
    5    4    3    2    1
asymT =
    6    7    8    9    0
    7    6    7    8    9
    8    7    6    7    8
    9    8    7    6    7
    0    9    8    7    6
```

3. 魔方矩阵函数

魔方矩阵中每行、列和两条对角线上的元素和相等。使用 magic 函数产生魔方矩阵的调用形式如下：

```
M= magic(n)
```

【例 6-15】 创建魔方矩阵示例。

在命令行窗口输入：

```
A=magic(3)
B=magic(4)
C=sum(B)                 %计算每行的和
D=sum(B')               %计算每列的和
```

输出结果为：

```
A =
    8    1    6
    3    5    7
    4    9    2
B =
   16    2    3   13
    5   11   10    8
    9    7    6   12
    4   14   15    1
C =
   34   34   34   34
D =
   34   34   34   34
```

提示

> 魔方矩阵中每行、列和两条对角线上的元素和相等。

4. 帕斯卡矩阵函数

通过 pascal 函数产生帕斯卡矩阵，调用形式如下：

```
A = pascal(n)
A = pascal(n,1)
A = pascal(n,2)
```

该函数第一种形式返回 n 阶的对称正定 pascal 矩阵，其中的元素取自 pascal 三角矩阵，其逆矩阵的元素都是整数。第二种形式返回由下三角的 Cholesky 因子组成的 Pascal 矩阵，它是对和的，所以它是它自己的逆。第三种形式返回 pascal(n,1)的转置和交换的形式。A 是单位矩阵的立方根。

【例 6-16】 创建帕斯卡矩阵示例。

在命令行窗口输入：

```
A=pascal(4)       %创建 4 阶帕斯卡矩阵
B= pascal(3,2)
```

输出结果为：

```
A =
    1    1    1    1
    1    2    3    4
    1    3    6   10
    1    4   10   20
B =
    1    1    1
   -2   -1    0
    1    0    0
```

5. 范德蒙矩阵函数

通过 vander 函数产生范德蒙矩阵的调用形式如下：

```
A = vander(v)
```

其中，v 为输入向量。

【例 6-17】 生成范德蒙矩阵示例。

在命令行窗口输入：

```
A=vander([1 2 3 4])
B=vander([1;2;3;4])
```

输出结果为：

```
A =
    1    1    1    1
    8    4    2    1
   27    9    3    1
   64   16    4    1
B =
    1    1    1    1
    8    4    2    1
   27    9    3    1
   64   16    4    1
```

除前面介绍的这几种特殊矩阵的产生方式以外，还有必要介绍随机矩阵的产生函数。

6．0~1 间均匀分布的随机矩阵函数

通过 rand 函数可以产生 0~1 间均匀分布的随机矩阵，其调用形式如下：

```
r = rand(n)
r = rand(m,n)或 r= rand([m,n])
r = rand(m,n,p,...) 或 r = rand([m,n,p,...])
r = rand(size(A))
```

其中，m、n、p 均为产生矩阵的维度信息；如果仅设置 n，则产生方阵。

【例 6-18】 创建 0~1 间均匀分布的随机矩阵示例。

在命令行窗口输入：

```
A=rand(3)
B=rand([3,4])
C=rand(size(B))
E=rand(1,10000); hist(E)        %绘制统计直方图
```

输出结果为：

```
A =
   0.3896   0.3217   0.7533
   0.4447   0.5515   0.0825
   0.0333   0.0276   0.1463
B =
   0.7394   0.0956   0.5475   0.5040
   0.8326   0.4765   0.0750   0.8437
   0.5544   0.8910   0.4713   0.0096
```

```
C =
    0.7059    0.4120    0.5186    0.6565
    0.3462    0.5214    0.9668    0.1528
    0.6920    0.8744    0.8596    0.4882
```

输出图形如图 6.1 所示。图中的分布表明 rand 函数较好地实现了 0~1 间均匀分布。

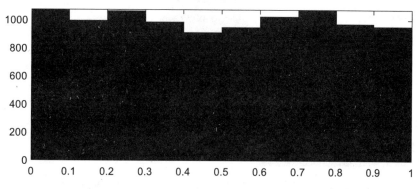

图 6.1　0~1 间均匀分布随机矩阵的元素区间分布

7. 标准正态分布随机矩阵函数

通过 randn 函数可以产生均值为 0、方差为 1 的随机矩阵，该函数的调用形式如下：

```
r = randn(n)
r = randn(m,n) 或 r = randn([m,n])
r = randn(m,n,p,...) 或 r = randn([m,n,p,...])
r = randn(size(A))
```

其中，m、n、p 均为产生矩阵的维度信息；如果仅设置 n，则产生方阵。

【例6-19】　创建标准正态分布随机矩阵示例。
在命令行窗口输入：

```
A=randn(3)
B=randn([3,4])
C=randn(size(B))
E=randn(1,100000); hist(E,100)        %绘制统计直方图
```

输出结果为：

```
A =
   -1.8793    0.0008    0.3780
   -0.6425   -0.2707    0.1296
   -1.3978    2.1468    0.3510
B =
    0.8535   -0.1807   -0.2533    0.3454
    0.3138    0.2061    0.8013    0.6667
   -0.0357   -0.6033   -1.0812    0.1016
C =
   -0.6504    1.4740    2.0874    0.3278
   -0.8546   -0.6302   -0.0553   -1.0843
   -1.1069    0.4644    0.0941    0.6305
```

输出图形如图 6.2 所示。图中的分布表明 randn 函数较好地实现了标准正态分布。

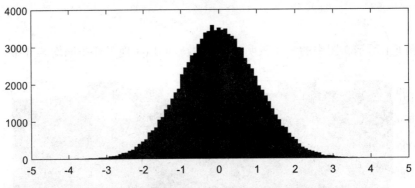

图 6.2　标准正态分布随机矩阵的元素区间分布

6.2.2　改变矩阵结构

在实际应用中，很多场合需要改变矩阵结构，包括合并矩阵、删除行列以及矩阵转置等。

1．合并矩阵

合并矩阵就是把两个或者两个以上的矩阵数据连接起来得到一个新的矩阵。在 MATLAB 中合并矩阵的方法很简单，可采用：

- 表达式 C=[A B]：在水平方向合并矩阵 A 和 B。
- 表达式 C=[A;B]：在竖直方向合并矩阵 A 和 B。

提示

矩阵构造符[]不仅可用于构造矩阵，还可以合并矩阵。

【例 6-20】　合并矩阵示例。

在命令行窗口输入：

```
clear,clc
A=magic(3)
B=[A A A]              %横向合并
C=[A;A]               %竖向合并
whos
```

输出结果为：

```
A =
     8     1     6
     3     5     7
     4     9     2
B =
     8     1     6     8     1     6     8     1     6
     3     5     7     3     5     7     3     5     7
     4     9     2     4     9     2     4     9     2
```

```
C =
    8    1    6
    3    5    7
    4    9    2
    8    1    6
    3    5    7
    4    9    2
    Name      Size              Bytes  Class      Attributes
    A         3x3                  72  double
    B         3x9                 216  double
    C         6x3                 144  double
```

可以用矩阵合并操作来构造任意大小的矩阵。但是，需要注意的是在矩阵合并的过程中一定要保持矩阵的形状是矩形，否则矩阵合并将无法进行。例如：

```
A=magic(3)
B= magic(4)
C=[A;B]        %竖向合并
```

这段程序将导致运行时出现如下错误提示信息：

```
Error using vertcat
Dimensions of matrices being concatenated are not consistent.
```

2. 删除矩阵行列

如果需要删除矩阵的某一行或者某一列，只要把该行或者该列赋予一个空矩阵[]即可。

【例 6-21】 删除矩阵行列示例。

在命令行窗口输入：

```
clear,clc
A=magic(3)
B=A ; B(1,:)=[]        %删除第一行
C=A ; C(:,1)=[]        %删除第一列
whos
```

输出结果为：

```
A =
    8    1    6
    3    5    7
    4    9    2
B =
    3    5    7
    4    9    2
C =
    1    6
    5    7
    9    2
    Name      Size              Bytes  Class      Attributes
    A         3x3                  72  double
    B         2x3                  48  double
    C         3x2                  48  double
```

3．矩阵转置

矩阵转置操作包括转置和共轭转置两类。转置可通过"．'"符号或 transpose 函数实现，共轭转置可通过"'"符号或 ctranspose 函数实现。

【**例 6-22**】 矩阵转置示例。

在命令行窗口输入：

```
A=magic(3)
B=A+A*i
C1= A.'
C2= A'
D1= B.'
D2= B'
```

输出结果为：

```
A =
    8    1    6
    3    5    7
    4    9    2
B =
  8.0000 + 8.0000i  1.0000 + 1.0000i  6.0000 + 6.0000i
  3.0000 + 3.0000i  5.0000 + 5.0000i  7.0000 + 7.0000i
  4.0000 + 4.0000i  9.0000 + 9.0000i  2.0000 + 2.0000i
C1 =
    8    3    4
    1    5    9
    6    7    2
C2 =
    8    3    4
    1    5    9
    6    7    2
D1 =
  8.0000 + 8.0000i  3.0000 + 3.0000i  4.0000 + 4.0000i
  1.0000 + 1.0000i  5.0000 + 5.0000i  9.0000 + 9.0000i
  6.0000 + 6.0000i  7.0000 + 7.0000i  2.0000 + 2.0000i
D2 =
  8.0000 - 8.0000i  3.0000 - 3.0000i  4.0000 - 4.0000i
  1.0000 - 1.0000i  5.0000 - 5.0000i  9.0000 - 9.0000i
  6.0000 - 6.0000i  7.0000 - 7.0000i  2.0000 - 2.0000i
```

6.3　矩阵元素运算

矩阵的四则运算、关系运算和逻辑运算等是 MATLAB 数值计算最基础的部分，本节将重点介绍这些运算。

6.3.1 矩阵四则运算

1．加减运算

矩阵的加减运算的前提是参与运算的两个矩阵或多个矩阵必须具有相同的行列数或者其中有一个或多个运算量为标量。在进行加减运算时，同型矩阵使用对应位置元素运算；与标量运算时，每个元素都与标量进行运算。

【例6-23】 矩阵加减运算示例。

在命令行窗口输入：

```
A=magic(3)
B=ones(3)
C=ones(2)
AplusB=A+B
BplusA=B+A
AminusB=A-B
Aplus1=A+1
AminusC=A-C            %矩阵大小不一致，将报错
```

输出结果为：

```
A =
    8    1    6
    3    5    7
    4    9    2
B =
    1    1    1
    1    1    1
    1    1    1
C =
    1    1
    1    1
AplusB =
    9    2    7
    4    6    8
    5   10    3
BplusA =
    9    2    7
    4    6    8
    5   10    3
AminusB =
    7    0    5
    2    4    6
    3    8    1
Aplus1 =
    9    2    7
    4    6    8
    5   10    3
矩阵维度必须一致。
```

2．乘法运算

MATLAB 中矩阵的乘法运算包括数与矩阵的乘法和矩阵与矩阵的乘法两种。

（1）数与矩阵的乘法

数与矩阵的乘法也称为标量与矩阵的乘法，其运算原理为对矩阵中的每一个元素都乘上待乘标量。

【例 6-24】　数与矩阵的乘法示例。

在命令行窗口输入：

```
A=magic(2)
C=2*A
```

输出结果为：

```
A =
    1    3
    4    2
C =
    2    6
    8    4
```

（2）矩阵与矩阵的乘法

矩阵与矩阵的乘法必须满足被乘矩阵的列数与乘矩阵的行数相等。需要注意的是，矩阵与矩阵的乘法不遵循交换律。

【例 6-25】　矩阵与矩阵的乘法示例。

在命令行窗口输入：

```
clear,clc
A=magic(3);A(1,:)=[]
B=A'
R1= A*B
R2= B*A
whos
```

输出结果为：

```
A =
    3    5    7
    4    9    2
B =
    3    4
    5    9
    7    2
R1 =
    83    71
    71   101
R2 =
    25    51    29
    51   106    53
    29    53    53
   Name      Size              Bytes  Class     Attributes
   A         2x3                  48  double
```

```
B          3x2              48  double
R1         2x2              32  double
R2         3x3              72  double
```

3．除法运算

矩阵的除法运算是乘法的逆运算，分为左除和右除两种，分别用运算符号"\\"和"/"表示。

【例 6-26】 矩阵除法示例。

在命令行窗口输入：

```
A=magic(2);
B = [1 0;1 2];
R1=A\B
R2=A/B
```

输出结果为：

```
R1 =
    0.1000    0.6000
    0.3000   -0.2000
R2 =
   -0.5000    1.5000
    3.0000    1.0000
```

6.3.2　矩阵元素幂运算

矩阵的幂运算针对方阵而言，在 MATLAB 中，使用运算符号"^"表示幂运算，实现的是同一方阵的累乘。

【例 6-27】 方阵幂运算示例。

在命令行窗口输入：

```
A=magic(2)
R1=A^3
```

输出结果为：

```
A =
    1    3
    4    2
R1 =
   49   57
   76   68
```

6.3.3　矩阵元素查找与排序

查找与排序是计算机编程中经常要处理的问题，但在 MATLAB 中不用过多地考虑算法问题，只需要使用 MATLAB 提供的函数进行操作即可。

1．查找

MATLAB 通过 find 函数进行矩阵元素的查找。函数 find 与关系运算和逻辑运算结合，能够实现对矩阵元素的查找。find 函数的调用格式为：

```
ind = find(X)
ind = find(X, k)
[row,col] = find(X, ...)
```

其中，X 为对象矩阵，k 为返回的结果下标数量，ind 为符合要求结果的数组存储下标构成的向量，row、col 为符合要求结果的下标构成的向量。

【例 6-28】 矩阵元素查找示例。

在命令行窗口输入：

```
A=magic(3)
ind= find(A>5);ind=ind'
[r,c]= find(A>5);
pos=[r,c]
```

输出结果为：

```
A =
    8    1    6
    3    5    7
    4    9    2
ind =
    1    6    7    8
pos =
    1    1
    3    2
    1    3
    2    3
```

2. 排序

MATLAB 通过函数 sort 来进行矩阵元素排序，并返回排序后的矩阵（该矩阵和原矩阵的维数相同）。sort 函数的调用格式为：

```
B = sort(A)
B = sort(A,dim)
B = sort(...,mode)
```

其中，A 为待排序矩阵；dim 为排序的维数，当 dim=1 时，按列进行排序，当 dim=2 时，按行进行排序；mode 可指定排序方式，'ascend'指定按升序排列（默认），'descend'指定按降序排列。

【例 6-29】 矩阵元素的排序示例。

在命令行窗口输入：

```
A=magic(4)
B=sort(A)                  %矩阵中元素按列进行升序排序
C=sort(A,2)                %矩阵中元素按行进行升序排序
D=sort(A,'descend')        %矩阵中元素按列进行降序排序
E=sort(A,2,'descend')      %矩阵中元素按行进行降序排序
```

输出结果为：

```
A =
    16    2    3    13
```

```
         5     11     10      8
         9      7      6     12
         4     14     15      1
B =
         4      2      3      1
         5      7      6      8
         9     11     10     12
        16     14     15     13
C =
         2      3     13     16
         5      8     10     11
         6      7      9     12
         1      4     14     15
D =
        16     14     15     13
         9     11     10     12
         5      7      6      8
         4      2      3      1
E =
        16     13      3      2
        11     10      8      5
        12      9      7      6
        15     14      4      1
```

6.3.4 矩阵元素求和、求积与求差分

MATLAB 提供了函数，使矩阵元素求和、求积与求差分的过程变得十分简单。

1．求和

MATLAB 提供了 sum 函数和 cumsum 函数，用于对矩阵的元素求和。

sum 函数的调用格式为：

```
B = sum(A)
B = sum(A,dim)
```

该函数对矩阵 A 的元素求和，返回矩阵 A 各列元素的和组成的向量。当 dim=1 时，计算矩阵 A 各列元素的和；当 dim=2 时，计算矩阵 A 各行元素的和。

cumsum 函数的调用格式为：

```
B = cumsum(A)
B = cumsum(A,dim)
```

函数 cumsum 的参数与 sum 类似，不同的是其返回值为累加值矩阵。下面通过实例查看两个函数的不同之处。

【例 6-30】 矩阵的求和示例。

在命令行窗口输入：

```
A = [1 2 3; 4 5 6; 7 8 9];
S1=sum(1:5)
S2=sum(A,1)
```

```
S3=sum(A,2)
C1=cumsum(1:5)
C2=cumsum(A,1)
C3=cumsum(A,2)
```

输出结果为：

```
S1 =
    15
S2 =
    12   15   18
S3 =
     6
    15
    24
C1 =
     1    3    6   10   15
C2 =
     1    2    3
     5    7    9
    12   15   18
C3 =
     1    3    6
     4    9   15
     7   15   24
```

提示

通过 sum(sum(A))命令可求出矩阵 A 所有元素的和。

2. 求积

MATLAB 提供了 prod 函数和 cumprod 函数，用于对矩阵的元素求和。

prod 函数的调用格式为：

```
B =prod(A)
B =prod(A,dim)
```

该函数对矩阵 A 的元素求积，返回矩阵 A 各列元素的积组成的向量。当 dim=1 时，计算矩阵 A 各列元素的积；当 dim=2 时，计算矩阵 A 各行元素的积。

cumprod 函数的调用格式为：

```
B = cumprod (A)
B = cumprod (A,dim)
```

函数 cumprod 的参数与 prod 类似，不同的是其返回值为累乘值矩阵。下面通过实例查看两个函数的不同之处。

【例 6-31】 矩阵元素求积示例。

在命令行窗口输入：

```
A = [1 2 3; 4 5 6; 7 8 9];
P1=prod (1:5)
```

```
P2=prod (A,1)
P3=prod (A,2)
C1=cumprod (1:5)
C2=cumprod (A,1)
C3=cumprod (A,2)
```

输出结果为：

```
P1 =
   120
P2 =
    28    80   162
P3 =
     6
   120
   504
C1 =
     1     2     6    24   120
C2 =
     1     2     3
     4    10    18
    28    80   162
C3 =
     1     2     6
     4    20   120
     7    56   504
```

3. 求差分

MATLAB 提供了 diff 函数，用于计算矩阵元素的差分。该函数的调用格式为：

```
Y = diff(X)
Y = diff(X,n)
Y = diff(X,n,dim)
```

当 dim=1 时，计算矩阵各列元素的差分；当 dim=2 时，计算矩阵各行元素的差分。n 为求差分的阶次。

当参数 n 大于等于相关维度的维度值时，函数的返回值是空矩阵。

【例 6-32】　矩阵的差分计算示例。

在命令行窗口输入：

```
A = [1 2 3; 4 5 6; 7 8 9];
B=diff(A)              %矩阵各列元素的差分
C=diff(A,2)            %矩阵各列元素的 2 阶差分
D=diff(A,1,1)          %矩阵各列元素的差分
E=diff(A,1,2)          %矩阵各行元素的差分
```

输出结果为:

```
B =
     3     3     3
     3     3     3
C =
     0     0     0
D =
     3     3     3
     3     3     3
E =
     1     1
     1     1
     1     1
```

6.4 矩 阵 运 算

本节将介绍 MATLAB 中与矩阵运算相关的内容,包括矩阵分析、矩阵分解、特征值和特征向量求解等。

6.4.1 矩阵分析

MATLAB 提供的矩阵分析函数(常见函数)如表 6.2 所示。

表 6.2　矩阵分析函数

函 数 名	功　　能	函 数 名	功　　能
norm	求矩阵或者向量的范数	trace	求矩阵的迹
normest	估计矩阵的 2 阶范数	null	求化零矩阵
rank	求矩阵的秩,即求对角元素的和	orth	求正交化空间
det	求矩阵的行列式	subspace	求两个矩阵空间的角度

有关的数学知识可参考相关的线性代数书籍,这里不再赘述。下面简单介绍这些函数的使用方法。

1.　向量和矩阵的范数运算

MATLAB 提供 norm 函数来求向量和矩阵的范数。该函数求解向量的范数的调用格式如下:

- N=norm(x,p): 对任意大于等于 1 的 p 值,返回向量 x 的 p 阶范数。
- N=norm(x,inf): 返回向量的正无限阶范数,相当于 N=max(abs(x)) 。
- N=norm(x,-inf): 返回向量的负无限阶范数,相当于 N=min(abs(x))。

求矩阵范数的调用格式如下:

- N=norm(A): 计算矩阵的 2 阶范数,也就是最大奇异值。
- N=norm(A,p): 根据参数 p 的值不同,求不同阶的范数值。
  - ➢ 当 p=1 时,计算矩阵 A 的 1 阶范数,相当于 max(sum(abs(A)))。
  - ➢ 当 p=2 时,计算矩阵 A 的 2 阶范数,相当于 norm(A)。
  - ➢ 当 p=inf 时,计算矩阵 A 的正无限阶范数,相当于 max(sum(abs(A'))。
  - ➢ 当 p= 'fro'时,计算矩阵 A 的 F 范数(Frobenius 范数)。

另外，函数 normest 可以估计矩阵的二阶范数，该函数的调用格式如下：

- normest(S)：估计矩阵 S 的 2 阶范数值，默认允许的相对误差为 1e-6；
- normest(S,tol)：使用 tol 作为允许的相对误差，估计矩阵 S 的 2 阶范数值。

【例 6-33】　求向量范数示例。

在命令行窗口输入：

```
N2=norm(1:6,2)
Np=norm(1:6, inf)
Nn=norm(1:6, -inf)
```

输出结果为：

```
N2 =
    9.5394
Np =
    6
Nn =
    1
```

【例 6-34】　求矩阵的范式示例。

在命令行窗口输入：

```
A=[1 2 3;3 4 5;7 8 9];
N1=norm(A,1)              %矩阵的 1 阶范式
N2=norm(A)               %矩阵的 2 阶范式
Np=norm(A,inf)           %矩阵的无穷范式
Nf=norm(A,'fro')         %矩阵的 F 范式
Ne2=normest(A)           %矩阵的 2 阶范式的估计值
```

输出结果为：

```
N1 =
    17
N2 =
    16.0216
Np =
    24
Nf =
    16.0624
Ne2 =
    16.0216
```

2. 矩阵的秩

矩阵中线性无关的列向量个数称为列秩，线性无关的行向量个数称为行秩。MATLAB 提供函数 rank 来计算矩阵的秩，该函数调用格式如下：

- rank(A)：用默认允许误差计算矩阵的秩。
- rank(A,tol)：在给定允许误差内计算矩阵的秩。

【例 6-35】　求矩阵的秩示例。

在命令行窗口输入：

```
A=[1 2 3;3 4 5;7 8 9];
B=eye(3);
r1=rank(A)              %矩阵的秩
r2=rank(B)              %矩阵的秩
```

输出结果为：

```
r1 =
    2
r2 =
    3
```

提示

结果说明，矩阵 B 为满秩矩阵，矩阵 A 不是满秩矩阵。

3．矩阵的行列式

MATLAB 提供函数 det 来计算矩阵的行列式。该函数的调用格式为 d = det(X)。

【例 6-36】 求矩阵的行列式示例。

在命令行窗口输入：

```
A=[1 2 3;3 4 5;7 8 9];
B=eye(3);
r1=det(A)              %A 矩阵的行列式
r2=det(B)              %B 矩阵的行列式
```

输出结果为：

```
r1 =
  -1.4592e-15          %极小，趋于 0
r2 =
    1
```

4．矩阵的迹

MATLAB 提供函数 trace 来计算矩阵的迹。该函数的调用格式为 b = trace(A)。

【例 6-37】 求矩阵的迹示例。

在命令行窗口输入：

```
A=[1 2 3;3 4 5;7 8 9];
B=eye(3);
t1=trace(A)       %A 矩阵的迹
t2=trace(B)       %B 矩阵的迹
```

输出结果为：

```
t1 =
    14
t2 =
    3
```

5. 矩阵的化零矩阵

MATLAB 提供函数 null 来计算矩阵的化零矩阵。该函数的调用格式为：

- Z = null(A)：返回矩阵 A 的一个化零矩阵，如果化零矩阵不存在则返回空矩阵。
- Z = null(A,'r')：返回矩阵 A 的有理数形式的化零矩阵。

【例 6-38】　求矩阵的化零矩阵。

在命令行窗口输入：

```
A=[1 2 3;3 4 5;7 8 9];
Z=null(A)                %求矩阵 A 的有理数形式的零矩阵
AZ=A*Z                   %验证化零矩阵
ZR=null(A,'r')           %求矩阵 A 的有理数形式的化零矩阵
P=A*ZR                   %验证化零矩阵
```

输出结果为：

```
Z =
    0.4082
   -0.8165
    0.4082
AZ =
   1.0e-15 *
    0.4441
         0
   -0.8882
ZR =
    1
   -2
    1
P =
    0
    0
    0
```

6. 矩阵的正交空间

MATLAB 提供函数 null 来求解矩阵的正交空间。该函数的调用格式为 B = orth(A)。

【例 6-39】　求矩阵的正交空间示例。

在命令行窗口输入：

```
A=[1 2 3;3 4 5;7 8 9];
Q=orth(A)
```

输出结果为：

```
Q =
   -0.2262   -0.8143
   -0.4404   -0.4040
   -0.8688    0.4168
```

7. 矩阵空间夹角

MATLAB 提供函数 subspace 来求解矩阵的正交空间。该函数的调用格式为 theta = subspace(A,B)，返回矩阵 A 和矩阵 B 之间的夹角。

【例 6-40】 求矩阵 A 和 B 之间的夹角示例。

在命令行窗口输入：

```
A=[0 0 3;3 4 5;7 8 9];
B=magic(3);
theta=subspace(A,B)
```

输出结果为：

```
theta =
    6.8989e-16
```

6.4.2 矩阵分解

矩阵分解是把一个复杂矩阵分解成几个结构简明的矩阵的乘积。本小节将介绍几种矩阵分解的方法，相关函数如表 6.3 所示。

表 6.3 矩阵分解函数

函　数	功　能	函　数	功　能
chol	Cholesky 分解	cholinc	稀疏矩阵的不完全 Cholesky 分解
lu	矩阵 LU 分解	luinc	稀疏矩阵的不完全 LU 分解
qr	正交三角分解		

除表 6.3 中列出的分解方式外，还有更多不常用的分解方式，本书不做介绍，请读者参考有关书籍和帮助文件。

1. 对称正定矩阵的 Cholesky 分解

Cholesky 分解在 MATLAB 中用函数 chol 来实现，常用的调用方式如下：

```
R = chol(A)
L = chol(A,'lower')
[R,p] = chol(A)
[L,p] = chol(A,'lower')
[R,p,s] = chol(A)
[R,p,s] = chol(A,'vector')
[L,p,s] = chol(A,'lower','vector')
```

其中，A 为对称正定矩阵，若为非正定矩阵则函数返回出错信息；R 是上三角矩阵，满足 R'*R=A；L 是下三角矩阵，满足 L*L'=A；p 为上三角矩阵的阶数，满足 A(1:p-1,1:p-1)=R'*R。

【例 6-41】 Cholesky 矩阵分解示例。

在命令行窗口输入：

```
A=pascal(5)                    %产生 5 阶帕斯卡矩阵
B=A-1
C=chol(A)                      %获取上三角分解矩阵
```

```
J1=isequal(C'*C,A)              %验证
L = chol(A,'lower')             %获取上三角分解矩阵
J2=isequal(L*L',A)              %验证
CB=chol(B)                      %分解非正定矩阵
```

输出结果为：

```
A =
    1    1    1    1    1
    1    2    3    4    5
    1    3    6   10   15
    1    4   10   20   35
    1    5   15   35   70
B =
    0    0    0    0    0
    0    1    2    3    4
    0    2    5    9   14
    0    3    9   19   34
    0    4   14   34   69
C =
    1    1    1    1    1
    0    1    2    3    4
    0    0    1    3    6
    0    0    0    1    4
    0    0    0    0    1
J1 =
  logical
   1
L =
    1    0    0    0    0
    1    1    0    0    0
    1    2    1    0    0
    1    3    3    1    0
    1    4    6    4    1
J2 =
  logical
   1
错误使用 chol
矩阵必须为正定矩阵。
```

2. LU 分解

LU 分解可以将任意一个方阵 A 分解为一个下三角矩阵 L 和一个上三角矩阵 U 的乘积，即 A=LU。
LU 分解在 MATLAB 中用函数 lu 来实现，其调用格式如下：

```
Y = lu(A)
[L,U] = lu(A)
[L,U,P] = lu(A)
```

其中，A 为方阵，L 为下三角矩阵，U 为上三角矩阵，满足关系 X=L*U，P 为置换矩阵，满足关系 P*A = L*U，Y 把上三角矩阵和下三角矩阵合并在矩阵中给出，满足 Y=L+U-I。

可以利用 LU 分解来计算矩阵行列式的值和矩阵的逆，其命令形式如下：

```
det(A)=det(L)*det(U)
inv(A)=inv(U)*inv(L)
```

【例 6-42】　LU 分解示例。

在命令行窗口输入：

```
A = [ 3 2 4; 9 5 6; 1 8 0 ];
[L1,U1]=lu(A)                          %矩阵的 LU 分解
J1=isequal(L1*U1,A)                    %验证
[L2,U2,P]=lu(A)
J2=isequal(L2*U2,P*A)                  %验证
Y=lu(A)
J3=isequal(Y,L2+U2-eye(size(A)))       %验证
```

输出结果为：

```
L1 =
    0.3333    0.0448    1.0000
    1.0000         0         0
    0.1111    1.0000         0
U1 =
    9.0000    5.0000    6.0000
         0    7.4444   -0.6667
         0         0    2.0299
J1 =
  logical
   1
L2 =
    1.0000         0         0
    0.1111    1.0000         0
    0.3333    0.0448    1.0000
U2 =
    9.0000    5.0000    6.0000
         0    7.4444   -0.6667
         0         0    2.0299
P =
     0     1     0
     0     0     1
     1     0     0
J2 =
  logical
   1
Y =
    9.0000    5.0000    6.0000
    0.1111    7.4444   -0.6667
    0.3333    0.0448    2.0299
J3 =
  logical
   1
```

3. 正交分解

正交分解又称 QR 分解。QR 分解把一个 m×n 的矩阵 A 分解为一个正交矩阵 Q 和一个上三角矩阵 R 的乘积，即 A=Q*R。在 MATLAB 中 QR 分解由函数 qr 来实现，其调用格式如下：

```
R = qr(A)
R = qr(A,0)
[Q,R] = qr(A)
[Q,R] = qr(A,0)
[Q,R,E] = qr(A)
[Q,R,e] = qr(A,0)
[C,R] = qr(A,B)
[C,R,E] = qr(A,B)
```

其中，A 为待分解矩阵；Q 为正交矩阵；R 为上三角矩阵；参数 0 代表只计算矩阵 Q 的前 n 列元素，得到的 R 为 n×n 的矩阵；E 为置换矩阵，满足 A*E=Q*R；矩阵 B 与矩阵 A 具有相同的行数。

【例 6-43】 QR 分解示例。

在命令行窗口输入：

```
A = [ 3 2 4; 9 5 6; 1 8 0 ];
R1 = qr(A)
[Q2,R2]=qr(A)
B=[1 3 5 6;8 2 7 3;1 3 5 9];
[Q3,R3,E3] = qr(B)
```

输出结果为：

```
R1 =
   -9.5394   -6.1849   -6.9187
    0.7177    7.3991   -0.6475
    0.0797   -0.8880   -1.9268
Q2 =
   -0.3145    0.0074   -0.9492
   -0.9435   -0.1129    0.3117
   -0.1048    0.9936    0.0425
R2 =
   -9.5394   -6.1849   -6.9187
         0    7.3991   -0.6475
         0         0   -1.9268
Q3 =
   -0.5345    0.1167   -0.8371
   -0.2673   -0.9629    0.0364
   -0.8018    0.2432    0.5459
R3 =
  -11.2250   -3.4744   -8.5524   -4.5434
         0   -7.3436   -4.9411   -0.8462
         0         0   -1.2010   -0.8007
E3 =
     0     1     0     0
     0     0     0     1
     0     0     1     0
     1     0     0     0
```

6.4.3 特征值与特征向量

MATLAB 中矩阵特征值与特征向量相关函数的调用格式及其功能如下：

（1）d = eig(A)

包含矩阵 A 的特征值向量 d。

（2）[V,D] = eig(A)

求矩阵 A 的特征值在对角线上的对角矩阵 D 和矩阵 V，满足 AV=VD。

（3）d = eigs(A)

求由矩阵 A 的部分特征值组成的向量，最多计算 6 个特征值。

（4）[V,D] = eig(A,B)

求矩阵 A 的特征值向量 V 和特征向量 D（满足 A*V = B*V*D）。

【例 6-44】 矩阵特征值与特征向量计算示例。

在命令行窗口输入：

```
A = magic(3);
[V,D] = eig(A)
R= V*D-A*V
```

输出结果为：

```
V =
  -0.5774  -0.8131  -0.3416
  -0.5774   0.4714  -0.4714
  -0.5774   0.3416   0.8131
D =
  15.0000        0        0
        0   4.8990        0
        0        0  -4.8990
R =
  1.0e-14 *
  -0.3553  -0.7550   0.1110
  -0.1776  -0.1332        0
        0        0  -0.1776
```

6.4.4 矩阵函数运算

MATLAB 提供的部分矩阵运算函数及其功能如表 6.4 所示。

表 6.4　矩阵运算函数

函　数　名	功能描述	函　数　名	功能描述
expm	矩阵指数运算	sqrtm	矩阵开平方运算
logm	矩阵对数运算	funm	非线性矩阵函数运算

下面介绍这几个函数的用法。

1．矩阵指数运算

MATLAB 提供函数 expm 用于矩阵指数的运算。其调用格式如下：

```
Y = expm(X)
```

该函数返回矩阵 X 的指数。满足：

$[V,D] = EIG(X)$ 且 expm $(X) = V*diag(exp(diag(D)))/V$。

【例 6-45】 expm 与 exp 函数对矩阵运算的比较示例。

在命令行窗口输入：

```
A = [1 1 0; 0 0 2; 0 0 -1]
expmA=expm(A)
expA=exp(A)
```

输出结果为：

```
A =
    1    1    0
    0    0    2
    0    0   -1
expmA =
    2.7183   1.7183   1.0862
         0   1.0000   1.2642
         0        0   0.3679
expA =
    2.7183   2.7183   1.0000
    1.0000   1.0000   7.3891
    1.0000   1.0000   0.3679
```

2．矩阵对数运算

矩阵对数运算是矩阵指数运算的逆运算。MATLAB 提供函数 logm 来实现矩阵对数运算，其调用格式如下：

```
L = logm(A)
[L, exitflag] = logm(A)
```

其中，L 为矩阵 A 的对数，exitflag 为运算标识；当 exitflag 为 0 时，函数成功运行；当 exitflag 为 1 时，表明运算过程中某些泰勒级数不收敛，但运算结果仍可能精确。

【例 6-46】 矩阵对数运算示例。

在命令行窗口输入：

```
A = [1 1 0; 0 0 2; 0 0 -1];
expmA=expm(A);
A1=logm(expmA)
```

输出结果为：

```
A1 =
    1.0000   1.0000  -0.0000
         0        0   2.0000
         0        0  -1.0000
```

3．矩阵开方运算

MATLAB 提供两种计算矩阵平方根的方法，分别为 A^0.5 形式运算和 sqrtm(A)命令，但函数 sqrtm 比 A^0.5 的运算精度更高。

函数 sqrtm 的调用格式如下：

```
X = sqrtm(A)
```

函数返回矩阵 A 的平方根 X，如果矩阵 A 是奇异的，将返回警告信息。

【例 6-47】 矩阵开方运算示例。

在命令行窗口输入：

```
A = [7 10; 15 22]
A=A*A
B1=sqrtm(A)
B2=A^0.5
```

输出结果为：

```
A =
     7    10
    15    22
A =
   199   290
   435   634
B1 =
    7.0000   10.0000
   15.0000   22.0000
B2 =
    7.0000   10.0000
   15.0000   22.0000
```

4．非线性矩阵函数运算

MATLAB 提供了计算一般非线性矩阵函数运算的函数 funm，其调用格式如下：

```
F = funm(A,fun)
```

该函数为方阵 A 进行 fun 函数的运算，返回方阵 F。其中，fun 为函数句柄，可以进行的调用格式 如表 6.5 所示。

表 6.5　非线性矩阵运算函数

函　　数	调用格式	函　　数	调用格式
exp	funm(A,@exp)	log	funm(A,@log)
sin	funm(A,@sin)	cos	funm(A,@cos)
sinh	funm(A,@sinh)	cosh	funm(A,@cosh)

【例 6-48】 非线性矩阵函数运算示例。

在命令行窗口输入：

```
X=magic(3);
E = expm(i*X);
```

```
C1 = funm(X,@cos)
C2 = real(E)
S1 = funm(X,@sin)
S2 = imag(E)
```

输出结果为：

```
C1 =
  -0.1296   -0.3151   -0.3151
  -0.3151   -0.1296   -0.3151
  -0.3151   -0.3151   -0.1296
C2 =
  -0.1296   -0.3151   -0.3151
  -0.3151   -0.1296   -0.3151
  -0.3151   -0.3151   -0.1296
S1 =
  -0.3850    1.0191    0.0162
   0.6179    0.2168   -0.1844
   0.4173   -0.5856    0.8185
S2 =
  -0.3850    1.0191    0.0162
   0.6179    0.2168   -0.1844
   0.4173   -0.5856    0.8185
```

6.5　稀 疏 矩 阵

稀疏矩阵是指含有大量 0 元素的矩阵。为了节省存储空间和计算时间，MATLAB 对稀疏矩阵提供了特殊的命令。

6.5.1　稀疏矩阵存储方式

对于稀疏矩阵，MATLAB 仅存储矩阵所有的非零元素的值及其位置（行号和列号），这对具有大量零元素的稀疏矩阵来说十分高效。

【例 6-49】　稀疏矩阵与普通矩阵示例。

在命令行窗口输入：

```
clear,clc
A=eye(100);      %得到一个 100×100 的单位矩阵
B=speye(100);    %得到一个 100×3 的矩阵，每行包含行下标、列下标及元素
whos
```

输出结果为：

```
Name      Size           Bytes  Class     Attributes
A         100x100        80000  double
B         100x100         1604  double    sparse
```

从结果中可以看到，稀疏矩阵所需的存储空间比同结构的矩阵大大减小。

6.5.2 创建稀疏矩阵

MATLAB 提供的创建稀疏矩阵的函数如表 6.6 所示。

表 6.6 创建稀疏矩阵函数

函　数	功　能	函　数	功　能
spdiags	提取并创建稀疏矩阵带与对角阵	sprandn	创建稀疏正态分布矩阵
speye	创建稀疏单位矩阵	sprandsym	创建对称随机矩阵
sprand	创建稀疏一致分布矩阵	sparse	创建稀疏矩阵

下面简单介绍 sparse 创建矩阵的方法。该函数可用的调用格式包括：

```
S = sparse(A)
S = sparse(i,j,s,m,n)
S = sparse(i,j,s)
S = sparse(m,n)
```

该函数生成稀疏矩阵 S，A 是待处理的完全矩阵，i、j 为 S 的下标向量，s 为对应的值向量，生成的矩阵为 m×n 维。

【例 6-50】　稀疏矩阵示例。

在命令行窗口输入：

```
clear,clc
S1 = sparse([1,2,3,4,5], [1,2,3,4,5], [1,2,3,4,5],10,12)
A=[1 0 0 0; 0 0 0 1; 0 1 0 0]
S2= sparse(A)
whos
```

输出结果为：

```
S1 =
   (1,1)        1
   (2,2)        2
   (3,3)        3
   (4,4)        4
   (5,5)        5
A =
   1    0    0    0
   0    0    0    1
   0    1    0    0
S2 =
   (1,1)        1
   (3,2)        1
   (2,4)        1
  Name        Size              Bytes  Class     Attributes
  A           3x4                  96  double
  S1          10x12               112  double    sparse
  S2          3x4                  56  double    sparse
```

提示

可以使用 full 命令将上例中得到的稀疏矩阵转换为满矩阵,只需在命令行窗口输入"B = full(S2)"。

输出结果为:

```
B =
   1    0    0    0
   0    0    0    1
   0    1    0    0
```

6.5.3　稀疏矩阵运算

普通矩阵的运算方法对稀疏矩阵基本都是有效的,但返回结果可能是稀疏矩阵或者是全矩阵。在稀疏矩阵的计算中:

- 对于单个稀疏矩阵的输入,大部分函数输出的结果都是稀疏矩阵,小部分函数输出的结果是满矩阵。
- 对于多个矩阵输入,如果其中至少有一个矩阵是满矩阵,那么大部分函数的输出结果是满矩阵。
- 对于矩阵的加减、乘、除运算,若其中有一个是满矩阵,则输出的结果是满矩阵。
- 稀疏矩阵的数乘为稀疏矩阵。
- 稀疏矩阵的幂仍为稀疏矩阵。

6.6　本章小结

本章介绍了 MATLAB 数组与矩阵操作的相关知识,主要内容包括数组运算、矩阵操作、矩阵元素运算、矩阵运算和稀疏矩阵等内容。矩阵是 MATLAB 实现计算的基本单元,因此本章是理解 MATLAB 运算方式的重点。要掌握好这章的内容,除学好本章的书本知识外,还需要参考相关的书籍和 MATLAB 帮助文件获取更多的知识,并通过编程练习进行熟练掌握。

第7章 数学函数运算

数学函数运算是 MATLAB 科学计算的强项。MATLAB 中封装了很多数学函数，这些函数极大地简化了用户的编程操作。本章介绍 MATLAB 中的数学函数运算，旨在通过本章的内容使用户能够很好地应用 MATLAB 中提供的函数。

知识要点

- 初等函数运算
- 特殊函数运算

7.1 初等函数运算

常见的初等函数包括三角函数、指数函数、对数函数、复指数函数、多项式函数、截断和求余函数、离散数学函数、基本数据分析函数等。

7.1.1 三角函数

MATLAB 提供的三角函数及其功能如表 7.1 所示。

表 7.1 三角函数

函 数 名	功 能	函 数 名	功 能
sin	正弦	sec	正割
sind	正弦，输入以度为单位	secd	正割，输入以度为单位
sinh	双曲正弦	sech	双曲正割
asin	反正弦	asec	反正割
asind	反正弦，输出以度为单位	asecd	反正割，输出以度为单位
asinh	反双曲正弦	asech	反双曲正割
cos	余弦	csc	余割
cosd	余弦，输入以度为单位	cscd	余割，输入以度为单位
cosh	双曲余弦	csch	双曲余割
acos	反余弦	acsc	反余割
acosd	反余弦，输出以度为单位	acscd	反余割，输出以度为单位
acosh	反双曲余弦	acsch	反双曲余割
tan	正切	cot	余切
tand	正切，输入以度为单位	cotd	余切，输入以度为单位
tanh	双曲正切	coth	双曲余切

（续表）

函　数　名	功　　能	函　数　名	功　　能
atan	反正切	acot	反余切
atand	反正切，输出以度为单位	acotd	反余切，输出以度为单位
atan2	四象限反正切	acoth	反双曲余切

以正弦函数及其反函数为例，对上面函数的使用进行说明。正弦函数 sin 的调用格式如下：

```
Y = sin(X)
```

其中，X 为输入变量，Y 为函数值。反正弦函数 asin 的调用格式如下：

```
Y = asin(X)
```

其中，X 为输入变量，Y 为函数值。下面通过示例说明这些函数的用法。

【例 7-1】　三角函数应用示例。

在命令行窗口输入：

```
x=0.25*pi                               %变量为标量
X=0:0.05*pi:2* pi;                      %变量为向量
A=[0:0.05*pi:2*pi; -3*pi:0.05*pi:-pi];  %变量为矩阵
y=sin(x)
Y=sin(X);
subplot(221);plot(X,Y);axis tight;title('向量求三角函数')
YA=sin(A);
subplot(222);plot(A',YA');axis tight;title('矩阵求反三角函数')
ay=asin(y)
ayd =asind(y)                           %结果以度为单位
aY=asin(Y);
subplot(223);plot(Y,aY);axis tight;title('向量求反三角函数')
aYA=asin(YA);
subplot(224);plot(YA', aYA');axis tight;title('矩阵求反三角函数')
```

输出结果为：

```
x =
    0.7854
y =
    0.7071
ay =
    0.7854
ayd =
   45.0000
```

得到的图形如图 7.1 所示。

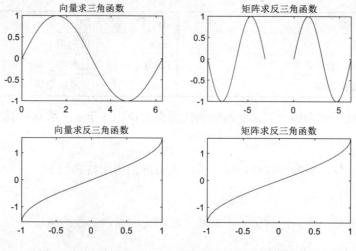

图 7.1   三角函数应用示例

7.1.2　指数与对数函数

MATLAB 提供的指数与对数函数及其功能如表 7.2 所示。

表 7.2　指数和对数函数

函 数 名	功　　能	函 数 名	功　　能
exp	指数	nextpow2	返回满足 2^P>=abs(N)的最小正整数 P，其中 N 为输入
expm1	准确计算 exp(x)-1 的值	nthroot	求 x 的 n 次方根
log	自然对数（以 e 为底）	realpow	对数，若结果是复数则报错
log10	常用对数（以 10 为底）	reallog	自然对数，若输入不是正数则报错
log1p	准确计算 log(1+x)的值	realsqrt	开平方根，若输入不是正数则报错
log2	以 2 为底的对数	sqrt	开平方根
pow2	以 2 为底的指数		

以指数函数和自然对数函数为例，对上面函数的使用进行说明。指数函数 exp 的调用格式如下：

```
Y = exp(X)
```

其中，X 为输入变量，Y 为函数值。自然对数函数 log 的调用格式如下：

```
Y = log(X)
```

其中，X 为输入变量，Y 为函数值。下面通过示例说明这些函数的用法。

【例 7-2】　指数与对数函数应用示例。

在命令行窗口输入：

```
e=exp(1)                %变量为实数，求实数指数
y=exp(2+i*pi)           %变量为复数，求复数指数
A = [1:3;2:4;2.5:4.5]   %变量为矩阵
yA=exp(A)               %求矩阵指数
yA1=expm(A)             %求矩阵指数函数结果
```

```
PI=abs(log(-1))              %变量为实数，求圆周率
logE=log(e)                  %变量为实数，求对数
logY= log(y)                 %变量为复数，求对数
logyA= log(yA)               %变量为矩阵，求对数
A1= [0 -6 -1; 6 2 -16; -5 20 -10];
x0 =[1 1 1]';
X1= [];X2= [];
for t = 0:.01:1
   X1 = [X1 expm(t*A1)*x0];
   X2 = [X2 exp(t*A1)*x0];
end
subplot(121);plot3(X1(1,:),X1(2,:),X1(3,:),'-o');grid on
subplot(122);plot3(X2(1,:),X2(2,:),X2(3,:),'-o');grid on
```

输出结果为：

```
e =
    2.7183
y =
  -7.3891 + 0.0000i
A =
    1.0000    2.0000    3.0000
    2.0000    3.0000    4.0000
    2.5000    3.5000    4.5000
yA =
    2.7183    7.3891   20.0855
    7.3891   20.0855   54.5982
   12.1825   33.1155   90.0171
yA1 =
   1.0e+03 *
    1.2326    1.8478    2.4640
    1.8005    2.7017    3.6009
    2.0849    3.1271    4.1704
PI =
    3.1416
logE =
     1
logY =
    2.0000 + 3.1416i
logyA =
    1.0000    2.0000    3.0000
    2.0000    3.0000    4.0000
    2.5000    3.5000    4.5000
```

得到的图形如图 7.2 所示。

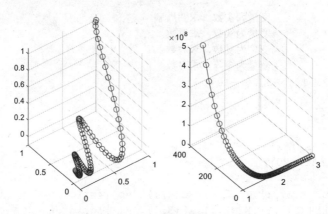

图 7.2　指数与对数函数应用示例

7.1.3　复数函数

MATLAB 提供的复数函数及其功能如表 7.3 所示。

表 7.3　复数函数

函　数　名	功　　能	函　数　名	功　　能
abs	绝对值（复数的模）	real	复数的实部
angle	复数的相角	unwrap	调整矩阵元素的相位
complex	用实部和虚部构造一个复数	isreal	是否为实数矩阵
conj	复数的共轭	cplxpair	把复数矩阵排列成为复共轭对
imag	复数的虚部	sign	符号函数

以绝对值函数和符号函数为例，对上面函数的使用进行说明。绝对值函数 abs 的调用格式如下：

```
Y = abs(X)
```

其中，X 为输入变量，Y 为函数值。符号对数函数 sign 的调用格式如下：

```
Y = sign(X)
```

其中，X 为输入变量，Y 为函数值。下面通过示例说明这些函数的用法。

【例 7-3】　复数函数应用示例。
在命令行窗口输入：

```
a=abs(3+4i)
Z = [1 - 1i 2 + 1i 3 - 1i 4 + 1i; 1 + 2i 2 - 2i 3 + 2i 4 - 2i]
P = angle(Z)
signP=sign(P)
signZ=sign(Z)
```

输出结果为：

```
a = 5
Z =
    1.0000 - 1.0000i   2.0000 + 1.0000i   3.0000 - 1.0000i   4.0000 + 1.0000i
    1.0000 + 2.0000i   2.0000 - 2.0000i   3.0000 + 2.0000i   4.0000 - 2.0000i
```

```
P =
   -0.7854    0.4636   -0.3218    0.2450
    1.1071   -0.7854    0.5880   -0.4636
signP =
   -1    1   -1    1
    1   -1    1   -1
signZ =
   0.7071 - 0.7071i   0.8944 + 0.4472i   0.9487 - 0.3162i   0.9701 + 0.2425i
   0.4472 + 0.8944i   0.7071 - 0.7071i   0.8321 + 0.5547i   0.8944 - 0.4472i
```

7.1.4　截断和求余函数

MATLAB 提供的截断和求余函数及其功能如表 7.4 所示。

表 7.4　截断和求余函数

函 数 名	功　　能	函 数 名	功　　能
fix	向零取整	mod	除法求余（与除数同号）
floor	向负无穷方向取整	rem	除法求余（与被除数同号）
ceil	向正无穷方向取整		

以向零取整函数和除法求余函数为例，对上面函数的使用进行说明。向零取整函数 fix 的调用格式如下：

```
Y = fix(X)
```

其中，X 为输入变量，Y 为函数值。除法求余函数 mod 的调用格式如下：

```
M = mod(X,Y)
```

其中，X、Y 为输入变量，M 为函数值。下面通过示例说明这些函数的用法。

【例 7-4】　截断和求余函数应用示例。

在命令行窗口输入：

```
A=[-2.6:0.1:-2.4 2.4:0.1:2.6]
fixA=fix(A)
floorA=floor(A)
ceilA=ceil(A)
roundA=round(A)
X=[11 -11 11 -11];
Y=[2 -2 -2 2];
remXY=rem(X,Y)
modXY=mod(X,Y)
```

输出结果为：

```
A =
   -2.6000  -2.5000  -2.4000   2.4000   2.5000    2.6000
fixA =
   -2   -2   -2    2    2    2
floorA =
   -3   -3   -3    2    2    2
```

```
ceilA =
    -2    -2    -2     3     3     3
roundA =
    -3    -3    -2     2     3     3
remXY =
     1    -1     1    -1
modXY =
     1    -1    -1     1
```

7.1.5 离散数学函数

MATLAB 提供的离散数学函数及其功能如表 7.5 所示。

表 7.5 离散数学函数及其功能

函 数 名	功 能	函 数 名	功 能
factor	因素分解	factorial	阶乘
gcd	最大公约数	isprime	质数判定
lcm	最小公倍数	nchoosek	组合
perms	排列	primes	生成质数
rat, rats	有理分数		

以阶乘函数和最大公约数函数为例，对上面函数的使用进行说明。阶乘函数 factorial 的调用格式如下：

```
Y = factorial(N)
```

其中，N 为输入变量，Y 为函数值。最大公约数函数 gcd 的调用格式如下：

```
G = gcd(A,B)
[G,C,D] = gcd(A,B)
```

其中，A、B 为输入变量，G 为函数值，C、D 满足 A(i).*C(i) + B(i).*D(i) = G(i)，i 为下标。下面通过示例说明这些函数的用法。

【例 7-5】 离散数学函数应用示例。

在命令行窗口输入：

```
f = factor(120)
p = primes(23)
jd=isprime([p 6])
fm=factorial([1:2:10])
g=gcd(120,48)
l= lcm(120,48)
P=perms([1 2 3])
C=nchoosek(2:2:10,3)
s = 1 - 1/2 + 1/3 - 1/4 + 1/5 - 1/6 + 1/7
R=rats(s)
```

输出结果为：

```
f =
     2     2     2     3     5
```

```
p =
     2     3     5     7    11    13    17    19    23
jd =
  1×10 logical 数组
   1  1  1  1  1  1  1  1  1  0
fm =
           1         6       120      5040    362880
g =
    24
l =
   240
P =
     3     2     1
     3     1     2
     2     3     1
     2     1     3
     1     3     2
     1     2     3
C =
     2     4     6
     2     4     8
     2     4    10
     2     6     8
     2     6    10
     2     8    10
     4     6     8
     4     6    10
     4     8    10
     6     8    10
s =
    0.7595
R =
    '   319/420   '
```

7.1.6　基本数据分析函数

MATLAB 提供的基本数据分析函数的功能和调用格式如表 7.6 所示。

表 7.6　基本数据分析函数

函　数　名	功　　能	函　数　名	功　　能
max	求最大值	min	求最小值
mean	求平均值	median	求中间值
std	求标准方差	var	方差
sort	数据排序	sortrows	对矩阵的行排序
sum	求元素之和	prod	求元素的连乘积
hist	画直方图	trapz	矩阵梯形积分
cumsum	矩阵累加	cumprod	矩阵累积
cumtrapz	梯形积分累计		

以求最大值函数和求标准方差函数为例，对上面函数的使用进行说明。求最大值函数 max 的调用格式如下：

```
C = max(A)
C = max(A,B)
C = max(A,[],dim)
[C,I] = max(...)
```

其中，A、B 为输入变量，同时输入时返回同大小矩阵，此时 C 为两矩阵相比同位置较大元素的值构成的矩阵；dim 设置求解采用的维度；I 为得到的最大值的下标。求标准方差函数 std 的调用格式如下：

```
s = std(X)
s = std(X,flag)
s = std(X,flag,dim)
```

其中，X 为输入变量，flag 设置求解方式，s 为函数值，dim 设置求解采用的维度。下面通过示例说明这些函数的用法。

【例7-6】 基本数据分析函数应用示例。

在命令行窗口输入：

```
x=[1:4 3:-1:1]
X=[x;10*x;2*x]
maxX=max(x)
minX=min(x)
avgX=mean(x)
medianX=median(x)
sumX=sum(x)
sumxX=sum(X)
cumsumX=cumsum(X)
stdX=std(X)
varX=var(X)
sortX=sort(x)
sortxX=sort(X)
```

输出结果为：

```
x =
    1    2    3    4    3    2    1
X =
    1    2    3    4    3    2    1
   10   20   30   40   30   20   10
    2    4    6    8    6    4    2
maxX =
    4
minX =
    1
avgX =
    2.2857
medianX =
    2
```

```
sumX =
    16
sumxX =
    13    26    39    52    39    26    13
cumsumX =
     1     2     3     4     3     2     1
    11    22    33    44    33    22    11
    13    26    39    52    39    26    13
stdX =
    4.9329    9.8658   14.7986   19.7315   14.7986    9.8658    4.9329
varX =
   24.3333   97.3333  219.0000  389.3333  219.0000   97.3333   24.3333
sortX =
     1     1     2     2     3     3     4
sortxX =
     1     2     3     4     3     2     1
     2     4     6     8     6     4     2
    10    20    30    40    30    20    10
```

7.1.7 多项式函数

MATLAB 采用行向量来表示多项式，将多项式的系数按降幂次序存放在行向量中。MATLAB 提供的多项式常用函数如表 7.7 所示。

表 7.7 多项式函数

函 数 名	功 能	函 数 名	功 能
conv	多项式乘法	deconv	多项式除法
poly	求多项式的系数	polyfit	多项式曲线拟合
polyder	求多项式的一阶导数	polyint	求多项式的积分
polyvar	求多项式的值	polyvarm	求矩阵多项式的值
residue	部分分式展开	roots	求多项式的根

另外，通过函数 poly2sym 可查看多项式。

以求多项式乘法函数和求多项式的根函数为例，对上面函数的使用进行说明。求多项式乘法函数 conv 的调用格式如下：

```
w = conv(u,v)
```

其中，u、v 为输入变量，w 为得到的结果。求多项式的根函数 roots 的调用格式如下：

```
r = roots(c)
```

其中，c 为输入变量，r 为得到的根。下面通过示例说明这些函数的用法。

【例 7-7】 多项式函数应用示例。

在命令行窗口输入：

```
a = [3 6 9];
b = [1 2 0];
k = polyder(a,b)
```

```
aExp= poly2sym(a)
bExp= poly2sym(b)
k = polyder(a,b)
kExp= poly2sym(k)
```

输出结果为：

```
k =
    12    36    42    18
aExp =
    3*x^2 + 6*x + 9
bExp =
    x^2 + 2*x
k =
    12    36    42    18
kExp =
    12*x^3 + 36*x^2 + 42*x + 18
```

7.2 特殊函数运算

7.2.1 特殊函数

MATLAB 提供了特殊函数来仿真数学物理方程的解。部分特殊函数及其功能如表 7.8 所示。

表 7.8　特殊函数

函　数　名	功　　能	函　数　名	功　　能
airy	Airy 函数	erf	误差函数
besselj	第一类 Bessel 函数	erfc	余误差函数：erfc(x)=1-erf(x)
bessely	第二类 Bessel 函数	erfcinv	余误差函数的逆函数
besselh	第三类 Bessel 函数	erfcx	erfcx(x)=exp(x^2)*erfc(x)
besseli	第一类改进的 Bessel 函数	erfinv	误差函数的逆函数
besselk	第二类改进的 Bessel 函数	expint	指数积分函数
beta	Beta 函数	gamma	Gamma 函数
betainc	不完全 Beta 函数	gammainc	不完全 Gamma 函数
betaln	对数 Beta 函数	gammaln	对数 Gamma 函数
ellipj	Jacobi 椭圆函数	psi	Psi 函数
ellipke	完全椭圆积分	legendre	连带勒让德函数

以 Airy 函数和误差函数为例，对上面函数的使用进行说明。Airy 函数 airy 的调用格式如下：

```
W = airy(Z)
W = airy(k,Z)
[W,ierr] = airy(k,Z)
```

其中，k、Z 为输入变量，W 为得到的结果，ierr 为完成标识。求误差函数 erf 的调用格式如下：

```
Y = erf(X)
```

其中，X 为输入变量，Y 为输出值。下面通过示例说明这些函数的用法。

【例 7-8】 特殊函数应用示例。

在命令行窗口输入：

```
clear,clc,clf
[X,Y] = meshgrid(-4:0.025:2,-1.5:0.025:1.5);
BH = besselh(0,1,X+i*Y);
contour(X,Y,abs(BH),0:0.2:3.2), hold on
contour(X,Y,(180/pi)*angle(BH),-180:10:180); hold off
format rat
B=beta((0:5),3)
BC=betainc(.5,(0:5),3)
PSI=psi(1,2)
```

输出结果为：

```
B =
   1/0        1/3        1/12       1/30       1/60       1/105
BC =
   1          7/8        11/16      1/2        11/32      29/128
PSI =
   732/1135
```

得到的图形如图 7.3 所示。

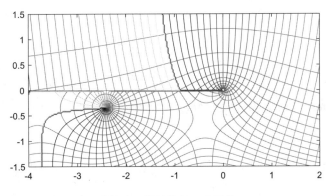

图 7.3　第三类 Bessel 函数

7.2.2 坐标变换函数

MATLAB 提供的坐标变换函数及其功能如表 7.9 所示。

表 7.9　坐标变换函数

函　数　名	功　　能	函　数　名	功　　能
cart2sph	笛卡儿坐标系转换为球坐标系	sph2cart	球坐标系转换为笛卡儿坐标系
cart2pol	笛卡儿坐标系转换为极坐标系	pol2cart	极坐标系转换为笛卡儿坐标系

以笛卡儿坐标系转换为球坐标系函数为例，对上面函数的使用进行说明。笛卡儿坐标系转换为球坐标系函数 cart2sph 的调用格式如下：

```
[azimuth,elevation,r] = cart2sph(X,Y,Z)
```

其中，X、Y、Z 为输入笛卡儿坐标系坐标，azimuth、elevation、r 为得到的球坐标系坐标。下面通过示例说明这些函数的用法。

【例 7-9】 坐标变换函数应用示例。

在命令行窗口输入：

```
X=1:5;Y=1:1.5:8;Z=1:2:9;
format short
[THETA,RHO,Z] = cart2pol(X,Y,Z)
[azimuth,elevation,r] = cart2sph(X,Y,Z)
[X1,Y1,Z1]= pol2cart(THETA,RHO,Z)
[X2,Y2,Z2] = sph2cart(azimuth,elevation,r)
```

输出结果为：

```
THETA =
    0.7854    0.8961    0.9273    0.9420    0.9505
RHO =
    1.4142    3.2016    5.0000    6.8007    8.6023
Z =
     1     3     5     7     9
azimuth =
    0.7854    0.8961    0.9273    0.9420    0.9505
elevation =
    0.6155    0.7529    0.7854    0.7998    0.8080
r =
    1.7321    4.3875    7.0711    9.7596   12.4499
X1 =
    1.0000    2.0000    3.0000    4.0000    5.0000
Y1 =
    1.0000    2.5000    4.0000    5.5000    7.0000
Z1 =
     1     3     5     7     9
X2 =
    1.0000    2.0000    3.0000    4.0000    5.0000
Y2 =
    1.0000    2.5000    4.0000    5.5000    7.0000
Z2 =
     1     3     5     7     9
```

7.3 本 章 小 结

本章主要介绍了 MATLAB 的基本数学运算函数，包括三角函数、指数函数、对数函数、复数函数、截断和求余函数、离散数学函数、基本数据分析函数、多项式函数、坐标变换函数和特殊函数等。这些基本数学函数在简化编程方面有着重要的意义。

第8章 符号计算

MATLAB 符号计算建立在强大的 Maple 软件基础上，是 MATLAB 处理数字运算的扩展功能。在进行符号计算时，MATLAB 首先将数据符号交予 Maple 软件进行计算，然后获取返回的结果。本章将主要介绍符号计算表达式、函数及常见的符号计算等。

知识要点

- 符号变量
- 符号表达式
- 符号函数
- 符号微积分
- 符号积分变换
- 符号矩阵计算
- 符号方程求解
- 符号计算界面

8.1 符号计算概述

MATLAB 符号运算的对象是非数值的符号对象，这与前文中接触的数值对象不同。符号对象扩展了 MATLAB 的计算功能，下面以示例说明一些常见计算的 MATLAB 符号计算方法实现。

1. 方程求解

使用符号函数，在一定情况下可使方程求解变得非常简单。

【例 8-1】 二次方程求解示例。

在命令行窗口输入：

```
syms a b c x;
rootsA=solve(a*x^2+b*x+c==0)
rootsB=solve(x^2+2*x+6==0)
```

输出结果为：

```
rootsA =
 -(b + (b^2 - 4*a*c)^(1/2))/(2*a)
 -(b - (b^2 - 4*a*c)^(1/2))/(2*a)
rootsB =
 - 1 - 5^(1/2)*1i
 - 1 + 5^(1/2)*1i
```

2. 求导

使用符号计算方式进行求导，可以很便捷地求出倒数表达式。

【例 8-2】 求导计算示例。

在命令行窗口输入：

```
syms x a b c;
f=diff (a*x^2+b*x+c)
f1= diff (x^2+2*x+6)
```

输出结果为：

```
f =
    b + 2*a*x
f1 =
    2*x + 2
```

3. 计算积分

积分的计算涉及的编程工作在符号计算中可以轻松实现。

【例 8-3】 积分计算示例。

在命令行窗口输入：

```
syms x a b c;
f=int(a*x^2+b*x+c)
f1= int (x^2+2*x+6)
```

输出结果为：

```
f =
    (a*x^3)/3 + (b*x^2)/2 + c*x
f1 =
    (x*(x^2 + 3*x + 18))/3
```

4. 求解微分方程

微分方程一般很复杂，然而使用符号函数可以轻松实现。

【例 8-4】 求解微分方程示例。

在命令行窗口输入：

```
syms y(t) a
eqn1 = diff(y,t) == a*y;
S1 = dsolve(eqn1)
eqn2 = diff(y,t,2) == a*y;
S2 = dsolve(eqn2)
```

输出结果为：

```
S =
    C1*exp(a*t)
S2 =
    C1*exp(-a^(1/2)*t) + C2*exp(a^(1/2)*t)
```

8.2 符号变量与表达式

本节介绍符号变量与表达式，包括符号对象、运算符、变量、表达式等内容及相关的一些操作。

8.2.1 符号对象

MATLAB 为符号数学运算提供了一种新的数据类型，这种类型叫作 sym 类，该类的实例就是符号对象。因此，符号对象是一种数据结构，用来存储代表符号对象的字符串的复杂数据结构。

使用 sym 函数可以创建 sym 类对象，该函数的调用格式如下：

```
var = sym('var')
var = sym('var',set)
Num = sym(Num)
Num = sym(Num,flag)
A = sym('A',dim)
A = sym(A,set)
```

其中，'var'为变量名称字符串；var 为创建的符号对象；set 为创建的符号对象所在的集合，可设置为 real 或 positive；Num 可以为数字、向量或矩阵，为创建前后符号对象的数据；'A'为用于创建符号对象的向量或矩阵名；A 为创建的符号对象；dim 为维度值或向量。

另外，syms 函数为创建符号对象的快捷命令。该函数的调用格式如下：

```
syms var1 ... varN
syms var1 ... varN set
yms f(arg1,...,argN)
```

其中参数的含义与 sym 函数相同。

【例 8-5】 创建符号对象示例。
在命令行窗口输入：

```
clear,clc
x = sym('x')                %创建对象 x
y = sym('y','positive')     %创建对象 y
r = sym(1/3)                %创建对象 r
f = sym(1/3, 'f')           %创建对象 f
d = sym(1/3, 'd')           %创建对象 d
e = sym(1/3, 'e')           %创建对象 e
A = sym('A', [1 4])         %创建对象 A
A1 = diag(A)                %创建对象 A1
detA1=det(A1)               %创建对象 detA1
traceA1=trace(A1)           %创建对象 traceA1
syms f1(x1, y1)             %创建对象 x1、y1、f1
whos                        %查看创建的对象结构
```

输出结果为：

```
x =
x
```

```
y =
    y
r =
    1/3
f =
    6004799503160661/18014398509481984
d =
    0.33333333333333331482961625624739
e =
    1/3 - eps/12
A =
    [ A1, A2, A3, A4]
A1 =
    [ A1,  0,  0,  0]
    [  0, A2,  0,  0]
    [  0,  0, A3,  0]
    [  0,  0,  0, A4]
detA1 =
    A1*A2*A3*A4
traceA1 =
    A1 + A2 + A3 + A4
f(x, y) =f(x, y)
    Name         Size            Bytes  Class      Attributes
    A            1x4                 8  sym
    A1           4x4                 8  sym
    d            1x1                 8  sym
    detA1        1x1                 8  sym
    e            1x1                 8  sym
    f            1x1                 8  sym
    f1           1x1                 8  symfun
    r            1x1                 8  sym
    traceA1      1x1                 8  sym
    x            1x1                 8  sym
    x1           1x1                 8  sym
    y            1x1                 8  sym
    y1           1x1                 8  sym
```

符号变量是内容可变的符号对象。符号变量的命名规则与 MATLAB 数值计算中变量的命名规则相同：

（1）变量名由英文字母开头，可以包括英文字母、数字和下画线。

（2）变量名的长度不大于 31 个。

（3）字母区分大小写。

MATLAB 使用 sym 函数或 syms 函数来建立符号变量。

符号变量名与变量字符串可以相同，也可以不相同。例如：

在命令行窗口输入：

y=sym('x')

输出结果为:

```
y =

    x
```

符号表达式是由符号常量、符号变量、符号运算符以及专用函数组合而成的符号对象,包括不带等号的符号函数和带等号的符号方程。

MATLAB 提供 sym 函数或 syms 函数来建立符号表达式。

【例 8-6】 创建符号表达式示例。

在命令行窗口输入:

```
clear,clc
syms a b c d e x                     %创建对象 a b c d e x
f=sym(a*x^6+b*x^4+c*x^2+d +e/x^2)    %创建对象 f
e=sym(x^2+2*x^-2==1)                 %创建对象 e
f1= a*x^6+b*x^4+c*x^2+d +e/x^2       %创建对象 f1
e1= x^2+2*x^-2==1                    %创建对象 e1
whos                                 %查看创建的对象结构
```

输出结果为:

```
f =
    d + a*x^6 + b*x^4 + c*x^2 + e/x^2
e =
    2/x^2 + x^2 == 1
f1 =
    d + a*x^6 + b*x^4 + c*x^2 + e/x^2
e1 =
    2/x^2 + x^2 == 1
  Name      Size          Bytes  Class     Attributes
  a         1x1               8  sym
  b         1x1               8  sym
  c         1x1               8  sym
  d         1x1               8  sym
  e         1x1               8  sym
  e1        1x1               8  sym
  f         1x1               8  sym
  f1        1x1               8  sym
  x         1x1               8  sym
```

元素是符号对象的矩阵叫作符号矩阵。符号矩阵的创建在【例 8-6】中已经出现过。符号矩阵既可以构成符号矩阵函数,也可以构成符号矩阵方程,它们都是符号表达式。

【例 8-7】 创建符号矩阵示例。

在命令行窗口输入:

```
syms x y;                            %创建对象 x、y
m1=sym([1,2+x,1;2+x,1,3+y;1,3+y,0]) %创建对象 m1
m2=[1,2+x,1;2+x,1,3+y;1,3+y,0]      %创建对象 m2
```

输出结果为：

```
m1 =
[    1, x + 2,    1]
[ x + 2,    1, y + 3]
[    1, y + 3,    0]
m2 =
[    1, x + 2,    1]
[ x + 2,    1, y + 3]
[    1, y + 3,    0]
```

8.2.2 符号计算运算符与函数

MATLAB 提供的符号计算基础功能与 MATLAB 提供的数值计算基础功能一致，包括三种基本运算（算术运算、关系运算和逻辑运算），而且 MATLAB 为符号计算提供了与其他计算一致的运算符和函数。

1. 算术运算符

符号计算的运算符与数值计算的运算符基本一致，如表 8.1 所示。

表 8.1 符号计算的算术运算符

运 算 符	运算法则	运 算 符	运算法则
A+B	A 与 B 相加	A-B	A 与 B 相减
A*B	A 与 B 相乘	A.*B	A 与 B 相应元素相乘
A\B	A 与 B 相除	A./B	A 与 B 相应元素相除
A/B	A 与 B 相除	A.\B	A 与 B 相应元素相除
A^B	A 的 B 次幂	A.^B	A 的每个元素的 B 次幂
A'	共轭转置	A.'	非共轭转置

从表 8.1 中可以看到：

- 运算符号 "+" "-" "*" "\" "/" "^" 可分别实现矩阵的加法、减法、乘法、左除、右除和求幂运算。
- 运算符号 ".*" ".\" "./" ".^" 可分别实现 "元素对元素" 的数组乘法、左除、右除和求幂运算。
- 运算符号 "'" "." 可分别实现矩阵的共轭转置和非共轭转置。

【例 8-8】 算术运算符应用示例。

在命令行窗口输入：

```
clear,clc
syms a b c d e f g h;      %创建对象
A=sym([a,b;c,d])          %创建矩阵 A
B=sym([e,f;g,h])          %创建矩阵 B
Rp=A+B                    %加法
Rm=A-B                    %减法
Rmp=A*B                   %乘法
Rdmp=A.*B                 %点乘
Rleftd=A/B                %左除
```

```
Rrightd=A\B              %右除
Rdleftd=A./B             %左点除
Rdrightd=A.\B            %右点除
Rpower=A^2               %平方
Rdpower=A.^2             %元素平方
Aconj=(A+B*i)'           %共轭转置
Anonconj=(A+B*i).'       %非共轭转置
```

输出结果为:

```
A =
    [ a, b]
    [ c, d]
B =
    [ e, f]
    [ g, h]
Rp =
    [ a + e, b + f]
    [ c + g, d + h]
Rm =
    [ a - e, b - f]
    [ c - g, d - h]
Rmp =
    [ a*e + b*g, a*f + b*h]
    [ c*e + d*g, c*f + d*h]
Rdmp =
    [ a*e, b*f]
    [ c*g, d*h]
Rleftd =
    [ (a*h - b*g)/(e*h - f*g), -(a*f - b*e)/(e*h - f*g)]
    [ (c*h - d*g)/(e*h - f*g), -(c*f - d*e)/(e*h - f*g)]
Rrightd =
    [ -(b*g - d*e)/(a*d - b*c), -(b*h - d*f)/(a*d - b*c)]
    [  (a*g - c*e)/(a*d - b*c),  (a*h - c*f)/(a*d - b*c)]
Rdleftd =
    [ a/e, b/f]
    [ c/g, d/h]
Rdrightd =
    [ e/a, f/b]
    [ g/c, h/d]
Rpower =
    [ a^2 + b*c, a*b + b*d]
    [ a*c + c*d, d^2 + b*c]
Rdpower =
    [ a^2, b^2]
    [ c^2, d^2]
Aconj =
    [ conj(a) - conj(e)*1i, conj(c) - conj(g)*1i]
    [ conj(b) - conj(f)*1i, conj(d) - conj(h)*1i]
Anonconj =
    [ a + e*1i, c + g*1i]
    [ b + f*1i, d + h*1i]
```

2. 关系运算符

与数值计算中的关系运算符相同，符号计算中的关系运算符如表 8.2 所示。

表 8.2　符号计算的关系运算符

关系运算符	说　　明	关系运算符	说　　明
<	小于	<=	小于等于
>	大于	>=	大于等于
==	等于	~=	不等于

【例 8-9】　关系运算符应用示例。

在命令行窗口输入：

```
clear,clc
syms x                  %创建对象
assume(x< 3)            %使用关系运算代入条件
assume(x >= 0)          %使用关系运算代入条件
root=solve(x^2==4)      %使用 "==" 创建方程，并求解方程
whos                    %查看得到的对象
```

输出结果为：

```
root =
  2
  Name      Size        Bytes  Class    Attributes
  root      1x1             8  sym
  x         1x1             8  sym
```

3. 逻辑运算符

MATLAB 提供了用于符号逻辑运算的逻辑运算符与函数，如表 8.3 所示。

表 8.3　符号逻辑运算符与函数

逻辑运算符/函数	说　　明	逻辑运算符/函数	说　　明
&　/and	与	all	全部与
|　/or	或	any	全部或
~　/not	非	xor	异或

【例 8-10】　逻辑运算符/函数应用示例。

在命令行窗口输入：

```
clear,clc
syms x real                                     %创建对象
M = [x == x, x == abs(x); abs(x) >= 0, x == 2*x]   %创建关系运算符号矩阵
all0=all(M)                                     %默认全部与
all1=all(M, 1)                                  %列维度全部与
all2=all(M, 2)                                  %行维度全部与
any0=any(M)                                     %默认全部或
any1=any(M, 1)                                  %列维度全部或
any2=any(M, 2)                                  %行维度全部或
syms a b                                        %创建对象
ab = a >= 0 | b >= 0                            %创建对象
```

```
assume(ab)                      %设置条件
assumptions                     %查看条件
```

输出结果为：

```
M =
    [       x == x,  x == abs(x)]
    [ 0 <= abs(x),    x == 2*x]
all0 =
  1×2 logical 数组
    1   0
all1 =
  1×2 logical 数组
    1   0
all2 =
  2×1 logical 数组
    0
    0
any0 =
  1×2 logical 数组
    1   0
any1 =
  1×2 logical 数组
    1   0
any2 =
  2×1 logical 数组
    1
    1
ab =
    0 <= a | 0 <= b
ans =
    [ in(x, 'real'), 0 <= a | 0 <= b]
```

4. 常用计算函数

MATLAB 中常用的计算函数在符号计算中仍然可用，常用的几种函数如下：

- 指数与对数函数
- 三角函数
- 复数函数
- 矩阵代数函数

下面将以示例说明。

【例 8-11】 常用计算函数在符号计算中的应用示例。
在命令行窗口输入：

```
clear,clc
syms a b c d;           %创建对象
A=sym([a,b;c,d])        %创建矩阵 A
```

```
sinA=sin(A)          %三角函数运算
logA=log(A)          %对数运算
detA=det(A)          %行列式的值
```

输出结果为:

```
A =
    [ a, b]
    [ c, d]
sinA =
    [ sin(a), sin(b)]
    [ sin(c), sin(d)]
logA =
    [ log(a), log(b)]
    [ log(c), log(d)]
detA =
    a*d - b*c
```

8.2.3 符号对象识别

符号计算对象有些时候很难与数值计算对象及字符串区别开来,我们在计算中可能会经常因此出错。MATLAB 提供了一些识别不同数据对象的函数,用来识别符号对象。

常用的对象识别函数包括 class 函数、isa 函数和 whos 函数。这些函数的调用格式可以参考前文或帮助文件。下面通过示例说明其在符号对象识别中的应用。

【例 8-12】 符号对象识别示例。
在命令行窗口输入:

```
clear,clc
a=2;                 %创建数值对象
b='2';               %创建字符对象
c=sym('2');          %创建符号对象
d=sym('d');          %创建符号对象
syms e;              %创建符号对象
whos                 %查看对象类型
classa=class(a)      %确定对象 a 的类型
classb=class(b)      %确定对象 b 的类型
classc=class(c)      %确定对象 c 的类型
classd=class(d)      %确定对象 d 的类型
classe=class(e)      %确定对象 e 的类型
isSym=isa(e,'sym')   %判断对象 e 是否为符号对象
```

输出结果为:

Name	Size	Bytes	Class	Attributes
a	1x1	8	double	
b	1x1	2	char	
c	1x1	8	sym	
d	1x1	8	sym	

```
    e        1x1              8  sym
classa =
    'double'
classb =
    'char'
classc =
    'sym'
classd =
    'sym'
classe =
    'sym'
isSym =
  logical
    1
```

8.2.4 符号变量

前文中提到的符号对象可以为符号常量和符号变量。MATLAB 提供了 symvar 函数，用于查找符号表达式中的符号变量。该函数的调用格式为：

```
symvar(s)
symvar(s,n)
```

其中，s 为待查找的符号对象，n 为符号变量个数。

【例 8-13】 查找符号变量示例。

在命令行窗口输入：

```
clear                       %下面从表达式中查找变量
syms a b n t x              %创建对象
f = x^n                     %创建表达式
g = sin(a*t + b)            %创建表达式
vf=symvar(f)                %查找表达式中的对象
vg=symvar(g)                %查找表达式中的对象
vg2=symvar(g, 2)            %查找表达式中的前两个对象

clear                       %下面从方程中查找变量
syms x y w z                %创建对象
f(w, z) = x*w + y*z         %创建函数对象
vf=symvar(f)                %查找函数中的变量
vf2=symvar(f, 2)            %查找函数中的前两个变量

clear                       %下面从矩阵中查找
syms a b c d                %创建对象
A=sym([a,b;c,d])            %创建矩阵 A
vA=symvar(A)                %查找矩阵中的变量
vA3=symvar(A,3)             %查找矩阵中的前三个变量

clear                       %下面查找默认变量，默认变量一般为靠近 x 的符号对象
```

183

```
syms s t                        %创建对象
f = s + t;                      %创建表达式
vfdefault=symvar(f, 1)          %查找默认变量

clear
syms sx tx                      %创建对象
f = sx + tx;                    %创建表达式
vfdefault=symvar(f, 1)          %查找默认变量
```

输出结果为:

```
f =
    x^n
g =
    sin(b + a*t)
vf =
    [ n, x]
vg =
    [ a, b, t]
vg2 =
    [ b, t]

f(w, z) =
    w*x + y*z
vf =
    [ w, z, x, y]
vf2 =
    [ w, z]

A =
    [ a, b]
    [ c, d]
vA =
    [ a, b, c, d]
vA3 =
    [ b, c, d]

vfdefault =
    t

vfdefault =
    tx
```

若表达式中有两个符号变量与 x 的距离相等，则 ASCII 码值大的变量优先。

8.2.5 符号表达式显示

MATLAB 显示符号表达式时,一般采用前文中看到的默认方式。除了默认显示方式外,MATLAB 还提供了显示函数 pretty,其支持将符号表达式显示为符合一般数学表达习惯的数学表达式。

【例 8-14】 符号表达式显示示例。

在命令行窗口输入:

```
syms a b c x                         %创建符号对象
s = solve(a*x^2 + b*x + c, x)        %解方程并以默认显示方式显示结果
pretty(s)                            %以数学表达式方式显示结果
```

输出结果(见图 8.1)如下:

```
s =
  -(b + (b^2 - 4*a*c)^(1/2))/(2*a)
  -(b - (b^2 - 4*a*c)^(1/2))/(2*a)
```

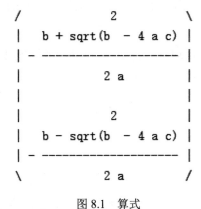

图 8.1 算式

8.2.6 表达式项操作

符号表达式常见的项操作包括合并、展开、化简、嵌套、分解、替换等。下面介绍这些操作的实现方式。

1. 合并

MATLAB 提供了 collect 函数来实现将符号表达式中同类项合并的功能。该函数的调用格式如下:

```
R = collect(S)
R = collect(S,v)
```

其中,S 为待处理的对象,既可以为表达式,也可以为矩阵;v 为设置进行合并操作的项,如果 v 没有指定,则默认地将含有 x 的相同次幂的项进行合并;R 为返回的结果。

【例 8-15】 表达式合并操作示例。

在命令行窗口输入:

```
clear,clc
syms x y                          %创建变量
```

```
f= (x+y)*(x^2+y^2+1)                    %创建表达式
R1 = collect(f)                         %默认合并
R2 = collect(f, y)                      %对 y 项合并
R3 = collect([f,R2],x)                  %对 x 项合并
```

输出结果为：

```
f =
    (x + y)*(x^2 + y^2 + 1)
R1 =
    x^3 + y*x^2 + (y^2 + 1)*x + y*(y^2 + 1)
R2 =
    y^3 + x*y^2 + (x^2 + 1)*y + x*(x^2 + 1)
R3 =
    [ x^3 + y*x^2 + (y^2 + 1)*x + y*(y^2 + 1), x^3 + y*x^2 + (y^2 + 1)*x + y^3 + y]
```

2. 展开

MATLAB 提供了 expand 函数来实现将符号表达式中的项展开的功能。该函数的调用格式如下：

```
expand(S)
```

该函数将表达式 S 中的各项进行展开，如果 S 包含函数，则利用恒等变形将它写成相应的和的形式。

【例 8-16】 符号表达式展开示例。

在命令行窗口输入：

```
clear,clc
syms x y t a b c                        %创建变量
eM=expand((x-2)*(x-4))                  %分解多项式
eT=expand(cos(x+y))                     %分解三角函数
eE=expand(exp((a + b)^2))               %分解指数函数
eT1=expand([sin(2*t); cos(2*t)])        %分解三角函数组
eT2=expand((sin(3*x) - 1)^2)            %分解三角函数
eL=expand(log((a*b/c)^2))               %分解对数函数
```

输出结果为：

```
eM =
    x^2 - 6*x + 8
eT =
    cos(x)*cos(y) - sin(x)*sin(y)
eE =
    exp(a^2)*exp(b^2)*exp(2*a*b)
eT1 =
    2*cos(t)*sin(t)
    2*cos(t)^2 - 1
eT2 =
    2*sin(x) + sin(x)^2 - 8*cos(x)^2*sin(x) - 8*cos(x)^2*sin(x)^2 + 16*cos(x)^4*sin(x)^2
+ 1
    eL =
    log((a^2*b^2)/c^2)
```

3. 嵌套

MATLAB 提供了 horner 函数来实现将符号表达式中项嵌套的功能。该函数的调用格式 如下：

```
horner(P)
```

该函数可将多项式 P 转换成嵌套形式。

【例 8-17】 符号表达式嵌套示例。

在命令行窗口输入：

```
clear,clc
syms x y                     %创建变量
f=(x+y)*(x^2+y^2+1);          %创建表达式
fed= horner(f)               %分解表达式
```

输出结果为：

```
fed =
    y*(y^2 + 1) + x*(x*(x + y) + y^2 + 1)
```

4. 分解

MATLAB 提供了 factor 函数来实现将符号表达式因式分解的功能。该函数的调用格式如下：

```
factor(X)
```

如果 X 是多项式，且系数是有理数，那么该函数将把 X 表示成系数为有理数的低阶多项式相乘的形式；如果 X 不能分解成有理多项式乘积的形式，就返回 X 本身。

提示

使用 factor 函数分解常量时，如果被分解量超过 16 位，就需先用函数 sym 将其定义成符号对象才能分解。

【例 8-18】 符号表达式分解示例。

在命令行窗口输入：

```
clear,clc
syms x y                     %创建变量
f1= sym(x^3-y^3);            %创建表达式
f2= sym(x^4-y^4);            %创建表达式
f3=sym('124680');            %创建整数常量
f1= factor(f1)              %分解因式
f2= factor(f2)              %分解因式
f3= factor(f3)              %分解质因数
```

输出结果为：

```
f1 =
    [ x - y, x^2 + x*y + y^2]
f2 =
    [ x - y, x + y, x^2 + y^2]
f3 =
    [ 2, 2, 2, 3, 5, 1039]
```

5. 化简

MATLAB 提供了 simplify 和 simplifyFraction 两个函数来支持符号对象的化简。他们的功能和调用格式如下。

（1）simplify 函数提供代数化简功能，调用格式如下：

```
simplify(S)    % S 为待分解表达式
```

（2）simplifyFraction 函数提供符号分式化简功能，调用格式如下：

```
simplifyFraction(S)    % S 为待分解表达式
```

【例 8-19】 符号表达式化简示例。

在命令行窗口输入：

```
clear,clc
syms x                                        %创建变量
f = (x^3 - 1)/(x - 1);                        %创建表达式
g = exp(x) * exp(y);                          %创建表达式
h = -6 + (11 + (-6 + x)*x)*x;                 %创建表达式
k = (x^3 - x^2*y - x*y^2 + y^3)/(x^3 + y^3);  %创建表达式
simpleForm=simplify([f; g; h])               %分解前三个因式
simplifyFractionForm= simplifyFraction(k)    %分式分解 k
```

输出结果为：

```
simpleForm =
        x^2 + x + 1
         exp(x + y)
     x*(x*(x - 6) + 11) - 6
simplifyFractionForm =
    (x^2 - 2*x*y + y^2)/(x^2 - x*y + y^2)
```

6. 替换

MATLAB 提供了 subexpr 和 subs 两个函数来实现符号表达式的代入计算。

subexpr 函数可以用指定符号替换符号表达式中的某一特定符号，调用格式如下：

```
[Y,SIGMA] = subexpr(X,SIGMA)
[Y,SIGMA] = subexpr(X,'SIGMA')
```

其中，X 为待代入表达式，SIGMA 为被具体替代的表达式。

subs 函数将表达式中重复出现的字符串用变量替代，调用格式如下：

```
g = subs(f,old,new)
g = subs(f,new)
g = subs(f)
```

其中，f 为待代入表达式，old 为待代入变量，new 为代入表达式，g 为得到的表达式。

【例 8-20】 符号表达式替换示例。

在命令行窗口输入：

```
clear,clc
syms x y a                              %创建变量
f1 = 2*x^2 - 3*x + 1;                   %创建表达式
f1V=subs(f1, 1/3)                       %使用 1/3 替代 x
f2= x^2*y + 5*x*sqrt(y);                %创建表达式
f2V=subs(f2, x, 3)                      %使用 3 替代 y
f2S=subs(f2, y, x)                      %使用 y 替代 x、x 替代 y
f3 = x^3 - 15*x^2 - 24*x + 350;         %创建表达式
A = [1 2 3; 4 5 6];
f3A=subs(f3,A)                          %使用 A 替代 x
s = solve(x^2+ a*x + 1)                 %求解方程
r = subexpr(s)                          %替代方程的根
whos                                    %查看工作区
```

输出结果为:

```
f1V =
    2/9
f2V =
    9*y + 15*y^(1/2)
f2S =
    x^3 + 5*x^(3/2)
f3A =
    [ 312, 250, 170]
    [ 78, -20, -118]
s =
  - a/2 - ((a - 2)*(a + 2))^(1/2)/2
    ((a - 2)*(a + 2))^(1/2)/2 - a/2
sigma =
    ((a - 2)*(a + 2))^(1/2)/2
r =
  - a/2 - sigma
    sigma - a/2
  Name        Size             Bytes  Class      Attributes
  A           2x3                 48  double
  a           1x1                  8  sym
  f1          1x1                  8  sym
  f1V         1x1                  8  sym
  f2          1x1                  8  sym
  f2S         1x1                  8  sym
  f2V         1x1                  8  sym
  f3          1x1                  8  sym
  f3A         2x3                  8  sym
  r           2x1                  8  sym
  s           2x1                  8  sym
  sigma       1x1                  8  sym
  x           1x1                  8  sym
  y           1x1                  8  sym
```

8.2.7 符号数值和精度

MATLAB 符号计算提供了三种不同精度类型的算术运算:

- 数值类型: MATLAB 的浮点算术运算。
- 有理数类型: Maple 的符号计算。
- VPA 类型: Maple 的可变精度算术运算。

【例 8-21】 三种算术运算精度比较。
在命令行窗口输入:

```
clear,clc
format long
v1=1/2 + 1/3
v2= sym(1/2) + 1/3
digits(50)                    %设置计算精度
v3= vpa(1/2 + 1/3)           %设置精度计算
```

输出结果为:

```
v1 =
    0.833333333333333
v2 =
    5/6
v3 =
    0.83333333333333333333333333333333333333333333333333
```

在上例中使用了两个用于设置符号计算精度的函数,分别为 digits 函数和 vpa 函数。下面介绍这两个函数的使用方法。

digits 函数用于设置可变精度的算术运算的精度,调用格式如下:

```
digits
digits(d)
d = digits
```

函数无输入参数时获取当前计算精度,输入 d 为设置的计算精度位数。

vpa 函数用于设置可变精度算术运算,调用格式如下:

```
R = vpa(A)
R = vpa(A,d)
```

其中,A 为待运算量,d 为精度位数,R 为结果。

【例 8-22】 符号可变精度的算术运算示例。
在命令行窗口输入:

```
clear,clc
old = 50;
digits(4)                    %设置计算精度为 4 位
v1=vpa(2/3)                  %设置精度计算
digits(old)                  %设置计算精度为 50 位
v2=vpa(2/3)                  %设置精度计算
```

```
v3=vpa(2/3, 10)          %设置精度为 10 位的精度计算
v4=vpa(2/3, 40)          %设置精度为 40 位的精度计算
```

输出结果为:

```
v1 =
    0.6667
v2 =
    0.66666666666666666666666666666666666666666666666666666667
v3 =
    0.6666666667
v4 =
    0.66666666666666666666666666666666666666667
```

8.3 符 号 函 数

本节介绍两种符号函数操作,分别为复合函数操作和反函数操作。

8.3.1 复合函数操作

MATLAB 提供了 compose 函数来实现符号表达式的复合函数操作。该函数的调用格式为:

```
compose(f,g)
compose(f,g,z)
compose(f,g,x,z)
compose(f,g,x,y,z)
```

其中,f=f(x),g=g(y),返回 f(g(y))或 f(g(z)),下面通过示例说明。

【例 8-23】 复合函数示例。
在命令行窗口输入:

```
clear,clc
syms x y z t u                %创建变量
f = 1/(1 + x^2)               %创建表达式
g = sin(y)                    %创建表达式
h = x^t                       %创建表达式
p = exp(-y/u)                 %创建表达式
a = compose(f,g)              %求 f(g(y))
b = compose(f,g,t)            %求 f(g(t))
c = compose(h,g,x,z)          %求 h(g(z))
d = compose(h,g,t,z)          %求 h(g(z)),自变量为 t
e = compose(h,p,x,y,z)        %求 h(p(z))
f = compose(h,p,t,u,z)        %求 h(p(z)),自变量为 t,p 的自变量为 u
```

输出结果为:

```
f =
    1/(x^2 + 1)
g =
    sin(y)
```

```
h =
    x^t
p =
    exp(-y/u)
a =
    1/(sin(y)^2 + 1)
b =
    1/(sin(t)^2 + 1)
c =
    sin(z)^t
d =
    x^sin(z)
e =
    exp(-z/u)^t
f =
    x^exp(-y/z)
```

8.3.2 反函数运算

MATLAB 提供了 finverse 函数来实现符号表达式的反函数操作。该函数的调用格式为：

```
g = finverse(f)
g = finverse(f,var)
```

其中，f 为原函数，var 为变量，g 为反函数。

 当函数 finverse 求得的解不唯一时，MATLAB 会给出警告信息。
注意

【例 8-24】 反函数运算示例。

在命令行窗口输入：

```
clear,clc
syms x u v                    %创建对象
f1(x) = 1/tan(x)             %创建函数对象
f2(x)= exp(u - 2*v)          %创建函数对象
g1 = finverse(f1)            %创建 g1 反函数
g2 = finverse(f2,u)          %创建 g2 反函数，自变量为 u
g3 = finverse(f2,v)          %创建 g3 反函数，自变量为 v
```

输出结果为：

```
f1(x) =
    1/tan(x)
f2(x) =
    exp(u - 2*v)
g1(x) =
    atan(1/x)
g2(x) =
    2*v + log(u)
g3(x) =
    u/2 - log(v)/2
```

8.4　符号微积分

符号微积分运算涉及微分、求极限、积分、级数求和和泰勒级数等。本节将具体介绍这些操作在符号计算中的实现方式。

8.4.1　符号表达式的极限

MATLAB 提供函数 limit 来求符号表达式的极限。该函数的调用格式如下：

```
limit(expr,x,a)
limit(expr,a)
limit(expr)
limit(expr,x,a,'left')
limit(expr,x,a,'right')
```

其中，expr 为待求极限的表达式；x 为自变量，若不设置则为默认自变量；a 为自变量取极限时的取值，若不设置则默认为 0；'left'和'right'分别代表求左右极限，若不设置则默认求两侧的极限。

【例 8-25】　符号表达式的极限求解示例。

在命令行窗口输入：

```
clear,clc
syms x h a
l1=limit(sin(x)/x)
l2=limit((sin(x + h) - sin(x))/h, h, 0)
l3=limit(1/x, x, 0, 'right')
l4=limit(1/x, x, 0, 'left')
v = [(1 + a/x)^x, exp(-x)];
l5=limit(v, x, inf)
```

输出结果为：

```
l1 =
    1
l2 =
   cos(x)
l3 =
   Inf
l4 =
   -Inf
l5 =
   [ exp(a), 0]
```

8.4.2　符号表达式的导数

MATLAB 提供函数 diff 来求符号表达式的导数。该函数的调用格式如下：

```
diff(expr)
diff(expr,v)
diff(expr, sym('v'))
diff(expr,n)
```

```
diff(expr,v,n)
diff(expr, n,v)
```

其中，expr 为待求导数的表达式；v 为自变量，若不设置则为默认自变量；n 为求取导数的阶次，默认为 1。

【例 8-26】 符号表达式的导数求解示例。

在命令行窗口输入：

```
clear,clc
syms x a s t
c = sym('5');
f = sin(5*x);
g = exp(x)*cos(x);
c = sym('5');
h= sin(s*t);
A = [cos(a*x),sin(a*x);-sin(a*x),cos(a*x)]
cD= diff(c)
cD1= diff(5)
fD= diff(f)
gD= diff(g)
g2D= diff(g,2)
gDD= diff(diff(g))
hDt=diff(h,t)
hDs=diff(h,s)
AD=diff(A)
A2D=diff(A,2)
```

输出结果为：

```
A =
    [  cos(a*x), sin(a*x)]
    [ -sin(a*x), cos(a*x)]
cD =
    0
cD1 =
    []
fD =
    5*cos(5*x)
gD =
    exp(x)*cos(x) - exp(x)*sin(x)
g2D =
    -2*exp(x)*sin(x)
gDD =
    -2*exp(x)*sin(x)
hDt =
    s*cos(s*t)
hDs =
    t*cos(s*t)
AD =
    [ -a*sin(a*x),  a*cos(a*x)]
    [ -a*cos(a*x), -a*sin(a*x)]
```

```
A2D =
    [ -a^2*cos(a*x), -a^2*sin(a*x)]
    [  a^2*sin(a*x), -a^2*cos(a*x)]
```

8.4.3 符号表达式的积分

MATLAB 提供函数 int 来求符号表达式的积分。该函数的调用格式如下：

```
int(expr,var)
int(expr,var,a,b)
```

其中，expr 为待求积分的表达式；var 为自变量，若不设置则使用默认的自变量；a、b 分别为下、上限。

【例 8-27】 符号表达式的积分求解示例。

在命令行窗口输入：

```
clear,clc
syms x t z
alpha = sym('alpha');
I1=int(-2*x/(1 + x^2)^2)
I2=int(x/(1 + z^2), z)
I3=int(x*log(1 + x), 0, 1)
I4=int(2*x, sin(t), 1)
I5=int([exp(t), exp(alpha*t)])
I6=int(acos(sin(x)), x)
```

输出结果为：

```
I1 =
    1/(x^2 + 1)
I2 =
    x*atan(z)
I3 =
    1/4
I4 =
    cos(t)^2
I5 =
    [ exp(t), exp(alpha*t)/alpha]
I6 =
    (pi^2*sign(x - pi/2))/8 + x*acos(sin(x)) + x^2/(2*sign(cos(x)))
```

8.4.4 符号表达式的级数求和/积

（1）MATLAB 提供了函数 symsum 来求符号表达式的级数和。该函数的调用格式如下：

```
symsum(expr)
symsum(expr,v)
symsum(expr,a,b)
symsum(expr,v,a,b)
```

其中，expr 为待求级数和的表达式；v 为变量；a、b 分别为求和级数下标下、上限。

（2）MATLAB 提供函数 symprod 来求符号表达式的级数积。该函数的调用格式如下：

```
symprod(expr)
symprod(expr,v)
symprod(expr,a,b)
symprod(expr,v,a,b)
```

参数可参考 symsum 函数。

【例 8-28】　符号表达式级数求和/积示例。

在命令行窗口输入：

```
clear,clc
syms k x
SUM1=symsum(k)
SUM2=symsum(1/k^2)
SUM3=symsum(k^2, 0, 10)
SUM4=symsum(1/k^2,1,Inf)
SUM5=symsum(x^k/k, k, 1, Inf)
POD1=symprod(k)
POD2=symprod((2*k - 1)/k^2)
POD3=symprod(1 - 1/k^2, k, 2, Inf)
POD4=symprod(k^2/(k^2 - 1), k, 2, Inf)
POD5=symprod(exp(k*x)/x, k, 1, 10000)
```

输出结果为：

```
SUM1 =
    k^2/2 - k/2
SUM2 =
    piecewise(0 < k, -psi(1, k), k <= 0, psi(1, 1 - k))
SUM3 =
    385
SUM4 =
    pi^2/6
SUM5 =
    piecewise(1 <= x, Inf, abs(x) <= 1 & x ~= 1, -log(1 - x))
POD1 =
    factorial(k)
POD2 =
    (1/2^(2*k)*2^(k + 1)*factorial(2*k))/(2*factorial(k)^3)
POD3 =
    1/2
POD4 =
    2
POD5 =
    exp(50005000*x)/x^10000
```

8.4.5　符号表达式的泰勒级数

MATLAB 提供了函数 taylor 来求符号表达式的泰勒级数。该函数的常用调用格式如下：

```
taylor(f)
taylor(f,v)
taylor(f,v,a)
taylor(f,Name,Value)
taylor(f,v,Name,Value)
taylor(f,v,a,Name,Value)
```

其中，f 为待求泰勒级数的表达式；符号标量 v 为自变量；a 为展开点；返回的结果为 f 的 5 阶泰勒展开；Name 和 Value 是配对输入，在需要改变扩展点、阶次等时可以使用，具体使用方式参考帮助文件。

【例 8-29】 符号表达式的泰勒级数展开示例。
在命令行窗口输入：

```
clear,clc
syms x
expX=taylor(exp(x))
sinX=taylor(sin(x))
cosX=taylor(cos(x))
acotX=taylor(acot(x), x, 'ExpansionPoint', 1)
```

输出结果为：

```
expX =
    x^5/120 + x^4/24 + x^3/6 + x^2/2 + x + 1
sinX =
    x^5/120 - x^3/6 + x
cosX =
    x^4/24 - x^2/2 + 1
acotX =
    pi/4 - x/2 + (x - 1)^2/4 - (x - 1)^3/12 + (x - 1)^5/40 + 1/2
```

【例 8-30】 不同阶次的泰勒级数对函数的逼近示例。
在命令行窗口输入：

```
clear,clc
syms x
f = sin(x)/x;
t6 = taylor(f)
t10 = taylor(f, 'Order', 10)
plotT6 = ezplot(t6, [-4, 4]);
hold on
set(plotT6, 'LineWidth', 3)
plotT10 = ezplot(t10, [-4, 4]);
set(plotT10, 'LineWidth', 2)
plotF = ezplot(f, [-4, 4]);
set(plotF, 'LineWidth', 1)
legend('6 阶逼近', '10 阶逼近','sin(x)/x','Location', 'South')
title('泰勒展开式对 sin(x)/x 的逼近')
hold off
```

输出结果为:

```
t6 =
    x^4/120 - x^2/6 + 1
t10 =
    x^8/362880 - x^6/5040 + x^4/120 - x^2/6 + 1
```

得到的图形如图 8.2 所示。

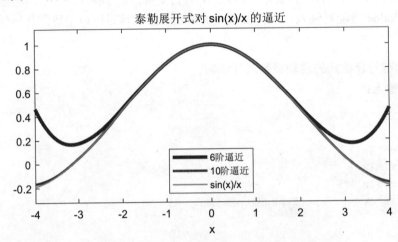

图 8.2   不同阶次的泰勒级数对函数的逼近示例

8.5   符号积分变换

MATLAB 提供的常见积分变换操作包括 Fourier 变换、Laplace 变换和 Z 变换。本节将讲述这些变换在符号计算中实现的方式。

8.5.1   Fourier 变换

MATLAB 提供直接用于符号 Fourier 变换的函数为 fourier,相应的逆变换函数为 ifourier。
fourier 函数的调用形式为:

```
fourier(f,trans_var,eval_point)
```

其中,f 为原函数,trans_var 为变换变量,eval_point 为频率变量。
ifourier 函数的调用形式为:

```
ifourier(F,trans_var,eval_point)
```

【例 8-31】   Fourier 变换示例。
在命令行窗口输入:

```
clear,clc
syms x t y
f1 = exp(-x^2);
f2 = exp(-x^2)*exp(-t^2);
F1=fourier(f1, x, y)
```

```
F2=fourier(f2)
F2y=fourier(f2, y)
f1t=ifourier(F1, y, x)
f2t= ifourier(F2)
f2yt= ifourier(F2y, y, x)
```

输出结果为：

```
F1 =
    pi^(1/2)*exp(-y^2/4)
F2 =
    pi^(1/2)*exp(-t^2)*exp(-w^2/4)
F2y =
    pi^(1/2)*exp(-t^2)*exp(-y^2/4)
f1t =
    exp(-x^2)
f2t =
    exp(-t^2)*exp(-x^2)
f2yt =
    exp(-t^2)*exp(-x^2)
```

8.5.2 Laplace 变换

MATLAB 提供直接用于符号 Laplace 变换的函数 laplace，相应的逆变换函数为 ilaplace。
laplace 函数的调用形式为：

```
laplace(f,trans_var,eval_point)
```

其中，f 为原函数，trans_var 为变换变量，eval_point 为频率变量。
ilaplace 函数的调用形式为：

```
ilaplace(F,trans_var,eval_point)
```

【例 8-32】 Laplace 变换示例。
在命令行窗口输入：

```
clear,clc
syms x a t s
f1 = 1/sqrt(x)
f2 = exp(-a*t)
L1=laplace(f1, x, s)
L2=laplace(f2)
L2y=laplace(f2, s)
f1t=ilaplace(L1, s, x)
f2t= ilaplace(L2)
f2yt= ilaplace(L2y, s, x)
```

输出结果为：

```
f1 =
    1/x^(1/2)
f2 =
    exp(-a*t)
```

```
L1 =
    pi^(1/2)/s^(1/2)
L2 =
    1/(a + s)
L2y =
    1/(a + s)
f1t =
    1/x^(1/2)
f2t =
    exp(-a*t)
f2yt =
    exp(-a*x)
```

8.5.3 Z 变换

MATLAB 提供直接用于符号 Z 变换的函数 ztrans，相应的逆变换函数为 iztrans。

ztrans 函数的调用形式为：

```
ztrans (f,trans_var,eval_point)
```

其中，f 为原函数，trans_var 为变换变量，eval_point 为频率变量。

iztrans 函数的调用形式为：

```
iztrans (F,trans_var,eval_point)
```

【例 8-33】 Z 变换示例。

在命令行窗口输入：

```
clear,clc
syms x a t s
f1 = 1/sqrt(x)
f2 = sin(t)
Z1= ztrans(f1, x, s)
Z2= ztrans(f2)
Z2y= ztrans(f2, s)
f1t=iztrans(Z1, s, x)
f2t= iztrans(Z2)
f2yt= iztrans(Z2y, s, x)
```

输出结果为：

```
f1 =
    1/x^(1/2)
f2 =
    sin(t)
Z1 =
    ztrans(1/x^(1/2), x, s)
Z2 =
    (z*sin(1))/(z^2 - 2*cos(1)*z + 1)
Z2y =
    (s*sin(1))/(s^2 - 2*cos(1)*s + 1)
f1t =
    1/x^(1/2)
```

```
f2t =
    sin(n)
f2yt =
    sin(x)
```

8.6　符号矩阵计算

虽然符号矩阵计算的操作方式与数字矩阵计算的方式在一定程度上相同,但这里还是要对其中的部分运算加以介绍,以便用户更明确地了解这些计算的操作方式。

8.6.1　算术运算

符号矩阵的算术运算同数值矩阵一样,可使用运算符完成。

【例 8-34】　符号矩阵的算术运算示例。

在命令行窗口输入:

```
clear,clc
syms a b c d
A=sym([a*b b*c;c*d d*a])
B=sym([2*a*b d*a;2*c*d b*c])
C=A+B
```

输出结果为:

```
A =
    [ a*b, b*c]
    [ c*d, a*d]
B =
    [ 2*a*b, a*d]
    [ 2*c*d, b*c]
C =
    [ 3*a*b, a*d + b*c]
    [ 3*c*d, a*d + b*c]
```

8.6.2　线性代数运算

对矩阵进行的一般线性代数运算操作仍然可以很方便地实现。

【例 8-35】　符号矩阵的线性代数运算示例。

在命令行窗口输入:

```
clear,clc
syms a b c d
A=sym([a*b b*c;c*d d*a]);
B=sym([2*a*b d*a;2*c*d b*c]);
C=A+B;
Ct=C'
detC=det(C)
H = hilb(4)
```

```
H = sym(H)
Ht = inv(H)
detH= det(H)
```

输出结果为：

```
Ct =
    [          3*conj(a)*conj(b),                3*conj(c)*conj(d)]
    [ conj(a)*conj(d) + conj(b)*conj(c), conj(a)*conj(d) + conj(b)*conj(c)]
detC =
    3*a^2*b*d + 3*a*b^2*c - 3*a*c*d^2 - 3*b*c^2*d
H =
    1.0000    0.5000    0.3333    0.2500
    0.5000    0.3333    0.2500    0.2000
    0.3333    0.2500    0.2000    0.1667
    0.2500    0.2000    0.1667    0.1429
H =
    [   1, 1/2, 1/3, 1/4]
    [ 1/2, 1/3, 1/4, 1/5]
    [ 1/3, 1/4, 1/5, 1/6]
    [ 1/4, 1/5, 1/6, 1/7]
Ht =
    [   16,  -120,   240,  -140]
    [ -120,  1200, -2700,  1680]
    [  240, -2700,  6480, -4200]
    [ -140,  1680, -4200,  2800]
detH =
    1/6048000
```

8.6.3 特征值分解

使用 eig 函数同样可以对符号矩阵进行特征值分解。

【例 8-36】 符号矩阵特征值分解示例。

在命令行窗口输入：

```
clear,clc
H = magic(3);
H = sym(H);
[v,E]=eig(H)
digits(10)
[v1,E1]=eig(vpa(H))
```

输出结果为：

```
v =
    [ 1, - 24^(1/2)/5 - 7/5, 24^(1/2)/5 - 7/5]
    [ 1,   24^(1/2)/5 + 2/5, 2/5 - 24^(1/2)/5]
    [ 1,                  1,                1]
E =
    [ 15,         0,           0]
    [  0, 24^(1/2),           0]
    [  0,         0, -24^(1/2)]
```

```
v1 =
    [ 0.5773502692,   0.8130525296, -0.3416480088]
    [ 0.5773502692,  -0.4714045208, -0.4714045208]
    [ 0.5773502692,  -0.3416480088,  0.8130525296]
E1 =
    [ 15.0,            0,            0]
    [    0, 4.898979486,            0]
    [    0,            0, -4.898979486]
```

8.7 符号方程求解

MATLAB 符号计算在代数方程求解和常微分求解方面相比数值计算有着独特的优势，本节将介绍符号代数方程求解和常微分求解。

8.7.1 代数方程求解

MATLAB 提供的代数方程求解函数包括 solve、linsolve 和 vpasolve 函数，分别用于求普通方程、给定形式矩阵方程和精度数值方程的解。

（1）solve 函数用于直接求解方程，调用格式如下：

```
S = solve(eqn)
S = solve(eqn,var,Name,Value)
Y = solve(eqns)
Y = solve(eqns,vars,Name,Value)
[y1,...,yN] = solve(eqns)
[y1,...,yN] = solve(eqns,vars,Name,Value)
```

其中，eqn 与 eqns 分别为待求解的表达式（组）或方程（组）；var 为设置求解的变量；S、Y 或 yN 为返回的求解结果；Name 和 Value 分别为参数名和参数值，具体可参考帮助文件。

【例 8-37】　使用 solve 函数求解方程示例。
在命令行窗口输入：

```
clear,clc
display('求解 a*x^2 + b*x + c == 0：')
syms a b c x
xroots1=solve(a*x^2 + b*x + c)
xroots2=solve(a*x^2 + b*x + c == 0)
aroots=solve(a*x^2 + b*x + c == 0, a)
broots=solve(a*x^2 + b*x + c == 0, b)
clear; display('求解方程组 x + y == 1, x - 11*y == 5：')
syms x y
S = solve(x + y == 1, x - 11*y == 5)
S = [S.x S.y]
clear; display('求解方程组 a*u^2 + v^2 == 0, u - v == 1, a^2 + 6 == 5*a：')
syms a u v
[solutions_a, solutions_u, solutions_v] = solve(a*u^2 + v^2 == 0, u - v == 1, a^2 +
6 == 5*a);
```

```
solutions = [solutions_a, solutions_u, solutions_v]
clear; display('求解方程 x^5 == 3125 的根和正实数根：')
syms x
xall=solve(x^5 == 3125, x)
xreal=solve(x^5 == 3125, x, 'Real', true)
clear; display('求解方程 x^(7/2) + 1/x^(7/2) == 1 的根和无解析项根：')
syms x
xall=solve(x^(7/2) + 1/x^(7/2) == 1, x)
xnonanal=solve(x^(7/2) + 1/x^(7/2) == 1, x,'IgnoreAnalyticConstraints', true)
```

输出结果为：

```
求解 a*x^2 + b*x + c == 0:
xroots1 =
    -(b + (b^2 - 4*a*c)^(1/2))/(2*a)
    -(b - (b^2 - 4*a*c)^(1/2))/(2*a)
xroots2 =
    -(b + (b^2 - 4*a*c)^(1/2))/(2*a)
    -(b - (b^2 - 4*a*c)^(1/2))/(2*a)
aroots =
    -(c + b*x)/x^2
broots =
    -(a*x^2 + c)/x
求解方程组 x + y == 1, x - 11*y == 5:
S =
  包含以下字段的 struct:
    x: [1×1 sym]
    y: [1×1 sym]
S =
   [ 4/3, -1/3]
求解方程组 a*u^2 + v^2 == 0, u - v == 1, a^2 + 6 == 5*a:
solutions =
   [ 2, 1/3 - (2^(1/2)*1i)/3, - (2^(1/2)*1i)/3 - 2/3]
   [ 2, (2^(1/2)*1i)/3 + 1/3,   (2^(1/2)*1i)/3 - 2/3]
   [ 3, 1/4 - (3^(1/2)*1i)/4, - (3^(1/2)*1i)/4 - 3/4]
   [ 3, (3^(1/2)*1i)/4 + 1/4,   (3^(1/2)*1i)/4 - 3/4]
求解方程 x^5 == 3125 的根和正实数根：
xall =
                                                        5
 - (2^(1/2)*(5 - 5^(1/2))^(1/2)*5i)/4 - (5*5^(1/2))/4 - 5/4
   (2^(1/2)*(5 - 5^(1/2))^(1/2)*5i)/4 - (5*5^(1/2))/4 - 5/4
   (5*5^(1/2))/4 - (2^(1/2)*(5^(1/2) + 5)^(1/2)*5i)/4 - 5/4
   (5*5^(1/2))/4 + (2^(1/2)*(5^(1/2) + 5)^(1/2)*5i)/4 - 5/4
xreal =
   5
求解方程 x^(7/2) + 1/x^(7/2) == 1 的根和无解析项根：
xall =
             1/(1/2 - (3^(1/2)*1i)/2)^(2/7)
```

```
        1/((3^(1/2)*1i)/2 + 1/2)^(2/7)
  exp((pi*4i)/7)/(1/2 - (3^(1/2)*1i)/2)^(2/7)
  exp((pi*4i)/7)/(1/2 + (3^(1/2)*1i)/2)^(2/7)
 -exp((pi*3i)/7)/(1/2 - (3^(1/2)*1i)/2)^(2/7)
 -exp((pi*3i)/7)/(1/2 + (3^(1/2)*1i)/2)^(2/7)
xnonanal =
    1/(1/2 - (3^(1/2)*1i)/2)^(2/7)
    1/((3^(1/2)*1i)/2 + 1/2)^(2/7)
```

（2）linsolve 函数可用于求解方程组，调用格式如下：

```
X = linsolve(A,B)
[X,R] =linsolve(A,B)
```

其中，A 为输入方程左项矩阵，B 为右项列向量或矩阵；X 为解，满足 AX=B；R 为 A 的条件数的倒数。

【例 8-38】　使用 linsolve 函数求解方程组示例。

在命令行窗口输入：

```
clear,clc
syms a x y z;
A = [a 0 0; 0 a 0; 0 0 1];
B = [x; y; z];
[X, R] = linsolve(A, B)
```

输出结果为：

```
X =
 x/a
 y/a
   z
R =
1/(max(abs(a), 1)*max(1/abs(a), 1))
```

（3）vpasolve 函数可用于求解数值方程问题，调用格式如下：

```
S = vpasolve(eqn,var,init_guess)
Y = vpasolve(eqns,vars,init_guess)
[y1,...,yN] = vpasolve(eqns,vars,init_guess)
```

其中，eqn 与 eqns 分别为待求解的表达式（组）或方程（组）；var 为设置求解的变量；S、Y 或 yN 为返回的求解结果；init_guess 可设置为初始解或求解范围。

【例 8-39】　使用 vpasolve 函数求解方程（组）示例。

在命令行窗口输入：

```
clear,clc
display('求解方程 sin(x)==x^2 -1：')
syms x
proot=vpasolve(sin(x)==x^2-1,x,1.4)
```

```
clear;
display('求解方程组 x^3 + 2*x == y, y^2 == x: ')
syms x y
digits(5)
S = vpasolve([x^3 + 2*x == y, y^2 == x], [x, y])
S = [S.x S.y]
```

输出结果为:

```
求解方程 sin(x)==x^2 -1:
proot =
    1.4096
求解方程组 x^3 + 2*x == y, y^2 == x:
S =
  包含以下字段的 struct:
    x: [6x1 sym]
    y: [6x1 sym]
S =
[              0.23657,              0.48639]
[                    0,                    0]
[ - 0.28124 + 1.2349i,    0.70187 + 0.8797i]
[ - 0.28124 - 1.2349i,    0.70187 - 0.8797i]
[   0.16295 - 1.6152i, - 0.94507 + 0.85452i]
[   0.16295 + 1.6152i, - 0.94507 - 0.85452i]
```

8.7.2　微分方程求解

MATLAB 提供的微分方程求解函数包括 dsolve 和 odeToVectorField，本节将介绍 dsolve 函数。dsolve 函数实现常微分方程的求解，常用的调用格式如下:

```
S = dsolve(eqn)
S = dsolve(eqn,cond)
Y = dsolve(eqns)
Y = dsolve(eqns,conds)
[y1,...,yN] = dsolve(eqns)
[y1,...,yN] = dsolve(eqns,conds)
```

其中，eqn 与 eqns 分别为待求解的方程（组），S、Y 或 yN 为返回的求解结果，conds 为初值条件。

【例 8-40】　使用 dsolve 函数实现常微分方程的求解示例。
在命令行窗口输入:

```
clear;
display('求解常微分方程: ')
syms a x(t)
dsolve(diff(x) == -a*x)

clear;
display('求解常微分方程初值问题: ')
syms a y(t)
```

```
Dy = diff(y);
dsolve(diff(y, 2) == -a^2*y, y(0) == 1, Dy(pi/a) == 0)

clear;
display('求解常微分方程组：')
syms x(t) y(t)
z = dsolve(diff(x) == y, diff(y) == -x)
z=[z.x z.y]
```

输出结果为：

求解常微分方程：
ans =
　　C1*exp(-a*t)
求解常微分方程初值问题：
ans =
　　exp(-a*t*1i)/2 + exp(a*t*1i)/2
求解常微分方程组：
z =
　包含以下字段的 struct:
　　y: [1×1 sym]
　　x: [1×1 sym]
z =
　　[C1*cos(t) + C2*sin(t), C2*cos(t) - C1*sin(t)]

注意　dsolve 并不能总是得到显式解。

8.8　符号计算界面

　　MATLAB 为符号函数可视化提供了简便易用的可视化交互界面。本章着重介绍两个进行数学分析的可视化界面，分别为符号函数计算器（funtool）和泰勒级数分析界面（taylortool）。

8.8.1　funtool 分析界面

　　funtool 分析界面为符号函数提供图形化计算界面。在命令行窗口中输入 funtool 命令即可进入如图 8.3 所示的窗口。从图中可以看到，funtool 分析界面是由两个图窗口（f&g）与一个函数运算控制窗口（funtool）组成的。

　　函数运算控制窗口上的任何操作都能对被激活的函数图窗口起作用,使显示的图像随着函数运算控制窗口中的命令改变而改变。该窗口中：

- 第 1 排按键只对 f 进行操作，包括求导、积分、简化、提取分子和分母、计算 1/f 以及求反函数。
- 第 2 排按键处理函数 f 和常数 a 之间的加、减、乘、除及代入等运算。
- 在第 3 排按键中，前 4 个按键对两个函数 f 和 g 之间进行算术运算，第 5 个按键求复合函数，第 6 个按键把 f 函数传递给 g，最后一个按键 swap 实现 f 和 g 的互换。
- 第 4 排按键用于函数运算控制窗口自身操作。这 7 个按键的功能依次是：

> ➢ Insert —— 把当前激活窗的函数写入列表。
> ➢ Cycle —— 依次循环显示 fxlist 中的函数（注：funtool 计算器有一张函数列表 fxlist）。
> ➢ Delete —— 从 fxlist 列表中删除激活函数图窗口的函数。
> ➢ Reset —— 使计算器恢复到初始调用状态。
> ➢ Help —— 获得关于界面的提示说明。
> ➢ Demo —— 自动演示。
> ➢ Close —— 关闭 funtool 分析界面。

由于操作简单，下面仅以简单的示例进行说明。

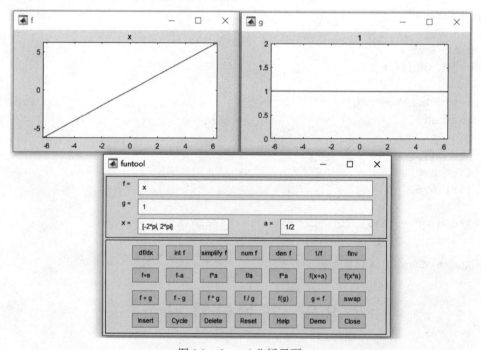

图 8.3　funtool 分析界面

【例 8-41】　funtool 符号函数运算示例。

在命令行窗口输入：

```
Funtool        %弹出 funtool 分析界面
```

在 funtool 窗口 f 函数右侧的文本输入框中输入：

```
sin(x)
```

在 funtool 窗口 g 函数右侧的文本输入框中输入：

```
cos(x)
```

各窗口的显示如图 8.4 所示。

进行计算：选中 f 窗口或单击 f 函数右侧的文本输入框，单击 f+g，f 函数右侧的文本输入框得到 $\cos(x) + \sin(x)$，f 窗口如图 8.5(a)所示。以同样的方式单击 f(g)，f 窗口如图 8.5(b)所示。

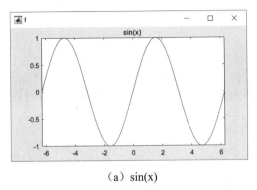

（a）sin(x)

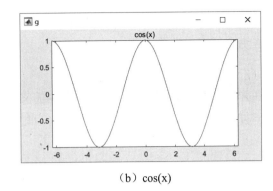

（b）cos(x)

图 8.4 图窗口图形

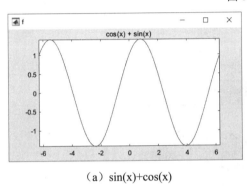

（a）sin(x)+cos(x)

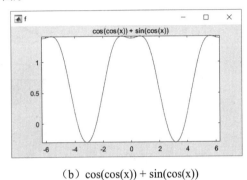

（b）cos(cos(x)) + sin(cos(x))

图 8.5 计算得到的图窗口图形

8.8.2 taylortool 分析界面

taylortool 分析界面可用于观察函数 f(x)在给定区间上被 N 阶泰勒多项式 TN(N)逼近的情况。在命令行窗口输入 taylortool 即可打开分析界面，如图 8.6 所示。

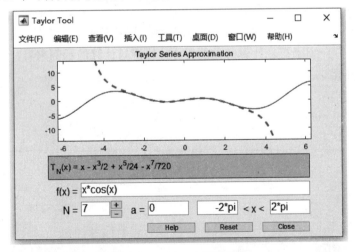

图 8.6 taylortool 分析界面

函数 f(x)可直接由 taylortool(f)函数输入，或在界面的 f(x)栏中直接输入；界面中 N 被默认设置为 7，可以用其右侧的按键改变阶次，也可以直接写入阶次；a 是级数的展开点，默认值为 0；观察区被默认设置为(-2π,2π)。

【例 8-42】 taylortool 符号函数分析示例。

在命令行窗口中输入：

```
taylortool
```

在弹出的 taylortool 分析界面 f(x)右侧的文本框中输入 sin(x)/x，设置 N=10，求解该函数的展开式，得到的界面如图 8.7 所示。从图中可以看到展开式和展开式曲线（点线）。

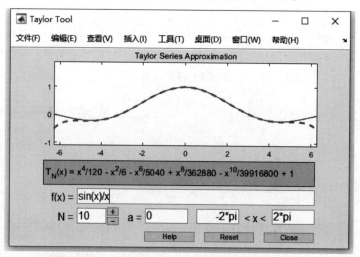

图 8.7 sin(x)/x 在 x=0 处的 10 阶展开

在 taylortool 分析界面中，实线代表函数理论曲线，点线代表泰勒展开式拟合曲线。

8.9 本 章 小 结

本章主要介绍了符号变量、符号表达式、符号函数、符号微积分、符号积分变换、符号矩阵计算、符号方程求解等内容，并介绍了符号计算常见的界面。从符号计算的示例来看，这种运算方式对数值计算方式有很大程度的补充。

第三篇

数 据 分 析

该篇主要介绍使用 MATLAB 进行数据分析相关操作的实现方法，旨在为读者介绍使用 MATLAB 进行简单的数据分析操作入门。该篇各章的主要内容如下：

第 9 章 多项式分析，主要介绍多项式及函数在 MATLAB 中的实现及极限求解。通过该章的学习，用户可以了解多项式及其函数的表达、计算、方程求根、四则运算、微积分的实现方法，并能使用 MATLAB 进行有理多项式展开和对函数求极限等。

第 10 章 数值运算，主要介绍求解线性方程组、插值、拟合、微积分和求解常微分方程在 MATLAB 中的实现方式。通过该章的学习，用户可以了解使用 MATLAB 进行线性法和迭代法求解线性方程组、进行插值和曲线拟合、进行一元和多重数值积分的实现方法。

第 11 章 优化，主要介绍优化问题求解过程、线性规划、二次规划、非线性规划、多目标规划和最小二乘问题等。通过该章的学习，用户可以了解优化问题在 MATLAB 中的求解过程以及在 MATAB 中实现线性规划、二进制整数规划、二次规划、约束和无约束优化、多目标规划和最小二乘问题的操作方式。

第 12 章 概率统计，主要介绍统计量操作、数据统计分析、概率分布与计算等。通过该章的学习，用户可以了解产生随机数的方法、抽样操作、求解特征统计量、绘制统计图表、计算概率密度和计算概率分布在 MATLAB 中的实现方法。

第9章　多项式分析

本章介绍多项式分析相关内容，包括多项式及函数计算、求根、四则运算、微积分和展开操作等内容，旨在对多项式在 MATLAB 中的基本操作和分析进行说明，帮助读者理解 MATLAB 以矩阵为基础建立的数学运算方式。

知识要点

- 多项式及函数
- 极限

9.1　多项式及函数

本节介绍多项式及函数相关内容，包括基本概念、方程求根、四则运算等内容，涉及的 MATLAB 函数如表 9.1 所示。

表 9.1　多项式函数

函　数　名	功能描述	函　数　名	功能描述
conv	多项式乘法	deconv	多项式除法
poly	求多项式的系数	roots	求多项式的根
polyder	求多项式的一阶导数	polyint	求多项式的积分
polyvar	求多项式的值	polyvarm	求矩阵多项式的值
residue	部分分式展开		

部分函数的介绍及使用方式如下文所示。

9.1.1　多项式及其函数

典型的多项式构成的函数如下所示：

p(x)=x^2+4x+1

其右项为多项式，在 MATLAB 中的表达为多项式系数矩阵，如下所示：

p=[1 4 1]

所有的多项式及其函数都可以采用以上推广方式来进行表示。

9.1.2　多项式计算

MATLAB 提供了 polyval 函数，用于多项式值的计算。该函数的调用格式如下：

```
y = polyval(p,x)
[y,delta] = polyval(p,x,S)
y = polyval(p,x,[],mu)
[y,delta]= polyval(p,x,S,mu)
```

其中，y 为多项式求解得到的值；p 为待计算的多项式向量；x 为进行计算的自变量的值；S 为可选输出结构设置选项；mu 为由两个元素构成的向量构成，第一个为自变量的平均值，第二个为自变量的标准差；delta 为估计误差范围。

【例 9-1】　多项式计算示例：计算 $p(x)=x^2+4x+1$ 的值。

在命令行窗口输入：

```
p=[1 4 1]
y=polyval(p,[0 3 -3])
```

输出结果为：

```
p =
    1    4    1
y =
    1   22   -2
```

9.1.3　多项式方程求根

MATLAB 提供了 roots 函数，用于多项式的根的计算。该函数的调用格式如下：

```
r = roots(c)
```

其中，c 为系数向量，r 为返回的根。

【例 9-2】　多项式计算示例：计算 $x^2+4x+1=0$ 的值。

在命令行窗口输入：

```
p=[1 4 1]
r = roots(p)
zeros=polyval(p,r')
```

输出结果为：

```
p =
    1    4    1
r =
  -3.7321
  -0.2679
zeros =
  1.0e-15 *
  -0.4441    0.1110
```

验证结果近似为 0，说明计算的根准确。

9.1.4　多项式四则运算

多项式可以进行四则运算，各种计算的方式如下所示。

（1）加减法

多项式的加减法为将不同多项式的相同项相加减，在进行计算时，首先将多项式系数向量通过补 0 的方法补齐到同样的长度，然后按 MATLAB 提供的加减法进行计算即可。

（2）乘法

多项式乘法采用向量卷积的方式进行，使用的函数为 conv 函数。该函数的调用格式如下：

```
w = conv(u,v)
```

其中，u、v 为多项式系数向量。

（3）除法

多项式的除法采用向量解卷积的方式进行，使用的函数为 deconv 函数。该函数的调用格式如下：

```
[q,r] = deconv(v,u)
```

其中，u 为除项，v 为待除项，q 为返回的向量，r 为残余向量。

【例 9-3】 多项式四则运算示例。

在命令行窗口输入：

```
clear,clc
u = [1 2 3 4];
v = [10 20 30];
w = [10 40 100 160 170 120];
uplusv=u+[0,v]
umltpv=conv(u, v)
wdivdu=deconv(w,u)
x=1:2:9
fu= polyval(u,x)
fv= polyval(v,x)
fw= polyval(w,x)
fuplusv = polyval(uplusv,x)
fuplusfv=fu+fv
fumltpv = polyval(umltpv,x)
fumltpfv=fu.*fv
fwdivdu = polyval(wdivdu,x)
fwdivdfu = fw./fu
root1to3=roots(u)
root4to5=roots(v)
root1to5=roots(w)
```

输出结果为：

```
uplusv =
    1   12   23   34
umltpv =
    10   40   100   160   170   120
wdivdu =
    10   20   30
x =
    1    3    5    7    9
```

```
fu =
    10    58    194    466    922
fv =
           60         180         380         660        1020
fw =
          600       10440       73720      307560      940440
fuplusv =
           70         238         574        1126        1942
fuplusfv =
           70         238         574        1126        1942
fumltpv =
          600       10440       73720      307560      940440
fumltpfv =
          600       10440       73720      307560      940440
fwdivdu =
           60         180         380         660        1020
fwdivdfu =
           60         180         380         660        1020
root1to3 =
   -1.6506 + 0.0000i
   -0.1747 + 1.5469i
   -0.1747 - 1.5469i
root4to5 =
   -1.0000 + 1.4142i
   -1.0000 - 1.4142i
root1to5 =
   -1.6506 + 0.0000i
   -1.0000 + 1.4142i
   -1.0000 - 1.4142i
   -0.1747 + 1.5469i
   -0.1747 - 1.5469i
```

9.1.5 多项式微积分

MATLAB 提供了 polyder 函数来求取多项式的解析导数、polyint 函数来求取多项式的解析积分。polyder 函数的调用格式如下：

```
k = polyder(p)
k = polyder(a,b)
[q,d] = polyder(b,a)
```

其中，p 为多项式系数向量；b、a 为用于相乘或相除的多项式系数向量；k 为返回的导数系数向量；q 为返回多项式向量的分子，d 为分母。第一种格式直接求导，第二种格式为乘积求导，第三种格式为相除求导。

【例 9-4】 多项式求导示例。

在命令行窗口输入：

```
clear,clc
a = [3 6 9];
b = [1 2 0];
```

```
k01= polyder(a)
k02= polyder(b)
k1 = polyder(a,b)
k11=conv(k01,b)-conv(a, k02)
[q,d] = polyder(a,b)
q1= conv(k01,b)-conv(a, k02)
d1=conv(b,b)
```

输出结果为：

```
k01 =
     6     6
k02 =
     2     2
k1 =
    12    36    42    18
k11 =
     0     0   -18   -18
q =
   -18   -18
d =
     1     4     4     0     0
q1 =
     0     0   -18   -18
d1 =
     1     4     4     0    00
```

polyint 函数的调用格式如下：

```
polyint(p,k)
polyint(p)
```

其中，p 为待积分多项式系数向量，k 为积分后添加的常数。

【例 9-5】 多项式积分示例。

在命令行窗口输入：

```
clear,clc
a = [3 6 9];
b= polyint(a)
c= polyint(a,88)
a1= polyder(c)
```

输出结果为：

```
b =
     1     3     9     0
c =
     1     3     9    88
a1 =
     3     6     9
```

9.1.6 有理多项式展开

MATLAB 提供了 residue 函数，用于有理多项式的展开式。该函数的调用格式如下：

```
[r,p,k] = residue(b,a)
[b,a] = residue(r,p,k)
```

其中，p 为多项式系数向量，b、a 为用于相除的多项式系数向量，k 为无分母项向量，r 为分子常数向量。

【例 9-6】 求$(5t^3+3t^2-2t+7)/(-4t^3+8t+3)$的展开式示例。

在命令行窗口输入：

```
clear,clc
b = [ 5 3 -2 7];
a = [-4 0 8 3];
[r, p, k] = residue(b,a)
[b,a] = residue(r,p,k)
```

输出结果为：

```
r =
  -1.4167
  -0.6653
   1.3320
p =
   1.5737
  -1.1644
  -0.4093
k =
  -1.2500
b =
  -1.2500   -0.7500    0.5000   -1.7500
a =
   1.0000   -0.0000   -2.0000   -0.7500
```

展开式格式为：

$$\frac{b(s)}{a(s)} = \frac{r_1}{s-p_1} + \frac{r_2}{s-p_2} + \cdots + \frac{r_n}{s-p_n} + k(s)$$

9.2 极   限

MATLAB 提供了 limit 函数来计算级数或函数的极限，可以参考本书中 8.4.1 小节。除此之外，还可以利用 MATLAB 定义的特殊变量（包括 eps、Inf 等）来求极限。

【例 9-7】 求 sin(x)/x 在 x=0 处的极限。

在命令行窗口输入：

```
clear,clc
syms x;l1=limit(sin(x)/x)
l2right=sin(eps)/eps              %右极限
l2left=sin(-eps)/(-eps)          %左极限
```

输出结果为：

```
l1 =
    1
l2right =
    1
l2left =
    1
```

9.3　本　章　小　结

本章介绍了多项式及函数计算、求根、四则运算、微积分和展开操作等内容。通过对该章的学习，读者应掌握好多项式有关操作内容，并理解 MATLAB 以矩阵为基础建立的数学运算方式。

第10章 数值运算

数值计算在工程领域和理论方面有着非常重要的作用。本章将介绍与数值计算密切相关的几种常见的数值运算方法，包括求解线性方程组、插值、拟合、数值微积分和常微分方程等内容。

(知识要点)

- 解线性方程组
- 插值
- 拟合
- 数值微积分
- 常微分方程

10.1 解线性方程组

本节介绍使用 MATLAB 求解线性方程组方面的内容，包括使用直接法或逆矩阵法、LU 分解法等线性求解方法和预条件法、共轭梯度法等非线性迭代求解方法。

10.1.1 线性法

求解线性方程组的线性方法包括直接法或逆矩阵法与 LU 分解法等。本小节主要介绍这两种解法和 MATLAB 提供的求解函数 linsolve。

1. 直接法或逆矩阵法

直接法解线性方程采用矩阵运算中的矩阵除法进行运算，即对于方程 AX=B：

```
X=A\ B
```

逆矩阵法是先求逆再进行求解，即：

```
X=A⁻¹B
```

【例 10-1】 使用直接法或逆矩阵法解线性方程组示例。

在命令行窗口输入：

```
A=magic(3)
b=[7 10 11]'
x1=A\b                    %直接法
x2=inv(A)*b               %逆矩阵法
```

输出结果为：

```
A =
     8     1     6
```

```
        3      5      7
        4      9      2
b =
        7
       10
       11
x1 =
     0.2889
     0.9556
     0.6222
x2 =
     0.2889
     0.9556
     0.6222
```

该方程组如下：

$$\begin{cases} 8x_1 + x_2 + 6x_3 = 7 \\ 3x_1 + 5x_2 + 7x_3 = 10 \\ 4x_1 + 9x_2 + 2x_3 = 11 \end{cases}$$

2．LU 分解法

LU 分解法（又称 Gauss 消去法）将系数矩阵分解为下三角矩阵和上三角矩阵的乘积，即：

```
A=LU
```

其中，L 为下三角阵，U 为上三角阵。

A*X=b 变成 L*U*X=b，所以 X=U\(L\b)，这样可以大大提高运算速度。相关的函数包括 LU 分解函数 lu。

【例 10-2】   使用 LU 分解法解方程组示例。

续上例，继续在命令行窗口输入：

```
[L,U] = lu(A)
x3=U\(L\b)
```

输出结果为：

```
L =
    1.0000         0         0
    0.3750    0.5441    1.0000
    0.5000    1.0000         0
U =
    8.0000    1.0000    6.0000
         0    8.5000   -1.0000
         0         0    5.2941
x3 =
     0.2889
     0.9556
     0.6222
```

3. 使用函数 linsolve

该函数的简洁调用格式为：

```
X = linsolve(A,B)
```

其中，A 为系数矩阵，B 为方程右项常数向量或矩阵，X 为求得的解。

【例 10-3】 使用函数 linsolve 解方程组示例。

续上例，继续在命令行窗口输入：

```
x = linsolve(A,b)
```

输出结果为：

```
x =
    0.2889
    0.9556
    0.6222
```

10.1.2 迭代法

求解线性方程组的非线性迭代方法包括预条件共轭梯度法与共轭梯度法等。本小节主要介绍这两种解法，对于更复杂的数值解法（例如牛顿法、二分法等），暂不做介绍。

1. 共轭梯度法

MATLAB 提供了 cgs 函数对方程组进行共轭梯度法求解。该函数的调用格式如下：

```
x = cgs(A,b)
cgs(A,b,tol)
cgs(A,b,tol,maxit)
cgs(A,b,tol,maxit,M)
cgs(A,b,tol,maxit,M1,M2)
cgs(A,b,tol,maxit,M1,M2, x0)
 [x,flag] = cgs(A,b,...)
 [x,flag,relres] = cgs(A,b,...)
 [x,flag,relres,iter] = cgs(A,b,...)
 [x,flag,relres,iter,resvec] = cgs(A,b,...)
```

其中，A 为系数矩阵（必须为方阵）；b 为方程右项常数向量；tol 为误差，默认为 1e-6；maxit 为最大迭代次数，默认为 20；M 或 M=M1*M2 用来进行 inv(M)*A*x= inv(M)*b 替代，称为预条件，默认为[]；x0 为初始值，默认为零向量；x 为返回的解向量；flag 为收敛判定标识；iter 为迭代次数；resvec 为残余向量。

【例 10-4】 使用共轭梯度法求解方程组。

在命令行窗口输入：

```
A=magic(3);
b=[7 10 11]';
tol = 1e-12;  maxit = 15;
```

```
M1 = diag([1 1 1]);
x = cgs(A,b,tol,maxit,M1)
```

输出结果为：

```
cgs 在解的 迭代 3 处收敛，并且相对残差为 4.7e-14。
x =
    0.2889
    0.9556
    0.6222
```

2. 预条件共轭梯度法

MATLAB 提供了 pcg 函数对方程组进行预条件共轭梯度法求解。该函数的调用格式如下：

```
x = pcg(A,b)
pcg(A,b,tol)
pcg(A,b,tol,maxit)
pcg(A,b,tol,maxit,M)
pcg(A,b,tol,maxit,M1,M2)
pcg(A,b,tol,maxit,M1,M2,x0)
 [x,flag] = pcg(A,b,...)
 [x,flag,relres] = pcg(A,b,...)
 [x,flag,relres,iter] = pcg(A,b,...)
 [x,flag,relres,iter,resvec] = pcg(A,b,...)
```

其中，A 为系数矩阵（必须为方阵）；b 为方程右项常数向量；tol 为误差，默认为 1e-6；maxit 为最大迭代次数，默认为20；M 或 M=M1*M2 用来进行 inv(M)*A*x= inv(M)*b 替代，称为预条件，默认为[]；x0 为初始值，默认为零向量；x 为返回的解向量；flag 为收敛判定标识；iter 为迭代次数；resvec 为残余向量。

【例 10-5】 使用预条件共轭梯度法求解方程组示例。

在命令行窗口输入：

```
A=hilb(3);
b=[7 10 11]';
tol = 1e-12;  maxit = 15;
M1 = diag([1 1 1]);
x = pcg(A,b,tol,maxit,M1)
```

输出结果为：

```
pcg 在解的 迭代 3 处收敛，并且相对残差为 2.6e-13。
x =
    33.0000
  -312.0000
   390.0000
```

 求解结果可能不收敛。在使用预条件共轭梯度法或其他迭代法求解方程时应该合理地设置求解初始条件，以获得更好的求解效果。

10.2 插值与拟合

插值与拟合是使用有限数据对其他数值进行推算的基本方法。

10.2.1 插值

插值可以通过有限点来建立简单连续的解析模型，并根据该模型得到未知点处的值。插值按对象可分为一维插值、多维插值和离散数据插值。

1. 一维插值

MATLAB 提供了 interp1 函数实现一维插值。该函数的调用格式如下：

```
yi = interp1(x,Y,xi)
yi = interp1(Y,xi)
yi = interp1(x,Y,xi,method)
yi = interp1(x,Y,xi,method,'extrap')
yi = interp1(x,Y,xi,method,extrapval)
pp = interp1(x,Y,method,'pp')
```

其中，x 为自变量的取值向量；Y 为对应的函数值；xi 为插值点；yi 为插值结果；method 为插值方法，如表 10.1 所示；'extrap'表示进行外插，extrapval 表示外插标量；'pp'为采用分段多项式进行插值，pp 为得到的结果。

表 10.1 method 取值说明

method	说　明	method	说　明
'nearest'	临近点插值	'linear'	线性插值（默认）
'spline'	三次样条插值	'pchip'	分段三次 Hermite 插值
'cubic'	同 'pchip'	'v5cubic'	MATLAB 5 使用的三次插值

另外，MATLAB 还提供了其他插值函数，如 pchip、spline 等。这里暂不对这些函数做具体介绍。

【例 10-6】　一维插值示例。

在命令行窗口输入：

```
x = 0:10;
y = sin(x);
xi = 0:.25:10;
y1 = interp1(x,y,xi);                      %线性插值
subplot(121);plot(x,y,'o',xi,y1);title('linear')
y2 = interp1(x,y,xi,'spline');             %三次样条插值
subplot(122);plot(x,y,'o',xi,y2) ;title('spline')
```

输出图像如图 10.1 所示。

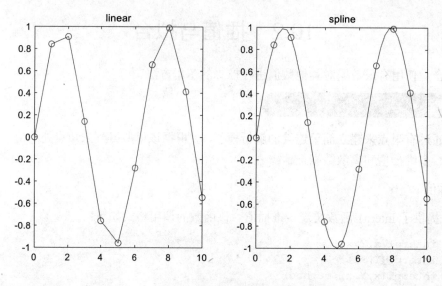

图 10.1　一维插值示例

MATLAB 还提供了 griddedInterpolant 函数，用于栅格的一维插值。该函数的调用格式如下所示：

```
F = griddedInterpolant(x,v)
F = griddedInterpolant(X1,X2,...,Xn,V)
F = griddedInterpolant(V)
F = griddedInterpolant({xg1,xg2,...,xgn},V)
F = griddedInterpolant(...,method)
```

其中，F 为返回的插值函数；method 为插值方法，如表 10.1 所示；x、v 为同大小向量输入；X1, X2, ..., Xn 构成 n 维数组，为插值栅格点；V 与 X1, X2, ..., Xn 构成的数组同维，为栅格点的值；{xg1,xg2,...,xgn} 为单元数组。

【例 10-7】　多列一维插值示例。

在命令行窗口输入：

```
x = (1:5)';
V = [x, 2*x, 3*x]
samplePoints = {x, 1:size(V,2)};
F = griddedInterpolant(samplePoints,V);
queryPoints = {(1:0.5:5),1:size(V,2)};
Vq = F(queryPoints)
```

输出结果为：

```
V =
    1     2     3
    2     4     6
    3     6     9
    4     8    12
    5    10    15
Vq =
    1.0000    2.0000    3.0000
    1.5000    3.0000    4.5000
```

```
2.0000     4.0000      6.0000
2.5000     5.0000      7.5000
3.0000     6.0000      9.0000
3.5000     7.0000     10.5000
4.0000     8.0000     12.0000
4.5000     9.0000     13.5000
5.0000    10.0000     15.0000
```

提示

实际进行了二维插值，然后从二维插值中取样得到一维插值。对于多列向量，这是一种高效的插值方法。

2. 多维插值

MATLAB 提供的多维插值函数包括 griddedInterpolant、interp2、interp3、interpn 等。下面介绍使用这些函数的插值方法。

（1）前文中已经提到的 griddedInterpolant 可以进行二维插值，如【例 10-7】所示。

【例 10-8】 细化网格采样点示例。

在命令行窗口输入：

```
[X1, X2] = ndgrid(1:10,1:10);
V = X1.^2 + X2.^2;
subplot(121);mesh(X1,X2,V);            %见图 10.2 左图
F = griddedInterpolant(X1,X2,V, 'cubic');
[Xq1, Xq2] = ndgrid(1:0.25:10,1:0.25:10);
Vq = F(Xq1,Xq2);
subplot(122);mesh(Xq1,Xq2,Vq);         %见图 10.2 右图
```

输出图形如图 10.2 所示。

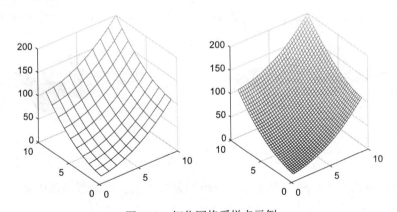

图 10.2　细化网格采样点示例

（2）MATLAB 提供了 interp2 函数，用于二维数据的插值。该函数的调用格式如下所示：

```
ZI = interp2(X,Y,Z,XI,YI)
ZI = interp2(Z,XI,YI)
ZI = interp2(Z,ntimes)
ZI = interp2(X,Y,Z,XI,YI,method)
ZI = interp2(...,method, extrapval)
```

其中，X、Y、Z 为采样数据点坐标；XI、YI、ZI 为待插值点的坐标和返回的值；method 为插值方法，见表 10.1 部分的说明；extrapval 表示外插标量。

【例 10-9】 使用 interp2 进行二维插值示例。

在命令行窗口输入：

```
[X,Y] = meshgrid(-3:.5:3);
Z = peaks(X,Y);
[XI,YI] = meshgrid(-3:.25:3);
ZI1 = interp2(X,Y,Z,XI,YI);
ZI2 = interp2(X,Y,Z,XI,YI, 'nearest');
ZI3 = interp2(X,Y,Z,XI,YI,'spline');
subplot(221);surf(X,Y,Z), axis([-3 3 -3 3 -5 5]) ;title('Sample')
                                              %见图10.3左上图
subplot(222);surf(XI,YI,ZI1), axis([-3 3 -3 3 -5 5]) ;title('Linear')
                                              %见图10.3右上图
subplot(223);surf(XI,YI,ZI2), axis([-3 3 -3 3 -5 5]) ;title('Nearest')
                                              %见图10.3左下图
subplot(224);surf(XI,YI,ZI3), axis([-3 3 -3 3 -5 5]) ;title('Spline')
                                              %见图10.3右下图
```

输出图形如图 10.3 所示。

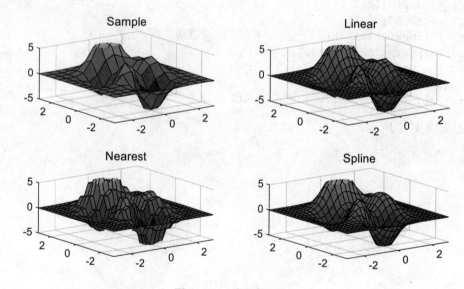

图 10.3　二维插值示例

（3）MATLAB 提供了 interp3 函数，用于三维数据的插值。该函数的调用格式如下所示：

```
VI = interp3(X,Y,Z,V,XI,YI,ZI)
VI = interp3(V,XI,YI,ZI)
VI = interp3(V,ntimes)
VI = interp3(...,method)
VI = interp3(...,method,extrapval)
```

其中，X、Y、Z、V 为采样数据点坐标和值；XI、YI、ZI、VI 为待插值点的坐标和返回的值；method 为插值方法，见表 10.1 部分的说明；extrapval 表示外插标量；ntimes 为对数据点间插值的次数。

【例 10-10】 三维插值示例。

在命令行窗口输入：

```
[x,y,z,v] = flow(10);
subplot(121);slice(x,y,z,v,[6 9.5],2,[-2 .2])          %见图 10.4 左图
[xi,yi,zi] = meshgrid(.1:.25:10, -3:.25:3, -3:.25:3);
vi = interp3(x,y,z,v,xi,yi,zi,'spline'); % vi is 25-by-40-by-25
subplot(122);slice(xi,yi,zi,vi,[6 9.5],2,[-2 .2])      %见图 10.4 右图
```

输出图形如图 10.4 所示。

（4）MATLAB 提供了 interpn 函数，用于多维数据的插值。由于前文提供的函数已基本能满足使用要求，因此本书不再介绍此函数。如有需要，可参考帮助文档。

3. 离散数据插值

离散数据是点 X 与值 V 对应的非连续数据。由于离散数据的点没有规律可言，因此相对而言插值较为复杂。MATLAB 提供的离散数据插值函数包括 griddata 和 TriScatteredInterp 函数。

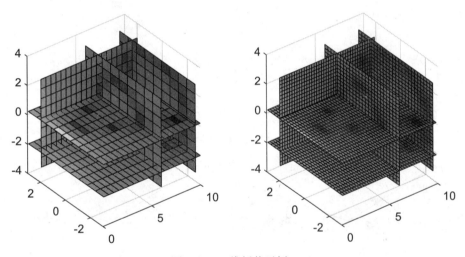

图 10.4　三维插值示例

（1）griddata 函数的调用格式如下：

```
vq = griddata(x,y,v,xq,yq)
vq = griddata(x,y,z,v,xq,yq,zq)
vq = griddata(..., method)
```

其中，x、y、z 为坐标，v 为对应采样值；xq、yq、zq 为插值点坐标，vq 为插值结果；method 为插值方法，可选'linear'、'cubic'、'natural'（自然相邻插值）、'nearst'和'v4'（MATLAB4 采用的方法），可参考前文的参数介绍。

【例 10-11】 使用 griddata 函数进行离散数据插值示例。

在命令行窗口输入：

```
xy = -2.5 + 5*gallery('uniformdata',[200 2],0);
x = xy(:,1); y = xy(:,2);
v = x.*exp(-x.^2-y.^2);
[xq,yq] = meshgrid(-2:.2:2, -2:.2:2);
```

```
vq = griddata(x,y,v,xq,yq); h = gca; set(h,'XLim',[-2.7 2.7]); set(h,'YLim', [-2.7
2.7]);
subplot(121); plot3(x,y,v,'o');
h = gca;set(h,'XLim',[-2.7 2.7]);set(h,'YLim',[-2.7 2.7]);        %见图10.5 左图
subplot(122);mesh(xq,yq,vq);
hold on;plot3(x,y,v,'o');
h = gca;set(h,'XLim',[-2.7 2.7]);set(h,'YLim',[-2.7 2.7]);        %见图10.5 右图
```

输出图形如图 10.5 所示。

（2）TriScatteredInterp 函数的调用格式为：

```
F = TriScatteredInterp()
F = TriScatteredInterp(X, V)
F = TriScatteredInterp(X, Y, V)
F= TriScatteredInterp(X, Y, Z, V)
F = TriScatteredInterp(..., method)
```

其中，X、Y、Z 为坐标，V 为坐标对应值，F 为返回值；method 为插值方法，可选'linear'、'natural' 或'nearst'。

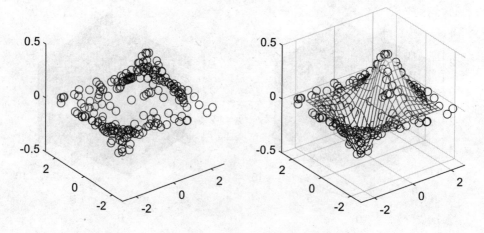

图 10.5　使用 griddata 函数进行离散数据插值

【例 10-12】　使用 TriScatteredInterp 函数进行离散数据插值示例。
在命令行窗口输入：

```
x = rand(100,1)*4-2;
y = rand(100,1)*4-2;
z = x.*exp(-x.^2-y.^2);
subplot(121);plot3(x,y,z,'o');                                   %见图10.6 左图
F = TriScatteredInterp(x,y,z);
ti = -2:.25:2;
[qx,qy] = meshgrid(ti,ti);
qz = F(qx,qy);
subplot(122);mesh(qx,qy,qz);hold on;plot3(x,y,z,'o');            %见图10.6 右图
```

输出图形如图 10.6 所示。

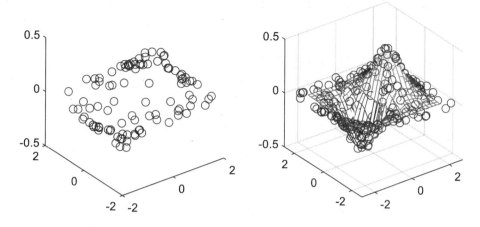

图 10.6 使用 TriScatteredInterp 函数进行离散数据插值

10.2.2 曲线拟合

曲线拟合可以在数据间支持定量关系式，这在工程和科学应用上非常重要。本小节将着重介绍在 MATLAB 中使用多项式进行拟合的方法。

MATLAB 提供用于多项式拟合的函数为 polyfit 函数。该函数的调用格式如下：

```
p = polyfit(x,y,n)
```

其中，x、y、n 为输入的 x 值、y 值和拟合多项式的阶次，p 为得到的多项式系数。

【例 10-13】 使用 polyfit 函数进行曲线拟合示例。

在命令行窗口输入：

```
x = (0: 0.7: 5)';
x1= (0: 0.05: 5)';
y = sin(x);
p1 = polyfit(x,y,4)
p2 = polyfit(x,y,7)
p3 = polyfit(x,y,10)
f1 = polyval(p1,x1);
f2 = polyval(p2,x1);
f3 = polyval(p3,x1);
subplot(131);plot(x,y,'o',x1,f1,'-'); axis([0 5 -1.2 1.2])
subplot(132);plot(x,y,'o',x1,f2,'-'); axis([0 5 -1.2 1.2])
subplot(133);plot(x,y,'o',x1,f3,'-'); axis([0 5 -1.2 1.2])
```

输出结果为：

```
p1 =
    0.0196   -0.1059   -0.2303    1.1746   -0.0080
p2 =
    0.0001   -0.0030    0.0211   -0.0303   -0.1264   -0.0275    1.0073    0.0000
警告：多项式不是唯一的；次数 >= 数据点的数目。
p3 =
    0.0002   -0.0030  0.0217  -0.0749    0.1150    0   -0.1857    0   0   0.9719   -0.0000
```

输出图形如图 10.7 所示。从中可以看出，p2 的拟合效果最好，这说明多项式拟合的项数并非越多越好。

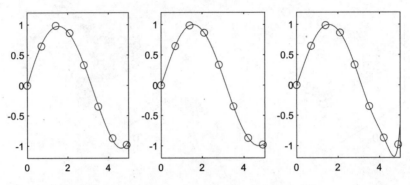

图 10.7　使用 polyfit 函数进行曲线拟合示例

10.3　数值微积分

MATLAB 提供了大量用于数值微积分运算的函数，其中的部分函数如表 10.2 所示。

表 10.2　数值微积分运算函数

函　数	功　能	函　数	功　能
integral	数值积分计算	triplequad	三重数值积分
integral2	二重数值积分计算	cumtrapz	累积梯形数值积分
integral3	三重数值积分计算	polyint	多项式积分
quadgk	自适应 Gauss-Kronrod 数值积分	trapz	梯形数值积分
quadv	向量阵数值积分	diff	数值微分
quad	自适应 Simpson 数值积分	gradient	数值梯度
quadl	自适应 Lobatto 数值积分	polyder	多项式求导
quad2d	双重数值积分	dblquad	双重矩形数值积分

下面对部分函数的使用方法进行说明。

10.3.1　一元数值积分

MATLAB 提供的 integral 函数、quad 函数、quadl 函数、quadgk 函数和 quadv 函数都可以用来进行一元数值积分。

（1）integral 函数的调用格式如下：

```
q = integral(fun, a,b)
```

其中，fun 为被积分函数，q 为积分值，a、b 为积分下、上限。

（2）quad 函数的调用格式如下：

```
q = quad(fun,a,b)
q = quad(fun,a,b,tol)
```

其中，tol 为容差。

（3）quadl 函数的调用格式如下：

```
q = quadl(fun,a,b)
q = quadl(fun,a,b,tol)
```

（4）quadgk 函数的调用格式如下：

```
q = quadgk(fun,a,b)
```

（5）quadv 函数的调用格式如下：

```
q = quadv(fun,a,b)
q = quadv(fun,a,b,tol)
```

下面以示例说明这些函数的用法。

【例 10-14】　一元积分示例。

在命令行窗口输入：

```
fun = @(x) exp(-x.^2).*log(x).^2
a=0; b=10;
q1 = integral(fun, a,b)
q2 = quad(fun,a,b)
q3 = quadl(fun,a,b)
q4 = quadgk(fun,a,b)
q5 = quadv(fun,a,b)
```

输出结果为：

```
fun =
  包含以下值的 function_handle:
    @(x)exp(-x.^2).*log(x).^2
q1 =
    1.9475
q2 =
    1.9475
q3 =
    1.9475
q4 =
    1.9475
q5 =
    1.9475
```

10.3.2　多重数值积分

MATLAB 提供的 integral2 函数、integral3 函数、quad2d 函数、dblquad 函数和 triplequad 函数都可以用来进行多重数值积分。

（1）integral2 函数的调用格式如下：

```
q = integral2(fun,xmin,xmax,ymin,ymax)
```

其中，fun 为被积分函数，q 为积分值，xmin、ymin 分别为 x、y 取值的下限，xmax、ymax 分别为 x、y 取值的上限。

（2）integral3 函数的调用格式如下：

```
q = integral3(fun,xmin,xmax,ymin,ymax,zmin,zmax)
```

其中，zmin、zmax 分别为 z 取值的下、上限。

（3）quad2d 函数的调用格式如下：

```
q = quad2d(fun,xmin,xmax,ymin,ymax)
```

（4）dblquad 函数的调用格式如下：

```
q = dblquad(fun,xmin,xmax,ymin,ymax)
q = dblquad(fun,xmin,xmax,ymin,ymax,tol)
```

其中，tol 为容差。

（5）triplequad 函数的调用格式如下：

```
q = triplequad(fun,xmin,xmax,ymin,ymax,zmin,zmax)
q = triplequad(fun,xmin,xmax,ymin,ymax,zmin,zmax,tol)
```

下面以示例说明这些函数的用法。

【例 10-15】 多重数值积分示例。

在命令行窗口输入：

```
fun1 = @(x,y) 1./( sqrt(x + y) .* (1 + x + y).^2 )
q21 = integral2(fun1,0,1,0,1)
q22 = quad2d(fun1, 0,1,0,1)
q23 = dblquad(fun1, 0,1,0,1)
fun2 = @(x,y,z) y.*sin(x)+z.*cos(x)
q31 = integral3(fun2, 0,pi,0,1,-1,1)
q32 = triplequad(fun2, 0,pi,0,1,-1,1)
```

输出结果为：

```
fun1 =
  包含以下值的 function_handle:
    @(x,y)1./(sqrt(x+y).*(1+x+y).^2)
q21 =
    0.3695
q22 =
    0.3695
q23 =
    0.3695
fun2 =
  包含以下值的 function_handle:
    @(x,y,z)y.*sin(x)+z.*cos(x)
```

```
q31 =
    2.0000
q32 =
    2.0000
```

10.3.3　数值微分

MATLAB 提供的 diff 函数可以用来进行微分、gradient 函数可以用来求梯度。

（1）diff 函数的调用格式如下：

```
Y = diff(X)
Y = diff(X,n)
Y = diff(X,n,dim)
```

其中，X 为待微分数据，n 为微分阶次，dim 为最大的微分维度，Y 为得到的结果。

（2）gradient 函数的调用格式如下：

```
FX = gradient(F)
 [FX,FY] = gradient(F)
 [FX,FY,FZ,...] = gradient(F)
```

其中，F 为原函数，FX、FY、FZ 等为求得的梯度。

【例 10-16】　数值微分示例。

在命令行窗口输入：

```
clear,clc,clf
y = [1 3 6 10 15];
yd = diff(y)
ydd = diff(y,2)
g=gradient(y)
%以下绘制一个梯度图
v = -2:0.2:2;
[x1,y1] = meshgrid(v);
z1 = x1 .* exp(-x1.^2-y1.^2);
[px,py] = gradient(z1,.2,.2);
contour(v,v,z1), hold on, quiver(v,v,px,py), hold off
```

输出结果为：

```
yd =
    2    3    4    5
ydd =
    1    1    1
g =
    2.0000    2.5000    3.5000    4.5000    5.0000
```

输出图形如图 10.8 所示。

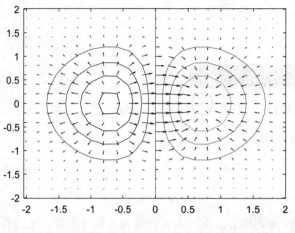

图 10.8　函数 z = x.* exp(-x.^2-y.^2)梯度图

10.4　常微分方程

解常微分方程是 MATLAB 进行计算的基本功能，这使得 MATLAB 在科学计算领域取得了广泛应用。MATLAB 提供的常微分方程求解函数如表 10.3 所示。

表 10.3　MATLAB 提供的常微分方程求解函数

函　　数	功　　能	函　　数	功　　能
ode45	中等阶次方法求解非病态微分方程	ode15i	可变阶次方法求解隐式微分方程
ode15s	可变阶次方法求解病态微分方程	decic	求解隐式微分方程初值问题
ode23	低阶次方法求解非病态微分方程	odextend	求常微分方程初值问题扩展解
ode113	可变阶次方法求解非病态微分方程	odeget	常微分方程可选参数
ode23t	梯形法求解中等病态微分方程	odeset	设置常微分方程可选参数
ode23tb	低阶次方法求解病态微分方程	deval	计算微分方程问题
ode23s	低阶次方法求解病态微分方程		

下面介绍部分函数进行离散化解常微分方程的方法和解初值问题的方法。

常微分方程数值求解函数的常用调用格式为：

```
[T,Y] = solver(odefun,tspan,y0)
```

其中，solver 可使用 ode23、ode45、ode113，odel5s、ode23s、ode23t、ode23tb 中的任意一个替代；odefun 为常微分方程右项的函数句柄，常微分方程满足 y′ = f(t,y)的形式；tspan 为积分间隔向量；y0 为初始条件。

【例 10-17】　常微分方程数值求解示例。

新建 vdp1.m 文件，写入以下内容：

```
function dydt = vdp1(t,y)
dydt = [y(2); (1-y(1)^2)*y(2)-y(1)];
```

在命令行窗口中输入：

```
[t,y] = ode45(@vdp1,[0 20],[2; 0]);
[t,y] = ode45(@vdp1,[0 20],[2; 0]);
plot(t,y(:,1),'-',t,y(:,2),'--')
xlabel('t');
ylabel('y');
legend('y_1','y_2')
```

输出的函数图形如图 10.9 所示。

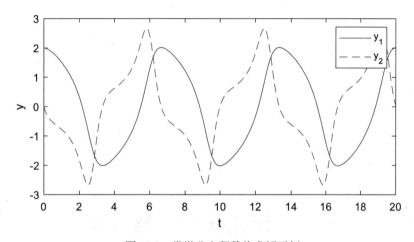

图 10.9　常微分方程数值求解示例

10.5　本 章 小 结

本章介绍了与数值计算密切相关的几种常见的数值运算方法，包括解线性方程组、插值、拟合、数值微积分和解常微分方程等内容。限于本章要求的数学知识性很强，这里只做了简单介绍，如果需要了解有关知识，可参考相应的教材或资料。

第11章 优 化

优化问题是在多种约束下研究最佳目标方案的问题，MATLAB 优化应用提供了求解优化问题的方法。本章将介绍各种优化方法在 MATLAB 中的实现，包括线性规划、二次规划、非线性规划、多目标规划和最小二乘法问题等。

知识要点

- 优化问题求解过程
- 线性规划
- 二次规划
- 非线性规划
- 多目标规划
- 最小二乘问题
- Optimization Tool

11.1 优化问题求解过程

在 MATLAB 中求解优化问题需要遵循一定的程序，包括选择求解器、设置变量、写目标函数、写约束条件、设置求解器参数、求解并检查结果和改善优化结果，虽然不是在每个问题的求解过程中都需要这几个步骤。本节将介绍这些内容。

11.1.1 选择求解器

选择求解器前，需要确定目标方程的类型，可从以下 5 个选项中选择确认：线性（Linear），二次（Quadratic），最小二乘（Least Squares），平滑非线性（Smooth nonlinear），非平滑（Nonsmooth）。

然后，确定约束方程属于下面哪一类：无约束（None），边界（Bound），线性（Linear），平滑（General smooth），离散值（Discrete）。

最后，根据表 11.1 选择求解器。表 11.1 代表了部分可以用于优化问题求解的求解器，但并非全部。另外，很多求解器需要选择算法；对此本书不做深入介绍，如有需要，可参考有关书籍。

除表 11.1 以外，多目标规划与方程的求解器如表 11.2 所示。

表 11.1 选择求解器

约束类型	目标类型				
	Linear	Quadratic	Least Squares	Smooth nonlinear	Nonsmooth
None	n/a	quadprog	Lsqcurvefit，lsqnonlin	fminsearch，fminunc	fminsearch
Bound	linprog	quadprog	lsqcurvefit, lsqlin, lsqnonlin, lsqnonneg	Linprog	quadprog
Linear	linprog	quadprog	lsqlin	fmincon，fseminf	--

（续表）

约束类型	目标类型				
	Linear	Quadratic	Least Squares	Smooth nonlinear	Nonsmooth
General smooth	fmincon	fmincon	fmincon	fmincon，fseminf	--
Discrete	bintprog	--	--	--	--

表 11.2 多目标规划与方程的求解器

类　型	求　解　器	类　型	求　解　器
目标获取	fgoalattain	单变量非线性方程	fzero
最大最小化	fminimax	线性方程	fsolve

11.1.2 设置变量

设置变量包括：

- 确定优化的目标和约束。
- 根据目标和约束确定所有变量。
- 将变量写入向量中。

11.1.3 写目标函数

目标函数包括：

- 单变量目标函数。
- 向量和矩阵目标函数组。
- 线性规划或二次规划目标函数。

这些目标函数的写入方式如下文所示。

1. 写单变量目标函数

单变量目标函数允许输入一个参数，可以为标量、向量或矩阵。该函数所在的函数文件（如使用）可输出多个结果。

【例 11-1】　写下面目标函数的函数文件，并检验：

$$f(x) = (x - y)^3 - x/(1 + x^2 + z^2) + \cosh(x - 1)$$

在 M 文件编辑器窗口中编写如下代码，并在当前路径下保存为 myObjective11_1.m。

```
function f = myObjective11_1(xin)
f = (xin(1)-xin(2))^3+xin(1)/(1+xin(1)^2+xin(3)^2)+cosh(xin(1)-1);
```

在命令行窗口输入：

```
myObjective11_1([1;2;3])
```

输出结果如下：

```
ans =
    0.0909
```

提示　通过输出更多的参数，还可以在函数文件输出结果中输出导数。例如，可以编写程序，使输出结果依次为目标函数、梯度和偏导。

【例 11-2】　从目标函数文件中输出导数。该函数如下：

$$f(x) = 100(x_2 - x_1^2)^2 - (1 - x_1)^2$$

在 M 文件编辑器窗口中编写如下代码，并在当前路径下保存为 myObjective11_2.m。

```
function [f g H] = myObjective11_2(x)          % 计算目标函数
f = 100*(x(2) - x(1)^2)^2 + (1-x(1))^2;
if nargout > 1                                 %计算导数
    g = [-400*(x(2)-x(1)^2)*x(1)-2*(1-x(1)); 200*(x(2)-x(1)^2)];
if nargout > 2                                 %计算偏导
        H = [1200*x(1)^2-400*x(2)+2, -400*x(1); -400*x(1), 200];
    end
end
```

在命令行窗口输入：

```
[f g H]=myObjective11_2([1;2;3])
```

输出结果如下：

```
f =
   100
g =
  -400
   200
H =
   402  -400
  -400   200
```

2. 写向量和矩阵目标函数组

向量和矩阵目标函数组与单个目标函数相似，但要注意输出的目标函数和导数等均有些不同。

【例 11-3】　写向量和矩阵目标函数组示例。待写入的函数组为：

$$F(x) = \begin{bmatrix} x_1^2 + x_2 x_3 \\ \sin(x_1 + 2x_2 - 3x_3) \end{bmatrix}$$

在 M 文件编辑器窗口中编写如下代码，并在当前路径下保存为 myObjective11_3.m。
并写入：

```
function [F jacF] = myObjective11_3(x)
F = [x(1)^2 + x(2)*x(3); sin(x(1) + 2*x(2) - 3*x(3))];
if nargout > 1 % need Jacobian
    jacF = [2*x(1),x(3),x(2);
            cos(x(1)+2*x(2)-3*x(3)),2*cos(x(1)+2*x(2)-3*x(3)),…
```

```
-3*cos(x(1)+2*x(2)-3*x(3))];
end
```

在命令行窗口输入：

```
[F jacF]=myObjective11_3([1;2;3])
```

输出结果如下：

```
F =
   7.0000
   0.7568
jacF =
    2.0000    3.0000    2.0000
   -0.6536   -1.3073    1.9609
```

3．写线性规划或二次规划目标函数

线性规划的目标函数为：

```
f'x = f(1)*x(1) + f(2)*x(2)+...+ f(n)*x(n)
```

二次规划的目标函数为：

```
1/2*x'Hx+f'x = 1/2*(x(1)* H(1,1)*x(1) + 2*x(1)* H(1,2)*x(2) + ... + x(n)* H(n,n)*x(n))+
f(1)*x(1) + ... + f(n)*x(n).
```

其中，f'为 f 的倒置向量，H 为 f 的偏导数。

写线性规划或二次规划目标函数一般不需要写函数文件，只需要将相应的数据按照格式准备好，在求解的时候代入相应的函数即可。

11.1.4　写约束条件

MATLAB 提供的约束条件包括以下四种类型：

- 边界约束——参数的上下边界（例如：$x \geqslant l$ 且 $x \leqslant u$）。
- 线性不等式约束—— $A \cdot x \leqslant b$。
- 线性等式约束—— $Aeq \cdot x = beq$。
- 非线性不等式/等式约束—— $c(x) \leqslant 0$ 或 $ceq(x) = 0$。

提示　为提高效率，可将一些其他类型的约束转化为边界约束。

11.1.5　设置求解器参数

MATLAB 提供了 optimset 函数，用于设置求解器参数。该函数的调用格式如下所示：

```
options = optimset('param1',value1,'param2',value2,...)
optimset
options = optimset
options = optimset(optimfun)
options = optimset(oldopts,'param1',value1,...)
options = optimset(oldopts,newopts)
```

其中：

- options = optimset('param1','value1','param2','value2,...) 创建 options 的优化选项参数，使用特定参数 'paramN'、valueN 进行设置。未设置的参数都设置为空矩阵[]。
- optimset 函数没有输入输出变量时显示完整的带有有效值的参数列表。
- options = optimset(optimfun) 创建含有所有参数名和与优化函数 optimfun 相关的默认值的选项结构 options。
- options = optimset(oldopts,'param1',value1,...) 创建 oldopts 的备份，并用指定的数值修改参数。
- options = optimset(oldopts,newopts) 将 oldopts 与新的选项结构 newopts 进行合并。newopts 参数中的元素将覆盖 oldopts 参数中对应的元素。

【例 11-4】 使用 optimset 设置参数。

在命令行窗口输入：

```
display('显示完整的带有有效值的参数列表：')
optimset
display('设置 Display 为 iter：')
options1 = optimset('Display','iter')
display('修改 options1 的 TolFun 项为 1e-10：')
options2 = optimset(options1,'TolFun', 1e-10)
```

输出结果如下：

```
显示完整的带有有效值的参数列表：
        Display:[off | iter |iter-detailed |notify | notify-detailed | final |
final-detailed ]
        MaxFunEvals: [ positive scalar ]
        MaxIter: [ positive scalar ]
        TolFun: [ positive scalar ]
        %%%%省略部分%%%

设置 Display 为 iter：
options1 =
  包含以下字段的 struct：
        Display: 'iter'
        MaxFunEvals: []
        MaxIter: []
        TolFun: []
        %%%%省略部分%%%

修改 options1 的 TolFun 项为 1e-10：
options2 =
  包含以下字段的 struct：
        Display: 'iter'
        MaxFunEvals: []
        MaxIter: []
         TolFun: 1.0000e-10
          %%%%省略部分%%%
```

11.1.6 求解并检查结果

使用表 11.1 和表 11.2 中的函数对设置好的优化模型进行求解，求解的操作方式见本章其他小节。需要检查的结果包括求解器输出和迭代过程：

- 对于求解器输出，需要检查输出参数的结构和正确性。
- 对于迭代过程，可以在需要的时候通过设置 optimset 函数的'Display'选项为'iter'来进行显示。

注意 这在结果出错或不收敛的时候非常有用。

11.1.7 改善优化结果

改善求解结果一般包括以下 4 个基本方面：

- 使结果可靠。
- 如果求解失败，则改善求解方案，再次求解。
- 确定求得的最小值是值域范围内最小值还是小区域范围内的最小值。
- 对于时间开销过大的求解，应改善求解条件、降低时间开销。

有关改善求解结果的方法，需要从实践中去总结，这里不做介绍。

11.2 线 性 规 划

线性规划求解函数 $f^T x$ 的最小值，$f^T x$ 为：

$$f^T x = f(1)x(1) + f(2)x(2) + ... + f(n)x(n)$$

该函数的约束包括 $A \cdot x \leq b$，$Aeq \cdot x = beq$，$l \leq x \leq u$。

11.2.1 线性规划 linprog 函数

用于线性规划求解的函数为 linprog 函数，调用格式如下：

```
x = linprog(f,A,b)
x = linprog(f,A,b,Aeq,beq)
x = linprog(f,A,b,Aeq,beq,lb,ub)
x = linprog(f,A,b,Aeq,beq,lb,ub,x0)
x = linprog(f,A,b,Aeq,beq,lb,ub,x0,options)
x = linprog(problem)
[x,fval] = linprog(...)
[x,fval,exitflag] = linprog(...)
[x,fval,exitflag,output] = linprog(...)
[x,fval,exitflag,output,lambda] = linprog(...)
```

其中，f 为 $f^T x$ 中的 f^T，x 为返回的 x；A 为不等式约束系数矩阵，b 为不等式约束的右项；Aeq 为等式约束的左项，beq 为等式约束的右项；lb、ub 分别为 x 的下限和上限；x0 为初始求解点，options

为 optimset 命令设置的选项;fval 为求解函数的值;exitflag 描述退出条件;output 为优化信息数据;lambda 参数是解 x 处的拉格朗日乘子。lambda 参数有以下一些属性:

- lambda.lower——lambda 的下界。
- lambda.upper——lambda 的上界。
- lambda.ineqlin——lambda 的线性不等式。
- lambda.eqlin——lambda 的线性等式。

此外,MATLAB 还提供了 bintprog 函数,用于二进制整数的线性优化。

【例 11-5】 求 $0.002614\,HPS + 0.0239\,PP + 0.009825\,EP$ 的最小值,约束条件如下,且所有变量均为正。

```
2500 ≤ P1 ≤ 6250
I1 ≤ 192000
C ≤ 62000
I1 - HE1 ≤ 132000
I1 = LE1 + HE1 + C
1359.8I1 = 1267.8 HE1 + 1251.4 LE1 + 192 C + 3413 P1
3000 ≤ P2 ≤ 9000
I2 ≤ 244000
LE2 ≤ 142000
I2 = LE2 + HE2
1359.8I2 = 1267.8 HE2 + 1251.4 LE2 + 3413 P2
HPS= I1 + I2 + BF1
HPS = C + MPS +
LPSLPS = LE1 + LE2 + BF2
MPS = HE1 + HE2 + BF1 - BF2
P1+ P2 + PP ≥ 24550
EP+ PP ≥ 12000
MPS ≥ 271536
LPS ≥ 100623
```

在命令行窗口输入:

```
clear,clc
%将所有变量名存储到向量中
variables = {'I1','I2','HE1','HE2','LE1','LE2','C','BF1','BF2','HPS','MPS', 'LPS',
'P1','P2','PP','EP'};
N = length(variables);
%创建变量编号
for v = 1:N
eval([variables{v},' = ', num2str(v),';']);
end
%写出目标函数
f = zeros(size(variables));
f([HPS PP EP]) = [0.002614 0.0239 0.009825];
%写出边界条件
lb = zeros(size(variables));
lb([P1,P2,MPS,LPS]) = [2500,3000,271536,100623];%下边界
ub = Inf(size(variables));
```

```
ub([P1,P2,I1,I2,C,LE2]) = [6250,9000,192000,244000,62000,142000];%上边界
%写出不等式约束
A = zeros(3,16);
A(1,I1) = 1; A(1,HE1) = -1; b(1) = 132000;
A(2,EP) = -1; A(2,PP) = -1; b(2) = -12000;
A(3,[P1,P2,PP]) = [-1,-1,-1];
b(3) = -24550;
%写出等式约束
Aeq = zeros(8,16); beq = zeros(8,1);
Aeq(1,[LE2,HE2,I2]) = [1,1,-1];
Aeq(2,[LE1,LE2,BF2,LPS]) = [1,1,1,-1];
Aeq(3,[I1,I2,BF1,HPS]) = [1,1,1,-1];
Aeq(4,[C,MPS,LPS,HPS]) = [1,1,1,-1];
Aeq(5,[LE1,HE1,C,I1]) = [1,1,1,-1];
Aeq(6,[HE1,HE2,BF1,BF2,MPS]) = [1,1,1,-1,-1];
Aeq(7,[HE1,LE1,C,P1,I1]) = [1267.8,1251.4,192,3413,-1359.8];
Aeq(8,[HE2,LE2,P2,I2]) = [1267.8,1251.4,3413,-1359.8];
%求解:
[x fval] = linprog(f,A,b,Aeq,beq,lb,ub);
for d = 1:N
fprintf('%s\t\t %12.2f \n',variables{d},x(d))
end
fval
```

输出结果如下:

```
Optimal solution found.
I1          136328.74
I2          244000.00
HE1         128159.00
HE2         143377.00
LE1              0.00
LE2         100623.00
C             8169.74
BF1              0.00
BF2              0.00
HPS         380328.74
MPS         271536.00
LPS         100623.00
P1            6250.00
P2            7060.71
PP           11239.29
EP             760.71
fval =
   1.2703e+03
```

【例 11-6】 任务分配问题:某车间有 A、B 两台机床,可用于加工三种工件。假定这两台车床的可用台时数分别为 800 和 900,三种工件的数量分别为 300、400 和 500,且已知用三种不同车床加工

单位数量不同工件所需的台时数和加工费用如表 11.3 所示。问怎样分配车床的加工任务才能既满足加工工件的要求又使加工费用最低？

表 11.3　三种不同车床加工单位数量不同工件所需的台时数和加工费用

车床类型	单位工件所需加工台时数			单位工件的加工费用			可用台时数
	工件 1	工件 2	工件 3	工件 1	工件 2	工件 3	
A	0.4	1.1	1.0	13	9	10	800
B	0.5	1.2	1.3	11	12	8	900

设在 A 车床上加工工件 1、2、3 的数量分别为 x_1、x_2、x_3，在 B 车床上加工工件 1、2、3 的数量分别为 x_4、x_5、x_6，可建立以下线性规划模型：

$$\min z = 13x_1 + 9x_2 + 10x_3 + 11x_4 + 12x_5 + 8x_6$$

$$\text{s.t.} \begin{cases} x_1 + x_4 = 300 \\ x_2 + x_5 = 400 \\ x_3 + x_6 = 500 \\ 0.4x_1 + 1.1x_2 + x_3 \leqslant 800 \\ 0.5x_4 + 1.2x_5 + 1.3x_6 \leqslant 900 \\ x_i \geqslant 0, i = 1, 2, \cdots, 6 \end{cases}$$

编写程序如下：

```
clear,clc
f = [13 9 10 11 12 8];
A = [0.4 1.1 1 0 0 0
     0 0 0 0.5 1.2 1.3];
b = [800; 900];
Aeq=[1 0 0 1 0 0
     0 1 0 0 1 0
     0 0 1 0 0 1];
beq=[300 400 500];
vlb = zeros(6,1);
vub=[];
[x,fval] = linprog(f,A,b,Aeq,beq,vlb,vub)
```

运行结果如下：

```
x =
         0
  400.0000
         0
  300.0000
         0
  500.0000
fval =
     10900
```

即在 A 机床上加工 400 个工件 2，在 B 机床上加工 300 个工件 1、500 个工件 3，可在满足条件的情况下使总加工费最小为 10900。

11.2.2 整数线性规划 intlinprog 函数

MATLAB 还提供了 intlinprog 函数，用于整数的线性优化。该函数的调用格式如下：

```
x = intlinprog(f,intcon,A,b)
x = intlinprog(f,intcon,A,b,Aeq,beq)
x = intlinprog(f,intcon,A,b,Aeq,beq,lb,ub)
x = intlinprog(f,intcon,A,b,Aeq,beq,lb,ub,x0)
x = intlinprog(f,intcon,A,b,Aeq,Beq,lb,ub,x0,options)
x = intlinprog(problem)
[x,fval,exitflag,output] = intlinprog(...)
```

其中，f 为 f^Tx 中的 f^T，x 为返回的 x；intcon 为整数约束向量；A 为不等式约束系数矩阵，b 为不等式约束的右项；Aeq 为等式约束的左项，beq 为等式约束的右项；lb、ub 分别为 x 的下限和上限；x0 为初始求解点，options 为 optimset 命令设置的选项；fval 为求解函数的值；exitflag 描述退出条件；output 为优化信息数据。

【例 11-7】 二进制整数规划示例。目标函数为：

$$f(x) = -9x_1 - 5x_2 - 6x_3 - 4x_4$$

约束条件为：

$$\begin{bmatrix} 6 & 3 & 5 & 2 \\ 0 & 0 & 1 & 1 \\ -1 & 0 & 1 & 0 \\ 0 & -1 & 0 & 1 \end{bmatrix}\begin{bmatrix} x_1 \\ x_2 \\ x_3 \\ x_4 \end{bmatrix} \leq \begin{bmatrix} 9 \\ 1 \\ 0 \\ 0 \end{bmatrix}$$

其中，x_i 为二进制整数。

在命令行窗口输入：

```
clear,clc
f = [-9 -5 -6 -4];
intcon=[1,2,3,4];
A = [6 3 5 2; 0 0 1 1; -1 0 1 0; 0 -1 0 1];
b = [9; 1; 0; 0];
lb=zeros(4,1);
ub=ones(4,1);
[x,fval] = intlinprog (f,intcon,A,b, [],[],lb,ub)
```

输出结果如下：

```
Optimal solution found.
Intlinprog stopped at the root node because the objective value is within a gap tolerance
of the optimal value, options.AbsoluteGapTolerance = 0 (the default value). The intcon
variables are integer within tolerance, options.IntegerTolerance = 1e-05 (the default
value).
```

```
x =
    1.0000
    1.0000
        0
        0
fval =
  -14.0000
```

11.3　二　次　规　划

二次规划为求目标函数 $x^{\mathrm{T}}Hx/2+c^{\mathrm{T}}x$ 的最小值，该函数的约束包括 $A \cdot x \leqslant b$，$Aeq \cdot x = beq$，$l \leqslant x \leqslant u$。二次规划与线性规划的区别在于目标函数为自变量的二次函数。

MATLAB 用于二次规划的函数为 quadprog，调用格式如下：

```
x = quadprog(H,f)
x = quadprog(H,f,A,b)
x = quadprog(H,f,A,b,Aeq,beq)
x = quadprog(H,f,A,b,Aeq,beq,lb,ub)
x = quadprog(H,f,A,b,Aeq,beq,lb,ub,x0)
x = quadprog(H,f,A,b,Aeq,beq,lb,ub,x0,options)
x = quadprog(problem)
 [x,fval]= quadprog(H,f,...)
 [x,fval,exitflag]= quadprog(H,f,...)
 [x,fval,exitflag,output]= quadprog(H,f,...)
 [x,fval,exitflag,output,lambda]= quadprog(H,f,...)
```

其中，f 为 $x^{\mathrm{T}}Hx/2+c^{\mathrm{T}}x$ 中的 c^{T}，H 为其中的 H（必须为正定矩阵）；x 为返回的 x；A 为不等式约束系数矩阵，b 为不等式约束的右项；Aeq 为等式约束的左项，beq 为等式约束的右项；lb、ub 分别为 x 的下限和上限；x0 为初始求解点，options 为 optimset 命令设置的选项；problem 为满足要求的数据结构；fval 为求解函数的值；exitflag 描述退出条件；output 为优化信息数据；lambda 参数是解 x 处的拉格朗日乘子。lambda 参数有以下属性：

- lambda.lower —— lambda 的下界。
- lambda.upper —— lambda 的上界。
- lambda.ineqlin —— lambda 的线性不等式。
- lambda.eqlin —— lambda 的线性等式。

【例 11-8】　二次规划示例。目标函数 $x^{\mathrm{T}}x/2+x$ 受以下约束：

$$\begin{bmatrix} 6 & 3 & 5 & 2 \\ 0 & 0 & 1 & 1 \\ -1 & 0 & 1 & 0 \\ 0 & -1 & 0 & 1 \end{bmatrix} \begin{bmatrix} x_1 \\ x_2 \\ x_3 \\ x_4 \end{bmatrix} \leqslant \begin{bmatrix} 9 \\ 1 \\ 0 \\ 0 \end{bmatrix}$$

求 x 的值，使目标函数的值最小。

在命令行窗口输入：

```
clear,clc
H=eye(4);
f=ones(4,1);
A = [6 3 5 2; 0 0 1 1; -1 0 1 0; 0 -1 0 1];
b = [9; 1; 0; 0];
[x,fval,exitflag]= quadprog(H,f, A,b)
```

输出结果如下：

```
Minimum found that satisfies the constraints.
Optimization completed because the objective function is non-decreasing in
feasible directions, to within the value of the optimality tolerance,
and constraints are satisfied to within the value of the constraint tolerance.
<stopping criteria details>
x =
  -0.9999
  -0.9999
  -1.0001
  -1.0001
fval =
  -2.0000
exitflag =
    1
```

11.4　非线性规划

非线性规划在自变量定义域范围内求解最小值，包括约束优化和无约束优化两类。本节将介绍在 MATLAB 求解这两类优化的操作方法。

11.4.1　无约束优化

无约束优化为求解 $f(x)$ 的最小值，其中 x 为输入向量，$f(x)$ 为函数。MATLAB 提供的无约束优化的函数包括 fminsearch 和 fminunc。

（1）fminsearch 函数在 x 的定义域上计算单个函数的最小值，调用格式如下：

```
x = fminsearch(fun,x0)
x = fminsearch(fun,x0,options)
x = fminsearch(problem)
 [x,fval] = fminsearch(...)
 [x,fval,exitflag] = fminsearch(...)
 [x,fval,exitflag,output] = fminsearch(...)
```

其中，x 为待求的解，x0 为搜索起始位置，problem 为结构化输入变量；fun 为函数，fval 为求解得到的最小值；options 为 optimset 命令设置的选项；exitflag 描述退出条件；output 为优化信息数据。

【例 11-9】　使用 fminsearch 函数求下列函数的最小值和此时的自变量值：

$$f(x) = (x_2 - x_1^2)^2 + (a - x_1)^2$$

其中，*a* 为常数。

在命令行窗口输入：

```
clear,clc
for t=1:3
    display(['第' num2str(t) '次求解：'])
    a = sqrt(t)
    fun= @(x)100*(x(2)-x(1)^2)^2+(a-x(1))^2;
    [x,fval] = fminsearch(fun, [-1.2, 1],optimset('TolX',1e-8))
end
```

输出结果如下：

第 1 次求解：
```
a =
     1
x =
    1.0000    1.0000
fval =
    1.0991e-18
```
第 2 次求解：
```
a =
    1.4142
x =
    1.4142    2.0000
fval =
    4.2065e-18
```
第 3 次求解：
```
a =
    1.7321
x =
    1.7321    3.0000
fval =
    3.5280e-19
```

（2）fminunc 函数也是在 x 的定义域上计算单个函数的最小值，但该函数还可以计算导数和偏导数，调用格式如下：

```
x = fminunc(fun,x0)
x = fminunc(fun,x0,options)
x = fminunc(problem)
[x,fval] = fminunc(...)
[x,fval,exitflag] = fminunc(...)
[x,fval,exitflag,output] = fminunc(...)
[x,fval,exitflag,output,grad] = fminunc(...)
[x,fval,exitflag,output,grad,hessian]= fminunc(...)
```

其中，grad 为导数向量，hessian 为偏导矩阵，其余参数可参考 fminsearch 命令。

【例 11-10】 求下列函数的最小值及此时的导数与偏导数：

$$f(x) = 5x_1^2 + 2x_1x_2 + x_2^2$$

在命令行窗口输入：

```
fun= @(x)5* x(1)^2 + 2*x(1)*x(2) + x(2)^2
[x,fval,exitflag,output,grad,hessian]= fminunc(fun,[1, 1],optimset('TolX', 1e-8))
```

输出结果如下：

```
Computing finite-difference Hessian using objective function.
Local minimum found.
Optimization completed because the size of the gradient is less than the value of the
optimality tolerance.
<stopping criteria details>
x =
   1.0e-07 *
   0.7566    0.0199
fval =
   2.8930e-14
exitflag =
     1
output =
   包含以下字段的 struct:
        iterations: 9
         funcCount: 30
          stepsize: 8.8280e-06
     lssteplength: 1
      firstorderopt: 8.3513e-07
         algorithm: 'quasi-newton'
           message: '↵Local minimum found.↵↵Optimization completed because the size of the
gradient is less than↵the value of the optimality tolerance.↵↵<stopping criteria details>↵↵
Optimization completed: The first-order optimality measure, 6.424064e-08, is less ↵than
options.OptimalityTolerance = 1.000000e-06.↵↵'
   grad =
   1.0e-06 *
   0.8351
   0.1702
hessian =
   10.0000    2.0000
    2.0000    2.0000
```

该函数可以将导数引入计算，如下例。

【例 11-11】 计算【例 11-10】中的函数的最小值。

在 M 文件编辑器窗口中编写如下代码，并在当前路径下保存为 myfun11_10.m。

```
function [f,g] = myfun11_10(x)
f= 5* x(1)^2 + 2*x(1)*x(2) + x(2)^2;
if nargout > 1
    g(1) = 10*x(1)+2*x(2);
    g(2) = 2*x(1)+2*x(2);
end
```

在命令行窗口输入：

```
clear,clc
options = optimset('GradObj','on');
[x,fval,exitflag,output,grad,hessian]= fminunc(@myfun11_10, [1, 1],options)
```

输出结果如下：

```
Local minimum found.
Optimization completed because the size of the gradient is less than the value of the
optimality tolerance.

<stopping criteria details>
x =
   1.0e-07 *
   0.8683   -0.1666
fval =
   3.5083e-14
exitflag =
   1
output =
   包含以下字段的 struct:
        iterations: 9
         funcCount: 10
          stepsize: 8.8292e-06
      lssteplength: 1
      firstorderopt: 8.3500e-07
         algorithm: 'quasi-newton'
           message: '↵Local minimum found.↵↵Optimization completed because the size of the
gradient is less than↵the value of the optimality tolerance.↵↵<stopping criteria details>↵↵
Optimization completed: The first-order optimality measure, 6.423059e-08, is less ↵than
options.OptimalityTolerance = 1.000000e-06.↵↵'
   grad =
      1.0e-06 *
      0.8350
      0.1403
   hessian =
      10    2
       2    2
```

11.4.2　约束优化

约束优化也是求解 $f(x)$ 的最小值，但 x 被限制在定义域内。MATLAB 提供的约束优划函数包括 fminbnd、fmincon 和 fseminf。

（1）fminbnd 函数用于求解单变量函数的最小值，即求 $f(x)$ 最小值，且满足 $x_1 < x < x_2$。该函数的调用格式如下：

```
x = fminbnd(fun,x1,x2)
x = fminbnd(fun,x1,x2,options)
x = fminbnd(problem)
[x,fval] = fminbnd(...)
```

```
[x,fval,exitflag] = fminbnd(...)
[x,fval,exitflag,output] = fminbnd(...)
```

其中，x1、x2 分别为下、上限，其余参数可参考 fminsearch 函数。

【例 11-12】 求 sin(x)在(0, 2pi)上的最小值。

在命令行窗口输入：

```
clear,clc
fun=@sin;
[x,fval,exitflag] = fminbnd(fun,0,2*pi)
```

输出结果如下：

```
x =
    4.7124
fval =
  -1.0000
exitflag =
    1
```

（2）fmincon 函数用于求解函数的最小值，即求 f(x)最小值，且满足：

$$\begin{cases} c(x)\leqslant 0 \\ ceq(x)=0 \\ Ax\leqslant b \\ Aeq(x)=beq \\ lb\leqslant x\leqslant ub \end{cases}$$

该函数的调用格式如下：

```
x = fmincon(fun,x0,A,b)
x = fmincon(fun,x0,A,b,Aeq,beq)
x = fmincon(fun,x0,A,b,Aeq,beq,lb,ub)
x = fmincon(fun,x0,A,b,Aeq,beq,lb,ub,nonlcon)
x = fmincon(fun,x0,A,b,Aeq,beq,lb,ub,nonlcon,options)
x = fmincon(problem)
[x,fval] = fmincon(...)
[x,fval,exitflag] = fmincon(...)
[x,fval,exitflag,output] = fmincon(...)
[x,fval,exitflag,output,lambda] = fmincon(...)
[x,fval,exitflag,output,lambda,grad]= fmincon(...)
[x,fval,exitflag,output,lambda,grad,hessian]= fmincon(...)
```

其中，nonlcon 用于提供非线性 c(x)或 ceq(x)，其余参数可参考 linprog 函数和 fminunc 函数。

【例 11-13】 计算下面函数的最小值。该函数为：

$$f(x)=-\pi r^2 h$$

且满足：

$$\begin{cases} 0 < r < 10 \\ 0 < h < 10 \\ 2r^2 + rh = 100 \end{cases}$$

在 M 文件编辑器窗口中编写如下代码，并在当前路径下保存为 myfun11_13。

```
function f = myfun11_13(x)
f=-pi*x(1)^2*x(2);
```

继续在 M 文件编辑器窗口中编写如下代码，并保存为 confun11_13.m。

```
function [c, ceq] = confun11_13(x)
c = [];
ceq = [2*x(1)^2+x(1)*x(2)-100];
```

在命令行窗口输入：

```
clear,clc
lb=[0,0];
ub=[10,10];
x0=[5 5];
[x,fval]= fmincon(@myfun11_13,x0,[],[],[],[],lb,ub,@ confun11_13)
```

输出结果如下：

```
Local minimum found that satisfies the constraints.
Optimization completed because the objective function is non-decreasing in feasible
directions, to within the value of the optimality tolerance, and constraints are satisfied
to within the value of the constraint tolerance.
<stopping criteria details>
x =
    5.0000   10.0000
fval =
    -785.3982
```

（3）fseminf 函数用于求解函数的最小值，即求 f(x)最小值，且满足：

$$f(x) \begin{cases} Ax \leqslant b \\ Aeq(x) = beq \\ lb \leqslant x \leqslant ub \\ c(x) \leqslant 0 \\ Ax \leqslant b \\ K_i(x, \omega_i) \leqslant 0, 1 \leqslant i \leqslant n \end{cases}$$

其中，x、b、beq、lb 和 ub 为向量，A 和 Aeq 为矩阵，c(x)、ceq(x)和 $K_i(x,w_i)$为方程。该函数的调用格式如下：

```
x = fseminf(fun,x0,ntheta,seminfcon)
x = fseminf(fun,x0,ntheta,seminfcon,A,b)
x = fseminf(fun,x0,ntheta,seminfcon,A,b,Aeq,beq)
x = fseminf(fun,x0,ntheta,seminfcon,A,b,Aeq,beq,lb,ub)
x = fseminf(fun,x0,ntheta,seminfcon,A,b,Aeq,beq,lb,ub,options)
x = fseminf(problem)
```

```
[x,fval] = fseminf(...)
[x,fval,exitflag] = fseminf(...)
[x,fval,exitflag,output] = fseminf(...)
[x,fval,exitflag,output,lambda] = fseminf(...)
```

其中，ntheta 为非线性约束 K_i 的个数，seminfcon 计算非线性约束 c(x)、ceq(x)和 K_i，其余参数可参考 fmincon 函数的相应参数。

【例 11-14】　计算下面函数的最小值。该函数为：

$$f(x) = (x-1)^2$$

且满足：

$$0 \leqslant x \leqslant 2$$

$$g(x, t) = (x-0.5)-(t-0.5)^2 \leqslant 0, \quad 0 \leqslant t \leqslant 2$$

在 M 文件编辑器窗口中编写如下代码，并在当前路径下保存为 seminfcon11_14.m。

```
function [c, ceq, K1, s] = seminfcon11_14(x,s)
c = [];
ceq = [];
if isnan(s)
s = [0.01 0];
end
t = 0:s(1):1;
K1 = (x - 0.5) - (t - 0.5).^2;
```

在命令行窗口输入：

```
fun = @(x)(x-1)^2;
[x,fval] = fseminf(fun,0.2,1,@ seminfcon11_14)
```

输出结果如下：

```
Local minimum found that satisfies the constraints.
Optimization completed because the objective function is non-decreasing in feasible
directions, to within the value of the optimality tolerance, and constraints are satisfied
to within the  value of the constraint tolerance.

<stopping criteria details>
x =
    0.5000
fval =
    0.2500
```

11.5　多目标规划

多目标规划是指对多个目标同时进行规划，使各个目标取得综合最优解。本节将介绍目标规划在 MATLAB 的实现方式。

11.5.1 多目标规划函数

多目标规划函数 fgoalattain 被设计用于求解目标函数 γ 的最小值，且满足：

$$\begin{cases} Ax \leqslant b \\ Aeq * x = beq \\ lb \leqslant x \leqslant ub \\ c(x) \leqslant 0 \\ Ax \leqslant b \\ F(x) - weight * \gamma \leqslant goal \end{cases}$$

其中，x、weight、goal、b、beq、lb 和 ub 为向量，A 和 Aeq 为矩阵，c(x)、ceq(x) 和 F(x) 为函数或方程。该函数的调用格式如下：

```
x = fgoalattain(fun,x0,goal,weight)
x = fgoalattain(fun,x0,goal,weight,A,b)
x = fgoalattain(fun,x0,goal,weight,A,b,Aeq,beq)
x = fgoalattain(fun,x0,goal,weight,A,b,Aeq,beq,lb,ub)
x = fgoalattain(fun,x0,goal,weight,A,b,Aeq,beq,lb,ub,nonlcon)
x = fgoalattain(fun,x0,goal,weight,A,b,Aeq,beq,lb,ub,nonlcon,... options)
x = fgoalattain(problem)
 [x,fval] = fgoalattain(...)
 [x,fval,attainfactor] = fgoalattain(...)
 [x,fval,attainfactor,exitflag] = fgoalattain(...)
 [x,fval,attainfactor,exitflag,output]= fgoalattain(...)
 [x,fval,attainfactor,exitflag,output,lambda]= fgoalattain(...)
```

其中，goal 为设置的目标，weight 为权重因子，其余参数可参考 fmincon 函数。

【例 11-15】　求解 x，使得下例目标函数：

$$\begin{bmatrix} f_1(x) \\ f_2(x) \end{bmatrix} = \begin{bmatrix} 4x_1 + 7x_2 \\ 5x_1 + x_2 \end{bmatrix}$$

满足

$$f_1(x) \leqslant 10 \qquad f_2(x) \leqslant 9$$

且

$$\begin{bmatrix} 3x_1 + x_2 \\ 2x_1 + 3x_2 \end{bmatrix} \geqslant \begin{bmatrix} 5 \\ 5 \end{bmatrix}$$

$$x_1 \geqslant 0, \ x_2 \geqslant 0$$

对 $f_1(x)$ 与 $f_2(x)$ 按 10:9 的权重进行优化。

在命令行窗口输入：

```
fun= @(x)[4*x(1)+7*x(2);5*x(1)+x(2)];
goal =[10;9];
```

```
weight=[10;9];
x0=[1;1];
A=-[3,1;2,3];
b=-[5;5];
lb=[0;0];
[x,fval]= fgoalattain(fun,x0,goal,weight,A,b,[],[],lb,[])
```

输出结果如下：

```
Local minimum possible. Constraints satisfied.
fgoalattain stopped because the size of the current search direction is less than twice
the value of the step size tolerance and constraints are satisfied to within the value of
the constraint tolerance.
<stopping criteria details>
x =
    1.7905
    0.4730
fval =
    10.4730
     9.4257
```

11.5.2 最大最小化问题

最大最小化问题为求解下面问题的最小值：

$$\min_x \max_i F_i(x)$$

且满足条件：

$$\begin{cases} c(x) \leqslant 0 \\ ceq(x) = 0 \\ Ax \leqslant b \\ Aeq * x = beq \\ lb \leqslant x \leqslant ub \end{cases}$$

其中，x、b、beq、lb 和 ub 为向量，A 和 Aeq 为矩阵，c(x)、ceq(x)和 F(x)为函数或方程。MATLAB 提供了 fminimax 函数用于求解最大最小值问题。该函数的调用格式如下：

```
x = fminimax(fun,x0)
x = fminimax(fun,x0,A,b)
x = fminimax(fun,x,A,b,Aeq,beq)
x = fminimax(fun,x,A,b,Aeq,beq,lb,ub)
x = fminimax(fun,x0,A,b,Aeq,beq,lb,ub,nonlcon)
x = fminimax(fun,x0,A,b,Aeq,beq,lb,ub,nonlcon,options)
x = fminimax(problem)
[x,fval] = fminimax(...)
[x,fval,maxfval] = fminimax(...)
[x,fval,maxfval,exitflag] = fminimax(...)
[x,fval,maxfval,exitflag,output] = fminimax(...)
[x,fval,maxfval,exitflag,output,lambda]= fminimax(...)
```

其中的参数可以参考 fmincon 函数。

【例 11-16】 求下列所有函数中最大的函数的最小值对应的 x：

$$\begin{cases} f_1(x) = 2x_1^2 + x_2^2 - 48x_1 - 40x_2 + 304 \\ f_2(x) = -x_1^2 - 3x_2^2 \\ f_3(x) = x_1 + 3x_2 - 18 \\ f_4(x) = -x_1 - x_2 \\ f_5(x) = x_1 + x_2 - 8 \end{cases}$$

在 M 文件编辑器窗口中编写如下代码，并在当前路径下保存为 myfun11_16.m。

```
function f = myfun11_16(x)
f(1)= 2*x(1)^2+x(2)^2-48*x(1)-40*x(2)+304;
f(2)= -x(1)^2 - 3*x(2)^2;
f(3)= x(1) + 3*x(2) -18;
f(4)= -x(1)- x(2);
f(5)= x(1) + x(2) - 8;
```

在命令行窗口中输入：

```
x0 = [0.1; 0.1];
[x,fval] = fminimax(@myfun11_16,x0)
```

输出结果如下：

```
Local minimum possible. Constraints satisfied.
fminimax stopped because the size of the current search direction is less than twice
the default value of the step size tolerance and constraints are satisfied to within the
default value of the constraint tolerance.
<stopping criteria details>
x = 4.0000
    4.0000
fval =  0.0000  -64.0000   -2.0000   -8.0000   -0.0000
```

11.6 最小二乘问题

最小二乘法在使用时首先进行的操作就是求二乘法的最小值；本节将介绍线性二乘与非线性二乘求最小值在 MATLAB 中的实现方法。

11.6.1 线性最小二乘问题

线性最小二乘问题是指求如下问题：

$$\min_x \frac{1}{2} \| C*x - d \|_2^2$$

MATLAB 提供了 lsqlin 函数和 lsqnonneg 函数用于求解线性最小二乘问题。

（1）lsqlin 函数用于求解一般约束最小二乘问题，求解结果需满足：

$$\begin{cases} Ax \leqslant b \\ Aeq * x = beq \\ lb \leqslant x \leqslant ub \end{cases}$$

该函数的调用格式如下：

```
x = lsqlin(C,d,A,b)
x = lsqlin(C,d,A,b,Aeq,beq)
x = lsqlin(C,d,A,b,Aeq,beq,lb,ub)
x = lsqlin(C,d,A,b,Aeq,beq,lb,ub,x0)
x = lsqlin(C,d,A,b,Aeq,beq,lb,ub,x0,options)
x = lsqlin(problem)
[x,resnorm] = lsqlin(...)
[x,resnorm,residual] = lsqlin(...)
[x,resnorm,residual,exitflag] = lsqlin(...)
[x,resnorm,residual,exitflag,output]= lsqlin(...)
[x,resnorm,residual,exitflag,output,lambda]= lsqlin(...)
```

其中，C、d 为目标函数中的系数，resnorm 为 norm(C*x-d)^2，residual 为 C*x-d，其余参考可以参考 fmincon 函数。

【例 11-17】 线性最小二乘问题求解示例。

在命令行窗口输入：

```
C = [
   0.9501    0.7620    0.6153    0.4057
   0.2311    0.4564    0.7919    0.9354
   0.6068    0.0185    0.9218    0.9169
   0.4859    0.8214    0.7382    0.4102
   0.8912    0.4447    0.1762    0.8936];
d = [
   0.0578
   0.3528
   0.8131
   0.0098
   0.1388];
A =[
   0.2027    0.2721    0.7467    0.4659
   0.1987    0.1988    0.4450    0.4186
   0.6037    0.0152    0.9318    0.8462];
b =[
   0.5251
   0.2026
   0.6721];
lb = -0.1*ones(4,1);
ub = 2*ones(4,1);
[x,resnorm,residual] = lsqlin(C,d,A,b,[ ],[ ],lb,ub)
```

输出结果如下：

```
Minimum found that satisfies the constraints.
Optimization completed because the objective function is non-decreasing in feasible
```

directions, to within the value of the optimality tolerance, and constraints are satisfied to within the value of the constraint tolerance.

```
<stopping criteria details>
x =
  -0.1000
  -0.1000
   0.2152
   0.3502
resnorm =
   0.1672
residual =
   0.0455
   0.0764
  -0.3562
   0.1620
   0.0784
```

（2）lsqnonneg 函数用于求解自变量非负的最小二乘问题，即：

$$\min_x \frac{1}{2} \left\| C*x - d \right\|_2^2, \ x \geqslant 0$$

该函数的调用格式如下：

```
x = lsqnonneg(C,d)
x = lsqnonneg(C,d,options)
x = lsqnonneg(problem)
[x,resnorm] = lsqnonneg(...)
[x,resnorm,residual] = lsqnonneg(...)
[x,resnorm,residual,exitflag] = lsqnonneg(...)
[x,resnorm,residual,exitflag,output]= lsqnonneg(...)
[x,resnorm,residual,exitflag,output,lambda]= lsqnonneg(...)
```

相关参数可参考 lsqlin 命令参数。

【例 11-18】　比较无约束条件和有约束条件下的最小二乘解。

在命令行窗口输入：

```
C = [0.0372,0.2869; 0.6861,0.7071; 0.6233,0.6245; 0.6344,0.6170];
d = [0.8587; 0.1781; 0.0747; 0.8405];
results=[C\d, lsqnonneg(C,d)]
resnorm =[norm(C*(C\d)-d), norm(C*lsqnonneg(C,d)-d)]
```

输出结果如下：

```
results =
  -2.5627        0
   3.1108   0.6929
resnorm =
   0.6674   0.9118
```

11.6.2 非线性最小二乘问题

MATLAB 提供了两个函数用于求解非线性最小二乘问题，分别为 lsqnonlin 函数和 lsqcurvefit 函数。

（1）使用 lsqnonlin 函数求解下面的问题：

$$\min_x \|f(x)\|_2^2 = \min_x \left[f_1(x)^2 + f_2(x)^2 + \ldots + f_n(x)^2 \right]$$

该函数的调用格式如下：

```
x = lsqnonlin(fun,x0)
x = lsqnonlin(fun,x0,lb,ub)
x = lsqnonlin(fun,x0,lb,ub,options)
x = lsqnonlin(problem)
[x,resnorm] = lsqnonlin(...)
[x,resnorm,residual] = lsqnonlin(...)
[x,resnorm,residual,exitflag] = lsqnonlin(...)
[x,resnorm,residual,exitflag,output]= lsqnonlin(...)
[x,resnorm,residual,exitflag,output,lambda]= lsqnonlin(...)
[x,resnorm,residual,exitflag,output,lambda,jacobian]= lsqnonlin(...)
```

其中的参数可参考 lsqlin 函数。

【例 11-19】 使用 lsqnonlin 函数求解非线性最小二乘问题示例。

在 M 文件编辑器窗口中编写如下代码，并在当前路径下保存为 myfun11_19.m。

```
function F = myfun11_19(x)
k = 1:10;
F = 2 + 2*k-exp(k*x(1))-exp(k*x(2));
```

在命令行窗口输入：

```
x0 = [0.3 0.4];
[x,resnorm] = lsqnonlin(@myfun11_19,x0)
```

输出结果如下：

```
Local minimum possible.
lsqnonlin stopped because the size of the current step is less than the value of the
step size tolerance.
<stopping criteria details>
x =
    0.2578    0.2578
resnorm =
  124.3622
```

（2）使用 lsqcurvefit 函数求解下面的问题：

$$\min_x \|F(x, xdata) - ydata\|_2^2 = \min_x \sum_i \left(F(x, xdata_i) - ydata_i \right)^2$$

该函数的调用格式如下：

```
x = lsqcurvefit(fun,x0,xdata,ydata)
x = lsqcurvefit(fun,x0,xdata,ydata,lb,ub)
x = lsqcurvefit(fun,x0,xdata,ydata,lb,ub,options)
x = lsqcurvefit(problem)
 [x,resnorm] = lsqcurvefit(...)
 [x,resnorm,residual] = lsqcurvefit(...)
 [x,resnorm,residual,exitflag] = lsqcurvefit(...)
 [x,resnorm,residual,exitflag,output]= lsqcurvefit(...)
 [x,resnorm,residual,exitflag,output,lambda]= lsqcurvefit(...)
 [x,resnorm,residual,exitflag,output,lambda,jacobian]= lsqcurvefit(...)
```

其中的参数可参考 lsqlin 函数。

【例 11-20】　使用 lsqcurvefit 函数求解非线性最小二乘问题示例。

新建 M 文件，并写入：

```
function F = myfun11_20(x, xdata)
F = x(1)*exp(x(2)*xdata);
```

保存文件为 myfun11_20.m，在命令行窗口输入：

```
xdata = [0.9 1.5 13.8 19.8 24.1 28.2 35.2 60.3 74.6 81.3];
ydata = [455.2 428.6 124.1 67.3 43.2 28.1 13.1 -0.4 -1.3 -1.5];
x0 = [100; -1];
[x,resnorm] = lsqcurvefit(@myfun11_20,x0,xdata,ydata)
```

输出结果如下：

```
Local minimum possible.
lsqcurvefit stopped because the final change in the sum of squares relative to its initial
value is less than the value of the function tolerance.
<stopping criteria details>
x =
  498.8309
   -0.1013
resnorm =
    9.5049
```

11.7 Optimization Tool 图窗

MATLAB 提供了优化工具图窗，用于求解优化问题。在命令行窗口输入 optimtool 命令，即可进入 Optimization Tool 图窗截面。图 11.1 为 Optimization Tool 图窗在求解【例 11-20】后的界面。

实现【例 11-20】的操作步骤为：

01　在 Solver 中选择 lsqcurvefit-Nonlinear curve fitting。

02　在 Objective function 中输入 "@myfun11_20"。

03　设置 Start point 为[100;-1]。

04　在 X Data 中输入[0.9 1.5 13.8 19.8 24.1 28.2 35.2 60.3 74.6 81.3]。

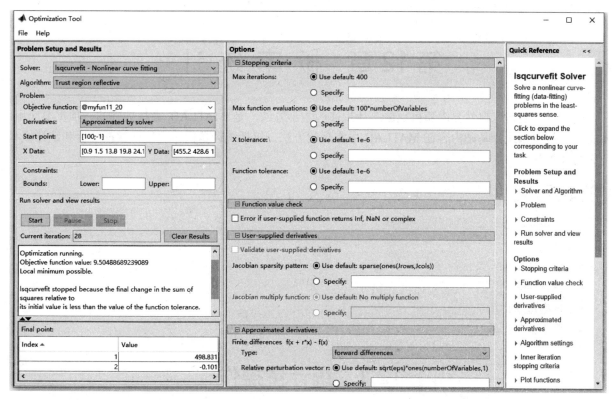

图 11.1 优化计算工具

05 在 Y Data 中输入 "[455.2 428.6 124.1 67.3 43.2 28.1 13.1 -0.4 -1.3 -1.5]"。

06 其余设置不改变，单击 Start 按钮开始求解。

07 Start 按钮下会显示迭代结果，单击 Final Point 上面的上三角区域还可以查看求得的 x 的值。

其他优化计算函数均可以采用与以上类似的方式在 Optimization Tool 图窗中进行操作，这里不再赘述，如有兴趣读者可以自行实践。

11.8 本 章 小 结

本章介绍了各种优化方法在 MATLAB 中的实现，包括线性规划、二次规划、非线性规划、目标规划和最小二乘法等，以及 MATLAB 提供的 Optimization Tool。优化在实际生活中的使用较多，其过程包括建模和计算等，本章着重讲了如何使用 MATLAB 进行优化计算，在使用中应注意合理建模才能使计算结果满足要求。

第 12 章 概 率 统 计

概率统计是研究自然界中随机现象统计规律的数学方法，是 MATLAB 数据处理的一项重要应用。本文将介绍概率统计基础内容在 MATLAB 中实现的方法，包括统计量操作、统计数据分析和统计概率分布与计算等。

知识要点

- 产生随机数
- 抽样
- 特征统计量
- 统计图表
- 概率密度计算
- 概率分布计算

12.1 统计量操作

MATLAB 提供的统计量基本操作包括产生随机数和重新采样，本节将介绍这两个方面的内容。

12.1.1 产生随机数

MATLAB 中提供了大量用于产生随机数的函数。常见的分布随机数产生函数如表 12.1 所示。

表 12.1 随机数产生函数表

函　数	说　明	函　数	说　明
unifrnd	[A,B]上均匀分布（连续）随机数	unidrnd	均匀分布（离散）随机数
exprnd	参数为 Lambda 的指数分布随机数	gamrnd	参数为 A, B 的分布随机数
chi2rnd	自由度为 N 的卡方分布随机数	trnd	自由度为 N 的 t 分布随机数
betarnd	参数为 A, B 的分布随机数	lognrnd	参数为 MU, SIGMA 的对数正态分布随机数
nbinrnd	参数为 R, P 的负二项式分布随机数	normrnd	参数为 MU, SIGMA 的正态分布随机数
nctrnd	参数为 N, delta 的非中心 t 分布随机数	ncx2rnd	参数为 N, delta 的非中心卡方分布随机数
raylrnd	参数为 B 的瑞利分布随机数	weibrnd	参数为 A, B 的韦伯分布随机数
binornd	参数为 N, p 的二项分布随机数	geornd	参数为 p 的几何分布随机数
hygernd	参数为 M, K, N 的超几何分布随机数	poissrnd	参数为 Lambda 的泊松分布随机数
rand	(0,1)上均匀分布伪随机数	randn	MU=0 和 SIGMA=1 正态分布伪随机数
frnd	第一自由度为 N1、第二自由度为 N2 的 F 分布随机数	ncfrnd	参数为 N1, N2, delta 的非中心 F 分布随机数

下面对部分随机数的产生操作进行较为详细的说明，这些函数的使用方法基本相似，可以参考下面函数的操作而使用。

1．均匀分布随机数

MATLAB 提供的 rand 函数和 unifrnd 函数用于产生均匀分布随机数。

（1）rand 函数产生在(0,1)上均匀分布的伪随机数，调用格式如下：

```
r = rand(n)
r = rand(m,n)
r = rand([m,n])
r = rand(m,n,p,...)
r = rand([m,n,p,...])
r = rand
r = rand(size(A))
r = rand(..., 'double')
r = rand(..., 'single')
```

该函数的返回值 r 为 m×n×p×...维矩阵，若仅设置了 n 则返回 n×n 方阵；若未设置输入参数则返回一个标量；'double'和'single'分别设置返回值的类型为双精度型和单精度型数据。

（2）unifrnd 函数产生在[A,B]上均匀分布（连续）随机数，调用格式如下：

```
R = unifrnd(A,B)
R = unifrnd(A,B,m,n,...)
R = unifrnd(A,B,[m,n,...])
```

其中，A、B 规定了返回值 R 所在的区间，可以为标量、向量和矩阵；m、n 设置了返回值为 m×n 维矩阵。

【例 12-1】 产生均匀分布随机数示例。
在命令行窗口输入：

```
clear,clc
A1=rand
A2=rand(1,6)
A3=rand([2,6])
A4=rand(1,6,2)
A5=rand([2,6],'single')
B1=unifrnd(1,2)
B2= unifrnd(1,[1:6])
B3= unifrnd([0.9:5.9],[1:6])
B4= unifrnd(1,2,[2,6])
```

输出结果如下：

```
A1 =
    0.9433
A2 =
    0.9564    0.6251    0.5613    0.7697    0.7745    0.5243
A3 =
    0.0015    0.1896    0.4972    0.9936    0.0735    0.0302
    0.9203    0.6612    0.6792    0.9612    0.2075    0.6349
A4(:,:,1) =
    0.9808    0.9806    0.3611    0.7121    0.2203    0.8676
```

```
A4(:,:,2) =
    0.6266      0.3620      0.4828      0.8430      0.6074      0.0422
A5 =
  2×6 single 矩阵
    0.2484      0.9692      0.8611      0.0555      0.4409      0.5850
    0.2948      0.8270      0.8154      0.4578      0.3238      0.4610
B1 =
    1.5767
B2 =
    1.0000      1.2017      2.7357      1.3511      2.3949      2.9647
B3 =
    0.9934      1.9817      2.9305      3.9907      4.9944      5.9092
B4 =
    1.1345      1.1846      1.4837      1.1192      1.7070      1.7686
    1.4839      1.9851      1.4297      1.4409      1.8453      1.4360
```

2. 二项分布随机数

MATLAB 提供的 binornd 函数用于产生参数为（N, P）的二项分布随机数据，调用格式如下：

```
R = binornd(N,P)
R = binornd(N,P,m,n,...)
R = binornd(N,P,[m,n,...])
```

其中，N、P 为二项分布参数，返回服从参数为 N、P 的二项分布的随机数 R；m 指定随机数的个数，与 R 同维数；m、n 分别表示 R 的行数和列数。

另外，MATLAB 还提供了 nbinrnd 函数，用于产生参数为（R, P）的负二项分布随机数据。该函数的调用格式如下：

```
RND = nbinrnd(R,P)
RND = nbinrnd(R,P,m,n,...)
RND= nbinrnd(R,P,[m,n,...])
```

其中参数可参考 binornd 命令参数。

【例 12-2】 产生二项分布随机数示例。

在命令行窗口输入：

```
clear,clc
n = 10:10:60;
r1 = binornd(n,1./n)
r2 = binornd(n,1./n,[1 6])
r3 = binornd(n,1./n,1,6)
r4 = binornd([n; n],[1./n; 1./n],2,6)
nr1 = nbinrnd(n,1./n)
nr2 = nbinrnd(n,1./n,[1 6])
nr3 = nbinrnd(n,1./n,1,6)
nr4 = nbinrnd([n; n],[1./n; 1./n],2,6)
```

输出结果如下：

```
r1 =
     2     0     0     0     0     0
```

```
r2 =
    1    0    1    1    1    1
r3 =
    0    3    2    1    1    1
r4 =
    1    1    3    1    0    0
    0    2    0    0    3    2
nr1 =
        132         437        1529        1949        2504        3367
nr2 =
         96         261         956        1398        2579        3694
nr3 =
         68         419         698        1496        2552        3881
nr4 =
        111         481         631        1700        2348        2944
         75         383        1286        1467        3341        3530
```

3. 正态分布随机数

MATLAB 提供的 randn 函数和 normrnd 函数用于产生正态分布随机数。

（1）randn 函数产生 MU=0 和 SIGMA=1 正态分布伪随机数，调用格式如下：

```
r = randn(n)
r= randn(m,n)
r = randn([m,n])
r= randn(m,n,p,...)
r = randn([m,n,p,...])
r = randn
r= randn(size(A))
r = randn(..., 'double')
r= randn(..., 'single')
```

该函数的有关参数可参考前文 rand 命令。

（2）normrnd 函数可以产生参数为 MU、SIGMA 的正态分布随机数据，调用格式为：

```
R = normrnd(mu,sigma)
R = normrnd(mu,sigma,m,n,...)
R = normrnd(mu,sigma,[m,n,...])
```

该函数返回均值为 mu、标准差为 sigma 的正态分布随机数据；m 指定随机数的个数，n 表示 R 的列数。

【例 12-3】 产生正态分布的随机数据示例。
在命令行窗口输入：

```
clear,clc
A1=randn
A2=randn(1,6)
A3=randn([2,6])
A4=randn(1,6,2)
A5=randn([2,6],'single')
B1= normrnd(1:6,1./(1:6))
```

```
B2= normrnd(0,1,[1 5])
B3= normrnd([1 2 3;4 5 6],0.1,2,3)
```

输出结果如下：

```
A1 =
  -0.4594
A2 =
  -0.4234    1.8047    0.5140   -1.9735   -0.2213   -0.1443
A3 =
  -1.6839   -0.5377   -1.2178   -0.7474    0.4833    0.5297
  -1.2702   -1.7875   -0.0685    0.5368    0.1630   -0.0669
A4(:,:,1) =
  -0.2642    0.1933   -1.0210    0.4889   -1.2665   -0.2634
A4(:,:,2) =
  -0.5637   -1.5389    0.0400   -0.3288   -0.0181    0.1944
A5 =
  2×6 single 矩阵
   1.1630    1.5687   -1.0210    1.5213   -1.1789    1.7864
   0.6562    0.8407    1.6683    1.4097   -0.5968    1.6090
B1 =
   0.0215    2.1666    3.4515    3.9652    4.9237    5.8465
B2 =
   0.5231   -2.6939    1.3781   -0.0429    0.5569
B3 =
   1.1550    2.0654    3.0985
   4.0446    5.0868    5.8951
```

12.1.2 抽样

抽样的基本要求是要保证所抽取的样品单位对全部样品具有充分的代表性。MATLAB 提供了各种抽样使用的函数，下面将介绍自助抽样法和摺刀抽样法在 MATLAB 中的操作。

1. 自助抽样法

MATLAB 提供的 bootstrp 函数用于进行自助法抽样，调用格式如下：

```
bootstat = bootstrp(nboot,bootfun,d1,...)
[bootstat,bootsam] = bootstrp(...)
```

其中，nboot 为抽样数据量，bootfun 为采用的计算函数，d1 为 bootfun 的输入数据，返回值 bootstat 为向量、bootsam 为下标矩阵。

【例 12-4】 自助法抽样示例。

在命令行窗口输入：

```
clear,clc
y1 = exprnd(5,100,1);
m = bootstrp(100,@mean,y1);
[fi,xi] = ksdensity(m);
subplot(121);plot(xi,fi);                    %见图 12.1 左图
y2 = exprnd(5,100,1);
stats = bootstrp(100,@(x)[mean(x) std(x)],y2);
```

```
subplot(122);plot(stats(:,1),stats(:,2),'o')        % 见图 12.1 右图
whos
```

输出结果如下：

```
Name        Size            Bytes  Class     Attributes
fi          1x100            800   double
m           100x1            800   double
stats       100x2           1600   double
xi          1x100            800   double
y1          100x1            800   double
y2          100x1            800   double
```

输出图形如图 12.1 所示。

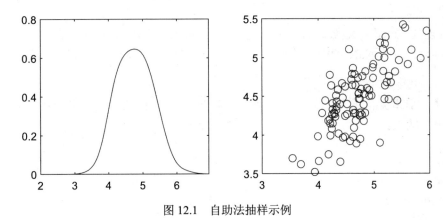

图 12.1　自助法抽样示例

2. 摺刀抽样法

MATLAB 提供的 jackknife 函数用于进行摺刀法抽样，调用格式如下：

```
jackstat = jackknife(jackfun,X)
jackstat = jackknife(jackfun,X,Y,...)
```

其中，jackfun 为用于进行抽样的函数。该函数的输入为 X 或 X、Y，返回值为 jackstat。

【例 12-5】　摺刀法抽样示例。

在命令行窗口输入：

```
clear,clc
sigma = 5;
y = normrnd(0,sigma,100,1);
m = jackknife(@var, y, 1);
n = length(y);
bias = -sigma^2 / n            %已知偏差方程
jbias = (n - 1)*(mean(m)-var(y,1))   %抽样偏差估计
```

输出结果如下：

```
bias =
  -0.2500
jbias =
  -0.2461
```

12.2　数据统计分析

在数据统计分析中，可以对特征统计量进行分析，也可以对相关的图形进行分析。本节将介绍这两种分析在 MATLAB 中的实现方法。

12.2.1　特征统计量

本小节将介绍特征统计量，包括平均值（期望）、中值、值域、方差、标准差、协方差和相关系数等以及相关的操作。

1．平均值与中值

使用 mean 函数、median 函数、nanmedian 函数、geomean 函数、harmmean 函数可以分别求得数据的平均值、中位数、忽略 NaN 的中位数、几何平均数和调和平均数。这些函数的调用很简单，本书不进行讲解。

【例 12-6】　计算矩阵的平均值、中位数、忽略 NaN 的中位数、几何平均数和调和平均数示例。在命令行窗口输入：

```
A=hilb(4)
M1=mean(A)
M2=median(A)
M3=nanmedian(A)
M4=geomean(A)
M5=harmmean(A)
```

输出结果如下：

```
A =
    1.0000    0.5000    0.3333    0.2500
    0.5000    0.3333    0.2500    0.2000
    0.3333    0.2500    0.2000    0.1667
    0.2500    0.2000    0.1667    0.1429
M1 =
    0.5208    0.3208    0.2375    0.1899
M2 =
    0.4167    0.2917    0.2250    0.1833
M3 =
    0.4167    0.2917    0.2250    0.1833
M4 =
    0.4518    0.3021    0.2296    0.1858
M5 =
    0.4000    0.2857    0.2222    0.1818
```

2．数据比较

数据比较是指由数据比较引发的各种数据操作，常见的操作包括普通排序、按行排序和求解值域大小等，可以分别通过 sort、sortrows 和 range 函数实现。相关函数较为简单，本书不进行讲解。

【例 12-7】 随机矩阵的普通排序、按行排序和求解值域大小示例。

在命令行窗口输入:

```
A=randn(4)
Y1=sort(A)
Y2=sortrows(A)
Y3=range(A)
```

输出结果如下:

```
A =
    0.1323   -0.6439   -1.0020   -0.4124
    1.0635    0.6208    0.3353    1.6476
    1.0853    0.3457    1.3790    0.6104
   -0.6547   -1.8052    0.8516    0.2323
Y1 =
   -0.6547   -1.8052   -1.0020   -0.4124
    0.1323   -0.6439    0.3353    0.2323
    1.0635    0.3457    0.8516    0.6104
    1.0853    0.6208    1.3790    1.6476
Y2 =
   -0.6547   -1.8052    0.8516    0.2323
    0.1323   -0.6439   -1.0020   -0.4124
    1.0635    0.6208    0.3353    1.6476
    1.0853    0.3457    1.3790    0.6104
Y3 =
    1.7400    2.4260    2.3810    2.0600
```

3. 方差与标准差

MATLAB 提供的 var 函数和 std 函数分别用于计算方差和标准差。相关函数较为简单,这里不专门说明。另外,还提供了 skewness 函数求解三阶统计量斜度。

【例 12-8】 求解随机数矩阵的方差、标准差和斜度示例。

在命令行窗口输入:

```
X=rand(2,5)
DX=var(X')
DX1=var(X',1)
S=std(X',1)
S1=std(X')
SK = skewness(X')
SK1 = skewness(X',1)
```

输出结果如下:

```
X =
    0.1121    0.3333    0.2030    0.1531    0.3505
    0.4548    0.6912    0.4617    0.9665    0.5639
DX =
    0.0114    0.0451
DX1 =
    0.0092    0.0361
```

```
S =
    0.0957    0.1899
S1 =
    0.1070    0.2123
SK =
    0.1565    0.8524
SK1 =
    0.1565    0.8524
```

4. 协方差与相关系数

MATLAB 使用 cov 函数和 corrcoef 函数分别计算数据的协方差和相关系数。相关函数较为简单，这里不专门说明。

【例 12-9】 使用 cov 函数和 corrcoef 函数分别计算数据的协方差和相关系数示例。

在命令行窗口输入：

```
x=randn(1,5)
r=rand(1,5)
X=hilb(5)
A=magic(5)
C1=cov(x)
C2=cov(r)
C3=cov(x,r)
C4=cov(X)
C5=cov(A)
C6=corrcoef(x,r)
C7=corrcoef(X,A)
C8=corrcoef(A)
```

输出结果如下：

```
x =
    0.5594   -0.7603    1.4991    0.2302    0.7143
r =
    0.1433    0.2526    0.3384    0.0488    0.0950
X =
    1.0000    0.5000    0.3333    0.2500    0.2000
    0.5000    0.3333    0.2500    0.2000    0.1667
    0.3333    0.2500    0.2000    0.1667    0.1429
    0.2500    0.2000    0.1667    0.1429    0.1250
    0.2000    0.1667    0.1429    0.1250    0.1111
A =
    17    24     1     8    15
    23     5     7    14    16
     4     6    13    20    22
    10    12    19    21     3
    11    18    25     2     9
C1 =
    0.6739
C2 =
    0.0140
```

```
C3 =
    0.6739    0.0202
    0.0202    0.0140
C4 =
    0.1052    0.0428    0.0240    0.0156    0.0110
    0.0428    0.0177    0.0101    0.0066    0.0046
    0.0240    0.0101    0.0057    0.0038    0.0027
    0.0156    0.0066    0.0038    0.0025    0.0017
    0.0110    0.0046    0.0027    0.0017    0.0012
C5 =
   52.5000    5.0000  -37.5000  -18.7500   -1.2500
    5.0000   65.0000   -7.5000  -43.7500  -18.7500
  -37.5000   -7.5000   90.0000   -7.5000  -37.5000
  -18.7500  -43.7500   -7.5000   65.0000    5.0000
   -1.2500  -18.7500  -37.5000    5.0000   52.5000
C6 =
    1.0000    0.2075
    0.2075    1.0000
C7 =
    1.0000    0.1264
    0.1264    1.0000
C8 =
    1.0000    0.0856   -0.5455   -0.3210   -0.0238
    0.0856    1.0000   -0.0981   -0.6731   -0.3210
   -0.5455   -0.0981    1.0000   -0.0981   -0.5455
   -0.3210   -0.6731   -0.0981    1.0000    0.0856
   -0.0238   -0.3210   -0.5455    0.0856    1.0000
```

12.2.2 统计图表

MATLAB 提供了可用于统计频次与绘制统计图的函数。下面简单介绍这些功能函数的操作方法。

1. 频次表

通过使用 tabulate 函数可以获得元素出现频次的频次表。该函数的调用格式如下所示：

```
TABLE = tabulate(x)
tabulate(x)
```

其中，x 为待统计量，若为数值向量，则返回值 TABLE 为含有三列数据的表格，表格第一列为 x 的取值，第二列为出现的频次，第三列为所占百分比；若为其他类型变量，则 TABLE 将为单元数组。

【例 12-10】 获取频次表示例。

在命令行窗口输入：

```
A= ceil(5*rand(1,10))
tableA = tabulate(A)
Char=['a';'a';'b';'c';'c';'c';'d';'a';'a'];
tableChar= tabulate(Char)
```

输出结果如下：

```
A =
    4    4    4    3    3    5    3    2    1    3
tableA =
    1    1    10
    2    1    10
    3    4    40
    4    3    30
    5    1    10
tableChar =
  4×3 cell 数组
    {'a'}    {[4]}    {[44.4444]}
    {'b'}    {[1]}    {[11.1111]}
    {'c'}    {[3]}    {[33.3333]}
    {'d'}    {[1]}    {[11.1111]}
```

2. 概率分布函数图

通过 cdfplot 函数可以绘制累积分布函数的图形。该函数的调用格式如下：

```
cdfplot(X)
h = cdfplot(X)
[h,stats] = cdfplot(X)
```

其中，X 为向量，h 表示曲线的句柄，stats 表示样本部分特征。

【例 12-11】 绘制概率分布函数图形。

在命令行窗口输入：

```
y1 = randn(1000,1);
subplot(121);cdfplot(y1);title('')                %见图 12.2 左图
y2 = 2*rand(1000,1);
subplot(122);cdfplot(y2) ;title('')               %见图 12.2 右图
```

输出图形如图 12.2 所示。

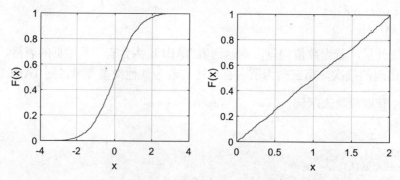

图 12.2　正态分布和均匀分布概率分布图

3. 最小二乘拟合直线

通过 lsline 函数可以实现离散随机数据的最小二乘拟合。该函数的调用格式为：

```
lsline
h = lsline
```

其中，h 为拟合曲线的句柄。该函数所需的离散数据由 scatter 函数和 plot 函数绘制的图形提供，但采用了实线、虚线和点画线进行连接的离散数据将得不到拟合。

【例 12-12】　使用 lsline 函数实现离散随机数据的最小二乘拟合示例。

在命令行窗口输入：

```
x = 1:10;
subplot(121);
y1 = x + randn(1,10);scatter(x,y1,25,'b','*');hold on
y2 = y1+10;plot(x,y2,'mo')
y3 = y1+20;plot(x,y3,'rx:')
y4 = y1+30;plot(x,y4,'g+--'); title('离散数据拟合前')
subplot(122);
scatter(x,y1,25,'b','*');hold on;plot(x,y2,'mo')
plot(x,y3,'rx:') ;plot(x,y4,'g+--')
lsline; title('离散数据拟合后')
```

得到的图形如图 12.3 所示。

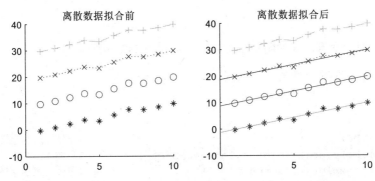

图 12.3　使用 lsline 函数实现离散随机数据的最小二乘拟合示例

4. 正态分布概率分布图

使用 normplot 函数可以绘制正态分布概率分布图。该函数的调用格式如下：

```
h = normplot(X)
```

其中，若 X 为向量，则显示正态分布概率图形；若 X 为矩阵，则显示每一列的正态分布概率图形。样本数据在图中用 "+" 显示，如果数据来自正态分布，那么图形显示为直线，其他分布则可能在图中产生弯曲。

【例 12-13】　绘制正态分布概率图形示例。

在命令行窗口输入：

```
x = normrnd(10,1,25,1);
y = unifrnd(7,13,25,1);
subplot(131);normplot(x)          %见图 12.4 左图
subplot(132);normplot(y)          %见图 12.4 中图
subplot(133);normplot([x,y])      %见图 12.4 右图
```

输出图形如图 12.4 所示。

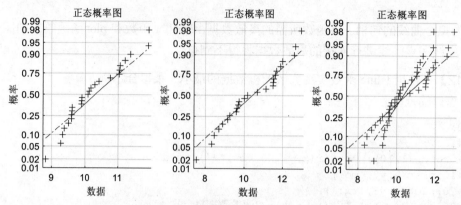

图 12.4　绘制正态分布概率图形示例

5. 盒图

使用 boxplot 函数可以绘制样本数据的盒图。该函数常用的调用格式为：

```
boxplot(X)
boxplot(X,G)
boxplot(axes,X,...)
```

其中，X 为待绘制的变量，G 为附加群变量，axes 为坐标轴句柄。

【例 12-14】　样本数据的盒图绘制示例。

在命令行窗口输入：

```
X = randn(200,25);
subplot(3,1,1);boxplot(X)                              %见图 12.5 上图
subplot(3,1,2);boxplot(X,'plotstyle','compact')        %见图 12.5 中图
subplot(3,1,3);boxplot(X,'notch','on')                 %见图 12.5 下图
```

输出图形如图 12.5 所示。

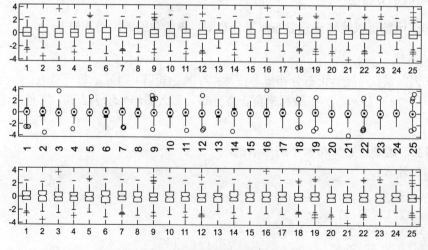

图 12.5　样本数据的盒图绘制示例

6．参考线

MATLAB 提供的 refline 函数和 refcurve 函数可分别绘制一条参考直线、一条参考曲线。

（1）refline 函数的调用格式如下：

```
refline(m,b)
refline(coeffs)
refline
hline = refline(...)
```

其中，m 为斜率、b 为截距；coeffs 为前面两个参数构成的向量；hline 为参考线句柄。

（2）reflcurve 函数的调用格式如下：

```
refcurve(p)
refcurve
hcurve = refcurve(...)
```

其中，p 为多项式系数向量。

【例 12-15】 参考线绘制示例。

在命令行窗口输入：

```
x = 1:10;y = x + randn(1,10);
subplot(121);scatter(x,y,25,'b','*')
lsline
mu = mean(y);hline = refline([0 mu]);set(hline,'Color','r')
title('绘制参考直线')
clear
p = [1 -2 -1 0];t = 0:0.1:3;y = polyval(p,t) + 0.5*randn(size(t));
subplot(122);plot(t,y,'ro')
h = refcurve(p);set(h,'Color','r')
q = polyfit(t,y,3);refcurve(q)
title('绘制参考曲线')
```

输出图形如图 12.6 所示。

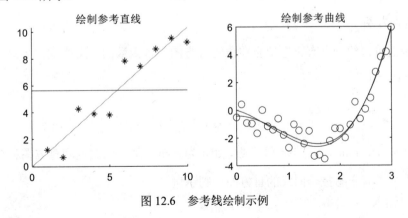

图 12.6 参考线绘制示例

7．样本概率图

使用 capaplot 可以绘制样本的概率图。该函数的调用格式如下所示：

```
     p = capaplot(data,specs)
    [p,h] = capaplot(data,specs)
```

其中，data 为所给样本数据，specs 为指定范围，p 表示在指定范围内的概率。该函数返回来自于估计分布的随机变量落在指定范围内的概率。

【例 12-16】 样本概率图形绘制示例。
在命令行窗口输入：

```
data = normrnd(3,1,100,1);
subplot(121);p1=capaplot(data,[2.9 3.0])
grid on;                          %参考图 12.7 左图
subplot(122);p2=capaplot(data,[2.9 3.1])
grid on                           % 参考图 12.7 右图
```

输出结果如下：

```
p1 =
    0.0370
p2 =
    0.0740
```

输出图形如图 12.7 所示。

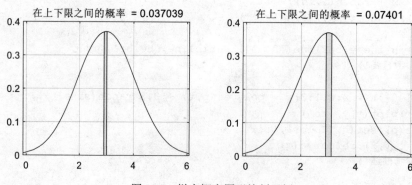

图 12.7　样本概率图形绘制示例

8．正态拟合直方图

使用 histfit 函数可以绘制含有正态拟合曲线的直方图。该函数的调用格式如下：

```
histfit(data)
histfit(data,nbins)
histfit(data,nbins,dist)
h = histfit(...)
```

其中，data 为向量，nbins 指定 bar 的个数，dist 为分布类型。函数返回直方图和正态曲线。

【例 12-17】 含有正态拟合曲线的直方图绘制示例。
在命令行窗口输入：

```
r = normrnd(0,1,200,1);
subplot(121);histfit(r)
h = get(gca,'Children');
```

```
set(h(2),'FaceColor',[.8 .8 1])                     %参考图 12.8 左图
subplot(122);histfit(r,20)
h = get(gca,'Children');
set(h(2),'FaceColor',[.8 .8 1])                     %参考图 12.8 右图
```

程序运行的结果如图 12.8 所示。

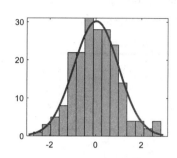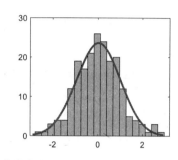

图 12.8   含有正态拟合曲线的直方图绘制示例

12.3   概率分布与计算

对随机数据的重要分析方法包括计算概率密度和概率分布，本节将对概率密度和概率分布计算在 MATLAB 中的实现方式进行介绍。

12.3.1   概率密度计算

MATLAB 提供了用于计算概率密度的函数，同时为了提高效率还提供了用于计算特殊分布的概率密度的专用函数。

1. 通用概率密度计算函数

MATLAB 提供的 pdf 函数用于计算满足各种分布数据的概率密度。该命令的调用格式为：

```
y = pdf(name,X,A)
y = pdf(name,X,A,B)
y = pdf(name,X,A,B,C)
y = pdf(obj,X)
```

该函数返回在 X 处、参数为 A、B、C 时数据的概率密度值，对于不同的分布，参数个数不同；name 为分布函数名，其取值如表 12.2 所示；函数名为高斯联合分布对象。

表 12.2   常见分布函数表

函 数 名	函数说明	函 数 名	函数说明
'beta'或'Beta'	Beta 分布	'ncf'或'Noncentral F'	非中心 F 分布
'bino'或'Binomial'	二项分布	'nct'或'Noncentral t'	非中心 t 分布
'chi2'或'Chisquare'	卡方分布	'ncx2'或'Noncentral Chi-square'	非中心卡方分布
'exp'或'Exponential'	指数分布	'norm'或'Normal'	正态分布
'f'或'F'	F 分布	'poiss'或'Poisson'	泊松分布

（续表）

函　数　名	函数说明	函　数　名	函数说明
'gam'或'Gamma'	GAMMA 分布	'rayl'或'Rayleigh'	瑞利分布
'geo'或'Geometric'	几何分布	't'或'T'	T 分布
'hyge'或'Hypergeometric'	超几何分布	'unif'或'Uniform'	均匀分布
'logn'或'Lognormal'	对数正态分布	'unid'或'Discrete Uniform'	离散均匀分布
'nbin'或'Negative Binomial'	负二项式分布	'weib'或'Weibull'	Weibull 分布

另外，MATLAB 提供的 ksdensity 函数用于求取一般函数/数据的概率密度函数。该函数的调用格式如下所示：

```
[f,xi] = ksdensity(x)
f = ksdensity(x,xi)
ksdensity(...)
ksdensity(ax,...)
[f,xi,u] = ksdensity(...)
[...] = ksdensity(...,'Name',value)
```

其中，x 为待统计的向量，xi 计算概率密度的点，f 为得到的概率密度，ax 指定绘制位置坐标轴对象，Name 和 value 为可选属性及其属性值。

【例 12-18】　概率密度计算示例。

在命令行窗口输入：

```
p1 = pdf('Normal',-2:2,0,1)          % 标准正态分布随机变量在[-2:1:2]处的概率密度值
p2 = pdf('Poisson',0:4,1:5)          % 泊松分布随机变量在点[0:1:4]的密度函数值
MU = [1 2;-3 -5];
SIGMA = cat(3,[2 0;0 .5],[1 0;0 1]);
p=ones(1,2)/2;
obj = gmdistribution(MU,SIGMA,p);
subplot(121)
ezsurf(@(x,y)pdf(obj,[x y]),[-3 3],[-3 3])
                                     %高斯联合分布概率密度函数曲面，见图 12.9 左图
R=randn(1000,1);
fx=sin((1:1000)*pi/500);
[f,xi]=ksdensity(R+5*fx');
subplot(122)
plot(xi,f);axis tight               %任意函数/数据的概率密度分布示例，见图 12.9 右图
```

输出结果如下：

```
p1 =
    0.0540    0.2420    0.3989    0.2420    0.0540
p2 =
    0.3679    0.2707    0.2240    0.1954    0.1755
```

输出图形如图 12.9 所示。

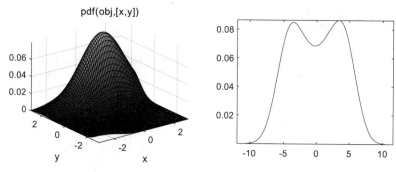

图 12.9 概率密度示例

2. 专用概率密度计算函数

MATLAB 提供用于计算专用函数概率密度函数值的函数有很多，如表 12.3 所示。

表 12.3 专用函数概率密度函数表

函 数 名	说 明
unifpdf	[a,b]上均匀分布（连续）概率密度在 X=x 处的函数值
unidpdf	均匀分布（离散）概率密度函数值
exppdf	参数为 Lambda 的指数分布概率密度函数值
normpdf	参数为 mu, sigma 的正态分布概率密度函数值
chi2pdf	自由度为 n 的卡方分布概率密度函数值
tpdf	自由度为 n 的 t 分布概率密度函数值
fpdf	第一自由度为 n1、第二自由度为 n2 的 F 分布概率密度函数值
gampdf	参数为 a, b 的分布概率密度函数值 betapdf
nbinpdf	参数为 R, P 的负二项式分布概率密度函数值
ncfpdf	参数为 n1, n2, delta 的非中心 F 分布概率密度函数值
nctpdf	参数为 n, delta 的非中心 t 分布概率密度函数值
ncx2pdf	参数为 n, delta 的非中心卡方分布概率密度函数值
raylpdf	参数为 b 的瑞利分布概率密度函数值
weibpdf	参数为 a, b 的韦伯分布概率密度函数值
binopdf	参数为 n, p 的二项分布的概率密度函数值
geopdf	参数为 p 的几何分布的概率密度函数值
hygepdf	参数为 M, K, N 的超几何分布的概率密度函数值
poisspdf	参数为 Lambda 的泊松分布的概率密度函数值

【例 12-19】 计算均匀分布函数概率密度示例。

在命令行窗口输入：

```
y = unidpdf(1:6,10)
```

输出结果如下：

```
y =
   0.1000  0.1000  0.1000  0.1000  0.1000  0.1000
```

12.3.2 概率分布计算

MATLAB 提供了用于计算概率分布的函数,同时为了提高效率还提供了用于计算特殊分布的概率分布的专用函数。

1. 通用概率分布计算函数

使用函数 cdf 可以计算随机变量的概率分布,该函数的调用格式为:

```
Y = cdf('name',X,A)
Y = cdf('name',X,A,B)
Y = cdf('name',X,A,B,C)
Y= cdf(obj,X)
```

该函数返回在 X 处,参数为 A、B、C 的分布的累积概率值,对于不同的分布,参数个数不同;name 为分布函数名;obj 为高斯联合分布对象。name 的取值见表 12.2。

【例 12-20】 概率分布计算示例。

在命令行窗口输入:

```
p1 = cdf('Normal',-2:2,0,1)        %标准正态分布随机变量在[-2:1:2]处的累积概率值
p2 = cdf('Poisson',0:4,1:5)        %泊松分布随机变量在点[0:1:4]的累积概率值
MU = [1 2;-3 -5];
SIGMA = cat(3,[2 0;0 .5],[1 0;0 1]);
p = ones(1,2)/2;
obj = gmdistribution(MU,SIGMA,p);
subplot(121)
ezsurf(@(x,y)cdf(obj,[x y]),[-10 10],[-10 10])     %高斯联合分布的累积概率曲面,见图12.10左图
RAND=randn(1000,1);
fx=sin((1:1000)*pi/500);
[f,xi]=ksdensity(RAND+2000*fx','function','cdf');
subplot(122)
plot(xi,f);axis tight              %任意函数/数据的累积概率分布图示例,见图12.10右图
```

输出结果如下:

```
p1 =
    0.0228    0.1587    0.5000    0.8413    0.9772
p2 =
    0.3679    0.4060    0.4232    0.4335    0.4405
```

输出图形如图 12.10 所示。

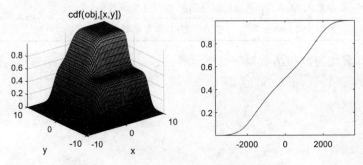

图 12.10 概率分布示例

2. 专用概率分布计算函数

常见专用函数累积概率值函数如表 12.4 所示。

表 12.4 专用函数的累积概率值函数表

函 数 名	说 明
unifcdf	[a,b]上均匀分布（连续）累积分布函数值 F(x)=P{X≤x}
unidcdf	均匀分布（离散）累积分布函数值 F(x)=P{X≤x}
expcdf	参数为 Lambda 的指数分布累积分布函数值 F(x)=P{X≤x}
normcdf	参数为 mu, sigma 的正态分布累积分布函数值 F(x)=P{X≤x}
chi2cdf	自由度为 n 的卡方分布累积分布函数值 F(x)=P{X≤x}
tcdf	自由度为 n 的 t 分布累积分布函数值 F(x)=P{X≤x}
fcdf	第一自由度为 n1、第二自由度为 n2 的 F 分布累积分布函数值
gamcdf	参数为 a, b 的分布累积分布函数值 F(x)=P{X≤x}
betacdf	参数为 a, b 的分布累积分布函数值 F(x)=P{X≤x}
nbincdf	参数为 R, P 的负二项式分布累积分布函数值 F(x)=P{X≤x}
ncfcdf	参数为 n1, n2, delta 的非中心 F 分布累积分布函数值
nctcdf	参数为 n, delta 的非中心 t 分布累积分布函数值 F(x)=P{X≤x}
ncx2cdf	参数为 n, delta 的非中心卡方分布累积分布函数值
raylcdf	参数为 b 的瑞利分布累积分布函数值 F(x)=P{X≤x}
weibcdf	参数为 a, b 的韦伯分布累积分布函数值 F(x)=P{X≤x}
binocdf	参数为 n, p 的二项分布的累积分布函数值 F(x)=P{X≤x}
geocdf	参数为 p 的几何分布的累积分布函数值 F(x)=P{X≤x}
hygecdf	参数为 M, K, N 的超几何分布的累积分布函数值
poisscdf	参数为 Lambda 的泊松分布的累积分布函数值 F(x)=P{X≤x}

提示

累积概率函数就是分布函数 F(x)=P{X≤x}在 x 处的值。

【例 12-21】 求解标准正态分布在区间[-3, 3]上的累积概率分布示例。

在命令行窗口输入：

```
p = normcdf([-3 3])
P1=p(2)-p(1)
```

输出结果如下：

```
p =
    0.0013    0.9987
P1 =
    0.9973
```

3. 概率分布计算逆函数

MATLAB 还提供了 icdf 函数，用于求累积分布的逆函数。该函数的调用格式如下：

```
Y = icdf(name,X,A)
Y = icdf(name,X,A,B)
Y = icdf(name,X,A,B,C)
```

其中 Y 为返回的位置值，其余相关的参数可以参考 cdf 命令。

【例 12-22】 求逆累积分布示例。

在命令行窗口输入：

```
x1 = icdf('Normal',0.1:0.2:0.9,0,1)
```

输出结果如下：

```
x1 =
  -1.2816   -0.5244        0   0.5244    1.28
```

12.4 本 章 小 结

本章介绍了概率统计基础内容在 MATLAB 中的实现方法，包括统计量操作、统计数据分析和统计概率分布与计算等。然而，概率统计涉及的数学知识很多，相关的 MATLAB 操作也很丰富，大部分在本书中没有涉及的知识还需要读者多在实践中学习。

第四篇

拓 展 知 识

该篇主要介绍使用 MATLAB 进行复杂的数据分析处理与编程所需的拓展知识，旨在为读者介绍使用 MATLAB 进行复杂编程的基础知识。该篇各章的主要内容如下。

第 13 章 句柄图形，主要介绍句柄图形对象方面的基础知识，包括句柄图形对象系统、句柄图形对象操作、属性设置；并进一步对句柄图形对象中的六大类型对象包括 Figure 对象、Axes 对象、Core 对象、Plot 对象、Group 对象和 Annotation 对象的基础知识进行说明。通过该章的学习，用户可以了解句柄图形对象系统的结构、各对象所代表的图形内容和操作方法等。

第 14 章 GUI 编程，主要介绍创建 GUI 的方法，包括创建 GUI 控件、菜单和工具栏、对话框等。通过该章的学习，用户可以了解使用 MATLAB 创建 GUI 所需的各功能组件的实现方式与 GUI 的创建实现过程。

第 15 章 Simulink 基础，主要介绍使用 Simulink 进行仿真的基础知识，包括 Simulink 仿真相关的基本概念、工作环境、系统模型、仿真调试和 S 函数等内容。通过该章的学习，用户可以了解使用 Simulink 进行系统建模和仿真的基本步骤，能够获得操作 Simulink 的基础知识。

第 16 章 MATLAB 编译器与接口，主要介绍编译器编译生成独立程序与使用 C/C++调用 MATLAB 接口的实现方式。通过该章的学习，用户可以了解编译器安装与配置方法、编译过程、编译生成独立程序的方法、MEX 文件在接口中的应用方式、MATLAB 文件在接口中的应用方式和计算引擎的调用方式。

第13章 句柄图形

MATLAB 提供了一整套完成和配合完成图形绘制的图形句柄对象，例如线、坐标轴、图框等；本章将初步介绍这一整套图形句柄对象，主要内容包括句柄图形对象体系和操作、对象属性设置、Figure 对象、Axes 对象、Core 对象、Plot 对象、Group 对象和 Annotation 对象等。

知识要点

- 句柄图形体系
- 句柄图形对象操作
- 句柄图形对象属性设置
- Figure 对象
- Axes 对象
- Core 对象
- Plot 对象
- Group 对象
- Annotation 对象

13.1 句柄图形对象系统

句柄图形（Handle Graphics）系统提供创建计算机图形所必需的各种功能，包括创建线、文字、网格、面以及图形用户界面等。本节将介绍句柄图形对象系统的有关内容。

13.1.1 句柄图形对象组织

图 13.1 描述了句柄图形对象系统中包含的不同层次的句柄图形对象。其中，阴影填充部分为句柄图形体系中几类主要的对象；Root 为根对象，代表绘图屏幕，是所有对象的父对象，换而言之，其余对象均为其子对象。

句柄图形对象完全满足基于对象的编程语言的所有特性，在这里主要强调继承性，即每个对象在创建时均会继承父对象的属性。

另外，所有的句柄图形对象都包含两种类型的属性。

- 数据属性：可以用来决定对象的实现和保存的数据。
- 方法属性：用来决定在对对象进行操作时调用的函数。

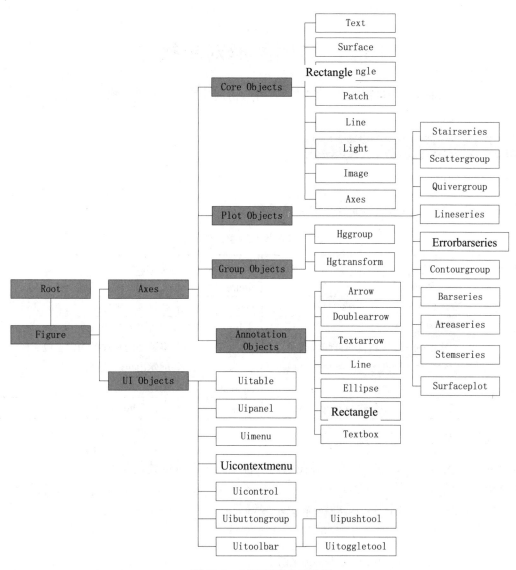

图 13.1　句柄图形对象系统

13.1.2　句柄图形对象简介

MATLAB 将所有的句柄图形对象分为两类：

（1）核心图形对象（Core Object）：提供高级绘图命令（例如 plot 命令）和复合图形对象进行绘图操作的环境。

（2）复合对象，主要包括以下 4 类：

- Plot Objects：由基本的图形对象复合而成，提供设置 Plot Object 属性功能。
- Annotation Objects：同其他图形对象分离，位于单独的绘图层上。
- Group Objects：创建在某个方法发挥作用的群对象。
- UI Objects：用于创建用户界面的用户界面对象。

13.2 句柄图形对象操作

句柄图形对象的基本操作包括对象的创建、保存、访问、复制、删除和输出控制等，本节简要讲述这些操作的实现方法。

13.2.1 创建与保存

1. 创建句柄图形句柄

表 13.1 中列出了 MATLAB 的部分对象创建函数。

表 13.1　句柄图形对象创建函数

函　　数	描　　述	函　　数	描　　述
root	创建 Root 对象	figure	显示图形的窗口
axes	在当前图形中创建 Axes 对象	text	创建位于坐标轴系统中的字符串
image	创建图像对象	light	创建方向光源
line	创建由顺序链接数据的直线段线条	patch	将矩阵的列理解为由多边形构成的面
rectangle	创建矩形或椭圆形的二维填充区域	surface	创建由矩阵数据定义的曲面
uicontextmenu	创建用户文本菜单	annotation	创建注释对象
hgroup	在坐标轴系统中创建 hgroup 对象	hgtransform	创建 hgtransform 对象

下面对部分函数的操作进行示例说明。

【例 13-1】　创建 Rectangle 对象，并在创建过程中指定对象创建的位置。
在命令行窗口输入：

```
subplot(121)              %后续命令绘制图形见图 13.2 左图
rectangle('Position',[0.59,0.35,3.75,1.37],
'Curvature',[0.8,0.4],'LineWidth',2,'LineStyle','--')
subplot(122)              %后续命令绘制图形见图 13.2 右图
rectangle('Position',[1,2,5,10],'Curvature',[1,1], 'FaceColor','r')
```

输出图形如图 13.2 所示。

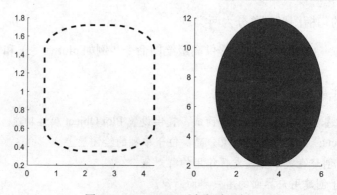

图 13.2　Rectangle 对象创建示例

2．保存图形对象句柄

MATLAB 提供了一些途径来返回关键对象，这使需频繁用到句柄来访问属性值和输出图形对象的操作变得简便。

一般情况下，MATLAB 将句柄保存在函数文件中，然而这并非是获取句柄值的最佳方式，原因如下：

- 在 MATLAB 中查询对象句柄或其他信息的执行效率不高。
- 由于用户交互操作影响，查询方式难以确保句柄值完全正确。

为了保存句柄信息，通常要在句柄图形创建时或文件开始处就保存信息。例如，可以使用以下语句作为 M 文件的开头：

```
cax = newplot;
cfig = get(cax,'Parent');
hold_state = ishold;
```

这样，就无须在每次需要这些信息时都重新进行查询，而且便于以后重新设置。例如，下列程序就利用了 M 文件开头处保存的信息：

```
ax_nextplot = lower(get(cax,'NextPlot'));
fig_nextplot = lower(get(cfig,'NextPlot'));
……
set(cax,'NextPlot',ax_nextplot)
set(cfig,'NextPlot',fig_nextplot)
```

13.2.2 访问、复制和删除

1．访问句柄图形对象

每一个句柄图形对象在创建时都拥有了一个唯一的句柄，通过句柄可以访问句柄图形对象。为了便于访问，可以在创建对象时使用变量获取对象的句柄值；除此之外，还可以使用 findobj 函数，通过特定的属性值来访问句柄图形对象。

findobj 函数的调用格式如下：

```
findobj
h = findobj
h = findobj('PropertyName',PropertyValue,...)
h = findobj('PropertyName',PropertyValue,'-logicaloperator', PropertyName,
PropertyValue,...)
h = findobj('-regexp','PropertyName','regexp',...)
h = findobj('-property','PropertyName')
h = findobj(objhandles,...)
h = findobj(objhandles,'-depth',d,...)
h = findobj(objhandles,'flat','PropertyName',PropertyValue,...)
```

其中，h 为返回的句柄值；PropertyName 为属性名；PropertyValue 为属性值；-logicaloperator 为逻辑运算符，可选-and、-or-、xor、-not，分别代表与、或、异或、非操作；regexp 为正则表达式；-depth 为搜索深度标签；d 为深度值；若没有输入输出参数，则该函数返回 Root 对象及所有的子对象句柄值。

【**例 13-2**】　使用 findobj 函数访问对象，并改变对象的属性。

在命令行窗口输入：

```
clear,clc,clf
x = 0:15;
y = [1.5*cos(x);4*exp(-.1*x).*cos(x);exp(.05*x).*cos(x)]';
h = plot(x,y);
axis([0 16 -4 4])                                      %参考图13.3(a)
set(h(1),'Color','black', 'Marker','o', 'Tag','Decaying Exponential')
set(h(2),'Color','black', 'Marker','square', 'Tag','Growing Exponential')
set(h(3),'Color','black', 'Marker','*', 'Tag','Steady State')
                                                       % 参考图13.3(b)
set(findobj(gca,'-depth',1,'Type','line'),'LineStyle','--')  % 参考图13.3(c)
```

输出图形如图 13.3 所示。

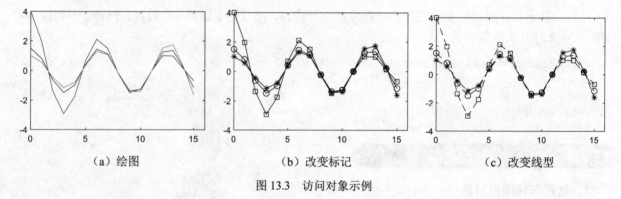

（a）绘图　　　　　　　　（b）改变标记　　　　　　　　（c）改变线型

图 13.3　访问对象示例

2．复制句柄图形对象

MATLAB 提供 copyobj 函数进行对象复制的操作，可以从一个父对象下复制一个对象，并将其复制到其他父对象中。复制目标和复制结果对象有着同样的属性值，唯一不同的是父对象的句柄值和自身句柄值。

copyobj 函数的调用格式如下所示：

```
    new_handle = copyobj(h,p)
```

其中，h 为待复制的句柄图形对象句柄，p 为生成的复制对象的父对象，new_handle 为复制成功后返回的句柄值。

【**例 13-3**】　复制句柄图形对象示例。

在命令行窗口输入：

```
figure(1)
h = surf(peaks);
colormap hot                    %得到图13.4(a)中所示的图形
figure(2)
axes                            % 创建Axes对象
new_handle = copyobj(h,gca);    %复制h到Axes对象中
view(3)
grid on                         %得到图13.4(b)中所示的图形
```

输出图形如图 13.4 所示。

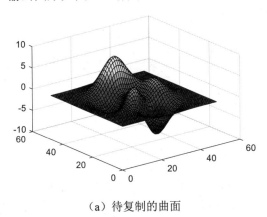
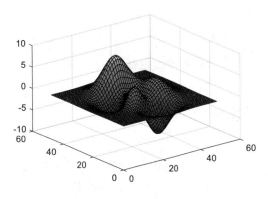

（a）待复制的曲面　　　　　　　　　　　　　（b）复制得到的曲面

图 13.4　复制句柄图形对象示例

3．删除句柄图形对象

MATLAB 提供 delete 函数来实现删除对象的操作。该函数的调用格式如下：

```
delete(h)
```

其中，h 为待删除的对象。

【例 13-4】　删除句柄图形对象示例。

在命令行窗口输入：

```
x = 0:0.05:50;
y = [5*sin(x);4*exp(-.1*x).*cos(x);exp(.05*x).*cos(x)]';
h = plot(x,y);              %见图 13.5(a)
delete(h(1:2))             %见图 13.5(b)
```

输出图形如图 13.5 所示。

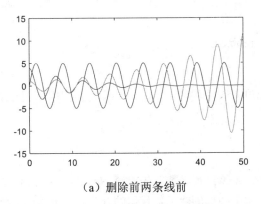
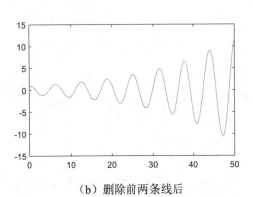

（a）删除前两条线前　　　　　　　　　　　　（b）删除前两条线后

图 13.5　删除句柄图形对象示例

13.2.3　图形输出控制

　　MATLAB 可以同时打开和操作多个图窗口。为了进行正确的操作，MATLAB 设计了一系列的函数用来进行图形输出控制，主要包括以下几个方面：

- 设置图形输出目标。
- 保护图形和坐标轴。
- 关闭图形。

1．设置图形输出目标

MATLAB 默认在当前的图窗口和坐标轴中显示图形，但可以通过在图形创建函数中设置 Parent 属性来指定图形的输出位置，例如：

```
plot(1:10,'Parent',axes_handle)
```

其中，axes_handle 是目的坐标轴的句柄。

在默认情况下，图形创建函数将在当前的图窗口中显示该图形，而且不重置当前窗口的属性。然而，如果图形对象是坐标轴的子对象，为了显示这些图形将会擦除坐标轴并重置坐标轴的大多数属性。用户可以通过设置图窗口和坐标轴的 NextPlot 属性来改变默认情况。

MATLAB 高级图形函数在绘制图形前首先检查 NextPlot 属性，然后来决定是添加还是重置图形和坐标轴。低级对象创建函数则不检查 NextPlot 属性，只是简单地在当前窗口和坐标轴中添加新的图形对象。NextPlot 属性取值范围如表 13.2 所示。

表 13.2　NextPlot 属性的取值范围

NextPlot	Figure 对象	Axes 对象
new	创建新图作为当前图形	--
add	添加图形对象	保持不变
replacechildren	删除子对象但并不重置属性	删除子对象但不重置属性
replace	删除子对象并重置属性	删除子对象并重置属性

hold 命令提供了访问 NextPlot 属性的简便方法。以下语句将图形和坐标轴的 NextPlot 属性都设置为 add：

```
hold on
```

以下语句将图形和坐标轴的 NextPlot 属性都设置为 replace：

```
hold off
```

MATLAB 提供 newplot 函数来简化代码中设置 NextPlot 属性的编写过程。该函数的调用格式如下：

```
newplot
h = newplot
h = newplot(hsave)
```

其中，hsave 为不删除的句柄对象，h 为返回句柄对象。newplot 函数首先检查 NextPlot 属性值，然后根据属性值采取相应的行为。在需要谨慎操作时，应在所有调用图形创建函数代码的开头定义 newplot 函数。

调用 newplot 函数时，可能会遇到以下情况：

（1）检查当前图窗口的 NextPlot 属性

- 如果不存在当前图窗口，就创建一个窗口并将该窗口设为当前窗口。
- 如果 NextPlot 值为 add，就使用当前窗口。

- 如果 NextPlot 值为 replacechildren，就删除窗口的子对象。
- 如果 NextPlot 值为 replace，就删除窗口的子对象，重置窗口属性为默认值。

（2）检查当前坐标轴的 NextPlot 属性

- 如果不存在当前坐标轴，就创建一个坐标轴并设置为当前坐标轴。
- 如果 NextPlot 值为 add，就使用当前坐标轴。
- 如果 NextPlot 值为 replacechildren，就删除坐标轴的子对象，使用当前坐标轴。
- 如果 NextPlot 值为 replace，就删除坐标轴的子对象，重置坐标轴属性为默认值。

在默认情况下，图窗口的 NextPlot 值为 add，坐标轴的 NextPlot 值为 replace。

【例 13-5】 使用 newplot 循环绘制不同线型的曲线。

在 M 文件编辑器窗口中编写如下代码，并在当前路径下保存为 myPlot13_05.m。

```
function myPlot13_05(x,y)
handle = newplot;                    % 返回当前坐标轴对象的句柄
lst = ['- ';'--';': ';'-.'];
set(handle,'FontName','Times','FontAngle','italic')
set(get(handle,'Parent'),'MenuBar','none')
line_handles = line(x,y,'Color','b');
style = 1;
for i = 1:length(line_handles)
    if style > length(lst), style = 1;end
    set(line_handles(i),'LineStyle', lst (style,:))
    style = style + 1;
end
grid on
```

在命令行窗口输入：

```
x = 0:0.05:15;
y = [5*sin(x); 5*cos(x);4*exp(-.1*x).*cos(x);exp(.05*x).*cos(x)];
figure;myPlot13_05 (x,y)
```

输出图形如图 13.6 所示。

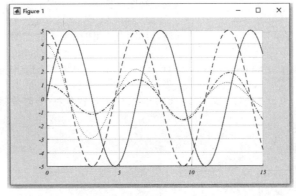

图 13.6　使用 newplot 循环绘制不同线型的曲线

在一些情况下需要改变坐标轴的外观来适应新的图形对象；在改变坐标轴和图窗口之前，最好先测试一下 hold 属性是否为 on，当 hold 属性为 on 时，坐标轴和图窗口的 NextPlot 数值均为 add。

【例 13-6】 检查 hold 属性的状态并以此决定是否更改视图视角。

在 M 文件编辑器窗口中编写如下代码，并在当前路径下保存为 myPlot13_6.m。

```
function myPlot13_06(x,y,z)
cax = newplot;
hold_state = ishold;                      %检测当前的 hold 状态
LSO = ['- ';'--';': ';'-.'];
if nargin == 2
hlines = line(x,y,'Color','k');
if ~hold_state                            %hold 为 off 时，改变视图视角
view(2)
end
elseif nargin == 3
hlines = line(x,y,z,'Color','k');
if ~hold_state                            %hold 为 off 时，改变视图视角
view(3)
end
end
ls = 1;
for hindex = 1:length(hlines)
if ls > length(LSO),ls = 1;end
set(hlines(hindex),'LineStyle',LSO(ls,:))
ls = ls + 1;
end
```

提示

hold 状态为 on 时，调用 my_plot3 时将不改变视图，否则有 3 个输入参数，MATLAB 将视图由二维变为三维。

在命令行窗口输入：

```
x = 0:0.1:5;
y =sin(x);
t = 0:pi/50:10*pi;
subplot(221);
plot(x,y);                               %原始视图，见图 13.7 左上图
subplot(222);
plot3(sin(t),cos(t),t)                   %待叠加图形，见图 13.7 右上图
subplot(223);
plot(x,y);hold off; plot3(sin(t),cos(t),t)   %hold 状态为 off 时叠加图，见图 13.7 左下图
subplot(224);
plot(x,y);hold on; plot3(sin(t),cos(t),t)    %hold 状态为 on 时叠加图，见图 13.7 右下图
```

输出图形如图 13.7 所示。

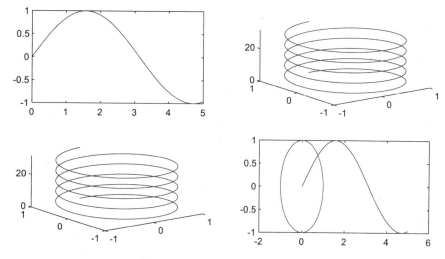

图 13.7 hold 属性决定视角示例

2. 保护图形和坐标轴

在有些绘图情况下，需对图窗口和坐标轴进行保护，以免其成为图形输出的目标。可以通过删除句柄列表中的特定窗口或坐标轴的句柄，使 newplot 和其他句柄返回的函数无法找到该句柄，从而保证该图形对象不会成为其他程序的输出目标。

通过 HandleVisibility 和 ShowHiddenHandles 两个属性可以控制保护对象句柄的可见性。HandleVisibility 是所有句柄图形对象都具备的属性，该属性可取以下值。

- on: 对象句柄可以被任意函数获得，为默认值。
- callback: 对象句柄对所有在命令行中执行的函数隐藏，而对所有回调函数总是可见。
- off: 句柄对所有函数，无论是命令行中执行的还是回调的函数，都是隐藏的。

例如，用户图形界面以文本字符串形式接受用户的输入，并在回调函数中对这个字符串进行处理。如果不对窗口进行保护，输入字符串 "close all" 有可能会导致用户图形界面的关闭。为防止这种情况，需将该窗口关键对象的 HandleVisibility 数值暂时设置为 off，相关命令如下所示：

```
user_input = get(editbox_handle,'String');
set(gui_handles,'HandleVisibility','off')
eval(user_input)
set(gui_handles,'HandleVisibility','commandline')
```

如果被保护的图窗口是屏幕最顶层的窗口，而在它之下存在未保护的窗口，那么使用 gcf 将返回最高层次的未被保护的窗口；gca 的情况与 gcf 相同。

Root 对象的 ShowHiddenHandles 属性控制句柄图形对象的可见性。ShowHiddenHandles 的默认值为 off，当该属性值为 on 时，句柄对所有函数都是可见的。

close 函数可以通过使用 hidden 选项来访问不可见的窗口，例如：

```
close('hidden')
```

即使窗口是被保护的，该语句也将关闭窗口。使用以下语句可关闭所有窗口：

```
close('all','hidden')
```

3．关闭图形

发生以下情况时，MATLAB 将执行由图窗口 CloseRequestFcn 属性定义的关闭请求函数：

- 在图窗口中调用 close 命令。
- 用户退出 MATLAB 时还存在可见的图窗口（如果一个窗口的 Visible 属性值为 off，就退出 MATLAB 时并不执行关闭请求函数，而是会删除该图窗口）。
- 使用窗口系统的关闭菜单或按钮来关闭图窗口。

关闭请求函数有时会非常有用，用户可以在关闭句柄图形对象时进行如下操作：

- 在关闭动作发生前，弹出提示对话框。
- 在关闭前保存数据。
- 避免一些意外关闭的情况。

默认的关闭请求函数保存在一个名为 closereq 的函数文件中，该函数包括以下语句：

```
if isempty(gcbf)
   if length(dbstack) == 1
      warning('MATLAB:closereq',...
      'Calling closereq from the command line is now obsolete,...
 use close instead');
   end
   close force
else
   delete(gcbf);
end
```

使用 HandleVisibility 设置了关闭请求的图形，在任何没有特殊指明关闭的该图形的命令中均可以保护该图形不被关闭，例如：

```
h = figure('HandleVisibility','off')
close          % 图形不关闭
close all       % 图形不关闭
close(h)        % 图形关闭
```

13.3 属 性 设 置

图形对象的属性控制图形对象的外观、行为等很多方面。所谓的属性，包括对象很多方面的信息，如对象类型、子对象和父对象、可视性等。

13.3.1 通用对象属性

MATLAB 所有的句柄图形对象一般都有的通用属性如表 13.3 所示。

表 13.3　句柄图形对象通用属性

属　　性	描　　述	属　　性	描　　述
BeingDeleted	在析构调用时返回一个值	Interruptible	决定回调路径是否可以被中断
BusyAction	控制特定回调函数的中断路径	Parent	父对象句柄值
ButtonDownFcn	控制鼠标动作回调函数路径	Selected	显示对象是否被选取
Children	子对象的句柄值	SelectionHighlight	显示对象被选取状态
Clipping	控制轴对象的显示	Tag	用户定义对象标识
CreateFcn	构造函数回调路径	Type	对象类型
DeleteFcn	析构函数回调路径	UserData	与对象关联的数据
HandleVisibility	控制对象句柄的可用性	Visible	决定对象是否可见
BeingDeleted	在析构调用时返回一个值	Interruptible	决定回调路径是否可以被中断
HitTest	决定在鼠标操作时对象是否为当前对象		

13.3.2　属性设置函数

MATLAB 提供了可以访问任何属性值和设置绝大部分属性值的操作功能。在设置属性值时，属性值改变的顺序与命令中对应的属性值关键词出现的先后顺序有关，例如：

```
figure('Position',[1 1 400 300],'Units','inches')
```

该命令首先在指定的位置处创建指定大小（默认单位为像素点数）的图形对象；如果改变命令的顺序（如下命令），则图形的单位为英寸：

```
figure('Units','inches','Position',[1 1 400 300])
```

这时将产生一张非常大的图形。

提示

属性值一般从左往右由程序先后进行解释。

常用的设置属性的命令为 set，该命令的语法格式如下所示：

```
set(H,'PropertyName',PropertyValue,...)
set(H,a)
set(H,pn,pv,...)
set(H,pn,MxN_pv)
a = set(h)
pv = set(h,'PropertyName')
```

其中，H 为句柄对象句柄值，PropertyName 为属性名，PropertyValue 为属性值，a 为待设置的句柄值，pn、pv 分别为属性名矩阵和属性值矩阵，MxN 为句柄值矩阵的大小。

一般在进行设置前，需要使用 get 函数访问属性。该函数的语法格式如下所示：

```
get(h)
get(h,'PropertyName')
<m-by-n value cell array> = get(H,pn)
a = get(h)
```

```
a = get(0)
a = get(0,'Factory')
a = get(0,'FactoryObjectTypePropertyName')
a = get(h,'Default')
a = get(h,'DefaultObjectTypePropertyName')
```

其中的参数可以参考 set 函数与 MATLAB 帮助文件，在此不具体讲述。

【例 13-7】 设置属性示例。

在命令行窗口输入：

```
figure('Position',[400 200 500 400],'Units','inches')
position1=get(gcf,'Position')           %返回以英寸 inches 为单位的位置向量
set(gcf,'Units','pixels','Position', [400 200 500 400],'Units', 'pixels')
set(gcf,'Units','pixels')
position2=get(gcf,'Position')           %返回以像素 pixels 为单位的位置向量
```

输出结果为：

```
position1 = 4.1563    2.0729    5.2083    4.1667
position2 = 400       200       500       400
```

13.3.3 默认属性设置

如果在新创建的图形中没有定义某个属性值，程序就会采用默认的属性值，因此只需要设置默认的属性，基本可以影响设置后的所有作图。下面介绍设置默认属性的有关内容，即搜索默认属性和定义默认属性值。

1. 搜索默认属性

图 13.8 为 MATLAB 搜索并设置属性值的动作流程。从中可以看出，MATLAB 对默认值的搜索从当前对象开始，沿着对象的继承关系向上层对象进行搜索，直到 Factory 设置值。

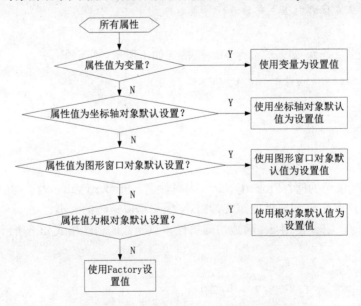

图 13.8 搜索并设置属性值的动作流程图

Factory 设置值是指对所有属性进行设置的默认值。

提示

2. 定义默认属性值

通过 set 函数可以设置默认属性值，但与一般设置使用的属性名不同，需在属性名前添加 Default 字样等。例如，下面的命令设置默认线宽：

```
set(gcf,'DefaultLineLineWidth',2)
```

命令中的属性名为 DefaultLineLineWidth，而不是 LineWidth。

在设置默认属性后，可以使用命令将图形对象中的属性设置为默认值，操作方法一般为在设置时使用'default'作为属性值。

MATLAB 还提供了删除默认属性的方法，可将默认属性值设置为'remove'。

【例 13-8】 使用未设置和设置默认线型和颜色后分别进行绘图。

在命令行窗口输入：

```
Z = peaks;
figure;plot(1:49,Z(1:2:7,:))                   %修改默认设置前，参考图 13.9（a）
set(0,'DefaultAxesColorOrder',[0 0 0],'DefaultAxesLineStyleOrder', '-|--|:|-.')
figure; plot(1:49,Z(1:2:7,:))                  %修改默认设置后，参考图 13.9（b）
set(0,'DefaultAxesColorOrder','remove', 'DefaultAxesLineStyleOrder', 'remove')
                                               %删除修改
```

得到的图形如图 13.9 所示。

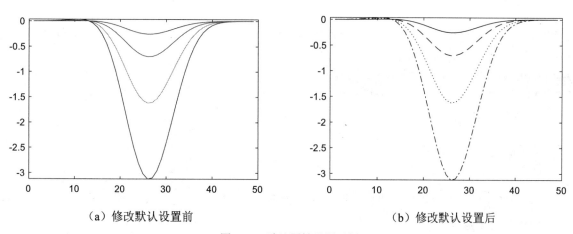

（a）修改默认设置前   （b）修改默认设置后

图 13.9 默认属性设置示例

【例 13-9】 设置不同对象层次上对象的默认属性示例。

在命令行窗口输入：

```
t = 0:pi/20:2*pi;
s = exp(sin(t));
c = exp(cos(t));
figh = figure('DefaultAxesColor',[.8 .8 .8]);  % 设置 Axes 对象的 Color 属性
axh1 = subplot(1,2,1); grid on
```

```
set(axh1,'DefaultLineLineStyle','-.')        % 设置第 1 个 Axes 对象的 LineStyle 属性
line('XData',t,'YData',s)
line('XData',t,'YData',c)
text('Position',[3 .4],'String','text direction')        %见图 13.10 左图
axh2 = subplot(1,2,2); grid on
set(axh2,'DefaultTextRotation',90)            %设置第 2 个 Axes 对象的文字旋转属性
line('XData',t,'YData',s)
line('XData',t,'YData',c)
text('Position',[3 .4],'String',' text direction')        %见图 13.10 右图
```

输出图形如图 13.10 所示。

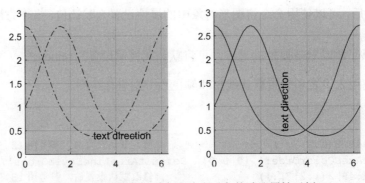

图 13.10   设置不同对象层次上对象的默认属性示例

13.4   Figure 对象

Figure 对象提供图像显示的窗口，其组件包括菜单、工具栏、用户界面对象、坐标轴对象及其子对象以及其他所有类型的图形对象。

13.4.1   Figure 对象简介

Figure 对象主要提供了两个功能：

- 包含数据图形。
- 包含图形用户界面（GUI）。

这两个功能可以彼此区分，也可以同时使用。例如，在 GUI 中也可以绘制数据。

1. 包含数据图形

可以使用绘制图形的命令（例如 plot 和 surf 等）自动创建 Figure 对象。Figure 对象可以被 gcf 相关命令用来获取当前 Figure 对象句柄，例如：

```
get(gcf)
```

也可以通过根对象的 CurrentFigure 属性来获取当前 Figure 对象的句柄值。如果没有 Figure 对象，将会返回一个空值。其命令类似于下面的命令：

```
get(0,'CurrentFigure')        %提示：根对象的句柄值为 0。
```

【**例 13-10**】 使用 surf 函数和 mesh 函数创建 Figure 对象示例。

在命令行窗口输入：

```
figure;
[X,Y] = meshgrid(-8:.5:8);
R = sqrt(X.^2 + Y.^2) + eps;
Z = sin(R)./R;
mesh(X,Y,Z); %参考图 13.11(a)
figure;
[x,y,z] = sphere(32);
c = hadamard(32);
surf(x,y,z,c);
colormap([1  1  0; 0  1  1])
axis equal %参考图 13.11(b)
```

输出图形如图 13.11 所示。

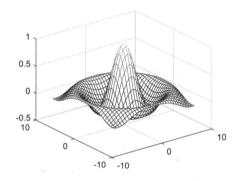

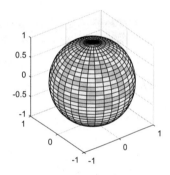

（a）mesh 函数创建 Figure 对象示例　　　　　（b）surf 函数创建 Figure 对象示例

图 13.11　使用 surf 函数和 mesh 函数创建 Figure 对象示例

2. 包含用户图形界面

在交互程序中，用户图形界面（GUI）的使用很普遍，其应用包括最简单的提示框到极其复杂的交互界面。使用 Figure 对象去满足 GUI 的需求时，可以对该对象的许多属性进行设置，这些设置主要包括：

- 显示或隐藏菜单栏（MenuBar）。
- 更改 Figure 对象标识名称（Name）。
- 控制用户对图像句柄的访问（HandleVisibility）。
- 创建回调函数用于用户调整图形时执行其他功能（ResizeFcn）。
- 控制工具栏的显示（Toolbar）。
- 设置快捷菜单（UIContextMenu）。
- 定义鼠标发生动作时的回调函数（WindowButtonDownFcn、WindowButtonMotionFcn、WindowButtonUpFcn）。
- 设置图窗口风格（WindowStyle）。

13.4.2　Figure 对象操作

Figure 对象的操作常用函数如表 13.4 所示。

表 13.4　Figure 对象操作函数

函　　数	说　　明	函　　数	说　　明
clf	清除当前图窗口内容	hgsave	分层保存句柄图形对象
close	关闭图形	newplot	决定绘制图形对象的位置
closereq	默认图形关闭请求函数	opengl	控制 OpenGL 表达
drawnow	更新事件队列与图窗口	refresh	重新绘制当前图形
gcf	当前图像句柄	saveas	保存图像
hgload	分层加载句柄图形对象	hgsave	分层保存句柄图形对象
shg	显示最近绘制的图窗口	figure	创建 Figure 对象

13.5　Axes 对象

本节介绍与 Axes 对象有关的操作。

13.5.1　Axes 对象简介

Axes 对象提供绘制各个数据点的显示位置，这在 MATLAB 绘图操作中非常重要。由于 Axes 对象的存在，很多功能都得以实现，包括：

- 标签与外观。
- 位置控制。
- 一图多轴。
- 坐标轴控制。
- 颜色控制。
- 其他常用绘图操作。

本节后续的内容将介绍这些操作。

13.5.2　Axes 对象操作

1. 标签与外观

MATLAB 程序提供了用于控制外观的属性，用于控制坐标轴的显示，例如图 13.12 中显示的一些属性。

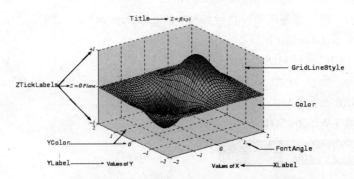

图 13.12　MATLAB 提供的部分坐标轴显示控制属性

图 13.12 中的坐标轴属性可以通过下面这条命令进行设置：

```
h = axes('Color',[.9 .9 .9],...
         'GridLineStyle','--',...
         'ZTickLabel','-1|Z = 0 Plane|+1',...
         'FontName','times', 'FontAngle','italic', 'FontSize',14,...
         'XColor',[0 0 .7], 'YColor',[0 0 .7], 'ZColor',[0 0 .7]);
```

既可以通过 xlabel、ylabel、zlabel 和 title 等函数来创建坐标轴标签，也可以使用 set 函数设置坐标轴标签，例如下面的命令可实现图 13.12 中相应的坐标轴标签：

```
set(get(axes_handle,'XLabel'),'String','Values of X')
set(get(axes_handle,'YLabel'),'String','Values of Y')
set(get(axes_handle,'Title'),'String','\fontname{times}\itZ = f(x,y)')
```

需要用到字体设置时，可以参考下面命令中的设置方式：

```
set(get(h,'XLabel'),'String','Values of X', 'FontName','times',
                    'FontAngle','italic', 'FontSize',14)
```

2．位置控制

位置控制功能可以控制图窗口中坐标轴对象的大小和位置，位置属性可以使用下面的向量进行表示：

```
[left bottom width height]
```

该向量代表的含义如图 13.13 所示。其中，图（a）为在二维图形中向量所代表的位置，图（b）为在三维图形中向量所代表的位置。

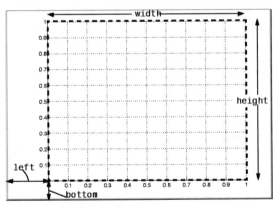

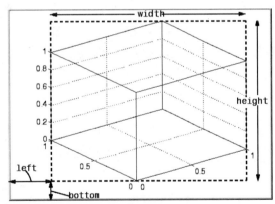

（a）二维图形位置　　　　　　　　　　　　　　（b）三维图形位置

图 13.13　坐标系位置向量说明

设置位置时，需注意使用的单位。在 MATLAB 中可以使用下面的命令设置多种单位：

```
set(gca,'Units')
```

可获取的可用单位如下：

```
[ inches | centimeters | {normalized} | points | pixels ]
```

依次为：英寸、厘米、归一化的单位、点、像素。

3．一图多轴

创建多个坐标轴对象最简单的方法是，使用 subplot 函数自动计算和设置新的坐标轴对象的位置和大小。在更高级的使用中，subplot 函数显然不能满足使用要求了。例如，在图形中设置相互重叠的坐标轴对象，以达到创建更有意义的图形的目的：

- 在坐标轴外放置文本。
- 在同一个图形中显示不同缩放尺度的图形。
- 显示双坐标轴。

下面介绍这几种功能的实现方法。

（1）在坐标轴外放置文本

文本对象均在坐标轴对象的显示范围内，但有时候需要在显示区域外创建文本，这时可以通过新建坐标轴并在新的坐标轴中创建文本对象，而后再进行显示来实现。

【例 13-11】 在坐标轴外放置文本示例。

在命令行窗口输入：

```
h = axes('Position',[0 0 1 1],'Visible','off');
axes('Position',[.25 .1 .7 .8])
t = 0:2000;
plot(t,sin (-0.005*t))              %参考图 13.14(a)
str(1) = {'Plot of Sine:'};
str(2) = {' y = sin(x)'};
set(gcf,'CurrentAxes',h)
text(.025,.6,str,'FontSize',12)     %参考图 13.14(b)
```

输出图形如图 13.14 所示。其中，图（a）为放置在当前坐标轴对象中的图形，图（b）为在另一个坐标轴对象中放置文本对象后的图形。

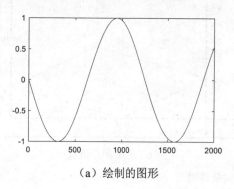

（a）绘制的图形

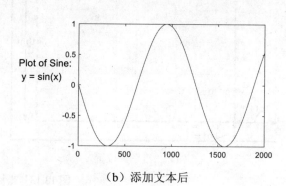

（b）添加文本后

图 13.14　在坐标轴外放置文本示例

（2）在同一个图形中显示不同缩放尺度的图形

通过设置坐标轴对象在窗口中的位置可以在同一个窗口绘制多个图形,这些图形的缩放尺寸都可以不同。

【例 13-12】 在同一个图形中显示不同缩放尺度的图形示例。

在命令行窗口中输入：

```
t = 0:pi/10:2*pi;
[X,Y,Z] = cylinder(2+cos(t));
axis square
h(1) = axes('Position',[0 0 1 1]);
surf(X,Y,Z)
h(2) = axes('Position',[0 0 .4 .6]);
surf(X,Y,Z)
h(3) = axes('Position',[0 .5 .5 .5]);
surf(X,Y,Z)
h(4) = axes('Position',[.5 0 .4 .4]);
surf(X,Y,Z)
h(5) = axes('Position',[.5 .5 .5 .3]);
surf(X,Y,Z)                          %参考图 13.15(a)
set(h,'Visible','off')               %消去坐标轴显示，参考图 13.15(b)
```

输出图形如图 13.15 所示，从图（a）中可以看到每个图都在不同的坐标轴对象中绘制，而从图（b）中看则似乎为在一个坐标轴对象中绘制而成。

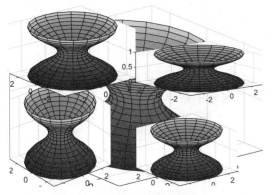

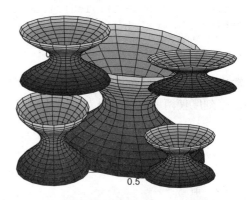

（a）消隐坐标显示前   （b）消隐坐标显示后

图 13.15   在同一个图形中显示不同缩放尺度的图形

> 在同一个图形中显示不同缩放尺度的图形，实质为在不同的坐标轴对象中绘制图形。为了更好地表达目的，消隐不需要的坐标显示很重要。

（3）显示双坐标轴

使用 XAxisLocation 和 YAxisLocation 属性可以设置坐标轴标签和标度的显示位置，进而可以在一个图形中创建两个不同的 XY 轴显示配对。这种技术在实际应用中有着较大的价值。

【例 13-13】 双坐标轴显示示例。

在命令行窗口输入：

```
%准备数据
x1 = [0:.1:40];
y1 = 4.*sin(x1)./(x1+eps);
x2 = [1:.002:20];
y2 = sin(x2);
%显示第一个坐标轴对象
hl1 = line(x1,y1,'Color','r');
```

```
ax1 = gca;
set(ax1,'XColor','r','YColor','r')                          %参考图13.16(a)
%添加第二个坐标轴显示对象
ax2 = axes('Position',get(ax1,'Position'),...
            'XAxisLocation','top','YAxisLocation','right',...
            'Color','none', 'XColor','k','YColor','k');
hl2 = line(x2,y2,'Color','k','Parent',ax2)                  %参考图13.16(b)
xlimits1 = get(ax1,'XLim');
ylimits1 = get(ax1,'YLim');
xinc1 = (xlimits1(2)-xlimits1(1))/5;
yinc1= (ylimits1(2)-ylimits1(1))/5;
xlimits2 = get(ax2,'XLim');
ylimits2 = get(ax2,'YLim');
xinc2 = (xlimits2(2)-xlimits2(1))/5;
yinc2 = (ylimits2(2)-ylimits2(1))/5;
%设置标度显示
set(ax1,'XTick',[xlimits1(1):xinc1:xlimits1(2)], ...
'YTick',[ylimits1(1):yinc1:ylimits1(2)])                    %参考图13.16（c）
set(ax2,'XTick',[xlimits2(1):xinc2:xlimits2(2)],...
        'YTick',[ylimits2(1):yinc2:ylimits2(2)])
grid on                                                     %显示栅格，参考图13.16(d)
```

　　输出图形如图13.16所示。其基本的绘图步骤为：分别建立坐标轴对象并分别绘制两个数据的图形，然后调整刻度使两者刻度可以对齐，最后添加栅格增强图形显示的效果。

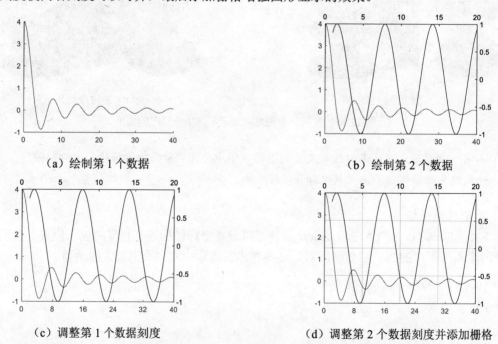

（a）绘制第1个数据　　　　　　　　　　　　（b）绘制第2个数据

（c）调整第1个数据刻度　　　　　　　　　（d）调整第2个数据刻度并添加栅格

图13.16　双坐标轴显示示例

4．坐标轴控制

实现坐标轴控制的相关属性如表13.5所示。

表 13.5 坐标轴控制相关属性

属　　　性	目　　　的
XLim、YLim、ZLim	设置坐标轴显示范围
XLimMode、YLimMode、ZLimMode	设置坐标轴显示控制模式
XTick、YTick、ZTick	设置刻度位置
XTickMode、YTickMode、ZTickMode	设置刻度位置控制模式
XTickLabel、YTickLabel、ZTickLabel	设置坐标轴标签
XTickLabelMode、YTickLabelMode、ZTickLabelMode	设置坐标轴标签控制模式
XDir、YDir、ZDir	设置增量方向

【例 13-14】 坐标轴显示范围控制。

在命令行窗口输入：

```
t = 0:0.05*pi:20*pi;
plot(t, sin(t)./(t+eps))             %参考图 13.17(a)
grid on
set(gca,'XLim',[0 60])               %调整 X 轴显示范围，参考图 13.17(b)
set(gca,'YTick',[-0.2 -0.1 -0.05 0 0.05 0.1 0.2 1])
                                     %调整 Y 轴显示刻度，参考图 13.17(c)
set(gca,'YTickLabel', {"-0.2" "-0.1" "-0.05" "zero" "0.05" "0.1" "0.2"})
                                     %字符串取代刻度值，参考图 13.17(d)
```

程序运行结果如图 13.17 所示。

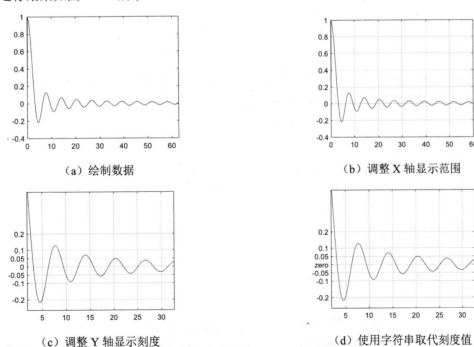

（a）绘制数据　　　　　　　　　　　　　　（b）调整 X 轴显示范围

（c）调整 Y 轴显示刻度　　　　　　　　　　（d）使用字符串取代刻度值

图 13.17 坐标轴显示控制

【例 13-15】 坐标轴增量方向逆转示例。

在命令行窗口输入：

```
t = 0:pi/10:2*pi;
[X,Y,Z] = cylinder(2+cos(t));
surf(X+3,Y+3,Z)                                        %参考图 13.18(a)
set(gca,'XDir','rev','YDir','rev','ZDir','rev')        %参考图 13.18(b)
```

输出图形如图 13.18 所示。

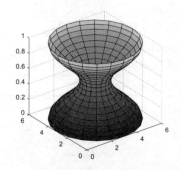
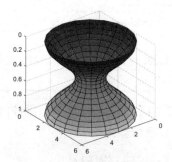

（a）坐标增量方向逆转前　　　　　　　　　　（b）坐标增量方向逆转后

图 13.18　坐标增量方向逆转控制

5. 颜色控制

坐标轴对象属性中与颜色相关的属性如表 13.6 所示。

表 13.6　颜色相关的属性

属　　性	控制特征	属　　性	控制特征
Color	坐标轴对象的背景颜色	CLim	调色板相关控制
XColor, YColor, ZColor	轴线、刻度、栅格项和标识颜色	CLimMode	调色板相关控制模式
Title	标题颜色	ColorOrder	线颜色自动循环顺序
XLabel, YLabel, Zlabel	标签文本颜色	LineStyleOrder	线风格自动循环顺序

例如，下面的命令可将背景颜色设置为白色，并将这个图形以黑白颜色表示：

```
%设置轴对象中的背景颜色为白色，轴线颜色为黑色
set(gca,'Color','w', 'XColor','k', 'YColor','k', 'ZColor','k')
%设置轴对象中的文本颜色为黑色
set(get(gca,'Title'),'Color','k')
set(get(gca,'XLabel'),'Color','k')
set(get(gca,'YLabel'),'Color','k')
set(get(gca,'ZLabel'),'Color','k'
%设置图形对象的背景颜色为白色
set(gcf,'Color','w')
```

6. 其他常用绘图操作

MATLAB 提供的 Axes 对象常用绘图操作函数如表 13.7 所示。

表 13.7　Axes 对象绘图操作函数

函　　数	操　　作	函　　数	操　　作
axis	设置轴线分度和外观	gca	获取当前坐标轴对象句柄值
box	设置坐标轴对象边界	grid	绘制栅格网线
cla	清除当前坐标轴对象	ishold	测试图形保留状态

【例 13-16】 使用 grid 命令添加网格线示例。

在命令行窗口输入：

```
r= randn(1,30);
subplot(2,2,1);plot(r);title('grid off')                %参考图 13.19 左上图
subplot(2,2,2);plot(r);grid on;title('grid on')         %参考图 13.19 右上图
subplot(2,2,[3 4]);plot(r);grid(gca,'minor');title('grid minor')
                                                        %参考图 13.19 下图
```

输出图形如图 13.19 所示。

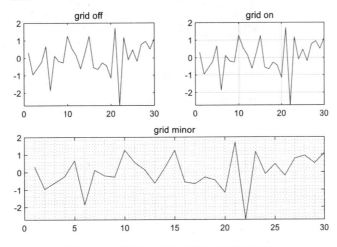

图 13.19　使用 grid 命令添加网格线示例

13.6　Core 对象

与 Axes 对象不同，Core 对象为绘图元素，而 Axes 更侧重于代表数据。Core 对象包括下列基本绘图元素：

- 线、文本、多边形等。
- 特殊对象，如面等。
- 图像。
- 光线对象。

部分 Core 对象的创建函数如表 13.8 所示。

表 13.8　Core 对象绘图命令

函　　数	操　　作	函　　数	操　　作
axes	创建轴对象	patch	创建斑块对象
image	创建图像对象	rectangle	创建矩形对象及椭圆对象
light	创建光线对象	surface	创建面对象
line	创建线对象	text	创建文本对象

图 13.20 中表现了部分典型的 Core 图形对象。

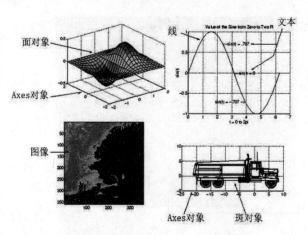

图 13.20　部分典型的 Core 图形对象

【例 13-17】　Core 对象中 Patch 对象创建示例。

在命令行窗口输入：

```
xdata = [2 2 0 2 5; 2 8 2 4 5; 8 8 2 4 8];
ydata = [4 4 4 2 0; 8 4 6 2 2; 4 0 4 0 0];
zdata = ones(3,5);
subplot(221);patch(xdata,ydata,zdata,'w')                %见图 13.21 左上图
verts = [2 4;2 8;8 4;8 0;0 4;2 6;2 2;4 2;4 0;5 2;5 0 ];
faces = [1 2 3;1 3 4;5 6 1;7 8 9;11 10 4 ];
patchinfo.Vertices = verts;
patchinfo.Faces = faces;
patchinfo.FaceColor = 'k';
subplot(222);patch(patchinfo);                           %见图 13.21 右上图
subplot(223); patch('Faces',faces,'Vertices',verts,'FaceColor','b');
                                                         %见图 13.21 左下图
subplot(224); p =patch(xdata,ydata,zdata,'w')
set(gca,'CLim',[0 40])
cdata = [15 30 25 2 60]';
set(p,'FaceColor','flat','FaceVertexCData',cdata,'CDataMapping','scaled')
                                                         %见图 13.21 右下图
```

输出图形如图 13.21 所示。

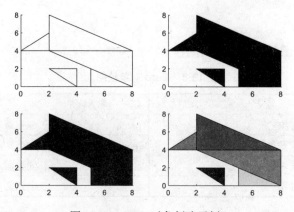

图 13.21　Patch 对象创建示例

13.7 Plot 对象

本节介绍 Plot 对象和在 Plot 对象中连接数据的操作方法。

13.7.1 创建 Plot 对象

Plot 对象可以分为 Axes 对象和 Group 对象，具体的子对象如表 13.9 所示。

表 13.9 Plot 对象

对 象	目 的	对 象	目 的
areaseries	创建 area 图形对象	quivergroup	创建 quiver 或 quiver3 图形对象
barseries	创建 bar 图形对象	scattergroup	创建 scatter 或 scatter3 图形对象
contourgroup	创建 contour 图形对象	stairseries	创建 stairs 图形对象
errorbarseries	创建 errorbar 图形对象	stemseries	创建 stem 或 stem3 图形对象
lineseries	创建 line 图形对象	surfaceplot	创建 surf 或 mesh 群图形对象

【例 13-18】 创建 mesh 对象和 surf 对象示例。

在命令行窗口输入：

```
[x,y] = meshgrid(-10:0.5:10);
r=sqrt(x.^2+y.^2)+eps;
z=sin(r)./r;
subplot(121);mesh(x,y,z);          %见图 13.22 左图
subplot(122);surf(x,y,z);          %见图 13.22 右图
```

输出图形如图 13.22 所示。

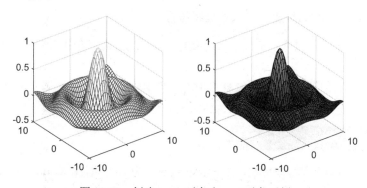

图 13.22 创建 mesh 对象和 surf 对象示例

13.7.2 连接变量

使用 Plot 对象可以连接包含数据的 MATLAB 表达式。例如，lineseries 对象带有 XData、YData 和 ZData 属性的数据来源属性，也被称为 XDataSource、YDataSource 和 ZDataSource 属性。正确地使用数据来源属性，需要注意：

- 设置数据来源属性的属性值为数据变量名。
- 计算变量的最新值。

- 调用 refreshdata 函数更新对象数据（其可以使用工作区或工作目录下的函数）。

【例 13-19】 通过连接数据实现绘图图形中数据的自动更新示例。

在命令行窗口输入：

```
t = 0:pi/20:40;
y =sin(t)+cos(t);
subplot(121); plot(t,y);
subplot(122);h = plot(t,y,'YDataSource','y');      %参考图 13.23 左图
y = sin(t).*exp(-0.05*t);
refreshdata(h,'caller')                            %参考图 13.23 右图
```

程序运行结果如图 13.23 所示。

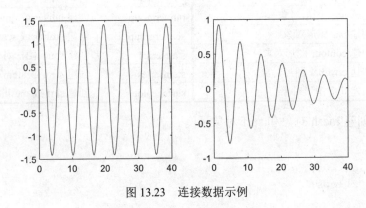

图 13.23　连接数据示例

13.8　Group 对象

Group 对象对由 Axes 子对象构成的对象群提供进行统一操作的快捷方式，其包括两种类型。

- hggroup 对象：用于同时创建对象群中的所有对象或控制所有对象的显示等，使用前需用 hggroup 函数先行创建。
- hgtransform 对象：用于同时转换对象群中的所有对象，例如进行旋转、平移和缩放等，使用前需用 hgtransform 函数先行创建。

13.8.1　创建 Group 对象

通过将对象群中的对象设置为对象群对象的子对象，就可以创建 Group 对象。对象群对象包括 hggroup 对象或 hgtransform 对象。

【例 13-20】 创建 hggroup 对象，进行对象群的消隐操作。

在命令行窗口输入：

```
x=rand(5,3);
subplot(121); bar(x);          %创建 3 个 barseries 对象，参考图 13.24 左图
subplot(122);h=bar(x);
hg = hggroup;
set(h(1:2:3),'Parent',hg)      %设置 barseries 对象为 hggroup 对象的子对象
set(hg,'Visible','off')        %消隐对象群中的对象，参考图 13.24 右图
```

输出图形如图 13.24 所示。

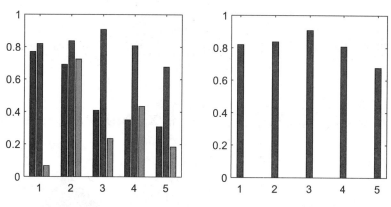

图 13.24　创建 Group 对象示例

13.8.2　对象变换

图形对象变换在计算机图形学中有着重要应用。MATLAB 提供了 makehgtform 函数来求取进行图形对象变换的函数，该函数调用格式如下：

```
M = makehgtform
M = makehgtform('translate',[tx ty tz])
M = makehgtform('scale',s)
M = makehgtform('scale',[sx,sy,sz])
M = makehgtform('xrotate',t)
M = makehgtform('yrotate',t)
M = makehgtform('zrotate',t)
M = makehgtform('axisrotate',[ax,ay,az],t)
```

其中，[tx ty tz]为平移向量，t 为旋转弧度，[sx,sy,sz]和 s 为缩放系数，[ax,ay,az]为旋转轴轴线方向向量，M 为返回的转换矩阵。

【例 13-21】　使用 makehgtform 函数对 hgtransform 对象进行变换示例。
命令如下：

```
subplot(121); surf(peaks(40)); view(-20,30)       %变换前原图，参考图 13.25 左图
subplot(122);h = surf(peaks(40)); view(-20,30)
t = hgtransform;
set(h,'Parent',t)
ry_angle = -60*pi/180;                            %旋转弧度
Ry = makehgtform('yrotate',ry_angle)              %绕 Y 轴旋转矩阵
Tx1 = makehgtform('translate',[-20 0 0])          %沿 X 轴平移矩阵
Tx2 = makehgtform('translate',[20 0 0])           %沿 X 轴平移矩阵
set(t,'Matrix',Tx2*Ry*Tx1)                        %变换后图形，参考图 13.25 右图
```

输出结果如下：

```
Ry =      0.5000          0    -0.8660          0
               0     1.0000          0          0
          0.8660          0     0.5000          0
               0          0          0     1.0000
```

```
Tx1 =    1      0      0    -20
         0      1      0      0
         0      0      1      0
         0      0      0      1
Tx2 =    1      0      0     20
         0      1      0      0
         0      0      1      0
         0      0      0      1
```

输出图形如图 13.25 所示。变换的过程为，将图形沿 X 轴平移-20，绕 Y 轴旋转-60°，再将图形沿 X 轴平移 20。

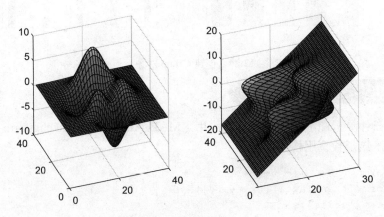

图 13.25　对象变换示例

13.9　Annotation 对象

通过 Annotation 对象可以实现在图形中进行注释。常见的 Annotation 对象包括箭头、双箭头、椭圆、线、矩形、文本箭头、文本框等，这些对象一般放置在最高层的 Axes 对象中显示。

通过 annotation 函数可以创建 Annotation 对象，该函数的调用格式如下：

```
annotation(annotation_type)
annotation('line',x,y)
annotation('arrow',x,y)
annotation('doublearrow',x,y)
annotation('textarrow',x,y)
annotation('textbox',[x y w h])
annotation('ellipse',[x y w h])
annotation('rectangle',[x y w h])
annotation(figure_handle,...)
annotation(...,'PropertyName',PropertyValue,...)
anno_obj_handle = annotation(...)
```

其中，annotation_type 为创建的注释框类型，可选'line'、'arrow'、'doublearrow'、'textarrow'、'textbox'、'ellipse' 和'rectangle'；x、y、w、h 分别为位置和形状参数；'PropertyName'和 PropertyValue 分别为注释属性名和属性值；figure_handle 为图形句柄；anno_obj_handle 为返回的注释对象句柄。

【例 13-22】　创建 Annotation 对象示例。

在命令行窗口输入：

```
subplot(121);plot(1:10,1:10);
annotation('textbox', [.15 .5 .1 .1], 'String', 'Straight Line');
                                          %参考图 13.26 左图
subplot(122);plot(1:10,1:10);
a = annotation('textarrow', [.7 .725], [.6 .5], 'String' , 'Straight Line');
                                          % 参考图 13.26 右图
```

输出图形如图 13.26 所示。

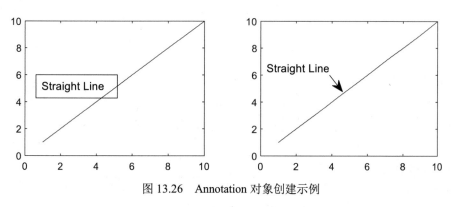

图 13.26　Annotation 对象创建示例

13.10　本 章 小 结

本章初步介绍了图形句柄对象，主要内容包括句柄图形对象体系和操作、对象属性设置、Figure 对象、Axes 对象、Core 对象、Plot 对象、Group 对象和 Annotation 对象等。掌握好句柄图形的调用，会使 MATLAB 图形编程变得简便，然而本书只做了初步介绍，必要时还请读者多参考帮助文件。

第14章 GUI 编程

GUI（图形用户界面）编程为 MATLAB 图形对象句柄的高级编程应用，学习 GUI 编程内容有利于进一步理解句柄图形对象。本章将介绍 GUI 编程有关知识，包括 GUI 基础、控件、菜单、工具栏、对话框、布局和 GUI 行为控制等有关内容。

知识要点

- GUI 基础知识
- GUI 控件
- GUI 菜单
- GUI 工具栏
- 对话框
- 布局
- GUI 行为控制编程

14.1 GUI 基础

GUI 编程是 MATLAB 编程应用的核心之一，在 MATLAB 将来的版本中会将 GUI 功能转移到 APP 功能中，考虑老用户的需求，本书下面接续介绍 MATLAB GUI 编程有关知识。

14.1.1 GUI 介绍

GUI 是一种包含多种控件对象的图窗口，可以支持用户进行交互操作。GUI 控件包括菜单、工具栏、按钮、对话框等。典型的 GUI 如图 14.1 所示。

在图 14.1 所示的 GUI 中，包含了以下控件：

- 一个坐标轴对象控件，用于绘制图形。
- 一个弹出菜单控件，用于选择数据。
- 一个静态文本控件，用于标示弹出菜单。
- 三个按钮，用于提供不同绘制方式的选取途径。

在这个界面中，可以进行独立于命令输入窗口的交互操作，只需要单击相应按钮便能完成操作。例如，单击弹出菜单选择 sinc，然后单击 Surf 按钮，得到如图 14.2 (a) 所示的图形；继续单击 Mesh 按钮，得到如图 14.2 (b) 所示的图形。

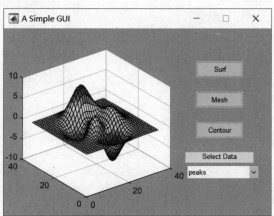

图 14.1 典型的 GUI 示例

在前文中已经介绍了 MATLAB 句柄图形系统，GUI 中所有的对象包含在这些系统中，与 GUI 相关的对象组织结构也包含在图 14.1 中。

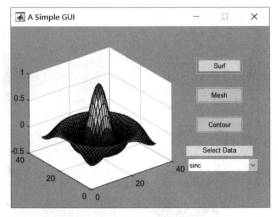

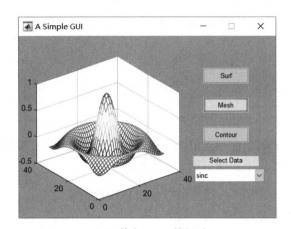

（a）单击弹出菜单选择 sinc 后　　　　　　　　　　（b）单击 Mesh 按钮后

图 14.2　GUI 交互操作

14.1.2　创建 GUI

可以通过两种途径来创建 GUI：

- 使用 GUI 创建向导 GUIDE。
- 通过编辑代码文件创建。

1．使用 GUI 创建向导 GUIDE

使用 GUI 创建向导 GUIDE 一般包含以下步骤：

（1）启动 GUIDE。
（2）创建 GUI 对象。
（3）添加控件。
（4）编写回调函数。
（5）执行 GUI。

在下文中将具体介绍这些步骤，这里暂不详述。

2．通过编辑代码文件创建

代码文件一般包含以下部分：

（1）用于显示在 MATLAB help 命令下的注释行。
（2）初始化任务。
（3）图与控件的建构。
（4）保证控件存在和返回输出的初始化任务。
（5）回调控件，用于响应用户操作。
（6）功能函数。

典型的 MATLAB GUI 实现的代码模板如下：

```
function varargout = mygui(varargin)
%MYGUI 简单描述
```

315

```
%显示在帮助中的注释行
%初始化任务
%图与控件的建构;
%初始化任务
%回调控件
%功能函数
end
```

向命令行窗口输入 mygui 命令即可执行 GUI 创建文件。下面通过简单示例对两种方法进行演示。

【例 14-1】 图 14.1 的 GUI 实现。

在命令行窗口输入:

```
copyfile(fullfile(docroot, 'techdoc',
'creating_guis',... 'examples',
            'simple_gui*.*')),fileattrib
('simple_gui*.*', '+w');
    guide simple_gui.fig;
```

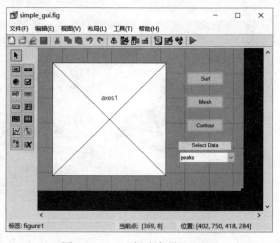

图 14.3   GUI 创建向导 GUIDE

输出图形如图 14.3 所示。单击 **Run Figure** 按钮运行可得到图 14.1 所示的窗口。

该创建过程中使用的代码（省去部分注释）如下:

```
function varargout = simple_gui(varargin)%创建函数
gui_Singleton = 1;
gui_State = struct('gui_Name',        mfilename, ...
                   'gui_Singleton',   gui_Singleton, ...
                   'gui_OpeningFcn',  @simple_gui_OpeningFcn, ...
                   'gui_OutputFcn',   @simple_gui_OutputFcn, ...
                   'gui_LayoutFcn',   [] , ...
                   'gui_Callback',    []);
if nargin & isstr(varargin{1})
    gui_State.gui_Callback = str2func(varargin{1});
end
if nargout
    [varargout{1:nargout}] = gui_mainfcn(gui_State, varargin{:});
else
    gui_mainfcn(gui_State, varargin{:});
end
function simple_gui_OpeningFcn(hObject, eventdata, handles, varargin) %可见前运行函数
handles.peaks=peaks(35);
handles.membrane=membrane;
[x,y] = meshgrid(-8:.5:8);
r = sqrt(x.^2+y.^2) + eps;
sinc = sin(r)./r;
handles.sinc = sinc;
handles.current_data = handles.peaks;
surf(handles.current_data)
handles.output = hObject;
guidata(hObject, handles);
function varargout = simple_gui_OutputFcn(hObject, eventdata, handles)
                                                    %输出函数
```

```
varargout{1} = handles.output;
function surf_pushbutton_Callback(hObject, eventdata, handles)  %按键回调函数
surf(handles.current_data);
function mesh_pushbutton_Callback(hObject, eventdata, handles)  %按键回调函数
mesh(handles.current_data);
function contour_pushbutton_Callback(hObject, eventdata, handles)  %按键回调函数
contour(handles.current_data);
function plot_popup_Callback(hObject, eventdata, handles)    %弹出菜单回调函数
val = get(hObject,'Value');
str = get(hObject, 'String');
switch str{val};
case 'peaks' % User selects peaks
    handles.current_data = handles.peaks;
case 'membrane' % User selects membrane
    handles.current_data = handles.membrane;
case 'sinc' % User selects sinc
    handles.current_data = handles.sinc;
end
guidata(hObject,handles)
function plot_popup_CreateFcn(hObject, eventdata, handles)
if ispc
    set(hObject,'BackgroundColor','white');
else
    set(hObject,'BackgroundColor',get(0,
            'defaultUicontrolBackgroundColor'));
end
function figure1_CreateFcn(hObject, eventdata, handles)    %创建过程中执行函数
```

 以上程序中没有列出注释，在编写程序时应该加入注释，既为方便修改做准备，也可以作为函数功能和使用方式的提示。

14.1.3　回调函数

回调函数是与 GUI 控件或 GUI 图框相关的函数，可以用来控制 GUI 及其控件对用户事件的响应行为，例如用户单击鼠标、选取菜单时的响应等。

GUI 图框与 GUI 控件根据种类的不同带有不同的特定种类的回调函数，每种回调函数都有响应的触发机制。表 14.1 中为定义了触发机制的回调函数属性。

表 14.1　回调函数属性

回调属性	触发事件	回调属性	触发事件
ButtonDownFcn	响应位置按下鼠标	OffCallback	关闭切换按钮
Callback	控制动作	OnCallback	改变切换按钮
CellEditCallback	编辑表格单元	ResizeFcn	重置大小操作
CellSelectionCallback	单击表格单元	SelectionChangeFcn	改变单选按钮
ClickedCallback	控制动作	WindowButtonDownFcn	在窗口按下鼠标
CloseRequestFcn	关闭窗口	WindowButtonMotionFcn	在窗口移动鼠标

（续表）

回调属性	触发事件	回调属性	触发事件
CreateFcn	控件初始化	WindowButtonUpFcn	松开鼠标
DeleteFcn	销毁控件或窗口	WindowKeyPressFcn	单击鼠标
KeyPressFcn	按下键盘键	WindowKeyReleaseFcn	释放鼠标
KeyReleaseFcn	松开键盘键	WindowScrollWheelFcn	滚轮滚动

在回调函数中设置回调属性值的方法一般包括以下 3 种。

（1）使用字符串回调，例如：

```
hb = uicontrol('Style','pushbutton', 'String','Plot line')
set(hb,'Callback','plot(rand(20,3))')
```

（2）使用函数句柄回调，例如：

```
figure
uicontrol('Style','slider','Callback',@display_slider_value)
```

其中，@display_slider_value 代表的函数如下：

```
function display_slider_value(hObject,eventdata)
disp(['Slider moved to ' num2str(get(hObject,'Value'))]);
```

（3）使用单元阵列回调，例如：

```
myvar = rand(20,1);
set(hb,'Callback',{'pushbutton_callback',myvar,'--m'})
```

并设置以下函数：

```
function pushbutton_callback(hObject, eventdata, var1, var2)
plot(var1,var2)
```

14.2　GUI 控件

本节将介绍 GUI 控件中的控件类型及 GUI 控件的创建与行为控制等内容。

14.2.1　GUI 控件类型

控件是图形对象，与菜单一起用于创建图形用户界面。MATLAB 提供的常用控件对象如表 14.2 所示。

表 14.2　常用的控件对象

控件对象	说　　明
Push Button	按钮：单击鼠标时可执行某操作。按钮可以恢复到原来的弹起状态
Slider	滑动框：通常用于从一个数据范围中选择一个数据值
Radio Button	单选按钮：从一组选择对象中选择单个对象
Check Box	复选框：从一组选择对象中选择对象
Edit Text	文本编辑框：动态地修改或替换文本框中的内容

（续表）

控件对象	说　　明
Static Text	静态文本：用于显示文本字符串
Pop-up Menu	弹出式菜单：弹出式多个选项，可选择一个选项
Listbox	列表框：产生的文本条目可以用于选择
Toggle Button	开关按钮：创建切换
Table	表格：创建表格控件
Axes	坐标系对象：用于在 GUI 中添加图形或图像
Panel	面板：用于将 GUI 中的控件分组管理和显示
Button Group	按钮组：按钮组类似于面板，但是只包括单选按钮或者开关按钮
ActiveX Control	ActiveX 控件：用于在 GUI 中显示控件

在 GUIDE 的编辑界面上可以找到这些控件。图 14.4 所示为对 GUIDE 编辑界面上这些控件对应按钮所在位置的截图及对这些控件的标示。

图 14.4　GUIDE 编辑界面控件创建按钮

14.2.2　创建 GUI 控件

MATLAB 提供了命令方式和 GUI 设计工具两种方式来创建图形用户界面控件。

1．命令方式

通过 uicontrol 函数可以创建控件对象，该函数的调用格式如下：

```
handle = uicontrol('Name',Value,...)
handle = uicontrol(parent,'Name',Value,...)
handle = uicontrol
```

其中，handle 是创建的控件对象的句柄值，parent 是控件所在的上层图形对象的句柄值，Name 是控件的属性名，Value 是与属性名相对应的属性值。在各种调用格式下，得到的结果如下所示：

- 采用第一种调用格式，采用 uicontrol 的默认属性值在图窗口的左下角创建一个命令按钮。
- 采用第二种调用格式，省略控件所在图窗口的句柄值，表示在当前图窗口创建控件对象。如果此时无图窗口，MATLAB 就会自动创建一个图窗口，然后在其中创建控件对象。
- 采用第三种调用格式，会在当前图形中创建一个按钮。

【例 14-2】　使用 uicontrol 命令创建 GUI 控件对象。
在命令行窗口输入：

```
figure
hax = axes('Units','pixels');
surf(peaks)
uicontrol('Style', 'popup', 'String', 'jet|hsv|hot|cool|gray',...
          'Position', [20 340 100 50], 'Callback', @setmap);    %参考图 14.5(a)
uicontrol('Style', 'pushbutton', 'String', 'Clear',...
          'Position', [20 20 50 20], 'Callback', 'cla');    %参考图 14.5(b)
uicontrol('Style', 'slider', 'Min',1,'Max',50,'Value',41,... 'Position',
          [400 20 120 20], 'Callback', {@surfzlim,hax});    %参考图 14.5(c)
uicontrol('Style','text', 'Position',[400 45 120 20],...
          'String','Vertical Exaggeration')    %参考图 14.5(d)
```

得到 GUI 界面的创建过程，如图 14.5 所示。

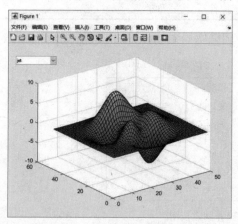

（a）添加弹出菜单后

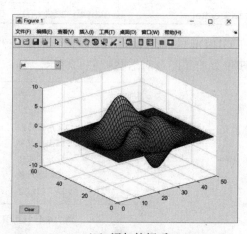

（b）添加按钮后

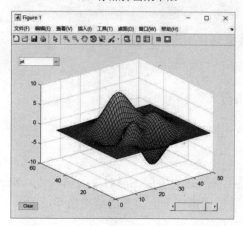

（c）添加滑动框后

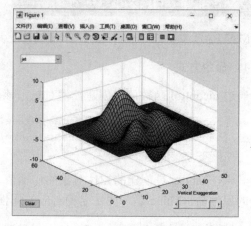

（d）添加静态文本后

图 14.5　使用 uicontrol 命令创建 GUI 控件对象示例

2. GUI 方式

　　GUI 方式使用 GUIDE 创建控件对象，相比使用命令创建而言，可以省去记忆属性名的不便。在 MATLAB 中，利用 GUI 设计工具中的对象设计编辑器可以很容易地创建各种控件，而且通过属性查看器可以方便地修改、设置控件的属性值。

【例 14-3】 使用 GUI 方式创建 GUI 控件对象。

在命令行窗口输入 "guide" 并按 Enter 键，弹出窗口，如图 14.6（a）所示；选择 "新建 GUI" 下的 Blank GUI 选项，单击 "确定" 按钮确认，弹出窗口如图 14.6（b）所示。

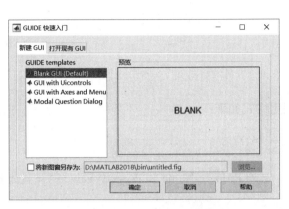

（a）GUIDE 开始对话框

（b）对象设计编辑器

图 14.6　使用 GUI 方式创建 GUI 控件对象

单击左侧 OK 按钮，随后在编辑界面上拖动鼠标，得到一个按钮如图 14.7 所示。选中该按钮，单击工具栏中的 Property Inspector 按钮，弹出属性查看器窗口，如图 14.8 所示。通过该窗口可以查看和设置选中按钮的属性。

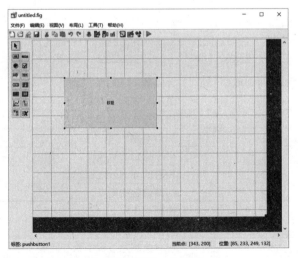

图 14.7　创建一个按钮

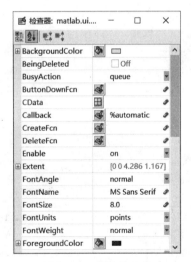

图 14.8　属性查看器

14.3　GUI 菜单和工具栏

在 GUI 中，窗口顶端一般可以设计菜单和工具栏。MATLAB 为菜单和工具栏提供的创建函数如表 14.3 所示。

表 14.3 菜单和工具栏创建函数

函　数	功　能	函　数	功　能
uimenu	创建菜单和菜单项	uipushtool	创建按钮
uicontextmenu	创建右键菜单	uitoggletool	创建开关按钮
uitoolbar	创建工具栏		

下面主要介绍菜单和工具栏的实现方式。

14.3.1 GUI 菜单

1. 菜单和菜单项

菜单和菜单项的创建函数为 uimenu，该函数的调用格式如下：

```
handle = uimenu('PropertyName',PropertyValue,...)
handle = uimenu(parent,'PropertyName',PropertyValue,...)
```

其中，各个参数的含义可参考前文中类似的命令，另外 PropertyName 和 PropertyValue 的设置方式可以参考表 14.4。

表 14.4 uimenu 函数的属性名和属性值

属性名（PropertyName）	属性值（PropertyValue）	说　明
Checked	on, off	菜单项前是否添加复选框
Label	String	设置菜单的标题名称
Separator	on，off	分隔符
Foregroundcolor	ColorSpec	文本颜色
Visible	on，off	控制 uimenu 菜单的可见状态
Accelerator	character	键盘快捷键
Children	Vectorofhandles	子菜单句柄
Enable	cancel, queueDefault：queue	分隔条
Parent	handle	菜单对象的父对象
Tag	String	用户指定的对象标识符
Type	String(read-only)	图形对象的类
UserData	matrix	用户指定的数据
Position	scalar	相对的 uimenu 的位置
BusyAction	cancel，queue	回调函数中断
Callback	string	控制动作
CreateFcn	string	在对象生成过程中执行回调
DeleteFcn	string	在对象删除过程中执行回调
Interruptible	on，off	回调函数的中断方式
Handle Visibility	on，callback，off	在命令行或 GUI 中是否可见

【例 14-4】 命令方式创建菜单栏。

在命令行窗口输入：

```
f1 = uimenu('Label','工作区');
uimenu(f1,'Label','New Figure','Callback','figure');
```

```
uimenu(f1,'Label','Save','Callback','save');
uimenu(f1,'Label','Quit','Callback','exit', 'Separator','on','Accelerator', 'Q'); %
```
参考图 14.9(a)
```
f2=figure('MenuBar','None');
mh = uimenu(f2,'Label','Find');
frh = uimenu(mh,'Label','Find and Replace ...','Callback','goto');
frh = uimenu(mh,'Label','Variable');
uimenu(frh,'Label','Name...','Callback','variable');
uimenu(frh,'Label','Value...','Callback','value')                    %参考图 14.9(b)
```

输出图形如图 14.9 所示。

（a）创建工作区菜单和菜单项　　　　　　　（b）创建 Find 菜单和菜单项

图 14.9　命令方式创建菜单栏

2．右键菜单

右键菜单的创建函数为 uicontextmenu。该函数的调用格式如下：

```
handle = uicontextmenu('PropertyName',PropertyValue,...)
```

可参考 uimenu 函数中的参数。

【例 14-5】　命令方式创建右键菜单。

在命令行窗口输入：

```
% 在坐标轴对象中绘制 3 条线
hax = axes;
plot(rand(20,3));
% 定义右键菜单
hcmenu = uicontextmenu;
% 定义右键菜单回调函数
hcb1 = ['set(gco, ''LineStyle'', ''--'')'];
hcb2 = ['set(gco, ''LineStyle'', '':'')'];
hcb3 = ['set(gco, ''LineStyle'', ''-'')'];
% 定义右键菜单项
item1 = uimenu(hcmenu, 'Label', 'dashed', 'Callback', hcb1);
item2 = uimenu(hcmenu, 'Label', 'dotted', 'Callback', hcb2);
item3 = uimenu(hcmenu, 'Label', 'solid',  'Callback', hcb3);
hlines = findall(hax,'Type','line');                     % 查找线对象
% 将右键菜单与线对象联系起来
for line = 1:length(hlines)
    set(hlines(line),'uicontextmenu',hcmenu)
end
```

输出图形如图 14.10 所示。

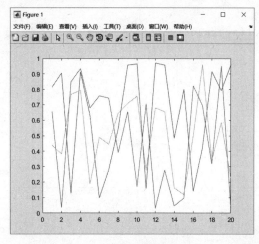

（a）创建得到的 GUI

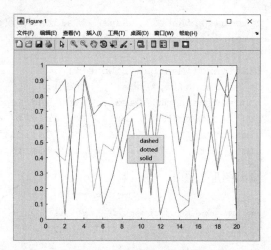

（b）在线上单击鼠标右键得到菜单

图 14.10　命令方式创建右键菜单示例

另外，在 GUIDE 中的工具栏上也有相应的菜单编辑器按钮，如图 14.11（a）所示。单击该按钮，即弹出菜单编辑器，如图 14.11（b）所示。使用菜单编辑器，可以很简便地进行菜单编辑操作，相关内容本书省略，如有需要，请按提示操作。

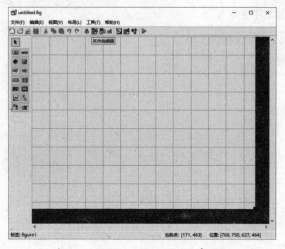

（a）GUIDE 界面

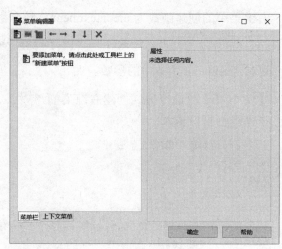

（b）菜单编辑器

图 14.11　GUI 方式创建菜单的工具

14.3.2　GUI 工具栏

MATLAB 提供用于创建工具栏的函数为 uitoolbar。该函数的调用格式如下：

```
ht = uitoolbar('PropertyName1',value1,'PropertyName2',value2,...)
ht = uitoolbar(h,...)
```

其中相关参数的含义和取值范围可以参考帮助文档，此处不再赘述。

【例 14-6】　命令方式创建工具栏示例。

在命令行窗口输入：

```
h = figure('ToolBar','none')        %无工具栏，参考图 14.12(a)
ht = uitoolbar(h)                    %创建空工具栏，参考图 14.12(b)
```

输出图形如图 14.12 所示。

（a）无工具栏

（b）创建空工具栏

图 14.12 命令方式创建工具栏示例

通过 GUIDE 工具栏中相应的工具栏编辑器按钮（如图 14.13（a）所示）也可以创建 GUI 工具栏。单击该按钮，弹出工具栏编辑器（如图 14.13（b）所示）。使用工具栏编辑器，可以很简便地进行工具栏编辑操作，相关内容本书省略，如有需要，请按提示操作。

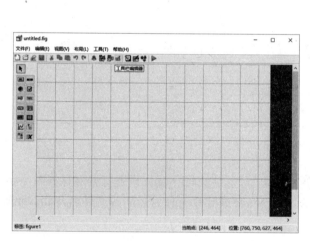

（a）GUIDE 界面

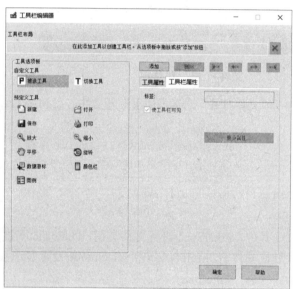

（b）工具栏编辑器

图 14.13 GUI 方式创建工具栏的工具

14.4 对 话 框

对话框是 GUI 显示信息和取得用户数据的用户界面重要对象之一。对话框一般包含一个或多个按钮以供输入，或者弹出显示的信息。

14.4.1 创建函数

MATLBA 中的常用对话框创建函数如表 14.5 所示。

表 14.5　对话框创建函数

表 14.5　对话框创建函数

函　数	说　明	函　数	说　明
waitbar	显示等待进度条	helpdlg	帮助对话框
uigetfile	文件打开对话框	errordlg	错误消息对话框
uiputfile	保存文件对话框	msgbox	信息提示对话框
uisetfont	生成字体和字体属性选择对话框	questdlg	询问对话框
uisetcolor	颜色设置对话框	warndlg	警告消息显示对话框
pagesetupdlg	页面设置对话框	inputdlg	变量输入对话框
printpreview	打印预览对话框	listdlg	列表选择对话框
printdlg	打印对话框	axlimdlg	生成坐标轴范围设置对话框
dialog	创建对话框或图形用户对象类型的图窗口	menu	菜单类型的选择对话框

下面对部分对话框的创建方式进行介绍，而其余对话框的创建方式可以参考下文中对话框的创建方式。

14.4.2　创建方法

1."文件打开"对话框

"文件打开"对话框用于打开文件，在 MATLAB 中使用的函数为 uigetfile。该函数的调用格式如下：

```
filename = uigetfile
[FileName,PathName,FilterIndex] = uigetfile(FilterSpec)
[FileName,PathName,FilterIndex] = uigetfile(FilterSpec,DialogTitle)
[FileName,PathName,FilterIndex] = uigetfile(FilterSpec,
DialogTitle,DefaultName)
[FileName,PathName,FilterIndex] = uigetfile(...,'MultiSelect', selectmode)
```

其中，FilterSpec 设置文件类型，DialogTitle 设置对话框标题，DefaultName 设置打开对话框时显示的默认文件名，'MultiSelect'和 selectmode 设置多选模式，FileName 或 fileName 为返回的文件名，PathName 为路径名，FilterIndex 为返回的过滤因子指数。

2."文件保存"对话框

"文件保存"对话框用于保存文件，在 MATLAB 中使用的函数为 uiputfile。该函数的调用格式如下：

```
FileName = uiputfile
[FileName,PathName] = uiputfile
[FileName,PathName,FilterIndex] = uiputfile(FilterSpec)
[FileName,PathName,FilterIndex] = uiputfile(FilterSpec,DialogTitle)
[FileName,PathName,FilterIndex] = uiputfile(FilterSpec,DialogTitle,
DefaultName)
```

其中，参数的含义参考 uigetfile 函数。

【例 14-7】　文件打开和文件保存对话框创建示例（适用于 Windows 系统）。

在命令行窗口输入：

```
[FileName,PathName] = uigetfile('*.m','Select file');  %"文件打开"对话框，见图 14.14
[file,path] = uiputfile('animinit.m','Save file name');  %"文件保存"对话框，见图 14.15
```

输出图形如图 14.14 和图 14.15 所示。

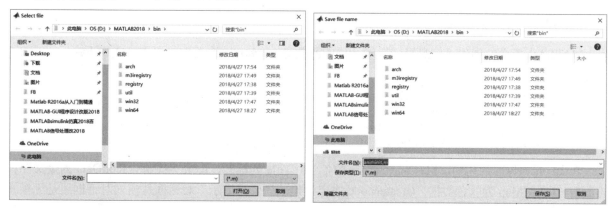

图 14.14　"文件打开"对话框　　　　　　　　　图 14.15　"文件保存"对话框

3."颜色设置"对话框

"颜色设置"对话框设置某图形对象的前景色或背景颜色等。MATLAB 提供的用于颜色设置对话框的函数为 uisetcolor，该函数的调用格式如下：

```
c = uisetcolor
c = uisetcolor([r g b])
c = uisetcolor(h)
c = uisetcolor(...,'dialogTitle')
```

其中，c 为返回的颜色向量值，[r g b]为三色 RGB 向量，h 为图形对象句柄，'dialogTitle'用于设置颜色对话框的标题。

4."字体设置"对话框

"字体设置"对话框可用于交互式修改文本字符串、坐标轴或控件对象的字体属性，可以修改的字体属性包括 FontName、FontUnits、FontSize、FontWeight、FontAngle 等。MATLAB 提供的用于字体设置对话框的函数为 uisetfont，该函数的调用格式如下：

```
uisetfont
uisetfont(h)
uisetfont(S)
uisetfont(...,'DialogTitle')
S = uisetfont(...)
```

其中，参数 h 为对象句柄；参数 S 为字体属性结构，包括 FontName、FontUnits、FontSize、FontWeight、FontAngle 的值；'dialogTitle'用于设置字体对话框的标题。

5."帮助"对话框

MATLAB 提供的创建"帮助"对话框的函数是 helpdlg，该函数的调用格式下：

```
helpdlg
helpdlg('helpstring')
helpdlg('helpstring','dlgname')
h = helpdlg(...)
```

其中，h 为返回的句柄，'helpstring'为显示的帮助文本内容，'dlgname'为帮助对话框标题内容。

6. "信息提示"对话框

MATLAB 提供的创建"信息提示"对话框的函数是 msgbox，该函数的调用格式如下：

```
h = msgbox(Message)
h = msgbox(Message,Title)
h = msgbox(Message,Title,Icon)
h = msgbox(Message,Title,'custom',IconData,IconCMap)
h = msgbox(...,CreateMode)
```

其中，h 为返回的句柄，Message 为显示的信息，Title 为标题，Icon 为图标，IconData 为定义图标的数据，IconCMap 为颜色数据，CreateMode 决定创建的"信息提示"对话框是模式对话框还是无模式对话框。

【例 14-8】 "帮助"对话框和"信息提示"对话框创建示例。

在命令行窗口输入：

```
helpdlg('Choose 10 points from the figure','Point Selection');
                          % "帮助"对话框，见图 14.16
msgbox('No points were Chosen from the figure',... 'Warning','warn');
                          % "信息提示"对话框，见图 14.17
```

输出图形如图 14.16 和图 14.17 所示。

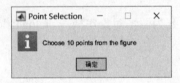

图 14.16　"帮助"对话框

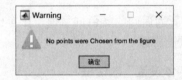

图 14.17　"信息提示"对话框

7. "变量输入"对话框

MATLAB 提供的创建"变量输入"对话框的函数是 inputdlg，该函数的调用格式如下：

```
answer = inputdlg(prompt)
answer = inputdlg(prompt,dlg_title)
answer = inputdlg(prompt,dlg_title,num_lines)
answer = inputdlg(prompt,dlg_title,num_lines,defAns)
answer = inputdlg(prompt,dlg_title,num_lines,defAns,options)
```

其中，返回值 answer 存储用户输入的变量值，prompt 为提示文本，title 为对话框标题，num_lines 为可输入的行数，defAns 为默认返回值，options 设置可选选项。

【例 14-9】 "变量输入"对话框创建示例。

在命令行窗口输入：

```
prompt = {'Enter matrix size:','Enter colormap name:'};
dlg_title = 'Input for peaks function';
num_lines = 1;
def = {'20','hsv'};
answer = inputdlg(prompt,dlg_title,num_lines,def);%参考图 14.18
```

输出图形如图 14.18 所示。

图 14.18 "变量输入"对话框

14.5 布　　局

进行 GUI 设计时，外观是很重要的一项，而布局则是外观设计中的重点。

14.5.1 布局函数

MATLAB GUI 设计同其他 GUI 编程软件一样提供了布局功能，相关的函数如表 14.6 所示。

表 14.6 布局函数

函　　数	功　　能	函　　数	功　　能
align	对齐控件或坐标轴对象	listfonts	列出系统提供的字体
movegui	移动 GUI 对象到特定位置	textwrap	对给定控件的文本进行分行排版
getpixelposition	获取控件像素位置	uistack	重新布置图层堆叠次序
setpixelposition	设置控件像素位置		

下面介绍这些函数的使用方法。

14.5.2 布局方式

1. 对齐

MATLAB 提供 align 函数用于对齐操作，该函数的调用格式如下：

```
align(HandleList,'HorizontalAlignment','VerticalAlignment')
Positions = align(HandleList, 'HorizontalAlignment','VerticalAlignment')
Positions = align(CurPositions, 'HorizontalAlignment','VerticalAlignment')
```

其中，Positions 为返回位置向量；HandleList 为待操作的对象的句柄；'HorizontalAlignment'为设置水平方向的对齐方式，可选参数见表 14.7；'VerticalAlignment'为设置竖直方向的对齐方式，可选参数见表 14.7；CurPositions 为待操作的对象的位置范围。

表 14.7 对齐方式设置

HorizontalAlignment		VerticalAlignment	
None	无对齐	None	无对齐
Left	左对齐	Top	上对齐
Center	中间对齐	Middle	中间对齐

（续表）

HorizontalAlignment		VerticalAlignment	
Right	右对齐	Bottom	下对齐
Distribute	横向均布	Distribute	竖向均布
Fixed	在 y 向上使对象间的距离固定	Fixed	在 x 向上使对象间的距离固定

【例 14-10】 对齐操作示例。

在命令行窗口输入：

```
f=figure;
u1 = uicontrol('Style','push', 'parent', f,'pos',[20 100 100 100],'string', 'button1');
u2 = uicontrol('Style','push', 'parent', f,'pos',[150 250 100 100],'string',
'button2');
u3 = uicontrol('Style','push', 'parent', f,'pos',[250 100 100 100],'string',
'button3');
%以上得到的图形为对齐前图形，参考图 14.19(a)
align([u1 u2 u3],'distribute','bottom'); %对齐后图形，参考图 14.19(b)
```

输出的图形如图 14.19 所示。

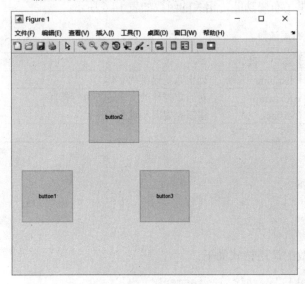
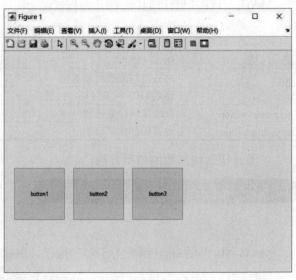

（a）对齐前　　　　　　　　　　　　　　（b）对齐后

图 14.19　对齐操作示例

对齐操作在 GUIDE 中也有相应的操作按钮，如图 14.20（a）所示；单击该按钮，弹出"对齐对象"对话框，如图 14.20（b）所示；对话框中的按钮涵盖了 align 函数的所有功能选项。

若使用 GUIDE 进行对齐，则无须记忆函数有关选项的内容，且操作简单；如果需要精确定位，建议还是采用命令方式。

2. 位置获取与设置

MATLAB 提供 getpixelposition 函数用于获取对象位置、setpixelposition 函数用于设置对象位置。getpixelposition 函数的调用格式如下：

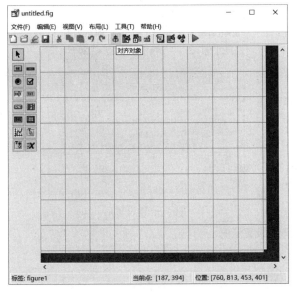

（a）按钮位置

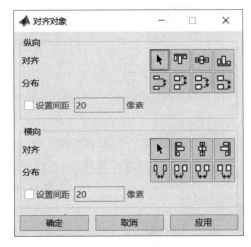

（b）对齐界面

图 14.20　对齐操作 GUI 方式界面

```
position = getpixelposition(handle)
position = getpixelposition(handle,recursive)
```

setpixelposition 函数的调用格式如下：

```
setpixelposition(handle,position)
setpixelposition(handle,position,recursive)
```

在以上两条命令中，handle 为目标对象，position 为获取或设置的位置，recursive 表示设置位置是否与父对象关联。

【例 14-11】　位置获取与设置示例。
在命令行窗口输入：

```
f = figure('Position',[300 300 300 200]);
p = uipanel('Position',[.2 .2 .6 .6]);
h1 = uicontrol(p,'Style','PushButton','Units','Normalized',...
            'String','Push Button','Position',[.1 .1 .5 .2]);
                                              %位置设置前，参考图 14.21(a)
pos1 = getpixelposition(h1)
pos1r = getpixelposition(h1,true)
setpixelposition(h1,pos1 + [10 10 25 25]);    %位置设置后，参考图 14.21(b)
pos2= getpixelposition(h1)
pos2r = getpixelposition(h1,true)
```

输出结果如下：

```
pos1 = 18.6000    12.6000    88.0000    23.2000
pos1r= 78.6000    52.6000    88.0000    23.2000
pos2 = 28.6000    22.6000   113.0000    48.2000
pos2r= 88.6000    62.6000   113.0000    48.2000
```

输出的图形如图 14.21 所示。

（a）位置设置前

（b）位置设置后

图 14.21　位置获取与设置示例

提示　该操作在 GUIDE 中可以通过拖动图标完成。

3．其他操作

本文仅以文本分行排版为例说明其他操作，如有需要可参考帮助文档。MATLAB 提供 textwrap 函数对给定控件的文本进行分行排版，该函数的调用格式如下：

```
outstring = textwrap(h, instring)
outstring = textwrap(h,instring,columns)
[outstring,position] = textwrap(...)
```

其中，h 为待操作的句柄，instring 为输入的文本，columns 为文本框字符宽度，outstring 为文字输出格式，position 为文本输出位置。

【例 14-12】　文本分行排版示例。

在命令行窗口输入：

```
figure('Position',[560 228 350 250]);
pos = [10 100 100 10];
ht = uicontrol('Style','Text','Position',pos);
string = {'This is a string for the left text uicontrol.',...
          'to be wrapped in Units of Pixels,',...
          'with a position determined by TEXTWRAP.'};
[outstring1,newpos1] = textwrap(ht,string)
set(ht,'String',outstring1,'Position',newpos1)
                            %输出默认行列文字分行排版，见图 14.22(a)
colwidth = 15;
pos1 = [150 100 100 10];
ht1 = uicontrol('Style','Text','Position',pos1);
string1 = {'This is a string for the right text uicontrol.',...
           'to be wrapped in Units of Characters,',...
           'into lines 15 columns wide.'};
outstring2 = textwrap(ht1,string1,colwidth)
set(ht1,'Units','characters')
```

```
newpos2 = get(ht1,'Position');newpos2(3) = colwidth;
newpos2(4) = length(outstring1)+2
set(ht1,'String',outstring2,'Position',newpos2)
                        %输出固定行列文字分行排版，见图 14.22(b)
```

输出结果如下：

```
outstring1 =    'This is a string for'
        'the left text'
        'uicontrol.'
        'to be wrapped in'
        'Units of Pixels,'
        'with a position'
        'determined by'
        'TEXTWRAP.'
newpos1 =   10    100      91    131
outstring2 =    'This is a '
        'string for the '
        'right text '
        'uicontrol.'
        'to be wrapped '
        'in Units of '
        'Characters,'
        'into lines 15 '
        'columns wide.'
newpos2 =   29.8000    7.6154    15.0000    10.0000
```

输出图形如图 14.22 所示。

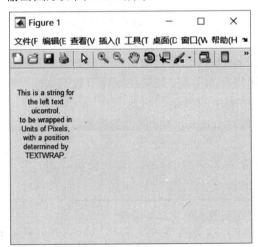
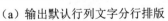

（a）输出默认行列文字分行排版

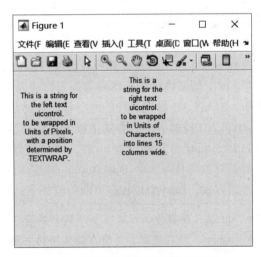

（b）输出固定行列文字分行排版

图 14.22　文本分行排版示例

14.6　GUI 行为控制编程

关于 GUI 行为控制，MATLAB 提供了很多函数来完成行为控制需要的基本功能，如表 14.8 所示。

表 14.8　GUI 行为控制函数

函　　数	功　　能	函　　数	功　　能
guidata	保存或获取 GUI 数据	uiwait	阻止程序块执行并等待
guihandles	创建句柄结构	waitfor	阻止程序块执行并等待启动条件
openfig	打开图窗	waitforbuttonpress	等待按键或单击鼠标
getappdata	获取应用定义的数据	addpref	添加优先设置
isappdata	判定是否为应用定义的数据	getpref	获取优先设置
rmappdata	删除应用定义的数据	ispref	判定是否为优先设置
setappdata	设置应用定义的数据	rmpref	删除优先设置
uiresume	恢复程序块的执行	setpref	设置优先设置

通过表 14.8 中介绍的函数和前文中提到的回调函数，可以完成 GUI 行为控制部分功能，包括回调和数据管理等。

14.6.1　回调与中断

实现 GUI 的功能，首先要解决的是对界面进行回调函数编程；一般控件都有相应的回调属性 Callback，除此之外还可以使用 14.1.3 小节中介绍的回调属性。在使用时，MATLAB 将根据程序设置调用不同的函数。

MATLAB 允许正在执行的回调函数被后面调用的回调函数中断，但这样可能导致程序执行出错，所以有必要注意中断设置的正确性。

所有图形对象都有一个控制其回调函数中断的属性 Interruptible，该属性的默认值为 on，表示回调函数可以中断，然而只在遇到特殊的命令（drawnow、figure、getframe、pause 和 waitfor）时才会执行中断。

在回调函数中出现的计算或设置属性值命令将会被立即执行，而影响图窗口状态的命令将被放置在事件序列中，而事件可由任何导致图窗口更新的命令或用户行为引发。如果在回调函数的执行过程中遇到中断，MATLAB 将先执行的程序挂起，然后处理事件序列中的事件。

MATLAB 控制事件的方式依赖于事件类型和回调函数对 Interruptible 属性的设置，只有在当前回调对象的 Interruptible 属性值为 on 时，才会进行中断。

所有对象都具有一个 BusyAction 属性，该属性决定了在不允许中断的回调函数执行期间发生的事件的处理方式。BusyAction 有可取的值如下：

- queue: 将事件保存在事件序列中并等待不可中断回调函数执行完毕后处理。
- cancel: 放弃该事件并将事件从序列中删除。

以下几种情况描述了回调函数的执行期间如何处理事件：

- 如果遇到 drawnow、figure、getframe、pause、waitfor 命令，挂起回调函数并处理事件序列。
- 如果事件序列的顶端事件要求重画图窗口，执行重画并处理下一个事件。
- 如果事件序列的顶端事件将导致其他回调函数的执行，判断回调函数是否可中断。如果可中断，执行与中断事件相关的回调函数。如果回调函数包含 drawnow、figure、getframe、pause、waitfor 命令，那么重复以上步骤；如果回调函数不可中断，将检查事件生成对象的 BusyAction 属性。如果 BusyAction 属性值为 queue，就将事件保留在事件序列中；如果为 cancel 就放弃该事件。

- 所有事件都被处理后，恢复被执行中断的函数。

14.6.2　数据管理

GUI 控件常常需要与数据联系起来，常用的数据分享机制如表 14.9 所示。

表 14.9　常用数据分享机制

数据分享方法	工作原理	使用场合
属性	通过参数向 GUI 传递数据	向 GUI 传递数据
输出	从 GUI 参数中获取数据	获取 GUI 数据
函数句柄或私有数据	嵌套函数：使用与上层函数同样的工作控件	修改参数
	用户数据：通过句柄保存或向 GUI 传递数据	在 GUI 内部或 GUI 间传递数据
	应用数据：通过句柄保存或向 GUI 传递数据	在 GUI 内部或 GUI 间传递数据
	GUI 数据：通过句柄结构对象保存或向 GUI 传递数据	在 GUI 内部或 GUI 间传递数据

【例 14-13】　添加以下程序可以完成用户数据的传递。

在命令行窗口输入：

```
%初始化
data.number_errors = 0;
set(handles.edittext1,'UserData',data)
set(handles.edittext1,'String', num2str(get(hObject,'Value')))
val = str2double(get(hObject,'String'));
%判断 val 是否在 0~1 范围内
if isnumeric(val) && length(val)==1 && ...
   val >= get(handles.slider1,'Min') &&val <= get(handles.slider1,'Max')
   set(handles.slider1,'Value',val);
else
% 增加错误计数值
data = get(hObject,'UserData');
   data.number_errors = data.number_errors+1;
   set(hObject,'UserData',data);
   set(hObject,'String',...
   ['You have entered an invalid entry ', num2str(data.number_errors),' times.']);
   uicontrol(hObject)
end
```

提示

在使用中需要根据具体情况对部分参数进行替换。

14.7　GUI 实例

下面以图 14.1 所示的 GUI 界面的创建过程为例，介绍 GUI 创建的完整过程。

1. 打开 GUIDE 界面

（1）在命令行窗口输入"guide"。

（2）按 Enter 键后，弹出 GUIDE 窗口，如图 14.23 所示。选择 Blank GUI 选项，单击"确定"按钮确认。

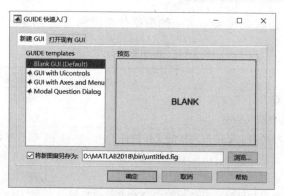

图 14.23　GUI 开始界面

可以拖动图框右下角或待编辑 GUI 右下角改变图框的大小或待编辑 GUI 的大小。

2. 创建控件

（1）图 14.1 所示的界面中包含一个坐标轴对象控件、一个弹出菜单控件、一个静态文本控件（用于标示弹出菜单）和三个按钮。下面创建这些控件。

（2）从 GUIDE 右侧拖动按钮键到界面中，重复三次，得到三个按钮的图标；按照这样的方法继续添加一个坐标轴对象控件、一个弹出菜单控件和一个静态文本控件，得到的图形如图 14.24（a）所示。

（3）通过拖动的方法，调整控件的大小，得到的图形如图 14.24（b）所示。

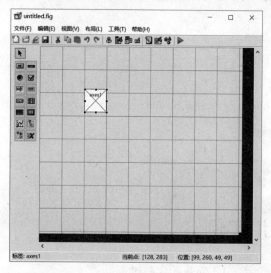

（a）得到所有控件

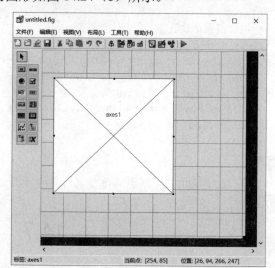

（b）初步调整所有控件的位置

图 14.24　创建控件

（4）按住 Ctrl 键，选中三个按钮；选中工具栏中的对齐按钮，弹出位置调整工具窗口；在窗口中设置所有按键左对齐，并保持竖直方向 20 像素的间距，如图 14.25 所示，单击"确定"按钮确认。

（5）单击工具栏中的 Property Inspector 按钮，弹出属性查看器；然后在界面中单击最上方的按钮，在属性查看器中设置 String 后的值为 Surf，如图 14.26 所示；这时最上方的按钮上的文字改变为 Surf；按这样的方法设置其余两个按钮和静态文本框中的文字分别为 Mesh、Contour 和 Select Data。

图 14.25　对齐工具窗口设置

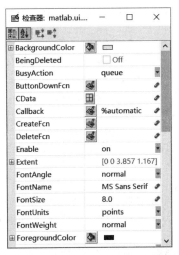

图 14.26　属性查看器设置

（6）单击属性查看器中 String 后的按钮，弹出文本编辑框，按图 14.27 所示的图形按行输入"peaks""membrane"和"sinc"，单击"确定"按钮确认。

（7）按需求适当调整控件的尺寸，得到如图 14.28 所示的图形，然后单击"保存"按钮，将图形保存到当前文件夹中（本书采用的文件名为 simple_gui.m）。

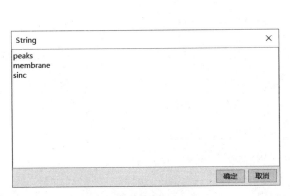

图 14.27　文本编辑框

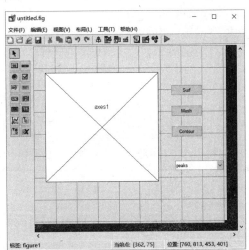

图 14.28　创建好空间的 GUI

3. 创建回调函数

在 GUIDE 中单击 Editor 打开 M 文件编辑器，编辑 simple_gui.m 使除注释以外的内容如下所示；运行该 M 文件，即可获得图 14.1 所示的 GUI。

```matlab
function varargout = simple_gui(varargin)
%SIMPLE_GUI MATLAB code file for simple_gui.fig
%      SIMPLE_GUI, by itself, creates a new SIMPLE_GUI or raises the existing
%      singleton*.
%
%      H = SIMPLE_GUI returns the handle to a new SIMPLE_GUI or the handle to
%      the existing singleton*.
%
%      SIMPLE_GUI('Property','Value',...) creates a new SIMPLE_GUI using the
%      given property value pairs. Unrecognized properties are passed via
%      varargin to simple_gui_OpeningFcn.  This calling syntax produces a
%      warning when there is an existing singleton*.
%
%      SIMPLE_GUI('CALLBACK') and SIMPLE_GUI('CALLBACK',hObject,...) call the
%      local function named CALLBACK in SIMPLE_GUI.M with the given input
%      arguments.
%
%      *See GUI Options on GUIDE's Tools menu.  Choose "GUI allows only one
%      instance to run (singleton)".
%
% See also: GUIDE, GUIDATA, GUIHANDLES

% Edit the above text to modify the response to help simple_gui

% Last Modified by GUIDE v2.5 05-Jul-2016 10:16:59

% Begin initialization code - DO NOT EDIT
gui_Singleton = 1;
gui_State = struct('gui_Name',    mfilename, ...
                   'gui_Singleton',  gui_Singleton, ...
                   'gui_OpeningFcn', @simple_gui_OpeningFcn, ...
                   'gui_OutputFcn',  @simple_gui_OutputFcn, ...
                   'gui_LayoutFcn',  [], ...
                   'gui_Callback',   []);
if nargin && ischar(varargin{1})
   gui_State.gui_Callback = str2func(varargin{1});
end

if nargout
    [varargout{1:nargout}] = gui_mainfcn(gui_State, varargin{:});
else
    gui_mainfcn(gui_State, varargin{:});
end
% End initialization code - DO NOT EDIT


% --- Executes just before simple_gui is made visible.
```

```matlab
function simple_gui_OpeningFcn(hObject, eventdata, handles, varargin)
% This function has no output args, see OutputFcn.
% hObject    handle to figure
% eventdata  reserved - to be defined in a future version of MATLAB
% handles    structure with handles and user data (see GUIDATA)
% varargin   unrecognized PropertyName/PropertyValue pairs from the
%            command line (see VARARGIN)
handles.peaks=peaks(35);
handles.membrane=membrane;
[x,y] = meshgrid(-8:.5:8);
r = sqrt(x.^2+y.^2) + eps;
sinc = sin(r)./r;
handles.sinc = sinc;
handles.current_data = handles.peaks;
surf(handles.current_data)

% Choose default command line output for simple_gui
handles.output = hObject;

% Update handles structure
guidata(hObject, handles);

% UIWAIT makes simple_gui wait for user response (see UIRESUME)
% uiwait(handles.figure1);


% --- Outputs from this function are returned to the command line.
function varargout = simple_gui_OutputFcn(hObject, eventdata, handles)
% varargout  cell array for returning output args (see VARARGOUT);
% hObject    handle to figure
% eventdata  reserved - to be defined in a future version of MATLAB
% handles    structure with handles and user data (see GUIDATA)

% Get default command line output from handles structure
varargout{1} = handles.output;


% --- Executes on selection change in popupmenu1.
function popupmenu1_Callback(hObject, eventdata, handles)
% hObject    handle to popupmenu1 (see GCBO)
% eventdata  reserved - to be defined in a future version of MATLAB
% handles    structure with handles and user data (see GUIDATA)
val = get(hObject,'Value');
str = get(hObject, 'String');
switch str{val};
case 'Peaks' % User selects peaks
    handles.current_data = handles.peaks;
```

```
    case 'Membrane' % User selects membrane
        handles.current_data = handles.membrane;
    case 'Sinc' % User selects sinc
        handles.current_data = handles.sinc;
    end
    guidata(hObject,handles)

    % Hints: contents = cellstr(get(hObject,'String')) returns popupmenu1 contents as cell
array
    %         contents{get(hObject,'Value')} returns selected item from popupmenu1
    val = get(hObject,'Value');
    str = get(hObject, 'String');
    switch str{val};
    case 'peaks' % User selects peaks
        handles.current_data = handles.peaks;
    case 'membrane' % User selects membrane
        handles.current_data = handles.membrane;
    case 'sinc' % User selects sinc
        handles.current_data = handles.sinc;
    end
    guidata(hObject,handles)


function figure1_CreateFcn(hObject, eventdata, handles)


% --- Executes during object creation, after setting all properties.
function popupmenu1_CreateFcn(hObject, eventdata, handles)
% hObject    handle to popupmenu1 (see GCBO)
% eventdata  reserved - to be defined in a future version of MATLAB
% handles    empty - handles not created until after all CreateFcns called


% Hint: popupmenu controls usually have a white background on Windows.
%       See ISPC and COMPUTER.
if ispc
    set(hObject,'BackgroundColor','white');
else
    set(hObject,'BackgroundColor',get(0,'defaultUicontrolBackgroundColor'));
end




% --- Executes on button press in pushbutton1.
function pushbutton1_Callback(hObject, eventdata, handles)
% hObject    handle to pushbutton1 (see GCBO)
% eventdata  reserved - to be defined in a future version of MATLAB
% handles    structure with handles and user data (see GUIDATA)
surf(handles.current_data);
```

```
% --- Executes on button press in pushbutton2.
function pushbutton2_Callback(hObject, eventdata, handles)
% hObject    handle to pushbutton2 (see GCBO)
% eventdata  reserved - to be defined in a future version of MATLAB
% handles    structure with handles and user data (see GUIDATA)
mesh(handles.current_data);

% --- Executes on button press in pushbutton3.
function pushbutton3_Callback(hObject, eventdata, handles)
% hObject    handle to pushbutton3 (see GCBO)
% eventdata  reserved - to be defined in a future version of MATLAB
% handles    structure with handles and user data (see GUIDATA)
contour(handles.current_data);
```

14.8 GUI 设计

下面通过中值滤波对图像进行去除噪声增强，并实现图像的读取和保存等功能。相应的 GUI 设计界面如图 14.29 所示。

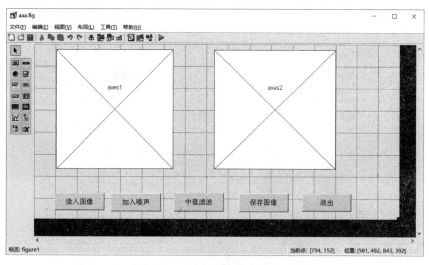

图 14.29 图像增强的 GUI 设计

在"读入图像"按钮中添加如下程序：

```
function pushbutton2_Callback(hObject, eventdata, handles)
[filename,pathname]=uigetfile({'*.bmp';'*.jpg';'*.tif'},'选择图片');    %图像的选择
str=[pathname,filename];
im=imread(str);
axes(handles.axes1);
imshow(im)
```

运行结果如图 14.30 所示。

单击"读入图像"按钮，得到如图 14.31 所示的结果。

选取图片"11.bmp"，单击"打开"按钮，得到如图 14.32 所示的结果。

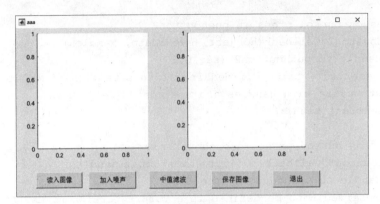

图 14.30　图像增强的 GUI 界面

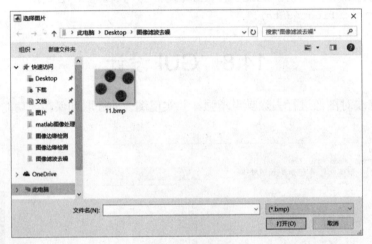

图 14.31　选择图片

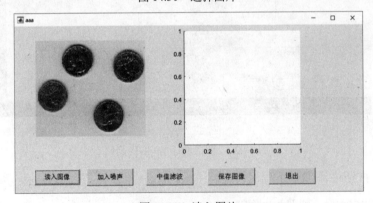

图 14.32　读入图片

在"加入噪声"按钮下添加如下程序：

```
function pushbutton3_Callback(hObject, eventdata, handles)
global im im_noise
im_noise=imnoise(im,'salt & pepper',0.05);%加入椒盐噪声
axes(handles.axes2);
imshow(im_noise)
```

单击"加入噪声"按钮，运行结果如图 14.33 所示。

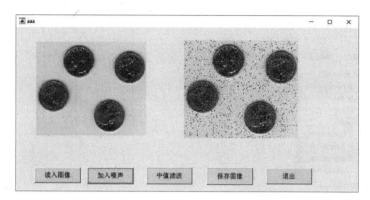

图 14.33　"加入噪声"按钮效果图

在"中值滤波"按钮下添加如下程序：

```
function pushbutton4_Callback(hObject, eventdata, handles)
global im im_noise im_filter
n=size(size(im_noise));
if n(1,2)==2
    im_filter=medfilt2(im_noise,[3,2]);      %中值滤波
else
    im_filter1=medfilt2(im_noise(:,:,1),[3,2]);
    im_filter2=medfilt2(im_noise(:,:,2),[3,2]);
    im_filter3=medfilt2(im_noise(:,:,3),[3,2]);
    im_filter=cat(3,im_filter1,im_filter2,im_filter3);
end
axes(handles.axes2);
imshow(im_filter)
```

单击"中值滤波"按钮，运行结果如图 14.34 所示。

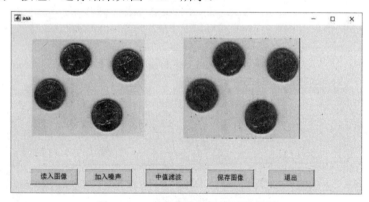

图 14.34　"中值滤波"按钮效果图

在"保存"按钮下添加如下程序：

```
function pushbutton5_Callback(hObject, eventdata, handles)
global im im_noise im_filter
[Path] = uigetdir('','保存增强后的图像'); % 保存图片
imwrite(uint8(im_filter),strcat(Path,'\','pic_correct.bmp'),'bmp');
```

单击"保存"按钮，运行结果如图 14.35 所示。

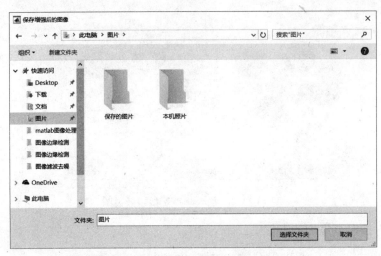

图 14.35　"保存"按钮效果图

最后是"退出"按钮，添加的程序如下，功能是退出 GUI 系统。

```
function pushbutton1_Callback(hObject, eventdata, handles)
clc,clear,close all
```

14.9　本 章 小 结

本章介绍了 GUI 编程有关的知识，包括 GUI 基础、控件、菜单、工具栏、对话框、布局和 GUI 行为控制等。GUI 编程作为一种变换极其复杂的编程，需要在实践中进行训练。限于本书的目的，书中涉及 GUI 编程的内容较浅，如需深入了解 GUI 编程，还需参考 MATLAB 帮助文档和有关参考资料。

第 15 章　Simulink 基础

Simulink 具有适应面广、结构和流程清晰及仿真精细、贴近实际、效率高、灵活等优点。基于以上优点，Simulink 已被广泛应用于控制理论和数字信号处理的复杂仿真和设计，同时有大量的第三方软件和硬件可应用于或被要求应用于 Simulink。本章主要内容和学习目标如下所示。

(知识要点) ▓▓▓▓▓▓▓▓

- Simulink 基本概念
- Simulink 模型
- 子系统
- 运行仿真
- 调试
- S 函数

15.1　概　　述

Simulink 是 MATLAB 的重要组成部分，其能够对连续系统、离散系统以及连续离散的混合系统进行建模与仿真。

15.1.1　基本概念

Simulink 是一个进行动态系统建模、仿真和综合分析的集成软件包，对此读者应该了解下述概念。

1. 模块框图与模块

Simulink 模块框图由一组采用连线联结模块的图标组成，是动态系统的图形表达，其中每个模块代表了动态系统的某个单元。模块之间的连线表明模块的输入端口与输出端口之间的信号连接。

模块代表了动态系统功能单元，每个模块包括一组输入状态和一组输出等几个部分。

模块的类型决定了模块输出与输入、状态和时间之间的关系。一个模块框图可以根据需要包含任意类型的模块。

模块的状态是一组能够决定模块输出的变量，一般当前状态的值决定于以前时刻的状态值或输入；因此，具有状态变量的模块必须存储输入或状态值，这样的模块称为记忆功能模块。

Simulink 模块的基本特点是参数化。许多模块都具有独立的属性对话框，在对话框中用户可定义模块的各种参数，这种调整甚至可以在仿真过程中实时进行。

Simulink 还允许用户创建自己的模块，称为定制模块。定制模块不同于 Simulink 中的标准模块，既可以由子系统封装得到，也可以采用 M 文件或 C 语言实现定制的功能算法（称之为 S 函数）。用户可以为定制模块设计属性对话框，并将定制模块合并到 Simulink 库中，使定制模块的使用方法与标准模块的使用方法完全一样。

2．信号

Simulink 使用"信号"表示模块的输出值。Simulink 允许用户定义信号的数据类型、数值类型（实数或复数）和维度（1 维或 2 维）等，还允许用户创建 Simulink 数据对象作为模块的参数和信号变量。

3．求解器

Simulink 提供了一套高效、稳定、精确的微分方程数值求解方法（ODE），用户可以根据需要和模型特点选择适合的求解算法。

4．子系统

Simulink 允许用户在子系统的基础上构造更为复杂的模块。其中每一个子系统都是相对完整的，完成一定功能的模块框图。子系统的概念体现了分层建模的思想，是 Simulink 的重要特征之一。

5．过零检测

Simulink 采用一种称为过零检测的方法来解决仿真步长选择的问题。采用这种方法时，模块首先记录下过零的变量。在突变发生时，零点穿越函数从正数或负数穿过零点。通过观察过零变量的符号变化，就可以判断仿真过程中系统状态是否发生突变的现象。

检测到过零事件发生时，Simulink 将通过对变量的时刻的插值来确定突变发生的具体时刻。然后，Simulink 调整仿真的步长，逐步逼近并跳过状态的不连续点，避免直接在不连续点上进行仿真。

采用过零检测技术，Simulink 可以准确地对不连续系统进行仿真。许多模块都支持这种技术，在很大程度上提高了系统仿真的速度和精度。

15.1.2　工作环境

Simulink 的启动可以采取的方式包括：

- 在命令行窗口直接输入 simulink 命令。
- 单击"主页"选项卡"SIMULINK"面板上的 Simulink 按钮。
- 执行"主页"选项卡"文件"面板"新建"按钮下的 Simulink Model 命令。

启动 Simulink 后，弹出如图 15.1 所示的 Simulink Start Page 浏览器窗口。Simulink 主要是由浏览器和模型窗口组成的。浏览器为用户提供了展示 Simulink 标准模块库和专业工具箱的界面，模型窗口是用户创建模型方框图的主要地方。

使用第三种打开方法，或在 Simulink 起始页窗口单击 Blank Model，将弹出 Simulink 建模窗口，如图 15.2 所示。

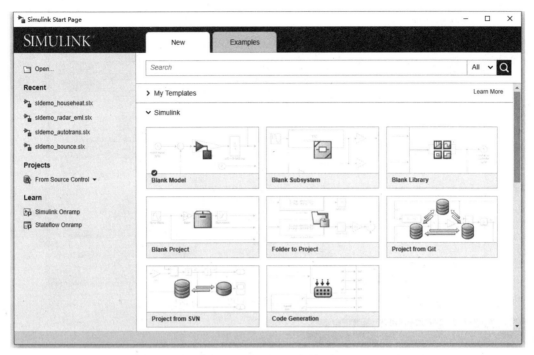

图 15.1　Simulink 起始页

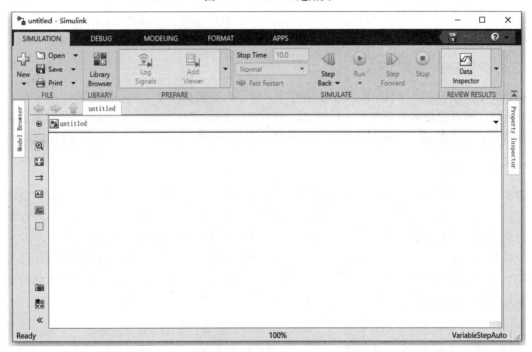

图 15.2　Simulink 建模窗口

通过 Simulink 参数设置可以集中设置 Simulink 模型的使用环境。在 Simulink 窗口中选择 MODELING 选项卡 EVALUTATE & MANAGE 面板 Environment 下的 Simulink Preferrences 命令，会弹出如图 15.3 所示的 Simulink Preferrences 对话框。通过该对话框可以设置环境参数，各参数的含义如对话框中的描述，在此不具体叙述。

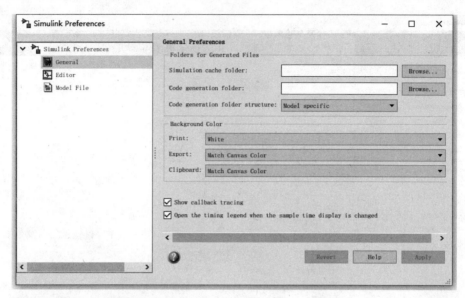

图 15.3　"MATLAB 环境设置"对话框

15.1.3　Simulink 数据类型

Simulink 在仿真前及仿真过程中会进行额外的检查，以确认模型的类型安全性。所谓模型的类型安全性，是指保证该模型产生的代码不会出现上溢或下溢，不至于产生不精确的运行结果。使用 Simulink 默认数据类（double）的模型都是具有固有类型安全性质的。

1．Simulink 支持的数据类型

Simulink 支持所有的 MATLAB 内置数据类型。除了内置数据类型，Simulink 还定义了布尔类型，取值为 0 和 1，其内部表示为无符号 8 位整数。所有 Simulink 模块都默认为 double 类型的数据，但有些模块需要布尔类型的输入，而另外一些模块支持多数据类型输入，还有一些模块支持复数信号。

2．数据类型传播

创建模型时会将各种不同类型的模块连接起来，而这些不同类型的模块所支持的数据类型往往不完全相同。如果用连线连接在一起的两个模块所支持的数据类型有冲突，那么在进行仿真、查看端口数据类型或更新数据类型时就会弹出一个提示对话框，告诉用户出现冲突的信号和端口。

一个模块的输出一般是另一个模块输入和模块参数的函数，而在实际建模过程中，输入信号的数据类型和模块参数的数据类型往往是不同的，Simulink 在计算这种输出时会把参数类型转换到信号的数据类型。但是如果出现下面的这些情形，就要进行不同的处理：

- 信号的数据类型无法表示参数值时，Simulink 将中断仿真，并给出错误信息。
- 如果信号的数据类型能够表示参数的值，仅仅是损失表示的精度，那么 Simulink 会继续仿真，并在 MATLAB 命令行窗口中给出一个警告信息。

3．复数信号

Simulink 中默认的信号值都是实数，但在实际问题中有时需要处理复数信号。在 Simulink 中通常用下面示例中的两种方法来建立处理复数信号的模型。复数信号的创建方法为：

- 向模型中加入一个 Constant 模块，将其参数设为复数。
- 分别生成复数的虚部和实部，再用 Real-Image to Complex 模块把它们联合成一个复数。
- 分别生成复数的幅值和幅角，再用 Magnitue-Angle to Complex 模块把它们联合成一个复数。

15.1.4　模块和模块库

使用 Simulink 建模的过程，可以简单地理解为从模块库里选择合适的模块，进行连接，最后进行调试仿真。

模块库的作用就是提供各种基本模块，并将它们按应用领域以及功能进行分类管理，以方便用户查找。库浏览器将各种模块库按树状结构进行罗列，以便用户快速地查询所需模块，同时它还提供了按名称查找的功能。库浏览器中模块的多少取决于用户的安装，但至少应该有 Simulink 库。用户还可以自定义库。

在 Simulink 主界面中单击 SIMULATION 选项卡下的 LIBRARY 面板中的 Library Browser 按钮，即可弹出如图 15.4 所示的 Simulink Library Browser 界面。

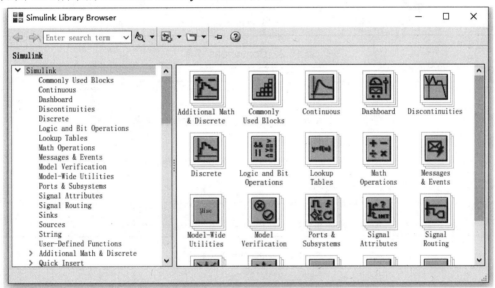

图 15.4　Simulink 库浏览器

Simulink Library Browser 界面右侧窗口即 Simulink 公共模块库中的子库，如 Continuous（连续模块库）、Discrete（离散模块库）、Sinks（信宿模块库）、Sources（信源模块库）等，其中包含了 Simulink 仿真所需的基本模块。

窗口的左半部分是 Simulink 所有的库的名称，第一个库 Simulink 库，该库为 Simulink 的公共模块库，Simulink 库下面的模块库为专业模块库，服务于不同专业领域的，普通用户很少用到。如 Control System Toolbox 模块库（面向控制系统的设计与分析）、Communications Toolbox（面向通信系统的设计与分析）等。

窗口的右半部分是对应于左窗口打开的库中包含的子库或模块。

模块是 Simulink 建模的基本元素，了解各个模块的作用是熟练掌握 Simulink 的基础。库中各个模块的功能可以在库浏览器中查到。下面详细介绍 Simulink 库中几个常用子库中常用模块的功能，如表 15.1~表 15.10 所示。

表 15.1　Commonly Used Blocks 子库

模　块　名	功　能	模　块　名	功　能
Bus Creator	将输入信号合并成向量信号	Mux	将输入的向量、标量或矩阵信号合成
Bus Selector	将输入向量分解成多个信号	Out1	输出模块
Creator	输出的信号	Product	乘法器，执行标量、向量或矩阵的乘法
Constant	输出常量信号	Relational Operator	关系运算，输出布尔类型数据
Data Type Conversion	数据类型的转换	Saturation	定义输入信号的最大和最小值
Demux	将输入向量转换成标量	Scope	输出示波器
Discrete-Time Integrator	离散积分器模块	Subsystem	创建子系统
Gain	增益模块	Sum	加法器
In1	输入模块	Switch	选择器，根据第二个输入信号来选择输出第一个还是第三个信号
Integrator	连续积分器模块	Terminator	终止输出，用于防止模型最后的输出端没有接任何模块时报错
Logical Operator	逻辑运算模块	Unit Delay	单位时间延迟

表 15.2　Continuous 子库

模　块　名	功　能
Derivative	数值微分
Integrator	积分器与 Commonly Used Blocks 子库中的同名模块一样
State-Space	创建状态空间模型 $dx/dt = Ax + Bu\ \ y = Cx + Du$
Transport Delay	定义传输延迟，如果延迟比仿真步长大，可以得到更精确的结果
Transfer Fcn	用矩阵形式描述的传输函数
Variable Transport Delay	定义传输延迟，第一个输入接收输入，第二个输入接收延迟时间
Zero-Pole	用矩阵描述系统零点，用向量描述系统极点和增益

表 15.3　Discontinuities 子库

模　块　名	功　能
Coulomb& Viscous Friction	刻画在零点的不连续性，$y = sign(x) * (Gain * abs(x) + Offset)$
Dead Zone	产生死区，当输入在某一范围取值时输出为 0
Dead Zone Dynamic	产生死区，当输入在某一范围取值时输出为 0，与 Dead Zone 不同的是它的死区范围在仿真过程中是可变的
Hit Crossing	检测输入是上升经过某一值还是下降经过这一值或是固定在某一值
Quantizer	按相同的间隔离散输入
Rate Limiter	限制输入的上升和下降速率在某一范围
Rate Limiter Dynamic	限制输入的上升和下降速率在某一范围，该范围在仿真过程中是可变的
Relay	判断输入与某两阈值的大小关系，当大于开启阈值，输出为 on；当小于关闭阈值时，输出为 off；当在两者之间时输出不变
Saturation	限制输入在最大和最小范围之内
Saturation Dynamic	限制输入在最大和最小范围之内，其范围在仿真过程之中是可变的
Wrap To Zero	当输入大于某一值时输出 0，否则输出等于输入

表 15.4 Discrete 子库

模 块 名	功 能
Difference	离散差分，输出当前值减去前一时刻的值
Discrete Derivative	离散偏微分
Discrete State-Space	创建离散状态空间模型 $x(n+1) = Ax(n) + Bu(n)$ $y(n) = Cx(n) + Du(n)$
Discrete Filter	离散滤波器
Discrete Transfer Fcn	离散传输函数
Discrete Zero-Pole	离散零极点
Discrete-Time Integrator	离散积分器
First-Order Hold	一阶保持
Integer Delay	整数倍采样周期的延迟
Memory	存储单元，当前输出是前一时刻的输入
Transfer Fcn First Order	一阶传输函数，单位的直流增益
Zero-Order Hold	零阶保持

表 15.5 Logic and Bit Operations 子库

模 块 名	功 能
Bit Clear	将向量信号中某一位置为 0
Bit Set	将向量信号中某一位置为 1
Bitwise Operator	对输入信号进行自定义的逻辑运算
Combinatorial Logic	组合逻辑，实现一个真值表
Compare To Constant	定义如何与常数进行比较
Compare To Zero	定义如何与零进行比较
Detect Change	检测输入的变化，如果输入的当前值与前刻值不等则输出 TRUE，否则为 FALSE
Detect Decrease	检测输入是否下降，是则输出 TRUE，否则为 FALSE
Detect Fall Negative	若输入当前值是负数，前一时刻值为非负则输出 TRUE，否则为 FALSE
Detect Fall Nonpositive	若输入当前值是非正，前一时刻值为正数则输出 TRUE，否则为 FALSE
Detect Increase	检测输入是否上升，是则输出 TRUE，否则为 FALSE
Detect Rise Nonnegative	若输入当前值是非负，前一时刻值为负数则输出 TRUE，否则为 FALSE
Detect Rise Positive	若输入当前值是正数，前一时刻值为非正则输出 TRUE，否则为 FALSE
Extract Bits	从输入中提取某几位输出
Interval Test	检测输入是否在某两个值之间，是则输出 TRUE，否则为 FALSE
Logical Operator	逻辑运算
Relational Operator	关系运算
Shift Arithmetic	算术平移

表 15.6 Math Operations 子库

模 块 名	功 能
Abs	求绝对值
Add	加法运算

（续表）

模 块 名	功 能
Algebraic Constraint	将输入约束为零，主要用于代数等式的建模
Assignment	选择输出输入的某些值
Bias	将输入加一个偏移，Y= U+ Bias
Complex to Magnitude-Angle	将输入的复数转换成幅度和幅角
Complex to Real-Imag	将输入的复数转换成实部和虚部
Divide	实现除法或乘法
Dot Product	点乘
Gain	增益，实现点乘或普通乘法
Magnitude-Angle to Complex	将输入的幅度和幅角合成复数
Math Function	实现数学函数运算
Matrix Concatenation	实现矩阵的串联
MinMax	将输入的最小或最大值输出
Polynomial	多项式求值，多项式的系数以数组的形式定义
MinMax Running Resettable	将输入的最小或最大值输出，当重置信号 R 输入时，输出被重置为初始值
Product of Elements	将所有输入实现连乘
Real-Imag to Complex	将输入的两个数当成一个复数的实部和虚部合成一个复数
Reshape	改变输入信号的维数
Rounding Function	将输入的整数部分输出
Sign	判断输入的符号，若为正则输出 1，为负则输出-1，为零则输出 0
Sine Wave Function	产生一个正弦函数
Slider Gain	可变增益
Subtract	实现加法或减法
Sum	加法或减法
Sum of Elements	实现输入信号所有元素的和
Trigonometric Function	实现三角函数和双曲线函数
Unary Minus	一元的求负
Weighted Sample Time Math	根据采样时间实现输入的加法、减法、乘法和除法，只对离散信号适用

表 15.7　Ports & Subsystems 子库

模 块 名	功 能
Configurable Subsystem	用于配置用户自建模型库，只在库文件中可用
Atomic Subsystem	只包括输入/输出模块的子系统模板
CodeReuseSubsystem	只包括输入/输出模块的子系统模板
Enable	使能模块，只能用在子系统模块中
Enabled and Triggered Subsystem	包括使能和边沿触发模块的子系统模板
Enabled Subsystem	包括使能模块的子系统模板
For Iterator Subsystem	循环子系统模板
Function-Call Generator	实现循环运算模板

（续表）

模 块 名	功　　能
Function-Call Subsystem	包括输入/输出和函数调用触发模块的子系统模板
If	条件执行子系统模板，只在子系统模块中可用
If Action Subsystem	由 If 模块触发的子系统模板
Model	定义模型名字的模块
Subsystem	只包括输入/输出模块的子系统模板
Subsystem Examples	子系统演示模块，双击该模块图标可以看到多个子系统示例
Switch Case	条件选择模块
Switch Case Action Subsystem	由 Switch Case 模块触发的子系统模板
Trigger	触发模块，只在子系统模块中可用
Triggered Subsystem	触发子系统模板
While Iterator Subsystem	条件循环子系统模板

表 15.8　Sinks 子库

模 块 名	功　　能
Display	显示输入数值的模块
Floating Scope	浮动示波器，由用户来设置所要显示的数据
StopSimulation	当输入不为零时，停止仿真
To 工作区	将输入和时间写入 MATLAB 工作区的数组或结构中
To File	将输入和时间写入 MAT 文件
XY Graph	将输入分别当成 X、Y 轴数据绘制成二维图形

表 15.9　Sources 子库

模 块 名	功　　能
Band-Limited White Noise	有限带宽的白噪声
Chirp Signal	产生 Chirp 信号
Clock	输出当前仿真时间
Constant	输出常数
Counter Free-Running	自动计数器，发生溢出后又从 0 开始
Counter Limited	有限计数器，当计数到某一值后又从 0 开始
Digital Clock	以数字形式显示当前的仿真时间
From File	从 MAT 文件中读取数据
From 工作区	从 MATLAB 工作区读取数据
Pulse Generator	产生脉冲信号
Ramp	产生按某一斜率的数据
Random Number	产生随机数
Repeating Sequence	重复输出某一数据序列
Signal Builder	信号生成器，双击模块图标可看到图形用户界面，以便直观地构造各种信号
Signal Generator	信号产生器
Sine Wave	产生正弦信号

（续表）

模 块 名	功 能
Step	产生阶跃信号
Uniform Random Number	按某一分布在某一范围生成随机数

表 15.10　User-Defined Functions 子库

模 块 名	功 能
Fcn	简单的 MATLAB 函数表达式模块
Embedded MATLAB Function	内置函数模块，双击该模块图标就会弹出 M 文件编辑器
M-file SFunction	用户使用 MATLAB 语言编写的 S 函数模块
MATLAB Fcn	对输入进行简单的 MATLAB 函数运算
SFunction	用户按照 S 函数的规则自定义的模块，用户可以使用多种语言进行编写
SFunction Builder	S 函数编辑器，双击该模块图标可看到图形用户界面
SFunction Examples	S 函数演示模块，双击该模块图标可以看到多个 S 函数示例

15.1.5　Simulink 常用工具

1．仿真加速器

Simulink 加速器能够提高模型仿真的速度，它的基本工作原理是利用 Real-time Workshop 工具将模型方框图转换成 C 语言代码，然后采用编译器将 C 代码编译成可执行代码，由于用可执行代码取代了原有的 MATLAB 解释器，仿真的速度可能会有本质的提高。

Simulink 既可以工作在正常模式（Normal），也可以工作在加速模式（Accelerator）下。工作在加速模式下时，Simulink 将 C 代码编译成 mex 文件，在编译过程中，对原有的 C 代码进行优化重组，可以极大地提高模型仿真的速度，并且模型越复杂，提高的程度越明显。一般来说，仿真的速度可提高 2~6 倍。

2．模型比较工具

Simulink 中的模型比较工具（Model Differencing Tool）可以让用户迅速找到两个模型之间的不同点。模型比较工具的界面分成三个子窗口：左上方的子窗口显示的是第一个模型的具体内容；右上方的子窗口显示的是第二个模型的具体内容；下方的子窗口显示的是两个模型当中相同模块的不同参数。

3．仿真统计表

Simulink 中的仿真统计表（Simulation profiler）生成器可以根据仿真过程中的数据生成一个称为仿真统计表的报告。该报告可以显示模型仿真过程中每一个功能模块所花费的时间，从而可以让用户确定决定模型仿真速度的主要因素，为进一步优化仿真模型提供帮助。

15.2　Simulink 模型

模块是建立 Simulink 模型的基本单元，创建模型方框图是 Simulink 进行动态系统仿真的第一步。本节主要介绍 Simulink 创建模型中的有关概念、相关工具和操作方法。

15.2.1 模块基本操作

Simulink 模块库提供了大量模块。单击模块库浏览器中 Simulink 前面的 "+"，可看到 Simulink 模块库中包含的子模块库，单击所需要的子模块库，在右边的窗口中可看到相应的基本模块，选择所需基本模块，可用鼠标将其拖到模型编辑窗口。

Simulink 模块框图是由模块组成的（每个模块代表了动态系统的某个功能单元），模块之间采用连线连接。因此模块是组成 Simulink 模型框图的基本单元，为了构造系统模型，就要对其进行相应的操作，基本操作包括选定、复制、调整大小、删除等。

1．模块的选定

在 Simulink 的模块库中选择所需模块的方法是：

（1）选中所需要的模块，然后将其拖到需要创建仿真模型的窗口，释放鼠标，这时所需要的模块将出现在模型窗口中。

（2）选中所需的模块，然后右击，在弹出的快捷菜单中执行 "Add block to model file-name" 命令（其中 file-name 是模型的文件名），这样，该选中的模块就出现在 file-name 窗口中。

2．模块的复制

（1）不同窗口的模块复制方法有：

① 在一窗口中选中模块，用鼠标左键将其拖到另一模型窗口，释放鼠标。

② 在一窗口中选中模块，单击图标，然后单击目标窗口中需要复制模块的位置，最后单击图标。

（2）相同模型窗口内模块复制的方法有：

① 按住鼠标右键，拖动鼠标到目标位置，然后释放鼠标。

② 按住 Ctrl 键，再按住鼠标左键，拖动鼠标到目标位置，然后释放鼠标。在不同窗口和同一窗口，均可采用快捷键进行复制：选中模块，按 Ctrl+C 键进行复制，然后单击需要复制模块的位置，按 Ctrl+V 键进行粘贴。

> 复制后所得模块和原模块属性相同；应用在同一个模型中，这些模块名字后面加上相应的编号来进行区分；通过复制操作可以实现将一个模块插入到一个与 Simulink 兼容的应用程序中（如 Word 字处理程序）。

3．模块的移动

选中要移动的模块，将模块拖动到目标位置，释放鼠标按键。

> 与之相连的信号线，由 Simulink 自动重新绘制；要移动一个以上的模块（包括它们之间的信号线），首先选中所要移动的模块及连线，然后将其移动到目标位置即可。

4．模块的删除

选中要删除的模块，采用以下任何一种方法删除：

（1）在模块上右击，在弹出的菜单中执行 Cut 或者 Delete 命令。

（2）选中要删除的模块，按 Delete 键。

5．调整模块大小

通常调整一个模块的大小可以改善模型的外观，增强模型的可读性。调整模块大小的具体操作如下：

选中模块，模块四角出现了小方块；单击一个角上的小方块并按住鼠标左键，拖动鼠标，出现了虚线框以显示调整后的大小；释放鼠标，则模块的图标将按照虚线框的大小显示。

调整模块大小的操作，只是改变模块的外观，不会改变模块的各项参数。

6．模块的旋转

Simulink 默认信号的方向是从左到右（即左端是输入端，右端是输出端），有时为了连线的方便，常要对其进行旋转操作。用户在选定模块后可以通过下面的方法对其进行旋转操作：

（1）单击 FORMAT 选项卡 ARRANGE 面板下的 按钮，可以将选定模块按顺时针或逆时针旋转 90°。

（2）单击 FORMAT 选项卡 ARRANGE 面板下的 按钮，可以将选定模块旋转 180°。

（3）在选定模块上单击鼠标右键，在弹出的快捷菜单中选择 Rotate & Flip 下的相应命令，也可以完成对模块的旋转操作。

7．颜色设定与增加阴影

单击 FORMAT 选项卡 STYLE 面板下的 Shadow 按钮，可以给选中的模块加上阴影效果，重新单击 Shadow 按钮则可以去除阴影效果。

选择 FORMAT 选项卡 STYLE 面板下的 Foreground 命令，可以改变模块的前景颜色；Background 命令可以改变模块的背景颜色。

以上操作同样可以右击，在弹出的快捷菜单中完成。

8．模块名的操作

一个模块创建后，Simulink 会自动在模块下面生成一个模块名，用户可以改变模块名的位置和内容。

（1）模块名的修改：单击需要修改的模块名，这时在原来名字的四周将出现一个编辑框。此时，可在编辑框中完成对模块名的修改。修改完毕后，单击编辑框以外的区域，修改完毕。

（2）模块名字体的设置：选中模块，执行 FORMAT 选项卡 FONT & PARAGRAPH 面板中的相关命令，可根据需要设置相应的字体。

（3）模块名的位置改变：模块名的位置有一定的规律，当模块的接口在左右两侧时，模块名只能位于模块的上下两侧（默认在下侧）；当模块的接口在上下两侧时，模块名只能位于模块的左右两侧（默认在左侧）。因此，模块名只能从原位置移动到相对的位置。

可以用鼠标拖动模块名到相对的位置，也可以先选中模块，执行 FORMAT 选项卡 BLOCK LAYOUT 面板中的 Flip Name 实现相同的移动。

执行 BLOCK LAYOUT 面板中 Auto Name 下的 Name On 命令，可以将模块的名称长显示在模型窗口中。

9.　模块的参数和特性设置

Simulink 中几乎所有的模块都有一个模块参数对话框，用户可以在该对话框中设置参数，可以用下面的几种方式打开模块参数对话框：

- 在模型窗口选中模块，然后单击 BLOCK 选项卡 MASK 面板下的 Mask Parameters 按钮，这里的 BLOCK 指的是相应选中模块的模块名。
- 在模型窗口选中模块右击，选择 Block parameters 命令。
- 双击模块，打开模块参数对话框。

对于不同的模块，参数对话框会有所不同，用户可以按要求来对其进行设置。每个模块都有一个内容相同的特性设置对话框（在模块上右击，选择 Properties 即可得到模块特性设置的对话框）。它可以对说明、优先级、标记等内容进行设置。

10.　模块的输入/输出信号

通常模块所处理的信号包括标量信号和向量信号两类，默认状态下，大多数的模块输出为标量信号，某些模块通过对参数的设定，可以使模块输出为向量信号。而对于输入信号而言，模块能够自动匹配。

15.2.2　信号线操作

模块设置好后，需要将它们按照一定的顺序连接起来才能组成完整的系统模型（模块之间的连接称为信号线），信号线基本操作包括绘制、分支、折曲、删除等。

1.　绘制信号线

可以采用下面任一方法绘制信号线：

（1）手动连接。将鼠标指向连线起点（某个模块的输出端），此时鼠标的指针变成十字形，按住鼠标不放，并将其拖动到终点（另一模块的输入端）释放鼠标即可。

当释放鼠标时，Simulink 会用带箭头的连线替代端口符号，箭头的方向表示信号流的方向。

（2）自动连接。首先选中源模块，然后按 Ctrl 键的同时单击目标模块。

信号线的箭头表示信号的传输方向；如果两个模块不在同一水平线上，连线将是一条折线，将两模块调整到同一水平线，信号线自动变成直线。

根据需要，Simulink 还会绕过某些干扰连接的模块，如图 15.5 所示。

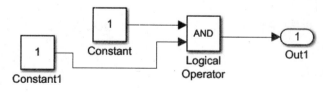

图 15.5　模块连线

2．信号线的移动和删除

选中信号线，采用下面任一方法移动：

（1）鼠标指向它，按住鼠标左键，拖动鼠标到目标位置，释放鼠标。

（2）选择模块，然后选择上、下、左、右键来移动模块，信号线也随之移动。

选中信号线，采用下面任一方法删除：

（1）按 Delete 键。

（2）单击鼠标右键，在弹出的快捷菜单中执行 Clear 或 Cut 命令。

3．信号线的分支和折曲

（1）信号分支

实际模型中，某个模块的信号经常要同不同的模块进行连接，此时，信号线将出现分支如图 15.6 所示。

采用以下方法可实现分支：

① 按住 Ctrl 键，在信号线分支的地方按住鼠标左键，拖动鼠标到目标模块的输入端，释放 Ctrl 键和鼠标。

② 在信号线分支处按住鼠标左键并拖动鼠标至目标模块的输入端，然后释放鼠标。

提示

如果要断开模块与线的连接，按下 Shift 键，然后将模块拖动到新的位置即可。

（2）信号折曲

实际模型创建中，有时需要信号线转向，称为"折曲"，如图 15.7 所示。

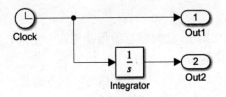

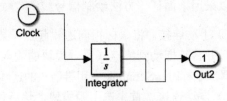

图 15.6　信号线的分支　　　　　　　　　　图 15.7　信号线的折线

采用以下方法可实现折曲：

① 任意方向折曲：选中要折曲的信号线，将光标指向需要折曲的地方，按住 Shift 键，再按住鼠标左键，拖动鼠标以任意方向折曲，释放鼠标。

② 直角方式折曲：同上面的操作，但不要按 Shift 键。

③ 折点的移动：选中折线，将光标指向待移的折点处，光标变成了一个小圆圈，按住鼠标左键并拖动到目标点，释放鼠标。

4．信号线间插入模块

建模过程中，有时需要在已有的信号线上插入一个模块，如果此模块只有一个输入口和一个输出口，那么这个模块可以直接插到一条信号线中。具体操作如下：

选中要插入的模块，拖动模块到信号线上需要插入的位置释放鼠标，如图 15.8 所示。

（a）插入前　　　　　　　　　　　　　　　　　　（b）插入后

图 15.8　信号线间插入模块

5．信号线的标志

为了增强模型的可读性，可以为不同的信号做标记，同时在信号线上附加一些说明。

6．信号线注释

双击需要添加注释的信号线，在弹出的文本编辑框中输入信号线的注释内容即可，如图 15.9 所示。

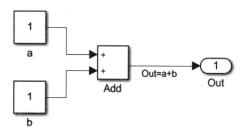

图 15.9　信号线的注释

15.2.3　对模型的注释

对于友好的 Simulink 模型界面，对系统的模型注释是不可缺少的。使用模型注释可以使模型更易读懂，其作用如同 MATLAB 程序中的注释行，如图 15.10 所示。

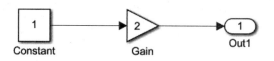

This simulink contains three model.

图 15.10　模型中的注释

（1）创建模型注释：在将用作注释区的中心位置，双击，在出现的编辑框中输入所需的文本后，单击编辑框以外的区域，完成注释。

（2）注释位置移动：可以直接用鼠标拖动实现。

（3）注释的修改：只需单击注释，文本变为编辑状态即可修改注释信息。

（4）删除注释：选中注释按 Delete 键即可。

（5）注释文本属性控制：在注释文本上右击，可以改变文本的属性，如大小、字体和对齐方式；也可以通过执行模型窗口 FORMAT 选项卡下的命令实现。

15.2.4　设置模块特定参数

带有特定参数的模块都有一个模块参数对话框，用户可以在对话框内查看和设置这些参数。用户可以利用如下几种方式打开模块参数对话框：

- 在模型窗口中选择模块，右击模块，从弹出的快捷菜单中选择 Block Parameters 命令。
- 双击模型或模块库窗口中的模块图标，打开"模块参数"对话框。

提示

上述方式对包含特定参数的所有模块都是适用的，但不包括 Subsystem 模块，用户必须用右键快捷菜单才能打开 Subsystem 模块的参数对话框。

对于每个模块，模块的参数对话框也会有所不同，任何 MATLAB 常值、变量或表达式都可以作为参数对话框中的参数值。

在模型窗口中双击对应的模块，即可弹出 Block Parameters 对话框，例如双击 Signal Generator 模块，弹出如图 15.11 所示的 Block Parameters：Signal Generator 对话框。

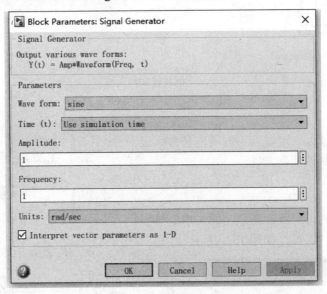

图 15.11　Block Parameters：Signal Generator 对话框

最后表 15.11~表 15.14 汇总了 Simulink 里对模块、连线、信号标签和注释进行各种操作的部分方法。

表 15.11　对模块进行操作

任　务	Windows 环境下的操作
选择一个模块	单击要选择的模块，当用户选择了一个模块时，之前选择的模块将被放弃
选择多个模块	按住鼠标左键不放拖动鼠标，将要选择的模块包括在鼠标画出的方框里；或者按住 Shift 键，然后逐个选择，在不同窗口间复制模块
复制模块	先选中模块，然后同时按下 Ctrl+C 键，再同时按下 Ctrl+V 键；还可以在选中模块后，通过快捷菜单来实现
移动模块	按下鼠标左键直接拖动模块
删除模块	选中模块后按下 Delete 键或者通过 Delete 菜单
连接模块	选中模块后按住 Ctrl 键，并用鼠标左键单击目标模块
断开模块间连接	先按下 Shift 键，然后用鼠标左键拖动模块到另一个位置
改变模块大小	选中模块后将鼠标移到模块方框的一角，当鼠标图标变成两端有箭头的线段时，按下鼠标左键拖动模块图标以改变图标大小
调整模块的方向	选中模块后通过模块右键快捷菜单 Rotate & Filp 下的命令来改变模块方向
给模块加阴影	选中模块后通过模块右键快捷菜单 Shadow 下的命令来改变模块方向
修改模块名	用鼠标左键双击模块名，然后修改
模块名的显示与否	选中模块后通过右键快捷菜单 Format>Show Block Name 命令来决定是否显示模块名
改变模块名的位置	选中模块后通过右键快捷菜单 Rotate & Filp 下的命令来改变模块名的显示位置
连线之间插入模块	用鼠标拖动模块到连线上，使得模块的输入/输出端口对准连线

表 15.12　对连线进行操作

任　务	Windows 环境下的操作
选择多条连线	与选择多个模块的方法一样
选择一条连线	单击要选择的连线，当用户选择一条连线时，之前选择的连线将被放弃
连线的分支	按下 Ctrl 键，然后拖动连线；或者按下鼠标左键并拖动连线
移动连线段	按下鼠标左键直接拖动连线
移动连线顶点	将鼠标指向连线的箭头处，当出现一个小圆圈圈住箭头时按下鼠标左键移动连线
连线调整为斜线段	先按下 Shift 键，再将鼠标指向需要移动的连线上的一点并按下鼠标左键直接拖动连线
连线调整为折线段	按住鼠标左键不放直接拖动连线

表 15.13　在连线上反映信息

任　务	Windows 环境下的操作
建立信号标签	在连线上直接双击鼠标左键，然后输入
复制信号标签	按下 Ctrl 键，然后按住鼠标左键选中标签并拖动
移动信号标签	按住鼠标左键选中标签并拖动
编辑信号标签	在标签框内用鼠标左键双击，然后编辑
删除信号标签	按下 Shift 键，然后用鼠标左键单击选中标签，再按 Delete 键
用粗线表示向量	执行 Format>Port/SignalDisplays>WideNonscalarLines 命令
显示数据类型	执行 Format>Port/SignalDisplays>PortDataTypes 命令

表 15.14　对注释进行处理

任　务	Windows 环境下的操作
建立注释	在模型图标中双击鼠标左键，然后输入文字
复制注释	按下 Ctrl 键，然后按下鼠标左键选中注释文字并拖动
移动注释	按下鼠标左键选中注释并拖动
编辑注释	单击注释文字，然后编辑
删除注释	按下 Shift 键，然后用鼠标选中注释文字，再按 Delete 键

15.2.5　模型和模型文件

1．Simulink 模型的概念

Simulink 模型根据表现形式的不同有着不同的含义：

- 在模型窗口中表现为可见的方框图。
- 在存储形式上为扩展名为.mdl 的 ASCII 文件。
- 从物理意义上讲，Simulink 模型模拟了物理器件构成的实际系统的动态行为。

采用 Simulink 软件对一个实际动态系统进行仿真，关键是建立起能够模拟并代表该系统的 Simulink 模型。

从系统组成上来看，Simulink 模型一般包括三个部分：输入、系统以及输出。

- 系统是指在 Simulink 当中建立并研究的系统方框图。
- 输入一般用信源（Source）表示，具体形式可以为常数、正弦信号、方波以及随机信号等，代表实际对系统的输入信号。

- 输出则一般用信宿（Sink）表示，具体可以是示波器、图形记录仪等。

无论是输入、输出还是系统，都可以从 Simulink 模块中直接获得，或由用户根据实际需要来用模块体小的模块组合而成。然而，对于实际的 Simulink 模型而言，这三种结构并不都是必需的，有些模型可能不存在输入或输出部分。

2．模型文件

模型文件是指在 Simulink 环境当中记录模型中模块类型、模块位置以及各个模块相关参数等信息的文件，其文件扩展名为.mdl；在 Simulink 当中创建的模型是由模型文件记录下来的。在 MATLAB 环境中，可以创建、编辑并保存创建的模型文件。

3．模型文件格式

模型一般通过图形界面来建立。另外，Simulink 还提供了通过命令行建立模型和设置模型参数的方法。

Simulink 将每一个模型（包括库）都保存在一个以.mdl 为后缀的文件里，称为模型文件。一个模型文件就是一个结构化的 ASCII 文件，它包括关键字和各种参数的值。下面以一个示例来介绍如何查看模型文件和模型文件的结构：

```
Model {
<Model Parameter Name><Model Parameter Value>
...
BlockDefaults {
<Block Parameter Name><Block Parameter Value>
...
}
AnnotationDefaults {
<Annotation Parameter Name><Annotation Parameter Value>
...
}
System {
<System Parameter Name><System Parameter Value>
...
Block {
<Block Parameter Name><Block Parameter Value>
...
}
Line {
<Line Parameter Name><Line Parameter Value>
Branch {
<Branch Parameter Name><Branch Parameter Value>
...
}
}
Annotation {
<Annotation Parameter Name><Annotation Parameter Value>
...
}
}
```

模型文件分成下面几个部分来描述模型。

- Model 部分：用来描述模型参数，包括模型名称、模型版本和仿真参数等。
- BlockDefaults 部分：用来描述模块参数的默认设置。
- AnnotationDefaults 部分：用来描述模型注释参数的默认值，这些参数值不能用 set_param 命令来修改。
- System 部分：用来描述模型中每一个系统（包括顶层的系统和各级子系统）的参数。每一个 System 部分都包括模块、连线和注释等。

4．创建模型的基本步骤

使用 Simulink 进行系统建模和系统仿真的一般步骤如下：

（1）画出系统草图。将所要仿真的系统根据功能划分成子系统，然后用模块来搭建每个子系统。

（2）启动 Simulink 起始页，新建一个空白模型。

（3）在库中找到所需模块并拖到空白模型窗口中，按系统草图的布局摆放好各模块并连接各模块。

（4）如果系统较复杂、模块太多，可以将实现同一功能的模块封装成一个子系统，使系统的模型看起来更简洁。

（5）设置各模块的参数以及与仿真有关的各种参数。

（6）保存模型，模型文件的后缀名为.mdl。

（7）运行仿真，观察结果。如果仿真出错，按弹出的错误提示框来查看出错的原因，然后进行修改；如果仿真结果与预想的结果不符，首先要检查模块的连接是否有误、选择的模块是否合适，然后检查模块参数和仿真参数的设置是否合理。

（8）调试模型。如果在上一步中没有检查出任何错误，就有必要进行调试了，以查看系统在每一个仿真步中的运行情况，直至找到出现仿真结果与预想的或实际情况不符的地方，修改后再进行仿真，直至结果符合要求。

【例 15-1】　建模示例。下面对 $x' = -2x(t) + u(t)$ 进行示例，输入信号 u 是幅值为跃阶信号。

（1）建模所需模块

- Gain 模块，用于定义常数增益-2。Gain 模块来源于 Math Library。
- Integator 模块，用来积分。Integator 模块来源于 Continuous Library。
- Add 模块，用来将两项相加。Add 模块来源于 Math Library。
- Step 模块，用来作为输入信号。Step 模块来源于 Source Library。
- Scope 模块，用来显示系统输出。Scope 模块来源于 Sinks Library。
- Out1 模块，用于输出变量到工作区。Out1 模块来源于 Sinks Library。

（2）复制模块

把上面这些模块从各自的模块库中复制到模型窗口，如图 15.12 所示。双击打开 Gain 模块，设置为-2，单击 OK 按钮。然后在 Gain 模块上单击鼠标右键，在 Rotate & Flip 菜单中选择 Clockwise，并再重复一次。

（3）连接模块

把各个模块连接起来，得到如图 15.13 所示的方框图。

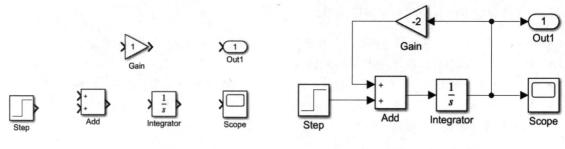

图 15.12　模块图　　　　　　　　　　　　　　　　图 15.13　方框图

（4）开始仿真

在工具栏中单击 Run 按钮开始仿真。结束后双击 Scope，得到仿真曲线，如图 15.14 所示。通过在命令行窗口输入：

```
plot(out)
```

可以打开仿真数据检查器，并得到仿真曲线，如图 15.15 所示。

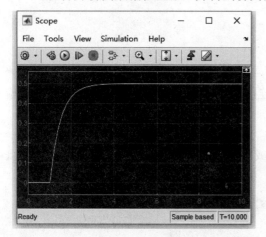

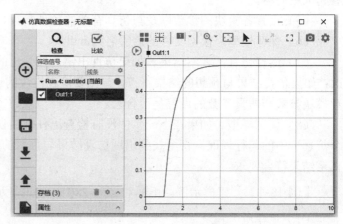

图 15.14　仿真图　　　　　　　　　　　　　　　　图 15.15　绘制的仿真图

15.2.6　保存系统模型

选择模型窗口中 Simulation 选项卡 FILE 面板下的 Save 命令或 Save As 命令可以保存所创建的模型。Simulink 通过生成特定格式的文件即模型文件（model file）来保存模型，文件的扩展名为.mdl。模型文件中包含模型的方框图和模型属性。

如果是第一次保存模型，使用 Save 命令可以为模型文件命名并指定文件的保存位置。模型文件的名称必须以字母开头，最多不能超过 63 个字母、数字和下画线。需要注意的是，模型文件名不能与 MATLAB 命令同名。

如果要保存一个已保存过的模型文件，则可以用 Save 命令替代原文件，或者用 Save As 命令为模型文件重新指定文件名和保存位置。

如果在这个保存过程中出现错误，Simulink 就会将临时文件重新命名为原模型文件的名称，并将当前的模型版本写入扩展名.err 文件中，同时发出错误消息。

此外，Save As 命令还允许用户将模型以不同的格式保存， MATLAB 可以从"保存类型"列表中选择一种文件格式。

当用旧版本的格式保存模型时，Simulink 会忽略模型中包含的新版本模块和引用的新版本特征，而以旧版本的格式保存模型。如果模型中包含了旧版本之后的新模块和新使用特征，那么在旧版本下运行该模型时，模型将不会给出正确的结果。

15.2.7　打印模型框图及生成报告

可以选择 Simulink 模型窗口 FILE 面板下的 Print 命令可以打印模型方块图（在 Microsoft Windows 系统下），该命令会打印当前窗口中的方块图，也可以在 MATLAB 命令行窗口中使用 Print 命令（在所有的系统平台上）打印方块图。

（1）打印模型

当选择 Simulink 模型窗口 FILE 面板下的 Print 命令时，Simulink 会打开 Print Model 对话框，该对话框可以使用户有选择地打印模型内的系统。

图 15.16 显示的是 Print Model 对话框中的 Options 选项区，这是 Microsoft Windows 系统下的选项，图中选择的是打印当前系统。

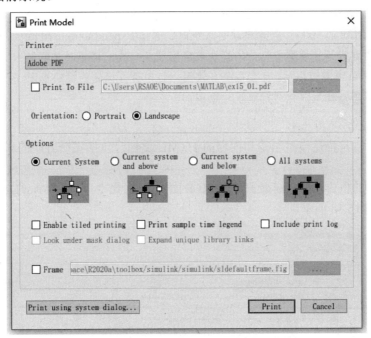

图 15.16　Print Model 对话框

在 Options 选项区内，用户可以选择下列方式进行打印：

- Current System：只打印当前系统。
- Current system and above：打印当前系统和模型层级中在此系统之上的所有系统。
- Current system and below：打印当前系统和模型层级中在此系统之下的所有系统，并带有查看封装模块和库模块内容的选项。
- All systems：打印模型中的所有系统，并带有查看封装模块和模块库内容的选项。

在打印时，每个系统方块图都会带有轮廓图，当选择 Current system and below 或 All systems 选项时，会激活 Options 选项区中的 Look under mask dialog 和 Expand unique library links 选项。图 15.17 所示为选择 All system 选项后的对话框窗口。

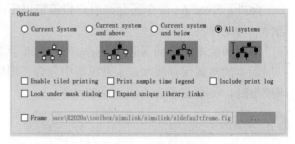

图 15.17　选择 All system 选项后的对话框窗口

根据需要可以选择下面的复选框：

- Enable tiled printing for all systems: 默认情况下，Simulink 为了使模块方块图适合打印纸的大小，会在打印过程中自动缩放方块图，也就是说，Simulink 会放大比较小的方块图或者缩小比较大的方块图，以便把这些模型方块图打印在一张纸上，当然，结果缩放后的方块图在可读性上要差一些。
- Print Sample Time Legend: 打印采样时间。
- Include Print Log: 打印记录列出被打印的模块和系统。若要打印记录，可选中 Include Print Log 复选框。
- Look under mask dialog: 当打印所有系统时，最顶层的系统被看作是当前系统，若当前系统模块中有封装子系统或者在当前系统模块之下有封装子系统，则 Simulink 会查看当前系统之下的任何封装模块。选中 Look under mask dialog 复选框后，可打印封装子系统中的内容。
- Expand unique library links: 当库模块是系统时，选择 Expand unique library links 复选框后，可打印库模块中的内容。不管模型中包含的模块被复制了多少次，打印时只复制一次模块。
- Frame: 选中 Frame 复选框后，可在每个方块图上打印带有标题的模块框图。用户也可以用 MATLAB 打印框图编辑器创建用户化的标题模块框图。

（2）生成模型报告

Simulink 模型报告是描述模型结构和内容的 HTML 文档，包括模型方块图和子系统以及模块参数的设置。

要生成当前模型的报告，可从模型窗口的 FILE 面板 Print 命令下选择 Print Details 命令，打开 Print Details 对话框，如图 15.18 所示。

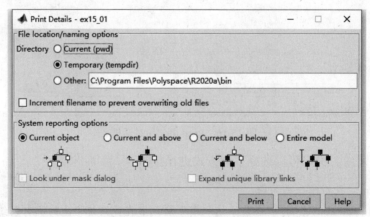

图 15.18　Print Details 命令选项

这个对话框有两个选项区：File location/naming options（文件位置/名称选项）和 System reporting options（系统报告选项）。

在 File location/naming options 选项区内，用户可以利用路径参数指定报告文件的保存位置和名称，Simulink 会在用户指定的路径下保存生成的 HTML 报告。Directory 参数有三个选项：Current 选项用于指定系统的当前路径；Temporary 选项用于指定系统临时路径；Other 选项用于在相邻的编辑框内指定用户的路径。

Increment filename to prevent overwriting old files 复选框用于增加文件名以防止复写旧文件，也就是每次在当前会话期为相同的模型生成报告时都生成唯一的报告文件名，这样就保护了每一个报告。

在 System reporting options 选项区内，用户可以选择下列报告选项：

- Current object：在报告中只包括当前所选对象。
- Current and above：在报告中包括当前所选对象和当前所选对象之上的所有模型级别。
- Current and below：在报告中包括当前对象和在当前对象之下的所有模型级别。
- Entire model：在报告中包括整个模型。
- Look under mask dialog：在报告中包括封装子系统的内容。
- Expand unique library links：在报告中包括子系统的库模块内容，每个子系统在报告中只描述一次，也就是说，即使这个子系统在模型中的多处位置上出现，报告中也只会给出一次说明。

完成报告选项的设置后，单击 Print 按钮，Simulink 会在系统默认的 HTML 浏览器内生成 HTML 报告并在消息面板内显示状态消息。

15.3　子　系　统

对于简单的系统，可以直接使用前面介绍的方法建立 Simulink 仿真模型进行动态系统仿真。对于复杂的动态系统，直接对系统进行建模，无论是分析系统还是设计系统，都会给用户带来使用的不便。本节重点介绍 Simulink 的子系统技术，可以较好地解决复杂系统的建模、仿真问题。

15.3.1　子系统介绍

当用户模型的结构非常复杂时，可以通过把多个模块组合在子系统内的方式来简化模型的外观。利用子系统创建模型有如下优点：

- 减少了模型窗口中显示的模块数目，从而使模型外观结构更清晰，增强了模型的可读性。
- 在简化模型外观结构图的基础上，保持了各模块之间的函数关系。
- 可以建立层级方块图。Subsystem 模块是一个层级，组成子系统的用户模块在另一层上。

（1）虚拟子系统

虚拟子系统在模型中提供了图形化的层级显示。它简化了模型的外观，但并不影响模型的执行，在模型执行期间，Simulink 会平铺所有的虚拟子系统，也就是在执行之前就会扩展子系统。这种扩展类似于编程语言，如 C 或 C++中的宏操作。

（2）非虚拟子系统

① 原子子系统（Atomic Subsystem）。原子子系统与虚拟子系统的主要区别在于，原子子系统内的模块作为单个单元执行，Simulink 中的任何模块都可以放在原子子系统内，包括以不同速率执行的模块。用户可以在虚拟子系统内通过选择 Treat as atomic unit 选项来创建原子子系统。

② 使能子系统（Enabled Subsystem）。使能子系统的动作类似于原子子系统，不同的是它只有在驱动子系统使能端口的输入信号大于零时才会执行。

用户可以通过在子系统内放置 Enable 模块的方式来创建使能子系统，并通过设置使能子系统内 Enable 端口模块中的 States when enabling 参数来配置子系统内的模块状态。

此外，利用 Outport 输出模块的 Output when disabled 参数可以把使能子系统内的每个输出端口配置为保持输出或重置输出。

③ 触发子系统（Triggered Subsystem）。触发子系统只有在驱动子系统触发端口的信号上升沿或下降沿到来时才会执行，触发信号沿的方向由 Trigger 端口模块中的 Trigger type 参数决定。

Simulink 限制放置在触发子系统内的模块类型，这些模块不能明确指定采样时间。也就是说，子系统内的模块必须具有-1 值的采样时间，即继承采样时间，因为触发子系统的执行具有非周期性，即子系统内模块的执行是不规则的。用户可以通过在子系统内放置 Trigger 模块的方式来创建触发子系统。

④ 函数调用子系统（Function-Call Subsystem）。函数调用子系统类似于用文本语言（如 M 语言）编写的 S 函数，只不过它是通过 Simulink 模块来实现的。用户可以利用 Stateflow 图、函数调用生成器或 S 函数执行函数调用子系统。

Simulink 限制放置在函数调用子系统内的模块类型，这些模块不能明确指定采样时间。也就是说，子系统内的模块必须具有-1 值的采样时间，即继承采样时间，因为函数调用子系统的执行具有非周期性。用户可以通过把 Trigger 端口模块放置在子系统内，并将 Trigger type 参数设置为 function-call 的方式来创建函数调用子系统。

⑤ 触发使能子系统（Enabled and Triggered Subsystem）。触发使能子系统在系统被使能且驱动子系统触发端口信号的上升沿或下降沿到来时才执行，触发边沿的方向由 Trigger 端口模块中的 Trigger type 参数决定。

Simulink 限制放置在触发使能子系统内的模块类型，这些模块不能明确指定采样时间。也就是说，子系统内的模块必须具有-1 值的采样时间，即继承采样时间，因为触发使能子系统的执行具有非周期性。用户可以通过把 Trigger 端口模块和 Enable 模块放置在子系统内的方式来创建触发使能子系统。

⑥ Action 子系统。Action 子系统具有使能子系统和函数调用子系统的交叉特性，只能限制一个采样时间，即连续采样时间、离散采样时间或继承采样时间。

Action 子系统必须由 If 模块或 Switch Case 模块执行，与这些子系统模块连接的所有 Action 子系统必须具有相同的采样时间。

用户可以通过在子系统内放置 Action 端口模块的方式来创建 Action 子系统，子系统图标会自动反映执行 Action 子系统的模块类型，也就是 If 模块或 Switch Case 模块。

Action 子系统至多执行一次，利用 Output 端口模块的 Output when disabled 参数，Action 子系统也可以控制是否保持输出值，这是与使能子系统类似的地方。

Action 子系统与函数调用子系统类似，因为函数调用子系统在任何给定的循环内可以执行多于一次，而 Action 子系统至多可执行一次。这种限制就表示 Action 子系统内可以放置非周期性的模块，而且也可以控制状态和输出的行为。

⑦ While-子系统。While-子系统在每个循环内可以循环多次，循环的次数由 While Iterator 模块中的条件参数控制。用户可以通过在子系统内放置 While Iterator 模块的方式来创建 While-子系统。

While-子系统与函数调用子系统相同的地方在于它在给定的循环内可以循环多次，不同的是它没有独立的循环指示器（如 Stateflow 图），而且通过选择 While Iterator 模块中的参数可以存取循环次数、通过设置 States when starting 参数可以控制子系统开始执行时的状态是否重置。

⑧ For-子系统。For-子系统在每个模型循环内可执行固定的循环次数，循环次数可以由外部输入给定，或者由 For Iterator 模块内部指定。用户可以通过在子系统内放置 For Iterator 模块的方式来创建 For-子系统。

For-子系统也可以通过选择 For Iterator 模块内的参数来存取当前循环的次数。For-子系统在给定循环内限制循环次数上与 While-子系统类似。

15.3.2　高级子系统技术

条件执行子系统的执行受到控制信号的控制，根据控制信号对条件子系统执行的控制方式的不同，可以将条件执行子系统划分为如下几种基本类型。

1．使能子系统

使能子系统在控制信号为正值时的仿真步上开始执行。一个使能子系统有单个的控制输入，控制输入可以是标量值或向量值。

如果控制输入是标量，那么当输入大于零时，子系统开始执行；如果控制输入是向量，那么当向量中的任一分量大于零时，子系统开始执行。

假设控制输入信号是正弦波信号，那么子系统会交替使能和关闭，如图 15.19 所示。（图中向上的箭头表示使能子系统，向下的箭头表示关闭子系统。）

（1）创建使能子系统

若要在模型中创建使能子系统，可以从 Simulink 中的 Ports & Subsystems 模块库中把 Enable 模块复制到子系统内，这时 Simulink 会在子系统模块图标上添加一个使能符号和使能控制输入口。在使能子系统外添加 Enable 模块后的子系统图标如图 15.20 所示。

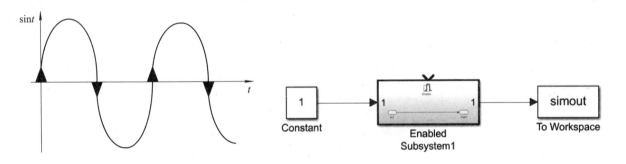

<table>
<tr><td>图 15.19　控制输入信号</td><td>图 15.20　添加 Enable 模块后的子系统</td></tr>
</table>

打开使能子系统中每个"Outport 输出端口模块"对话框，并为 Output when disabled 参数选择一个选项，如图 15.21 所示。

● 选择 held 选项，表示让输出保持最近的输出值。

● 选择 reset 选项，表示让输出返回到初始条件，并设置 Initial output 值，该值是子系统重置时的输出初始值。Initial output 值可以为空矩阵[ ]，此时的初始输出等于传送给 Outport 模块的模块输出值。

在执行使能子系统时，通过设置 Enable 模块参数对话框来选择子系统状态，或者选择保持子系统状态为前一时刻值，或者重新设置子系统状态为初始条件。

打开 Enable 模块对话框，如图 15.22 所示，为 States when enabling 参数选择一个选项：选择 held 选项，表示使状态保持为最近的值；选择 reset 选项，表示使状态返回到初始条件。

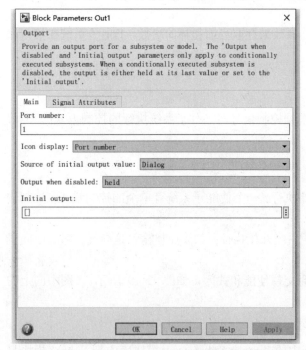

图 15.21 为 Output when disabled 参数选择一个选项

图 15.22 Enable 模块对话框

Enable 模块对话框中的另一个选项是 Show output port 复选框，选中这个复选框表示允许用户输出使能控制信号。这个特性可以将控制信号向下传递到使能子系统，如果使能子系统内的逻辑判断依赖于数值，或者依赖于包含在控制信号中的数值，那么这个特性就非常有用。

（2）允许使能子系统包含的模块

使能子系统内可以包含任意 Simulink 模块，包括 Simulink 中的连续模块和离散模块。使能子系统内的离散模块只有当子系统执行时，而且只有当该模块的采样时间与仿真的采样时间同步时才会执行，使能子系统和模型共用时钟。

使能子系统内也可以包含 Goto 模块，但是在子系统内只有状态端口可以连接到 Goto 模块。

图 15.23 所示的模型是一个包含四个离散模块和一个控制信号的系统(见下载资源文件 ex15_A01)。模型中的离散模块如下：

- Unit Delay 模块，采样时间为 0.25 秒。
- Unit Delay1 模块，采样时间为 0.5 秒。
- Unit Delay C 模块，在使能子系统内，采样时间为 0.125 秒。
- Unit Delay D 模块，在使能子系统内，采样时间为 0.25 秒。

使能控制信号由 Pulse Generator 模块产生，该模块在 0.375 秒时由 0 变为 1，并在 0.875 秒时返回 0，如图 15.24 所示。

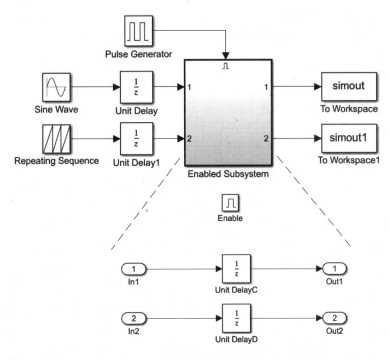

图 15.23　包含离散模块和控制信号的系统

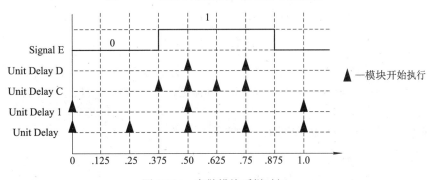

图 15.24　离散模块采样时间

Unit Delay 模块和 Unit Delay 1 模块的执行不受使能控制信号的影响，因为它们不是使能子系统的一部分。当使能控制信号变为正时，Unit Delay C 模块和 Unit Delay D 模块以"模块参数"对话框中指定的采样速率开始执行，直到使能控制信号再次变为 0。需要说明的是，当使能控制信号在 0.875 秒变为零时，Unit Delay C 模块并不执行。

（3）使能子系统的模块约束

在使能子系统内，Simulink 会对与使能子系统输出端口相连的带有恒值采样时间的模块进行如下限制：

如果用户用带有恒值采样时间的 Model 模块或 S 函数模块与条件执行子系统的输出端口相连，那么 Simulink 会显示一个错误消息。

Simulink 会把任何具有恒值采样时间的内置模块的采样时间转换为不同的采样时间，如以条件执行子系统内的最快离散速率作为采样时间。

为了避免 Simulink 显示错误信息或发生采样时间转换，用户可以把模块的采样时间改变为非恒值采样时间，或者使用 Signal Conversion 模块替换具有恒值采样时间的模块。

【例 15-2】 建立一个使能子系统，要求此系统模型中包括两个由方波信号驱动的使能子系统，且两个子系统控制信号刚好相反。

图 15.25 所示为使能子系统 A 与 B 的结构（见下载资源文件 ex15_02）。

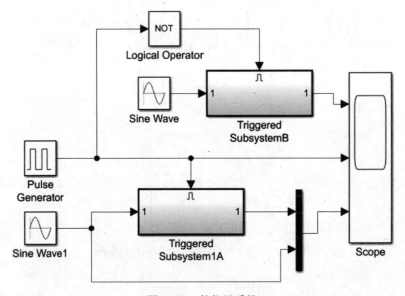

图 15.25　使能子系统

当控制信号（系统模型中的方波信号）为正时开始执行子系统 A，控制信号为负时（方波信号经过一反向信号操作，由 Math 模块库中的 Logical Operator 逻辑操作模块 NOT 操作符实现）开始执行子系统 B。

使能子系统仿真设置如图 15.26 和图 15.27 所示。

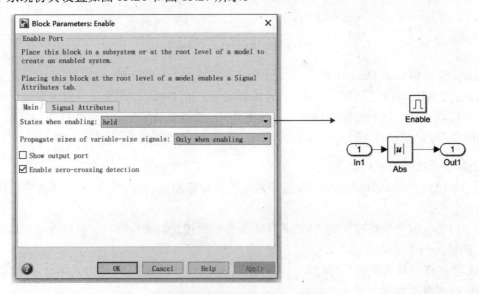

图 15.26　使能子系统使能状态设置

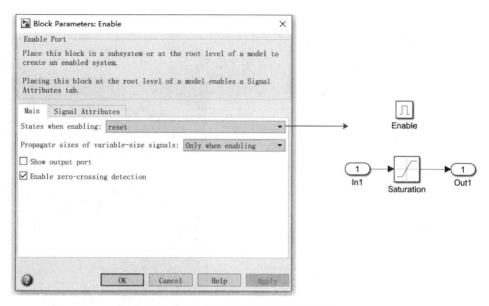

图 15.27　使能子系统使能参数设置

此系统模型中各模块的参数设置如下：

- 系统输入为采用默认设置的正弦信号（单位幅值，单位频率的单位正弦信号）。
- 使能子系统的控制信号源，使用 Sources 模块库中的 Pulse Generator 脉冲信号发生器所产生的方波信号。其设置为：脉冲周期（Period）为 5 s，Pulse Width 为 50，其余采用默认设置。
- 使能子系统 A 中的使能信号，其使能状态设置为重置 reset；使能子系统 B 中的使能信号，其使能状态设置为保持 held。
- 下方使能子系统中饱和模块（Saturation），其参数设置为：饱和上限为 0.5，饱和下限为-0.5。
- 系统输出 Scope 模块参数设置，如图 15.28 所示。

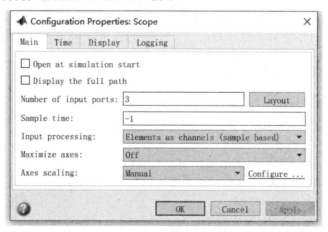

图 15.28　Scope 模块参数设置

系统仿真参数设置如下：

- 仿真时间：设置仿真时间范围为 0 ~ 20 s。
- 求解器设置：采用默认设置，即连续变步长，具有过零检测能力的求解器。

Scope 模块参数设置及使能子系统仿真结果如图
15.29 所示。

从图 15.29 中可以明显看出，只有在控制信号为正
时，使能子系统才输出，而且设置不同的使能状态可以
获得不同的结果（结果被重置或被保持）。

对于采用状态重置的使能子系统 A，其输出被重置；
而采用状态保持的使能子系统 B，其输出被保持。

如果在使能子系统中存在着状态变量，那么当使能
模块状态设置为重置时，它的状态变量将被重置为初始
状态（可能不为零）；当使能模块设置为保持时，它的
状态变量将保持不变。至于系统的输出，取决于系统的
状态变量以及系统的输入信号，这里不再赘述。

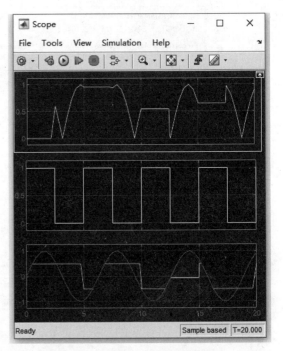

图 15.29　使能子系统的仿真结果

2．触发子系统

触发子系统也是子系统，它只有在触发事件发生时
才执行。触发子系统有单个的控制输入，称为触发输入
（trigger input），它控制子系统是否执行。用户可以选
择三种类型的触发事件，以控制触发子系统的执行。

- 上升沿触发（rising）：当控制信号由负值或零值上升为正值或零值（如果初始值为负）时，子系统
  开始执行。
- 下降沿触发（falling）：当控制信号由正值或零值下降为负值或零值（如果初始值为正）时，子系
  统开始执行。
- 双边沿触发（either）：当控制信号上升或下降时，子系统开始执行。

对于离散系统，当控制信号从零值上升或下降且只有当这个信号在上升或下降之前已经保持零值一
个以上时间步时，这种上升或下降才被认为是一个触发事件。这样就消除了由控制信号采样引起的误触
发事件。

在图 15.30 所示的离散系统时间中，上升触发（R）不
能发生在时间步 3，因为当上升信号发生时，控制信号在
零值只保持了一个时间步。

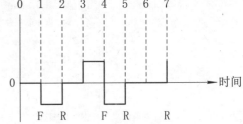

图 15.30　离散系统时间

用户可以通过把 Ports & Subsystems 模块库中的 Trigger
模块复制到子系统中的方式来创建触发子系统，Simulink 会
在子系统模块的图标上添加一个触发符号和一个触发控制
输入端口。

为了选择触发信号的控制类型，可打开 Trigger 模块的参数对话框，如图 15.31 所示，并在 Trigger type
参数的下拉列表中选择一种触发类型。

Simulink 会在 Trigger and Subsystem 模块上用不同的符号表示上升沿触发或下降沿触发，或双边沿触
发。图 15.32 所示就是在 Subsystem 模块上显示的触发符号（见下载资源文件 ex15_03）。

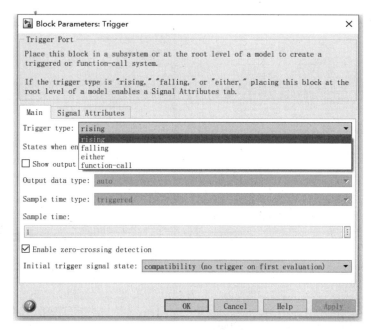

图 15.31　Trigger 模块的参数

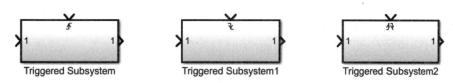

图 15.32　在 Subsystem 模块上显示的触发符号

如果选择的 Trigger type 参数是 function-call 选项，那么创建的就是函数调用子系统，这种触发子系统的执行是由 S 函数决定的，而不是由信号值决定的。

与使能子系统不同，触发子系统在两次触发事件之间一直保持输出为最终值，而且，当触发事件发生时，触发子系统不能重新设置它们的状态，任何离散模块的状态在两次触发事件之间会一直保持下去。

Trigger 模块参数对话框中的 Show output port 复选框可以输出触发控制信号，如图 15.33 所示，如果选择这个选项，则 Simulink 会显示触发模块的输出端口，并输出触发信号，信号值为：

- 1 表示产生上升触发的信号。
- -1 表示产生下降触发的信号。
- 2 表示函数调用触发。
- 0 表示其用户类型触发。

Output data type 选项指定触发输出信号的数据类型，可以选择的类型有 auto、int8 或 double。auto 选项可自动把输出信号的数据类型设置为信号被连接端口的数据类型（或者为 int8，或者为 double）。如果端口的数据类型不是 double 或 int8，那么 Simulink 会显示错误消息。

当在 Trigger type 选项中选择 function-call 时，对话框底部的 Sample time type 选项将被激活，这个选项可以设置为 triggered 或 periodic，如图 15.34 所示。

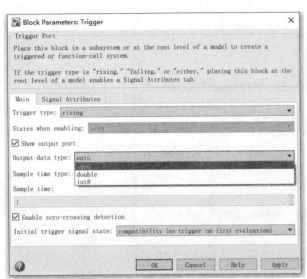

图 15.33　Show output port 复选框　　　　图 15.34　Sample time type 选项

如果调用子系统的上层模型在每个时间步内调用一次子系统，那么选择 periodic 选项，否则选择 triggered 选项。当选择 periodic 选项时，Sample time 选项将被激活，该参数可以设置包含调用模块的函数调用子系统的采样时间。

图 15.35 所示为一个包含触发子系统的模型图，在这个系统中，子系统只有在方波触发控制信号的上升沿时才被触发（见下载资源文件 ex15_04）。

在仿真过程中，触发子系统只在指定的时间执行，因此适合在触发子系统中使用的模块有：

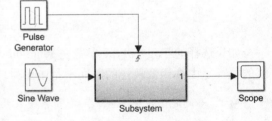

图 15.35　包含触发子系统的模型

- 具有继承采样时间的模块，如 Logical Operator 模块或 Gain 模块。
- 具有采样时间设置为-1 的离散模块，表示该模块的采样时间继承了驱动模块的采样时间。

当触发事件发生并且触发子系统执行时，子系统内部包含的所有模块一同被执行，Simulink 只有在执行完子系统中的所有模块后才会转换到上一层执行其用户的模块，这种子系统的执行方式属于原子子系统。

其用户子系统的执行过程不是这样的，如使能子系统在默认情况下只用于图形显示目的，属于虚拟子系统，它并不改变框图的执行方式。虚拟子系统中的每个模块都被独立对待，就如同这些模块都处于模型最顶层一样，这样在一个仿真步中 Simulink 可能会多次进出一个系统。

【例 15-3】　建立一个上升沿触发子系统，并仿真分析。

图 15.36 所示为此系统的系统模型（见下载资源文件 ex15_05）。

运行此系统进行仿真，仿真结果如图 15.37 所示。

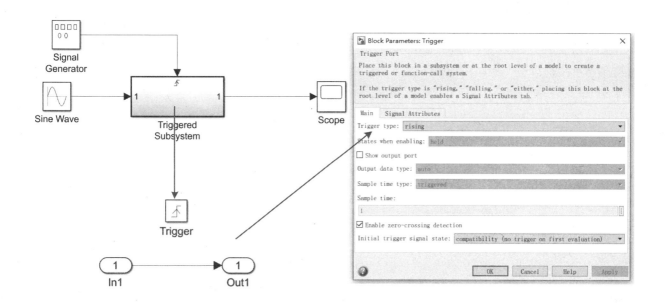

图 15.36　触发子系统的系统模型与触发类型设置

3．触发使能子系统

第三种条件执行子系统包含两种条件执行类型，称为触发使能子系统。这样的子系统是使能子系统和触发子系统的组合，系统的判断流程如图 15.38 所示。

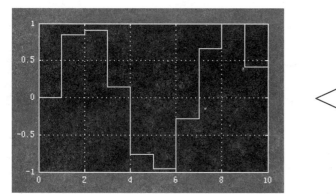

图 15.37　触发子系统的仿真结果

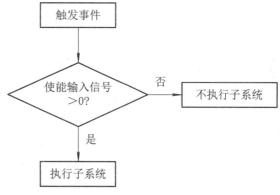

图 15.38　系统判断流程

触发使能子系统既包含使能输入端口，又包含触发输入端口。在这个子系统中，Simulink 等待一个触发事件，当触发事件发生时，Simulink 会检查使能输入端口是否为 0，并求取使能控制信号。

如果它的值大于 0，则 Simulink 执行一次子系统，否则不执行子系统。如果两个输入都是向量，则每个向量中至少有一个元素是非零值时，子系统才执行一次。

此外，子系统在触发事件发生的时间步上会执行一次，换句话说，只有当触发信号和使能信号都满足条件时，系统才执行一次。

提示　Simulink 不允许一个系统中有多于一个的 Enable 端口或 Trigger 端口。尽管如此，如果需要几个控制条件组合的话，用户可以使用逻辑操作符将结果连接到控制输入端口。

用户可以通过把 Enable 模块和 Trigger 模块从 Ports & Subsystems 模块库中复制到子系统中的方式来创建触发使能子系统，Simulink 会在 Subsystem 模块的图标上添加使能和触发符号，以及使能和触发控制输入。用户可以单独设置 Enable 模块和 Trigger 模块的参数值。图 15.39 所示为一个简单的触发使能子系统。

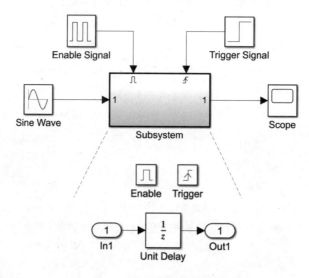

图 15.39　简单的触发使能子系统

4．创建交替执行子系统

用户可以用条件执行子系统与 Merge 模块相结合的方式创建一组交替执行子系统，它的执行依赖于模型的当前状态。Merge 模块是 Signal Routing 模块库中的模块，它具有创建交替执行子系统的功能。

图 15.40 是 Merge 模块的参数对话框。Merge 模块可以把模块的多个输入信号组合为一个单个的输出信号。

模块参数对话框中的 Number of inputs 参数值可以任意指定输入信号端口的数目。模块输出信号的初始值由 Initial output 参数决定。

如果 Initial output 参数为空，而且模块又有超过一个以上的驱动模块，那么 Merge 模块的初始输出就等于所有驱动模块中最接近于当前时刻的初始输出值，而且，Merge 模块在任何时刻的输出值都等于当前时刻其驱动模块所计算的输出值。

图 15.40　Merge 模块的参数

Merge 模块不接受信号元素被重新排序的信号。在图 15.41 中，Merge 模块不接受 Selector 模块的输出，因为 Selector 模块交替改变向量信号中的第一个元素和第三个元素（见下载资源文件 ex15_06）。

如果未选择 Allow unequal port widths 复选框，那么 Merge 模块只接受具有相同维数的输入信号，而且只输出与输入同维数的信号；如果选择了 Allow unequal port widths 复选框，那么 Merge 模块可以接受标量输入信号和具有不同分量数目的向量输入信号，但不接受矩阵信号。

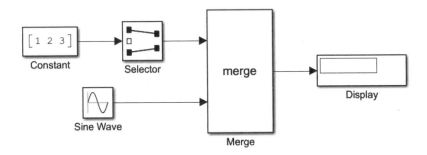

图 15.41　使用 Merge 模块模型

【例 15-4】　利用使能模块和 Merge 模块建立电流转换器模型，也就是把正弦 AC 电流转换为脉动 DC 电流的设备，将 AC 电流转换为 DC 电流。

根据系统要求，选择如下 Simulink 模块。

- Sources 模块库中的 Sine Wave 模块。
- Ports & Subsystems 模块库中的 Enabled Subsystem 子系统模块。
- Signal Routing 模块库中的 Merge 模块。
- Math Operations 模块库中的 Gain 模块。

按要求建立的系统模型如图 15.42 所示（见下载资源文件 ex15_07）。

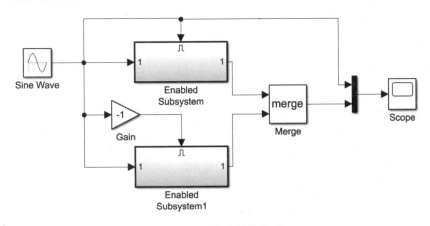

图 15.42　电流转换模型

在这个系统模型中，当输入信号的正弦 AC 波形为正时，使能子系统 Subsystem 模块，它把波形无变化地传递到输出端口。

当 AC 波形为负时，使能子系统 Subsystem1 模块，由该子系统转换波形，将波形负值转换为正值。Merge 模块可把当前使能模块的输出传递到 Mux 模块，Mux 模块再把输出及原波形传递到 Scope 模块。

在"仿真参数"对话框中设置仿真参数，选择变步长 ode45 求解器，运行仿真后得到的系统输出波形如图 15.43 所示。

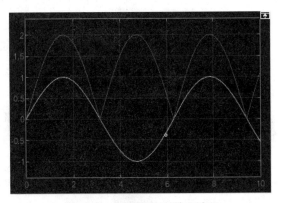

图 15.43　系统仿真后输出波形

这个模型用三个触发子系统与 Merge 模块相连构成三个不同增益的放大器，三个放大器经由 Mux 模块与 Merge 模块相连，A1 和 A3 放大器是上升沿信号触发，A2 放大器是下降沿信号触发，A3 放大器的触发信号有 0.5 s 的延迟，即 Pulse Generator1 模块比 Pulse Generator 模块延迟 0.5 s。

在每个时间步上 Merge 模块的输出等于该时间步上被触发放大器的输出。模型中是用 Mux 模块将信号传递到 Merge 模块，而不是直接与 Merge 模块相连，这样得到的结果信号图更清晰。

15.4 运 行 仿 真

Simulink 支持两种不同启动仿真的方法：直接从模型窗口中启动和在命令行窗口中启动。无论哪种方法，最终的仿真过程是相同的。在仿真启动前，还需要仔细配置仿真的基本设置。

15.4.1 启动仿真过程

有两种方法可启动仿真过程：一种是在命令行窗口中以指令形式开始相应模型的仿真；另一种是直接在模型窗口选项卡中单击相应的面板命令。

（1）选项卡命令方式

采用选项卡命令形式启动仿真过程是相当简单和方便的。在配置面板中完成诸如仿真起止时间、微分方程求解器、最大仿真步长等参数的设置，而不需要去记忆相关指令的用法，尤其是可以在不停止仿真过程的情况下实时地完成下面的操作：

- 修改仿真起止时间、最大仿真步长。
- 改变微分方程求解方法。
- 同时进行另一个模型的仿真。
- 用鼠标单击相应的信号线，在出现的浮动窗口中观看信号的相关信息。
- 在一定范围内修改模块的某些参数。

提示　在仿真过程中，用户不能再改变模型本身的结构，如增减信号线或模块，除非停止该模型的仿真过程。

（2）命令行方式

相比选项卡方式，采用命令行方式启动仿真过程具有如下优点：

- 仿真的对象既可以是 Simulink 方框图，也可以是 M 文件或 C 文件形式的模型。
- 可以在 M 文件中编写仿真指令，从而改变模块参数和仿真环境。

用选项卡方式启动仿真一般分为以下几个步骤：

（1）设置仿真参数

单击 MODELING 选项卡 SETUP 面板中 Model Setting 按钮，弹出 Configuration Parameters（仿真配置）对话框，单击 Ok 按钮设置生效。

（2）开始仿真

单击 SIMULATE 面板中的 Run 按钮即可启动仿真，仿真结束后，计算机将发出"哗"的声音来提示用户。

这里用户常遇到的错误是在 Simulink 模块库窗口激活状态下启动某个模型的仿真过程，为避免这种错误，用户在启动仿真时需要确信当前接待仿真的模型窗口是激活的。

　　由于模型的复杂程度和仿真时间跨度的大小不同，每个模型的实际仿真时间也不相同，同时仿真时间还受到机器本身性能的影响，用户可以在仿真过程中人为中止模型的仿真。

15.4.2　仿真过程诊断

　　如果仿真过程中出现错误，仿真将会自动停止，并弹出一个"仿真诊断"对话框来显示错误详细消息，如图 15.44 所示。

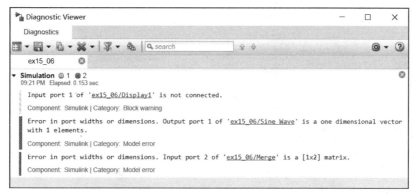

图 15.44　"仿真诊断"错误提示

　　Simulink 除了弹出诊断对话框显示错误信息外，必要时还会弹出模型方框图，并采用高亮方式显示引发该项错误的相关模块，用户也可以通过在诊断对话框中双击相关的错误或按下 Open 按钮来弹出相应的方块图。

15.4.3　仿真配置

　　Simulink 求解器是 Simulink 进行动态系统仿真的核心所在，因此欲掌握 Simulink 系统仿真原理，必须对 Simulink 的求解器有所了解。本节将对 Simulink 求解器的选择与使用做深入的介绍。

　　离散系统的动态行为一般可以由差分方程描述。众所周知，离散系统的输入与输出仅在离散的时刻上取值，系统状态每隔固定的时间才更新一次；而 Simulink 对离散系统的仿真核心是对离散系统差分方程的求解。因此，Simulink 可以做到对离散系统的绝对精确（除去有限的数据截断误差）。

　　在对纯粹的离散系统进行仿真时，需要选择离散求解器对其进行求解。用户只需选择"Simulink 仿真参数设置"对话框"求解器"选项卡中的 discrete（no continuous states）选项，即没有连续状态的离散求解器，便可以对离散系统进行精确的求解与仿真。

　　与离散系统不同，连续系统具有连续的输入与输出，并且系统中一般都存在着连续的状态设置。连续系统中存在的状态变量往往是系统中某些信号的微分或积分，因此连续系统一般由微分方程或与之等价的其他方式进行描述。这就决定了使用数字计算机不可能得到连续系统的精确解，而只能得到系统的数字解（近似解）。

　　Simulink 在对连续系统进行求解仿真时，其核心是对系统微分或偏微分方程进行求解。因此，使用 Simulink 对连续系统进行求解仿真时所得到的结果均为近似解，且此近似解在一定的误差范围之内便可。

对微分方程的数字求解有不同的近似解，因此 Simulink 的连续求解器有多种不同的形式，如变步长求解器 ode45、ode23、ode113 以及定步长求解器 ode5、ode4、ode3 等。

采用不同的连续求解器会对连续系统的仿真结果与仿真速度产生不同的影响，但一般不会对系统的性能分析产生较大的影响，因为用户可以设置具有一定的误差范围的连续求解器进行相应的控制。离散求解器与连续求解器设置的不同之处如图 15.45 所示。

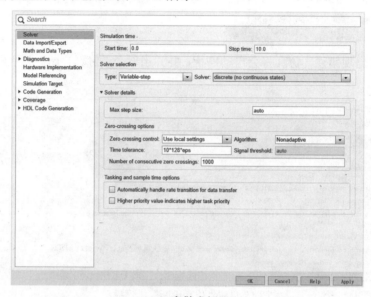

（a）离散求解器

（b）连续求解器

图 15.45　离散求解器与连续求解器设置的比较

为了使读者对 Simulink 的连续求解器有更为深刻的理解，在此对 Simulink 的误差控制与仿真步长计算进行简单的介绍。当然，对于定步长连续求解器，并不存在误差控制的问题，只有采用变步长连续求解器，才会根据积分误差修改仿真步长。

在对连续系统进行求解时，仿真步长计算受到绝对误差与相对误差的共同控制；系统会自动选用对系统求解影响最小的误差对步长计算进行控制。只有在求解误差满足相应的误差范围的情况下，才可以对系统进行下一步仿真。

对于实际的系统而言，很少有纯粹的离散系统或连续系统，大部分系统均为混合系统。连续变步长求解器不仅考虑了连续状态的求解，还考虑了系统中离散状态的求解。连续变步长求解器首先尝试使用最大步长（仿真起始时采用初始步长）进行求解，如果在这个仿真区间内有离散状态的更新，步长便减小到与离散状态的更新相吻合。

15.4.4　仿真的设置

在使用 Simulink 进行动态系统仿真时，用户可以直接将仿真结果输出到 MATLAB 基本工作区中，也可以在仿真启动时刻从基本工作区中载入模型的初始状态，这些都是在仿真配置的工作区属性对话框中完成的。

构建好一个系统的模型后，在运行仿真前，必须对仿真参数进行配置。仿真参数的设置包括仿真过程中的仿真算法、仿真的起始时刻、误差容限及错误处理方式等，还可以定义仿真结果的输出和存储方式。

首先打开需要设置仿真参数的模型，然后在模型窗口中选择 MODELING 选项卡 SETUP 面板中 Model Setting 按钮，就会弹出仿真参数设置对话框。

仿真参数设置主要部分有 5 个：Solver，Data Import/Export，Optimization，Diagnostics，Real-Time Workshop。下面对一些常用设置做具体的说明。

1. Solver（算法）的设置

该部分主要完成对仿真的起止时间、仿真算法类型等的设置，如图 15.46 所示。

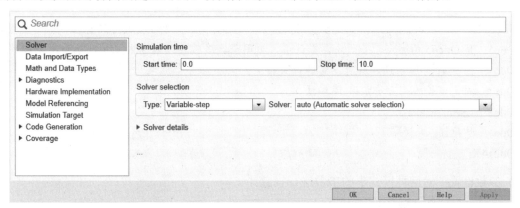

图 15.46　Solver 常用设置界面

（1）Simulation time：仿真时间，设置仿真的时间范围。

用户可以在 Start time 和 Stop time 文本框中输入新的数值来改变仿真的起始时刻和终止时刻，默认值分别为 0.0 和 10.0。

> 仿真时间与实际的时钟并不相同，前者是计算机仿真对时间的一种表示，后者是仿真的实际时间。如仿真时间为 1s，如果步长为 0.1s，则该仿真要执行 10 步，当然步长减小，总的执行时间会随之增加。仿真的实际时间取决于模型的复杂程度、算法及步长的选择以及计算机的速度等诸多因素。

（2）Solver options：算法选项，选择仿真算法，并对其参数及仿真精度进行设置。

- Type：指定仿真步长的选取方式，包括 Variable-step（变步长）和 Fixed-step（固定步长）。
- Solver：选择对应的模式下所采用的仿真算法。

变步长模式下的仿真算法主要有：

- discrete（no continous states）：适用于无连续状态变量的系统。

  ➢ Ode45：四五阶龙格-库塔法，默认值算法，适用于大多数连续或离散系统，但不适用于刚性（stiff）系统，采用的是单步算法。一般来说，面对一个仿真问题最好首先试试 Ode45。

  ➢ Ode23：二三阶龙格-库塔法，它在误差限要求不高和求解的问题不太难的情况下，可能会比 Ode45 更有效，为单步算法。

  ➢ Ode113：阶数可变算法，它在误差容许要求严格的情况下通常比 Ode45 有效，是一种多步算法，就是在计算当前时刻输出时，它需要以前多个时刻的解。

  ➢ Ode15s：是一种基于数值微分公式的算法，也是一种多步算法，适用于刚性系统，如果用户估计要解决的问题比较困难，或者不能使用 Ode45，或者即使使用效果也不好，那么就可以用 Ode15s。

  ➢ Ode23s：是一种单步算法，专门应用于刚性系统，在较小的误差允许下的效果好于 Ode15s，它能解决某些 Ode15s 不能有效解决的 stiff 问题。

  ➢ Ode23t：这种算法适用于求解适度 stiff 的问题，而用户又需要一个无数字振荡的算法的情况。

  ➢ Ode23tb：在较大的误差容许下可能比 Ode15s 方法有效。

固定步长模式下的仿真算法主要有：

- discrete(no continous states)：固定步长的离散系统的求解算法，特别是用于不存在状态变量的系统。
- Ode5：是 Ode45 的固定步长版本，默认值，适用于大多数连续或离散系统，不适用于刚性系统。
- Ode4：四阶龙格-库塔法，具有一定的计算精度。
- Ode3：固定步长的二三阶龙格-库塔法。
- Ode2：改进的欧拉法。
- Ode1：欧拉法。
- Ode14X：插值法。

（3）参数设置：对两种模式下的参数进行设置。

① 变步长模式下的参数设置。

- Max step size：它决定了算法能够使用的最大时间步长，默认值为"仿真时间/50"，即整个仿真过程中至少取 50 个取样点，但这样的取法对于仿真时间较长的系统则可能造成取样点过于稀疏，而使仿真结果失真。一般建议对于仿真时间不超过 15s 的采用默认值即可，对于超过 15s 的每秒至少保证 5 个采样点，对于超过 100s 的每秒至少保证 3 个采样点。
- Min step size：算法能够使用的最小时间步长。
- Intial step size：初始时间步长，一般建议使用"auto"默认值即可。

- Relative tolerance：相对误差，它是指误差相对于状态的值，是一个百分比，默认值为 1e-3，表示状态的计算值要精确到 0.1%。
- Absolute tolerance：绝对误差，表示误差值的门限，或者是说在状态值为零的情况下，可以接受的误差。如果它被设成了 auto，那么 simulink 为每一个状态设置初始绝对误差为 1e-6。

② 固定步长模式下的主要参数设置。

Tasking mode for periodic sample times 下拉菜单中有 3 个选项。

- Auto：根据模型中模块的采样速率是否一致，自动决定切换到 multitasking 或 singletasking。
- Single Tasking：单任务模式，这种模式不检查模块间的速率转换，它在建立单任务系统模型时非常有用，在这种系统中不存在任务同步问题。
- Muti Tasking：多任务模式，当 simulink 检测到模块间非法的采样速率转换时，就会给出错误提示。所谓的非法采样速率转换是指两个工作在不同采样速率的模块之间的直接连接。

在实时多任务系统中，如果任务之间存在非法采样速率转换，那么就有可能出现一个模块的输出在另一个模块需要时却无法利用的情况。通过检查这种转换，Multitasking 将有助于用户建立一个符合现实的多任务系统的有效模型。其余的参数一般取默认值，这里暂不做介绍。

2．Data Import/Export（数据输入/输出）的设置

仿真时，用户可以将仿真结果输出到 MATLAB 工作区中，也可以从工作区中载入模型的初始状态，这些都是在仿真配置中的 Data Import/Export 中完成的，如图 15.47 所示。该部分有 4 个选项区。

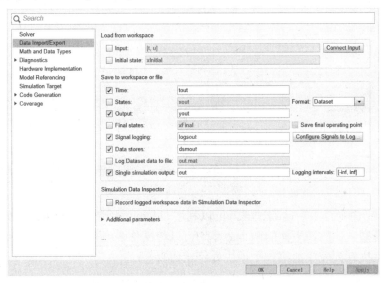

图 15.47　Data Import/Export 参数设置

（1）Load from workspace：从工作区载入数据。

- Input：输入数据的变量名。
- Initial state：从 MATLAB 工作区获得的状态初始值的变量名。模型将从 MATLAB 工作区获取模型所有内部状态变量的初始值，而不管模块本身是否已设置。该栏中输入的应该是 MATLAB 工作区中已经存在的变量，变量的次序应与模块中各个状态的次序一致。

（2）Save to workspace or file：保存结果到工作区，几个主要参数说明如下。

- Time：时间变量名，存储输出到 MATLAB 工作区的时间值，默认名为 tout。
- States：状态变量名，存储输出到 MATLAB 工作区的状态值，默认名为 xout。
- Output：输出变量名，如果模型中使用 Out 模块，就必须选择该栏。
- Final states：最终状态值输出变量名，存储输出到 MATLAB 工作区的最终状态值。

15.5　调　　试

Simulink 提供了强大的模型调试功能，并且还提供了图形界面的支持，使得用户对模型的调试和跟踪更加方便。

15.5.1　模型调试

1．启动调试器

Simulink 调试器有两种模式：图窗模式（GUI）和命令行模式。若要在图窗模式下启动调试器，首先要打开希望调试的模型，然后选择模型窗口中 DEBUG 选项卡 BREAKPOINTS 面板 Breakpoints List 下的 Debug Model 命令，即可打开调试器窗口，如图 15.48 所示。

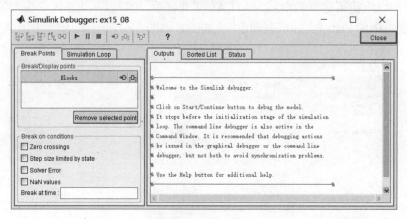

图 15.48　调试窗口

若要从 MATLAB 命令行中启动调试器，可以利用 sldebug 命令或带有 debug 选项的 sim 命令在调试器的控制下启动模型。例如，下面的两个命令均可以将文件名为 S15_8 的模型装载到内存中，同时开始仿真，并在模型执行列表中的第一个模块处停止仿真。

```
>> sim ('ex15_08', [0, 10], simset ('debug', 'on') )
```

或

```
>> sldebug 'ex15_08'
```

2．调试器的图形用户接口

调试器的图形用户接口包括工具栏和左、右两个选项面板，左侧的选项面板包括 Break Points 和 Simulation Loop 选项页，右侧的选项面板包括 Outputs、Sorted List 和 Status 选项页。

当在图窗模式下启动调试器时，可单击调试器工具栏中的"开始/继续"按钮来开始仿真，Simulink 会在执行的第一个仿真方法处停止仿真，并在 Simulation Loop 选项面板中显示方法的名称，同时在模型方块图中显示当前的方法标注，如图 15.49 所示。

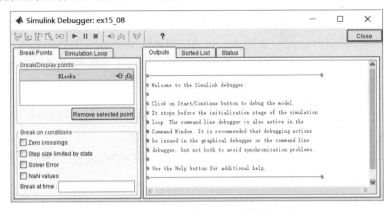

图 15.49　模型方块图中显示当前的方法标注

此时用户可以设置断点、单步运行仿真、继续运行仿真到下一个断点或终止仿真、检验数据或执行其用户的调试任务。

在 GUI 模式下启动调试器时，MATLAB 命令行窗口中的调试器命令行接口也将被激活。但是，用户应该避免使用命令行接口，以防止图形接口与命令行接口的同步错误。

3．调试器的命令行接口

在调试器的命令行模式下，用户可以在 MATLAB 命令行窗口中输入调试器命令来控制调试器，也可以使用调试器命令的缩写方式控制调试器。用户可以通过在 MATLAB 命令行中输入一个空命令（也就是按下 Return 键）来重复某些命令。

当用命令行模式启动调试器时，调试器不是在调试器窗口中显示方法名称，而是在 MATLAB 命令行窗口中显示方法名称。图 15.50 所示就是在 MATLAB 命令行窗口中输入 sldebug 'ex15_08'命令后显示的调试器信息。

图 15.50　显示调试器的信息

（1）方法的 ID

有些 Simulink 命令和消息使用方法的 ID 号表示方法。方法的 ID 号是一个整数，它是方法的索引值。在仿真循环过程中第一次调用方法时就指定了方法的 ID 号，调试器会顺序指定方法的索引值，在调试器阶段第一次调用的方法以 0 开始，以后顺序类推。

（2）模块的 ID

有些 Simulink 的调试器命令和消息使用模块的 ID 号表示模块。Simulink 在仿真的编译阶段就指定了模块的 ID 号，同时生成模型中模块的排序列表。模块 ID 的格式为 sid:bid，这里的 sid 是一个整数，用来标识包含该模块的系统(或者是根系统,或者是非纯虚系统);bid 是模块在系统排序列表中的位置。例如,模块索引 0:1 表示在模型根系统中的第 1 个模块。

调试器的 slist 命令可以显示被调试模型中每个模块的模块索引值。

（3）访问 MATLAB 工作区

用户可以在 sldebug 调试命令提示中输入任何 MATLAB 表达式。例如,假设此时在断点处,用户正在把时间和模型的记录输出到 tout 和 yout 变量中,那么执行下面的命令就可以绘制变量的曲线图:

```
(sldebug … ) plot (tout, yout)
```

如果用户要显示的工作区变量的名与调试器窗口中输入的调试器命令部分相同或完全相同,那么将无法显示这个变量的值,但用户可以用 eval 命令解决这个问题。

例如,假设用户需要访问的变量名与 sldebug 命令中的某些字母相同,变量 s 是 step 命令名中的一部分,那么在 sldebug 命令提示中使用 eval 输入 s 时,显示的是变量 s 的值,即:

```
(sldebug … ) eval ('s')
```

4.调试器命令

表 15.15 列出了调试器命令。表中的"重复"列表示在命令行中按下 Return 键时是否可以重复这个命令,"说明"列则是对命令的功能进行了简短的描述。

表 15.15 调试器命令

命 令	缩写格式	重 复	说 明
animate	ani	否	使能/关闭动画模式
ashow	as	否	显示一个代数环
atrace	at	否	设置代数环跟踪级别
bafter	ba	否	在方法后插入断点
break	b	否	在方法前插入断点
bshow	bs	否	显示指定的模块
clear	cl	否	从模块中清除断点
continue	c	是	继续仿真
disp	d	是	当仿真结束时显示模块的 I/O
ebreak	eb	否	在算法错误处使能或关闭断点
elist	el	否	显示方法执行顺序
emode	em	否	在加速模式和正常模式之间切换
etrace	et	否	使能或关闭方法跟踪
help	? 或 h	否	显示调试器命令的帮助
nanbreak	na	否	设置或清除非限定值中断模式
next	n	是	至下一个时间步的起始时刻
probe	p	否	显示模块数据
quit	q	否	中断仿真
rbreak	rb	否	当仿真要求重置算法时中断
run	r	否	运行仿真至仿真结束时刻

（续表）

命　　令	缩写格式	重　　复	说　　明
stimes	sti	否	显示模型的采样时间
slist	sli	否	列出模型的排序列表
states	state	否	显示当前的状态值
status	stat	否	显示有效的调试选项
step	s	是	步进仿真一个或多个方法
stop	sto	否	停止仿真
strace	i	否	设置求解器跟踪级别
systems	sys	否	列出模型中的非纯虚系统
tbreak	tb	否	设置或清除时间断点
trace	tr	是	每次执行模块时显示模块的 I/O
undisp	und	是	从调试器的显示列表中删除模块
untrace	unt	是	从调试器的跟踪列表中删除模块
where	w	否	显示在仿真循环中的当前位置
xbreak	x	否	当调试器遇到限制算法步长状态时中断仿真
zcbreak	zcb	否	在非采样过零事件处触发中断
zclist	zcl	否	列出包含非采样过零的模块

15.5.2　调试器控制

用户可以根据自己的需要选择不同的调试器模式，对于 Simulink 调试器来说，无论选择 GUI 模式还是命令行模式，它都可以从当前模型的任何悬挂时刻开始运行仿真至下列时刻：

- 仿真结束时刻。
- 下一个断点。
- 下一个模块。
- 下一个时间步。

1．连续运行仿真

调试器的 run 命令可以从仿真的当前时刻跳过插入的任何断点连续运行仿真至仿真终止时刻，在仿真结束时，调试器会返回到 MATLAB 命令行。若要继续调试模型，则必须重新启动调试器。

GUI 模式下不提供与 run 命令功能相同的图形版本，若要在 GUI 模式下连续运行仿真至仿真结束时刻，则必须首先清除所有的断点，然后单击"开始/继续"按钮▶。

2．继续仿真

在 GUI 模式下，当调试器因任何原因将仿真过程悬挂起来时，它会将"停止仿真"按钮■设置为红色，若要继续仿真，可单击"开始/继续"按钮▶。

在命令行模式下，需要在 MATLAB 命令行窗口中输入 continue 命令继续仿真，调试器会继续仿真至下一个断点处，或至仿真结束时刻。

当选择调试器工具栏中的"动画"按钮☀时，调试器会处在动画模式，此时调试器呈灰色显示，通过"开始/继续"按钮▶或 continue 命令会单步执行仿真方法，并在每个方法结束时暂停仿真。

当在动画模式下运行仿真时,调试器会使用调试指针标识在每个时间步上执行的是方块图中的哪个模块,这个移动的指针形象地说明了模型的仿真过程。

用户可以使用调试器工具栏中的滑动条来增加或减少两次方法执行中的延迟,因此也就减慢或加快了动画速率。

调试指针指示出了仿真要执行的下一个方法,它包括三个部分:

- 下一个方法框:下一个方法框出现在方块图的左上角,指定了要执行的下一个方法的名称和 ID 号。
- 模块指针:当下一个方法是模块方法时,模块指针才出现,表示下一个方法要操作的模块。
- 方法标题:当下一个方法是模块方法时,方法标题才会出现,它是一个彩色的矩形块,标题会部分覆盖下一个方法要执行的模块的图标,图标中标题的颜色和位置表示下一个模块方法的类型,如图 15.51 所示。

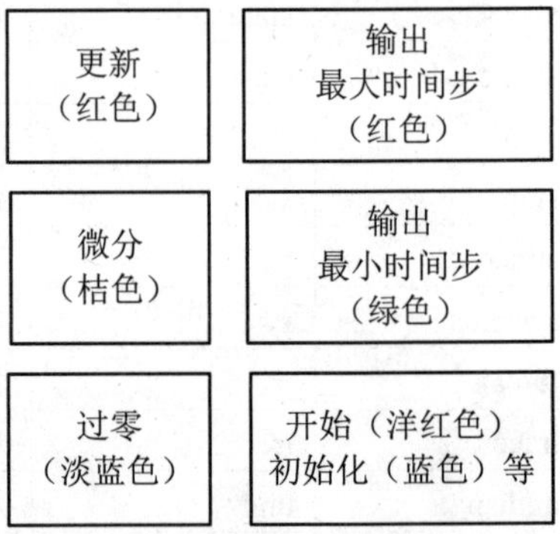

更新 (红色)	输出 最大时间步 (红色)
微分 (桔色)	输出 最小时间步 (绿色)
过零 (淡蓝色)	开始(洋红色) 初始化(蓝色)等

图 15.51　调试指针指示图

在动画模式下,标题会在模块上保持一段时间,停留的时间是当前最大时间步的时间长度,并在每个标题上显示一个数字,这个数字指定了在这个时间步内到目前为止模块调用相应方法的次数。

若要在调试器的命令行模式下使能动画,可在 MATLAB 命令行中输入 animate 命令,这个命令不需要任何参数就可以使能动画模式。

用户也可以使用 animate delay 命令,命令中的 delay 参数指定了两次调用方法的间隔时间,单位为秒,默认值为 1 秒。例如,下面的命令可使动画以默认值的两倍速率执行:

```
>> animate 0.5
```

若要在命令行模式下关闭动画,则可输入如下命令:

```
>> animate stop
```

3. 单步运行仿真

用户可以在调试器的 GUI 模式和命令行模式下单步运行仿真。

(1) 在 GUI 模式下单步运行仿真

在 GUI 模式下,用户可以利用调试器工具栏中的选择按钮控制仿真步进的量值。表 15.16 列出了调试器工具栏中的命令按钮及作用。

表 15.16　调试器工具栏中的命令按钮及作用

按　　钮	作　　用
⊡	步进到下一个方法
⊡	越过下一个方法
⊡	跳出当前方法
⊡	在开始下一个时间步时步进到第一个方法
⊡	步进到下一个模块方法

（续表）

按　钮	作　用
▶	开始或继续仿真
❙❙	暂停仿真
■	停止仿真
▫	在选择的模块前中断
▫	当执行所选择的模块时显示该模块的输入和输出
▫	显示被选择模块的当前输入和输出
?	显示调试器帮助信息
Close	关闭调试器

在 GUI 模式下利用调试器工具栏上的按钮单步运行仿真时，在每个步进命令结束后，调试器都会在 Simulation Loop 选项面板中高亮显示当前方法的调用堆栈。调用堆栈由被调用的方法组成，调试器会高亮显示调用堆栈中的方法名称。

同时，调试器会在其 Outputs 选项面板中显示输出的模块数据，输出的数据包括调试器命令说明和当前暂停仿真时模块的输入、输出及状态，命令说明显示了调试器停止时的当前仿真时间和仿真方法的名称及索引，界面如图 15.52 所示。

（2）在命令行模式下单步运行仿真

在命令行模式下，用户需要输入适当的调试器命令来控制仿真量值。表 15.17 列出了在命令行模式下与调试器工具栏按钮功能相同的调试器命令。

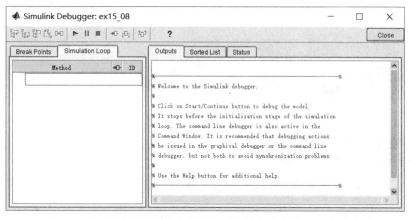

图 15.52　调试器停止时的当前仿真时间和仿真方法的名称及索引

表 15.17　在命令行模式下使用的调试器命令

命　令	步进仿真
step[in into]	进入下一个方法，并在下一个方法中的第一个方法停止仿真，如果下一个方法中不包含任何方法，那么在下一个方法结束时停止仿真
step over	步进到下一个方法，直接或间接调用执行所有的方法
step out	至当前方法结束，执行由当前方法调用的任何用户方法
step top	至下一个时间步的第一个方法（也就是仿真循环的起始处）

命　　令	步进仿真
step blockmth	至执行的下一个模块方法，执行所有的层级模型和系统方法
next	同 step over

在命令行模式下，用户可以用 where 命令显示仿真方法调用堆栈。如果下一个方法是模块方法，那么调试器会把调试指针指向对应于该方法的模块；如果执行下一个方法的模块在子系统内，那么调试器会打开子系统，并将调试指针指向子系统方块图中的模块。

（3）模块数据输出

在执行完模块方法之后，调试器会在 Output 选项面板（在 GUI 模式下）或者在 MATLAB 命令行窗口（在命令行模式下）中显示部分或全部的模块数据。这些模块数据如下：

- Un＝v：v 是模块第 n 个输入的当前值。
- Yn＝v：v 是模块第 n 个输出的当前值。
- CSTATE＝v：v 是模块的连续状态向量值。
- DSTATE＝v：v 是模块的离散状态向量值。

调试器也可以在 MATLAB 命令行窗口中显示当前时间、被执行的下一个方法的 ID 号和方法名称，以及执行该方法的模块名称。图 15.53 显示的是在命令行模式下使用步进命令后的调试器输出。

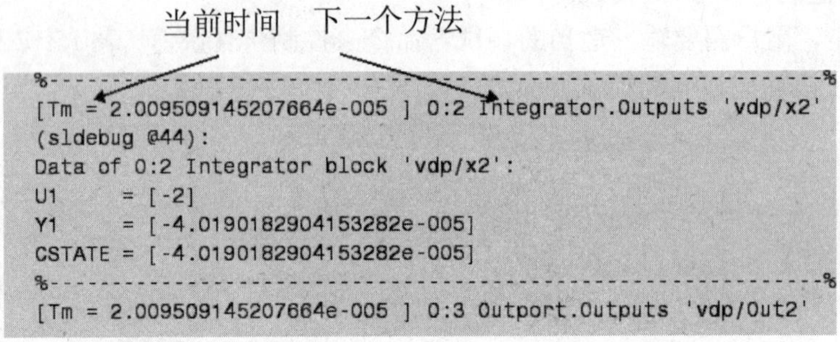

当前时间　下一个方法

```
%----------------------------------------------------%
[Tm = 2.009509145207664e-005 ] 0:2 Integrator.Outputs 'vdp/x2'
(sldebug @44):
Data of 0:2 Integrator block 'vdp/x2':
U1      = [-2]
Y1      = [-4.0190182904153282e-005]
CSTATE  = [-4.0190182904153282e-005]
%----------------------------------------------------%
[Tm = 2.009509145207664e-005 ] 0:3 Outport.Outputs 'vdp/Out2'
```

图 15.53　在命令行模式下使用步进命令后的调试器

15.5.3　设置断点

Simulink 调试器允许用户设置仿真执行过程中的断点，然后利用调试器的 continue 命令从一个断点到下一个断点运行仿真。

调试器允许用户定义两种类型的断点：无条件断点和有条件断点。对于无条件断点，无论仿真过程中何时到达模块或时间步，该断点都会出现；而有条件断点只有在仿真过程中满足用户指定的条件时才会出现。

如果用户知道程序中的问题，或者希望当特定的条件发生时中断仿真，那么断点就非常有用了。通过定义合适的断点，并利用 continue 命令运行仿真，用户可以令仿真立即跳到程序出现问题的位置上。

1．设置无条件断点

用户可以通过下面的方法设置无条件断点：

- 调试器工具栏。
- Simulation Loop 选项面板。
- MATLAB 命令行窗口（只适用于命令行模式）。

（1）从调试器工具栏中设置断点

在 GUI 模式下，若要在模块方法上设置断点，先选择这个模块，然后单击调试器工具栏上的"设置断点"按钮，即可设置断点，调试器会在 Break Points 选项下的 Break/Display points 面板中显示被选择模块的名称，如图 15.54 所示。

用户可以通过不选择断点列中的复选框来临时关闭模块中的断点，如果要清除模块中的断点或从面板中删除某个断点，可先选择这个断点，然后单击面板中的 Remove selected point 按钮。

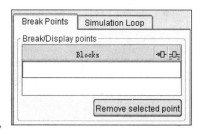

图 15.54　Break Points 选项卡

提示　用户不能在纯虚模块中设置断点，纯虚模块的功能纯粹是图示功能，它只表示在模型计算中模块的成组集合或模块关系。如果用户试图在纯虚模块中设置断点，那么调试器会发出警告。利用 slist 命令，用户可以获得模型中的一列非纯虚模块列表。

（2）从 Simulation Loop 选项面板中设置断点

若要在 Simulation Loop 选项面板中显示的特定方法中设置断点，可选择面板中断点列表中该方法名称旁的复选框，如图 15.55 所示。若要清除断点，可不选择这个复选框。

Simulation Loop 选项面板包含三列：

- Method 列：列出了在仿真过程中到目前为止已调用的方法，这些方法以树状结构排列，用户可以单击列表中的节点展开/关闭树状排列。排列中的每个节点表示一个方法，展开这个节点就显示出它所调用的用户方法。树状结构中的模块方法名称是超链接的，名称中都标有下画线，单击模块方法名称后会在方块图中高亮显示相应的模块。

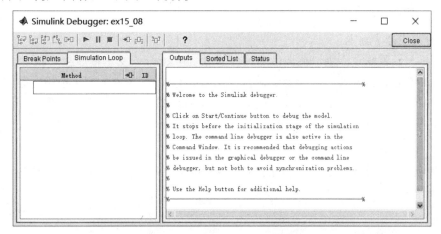

图 15.55　Simulation Loop 选项面板

- 无论何时停止仿真，调试器都会高亮显示仿真终止时的方法名称，而且也会高亮显示直接或间接调用该方法的方法名称，这些被高亮显示的方法名称表示了仿真器方法调用堆栈的当前状态。

- 断点列：断点列由复选框组成，选择复选框就表示在复选框左侧显示的方法中设置了断点。当用户设置调试器为动画模式时，调试器呈灰色显示，并关闭断点列，这样可以防止用户设置断点，而且也表示动画模式忽略了已存在的断点。
- ID 列：列出了 Method 列中方法的 ID 号。

（3）从 MATLAB 命令行窗口中设置断点

在命令行模式下，利用 break 或 bafter 命令可以分别在指定的方法前或方法后设置断点。clear 命令可用来清除断点。

2．设置有条件断点

用户可以在调试器窗口中的 Break on conditions 区域内设置依条件执行的断点（只在 GUI 模式下），如图 15.56 所示。

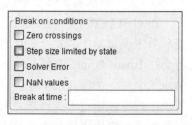

图 15.56　设置断点选项

在命令行模式下，可以输入调试命令来设置适当的断点。表 15.18 列出了设置不同断点的命令格式。调试器可以设置的有条件断点包括极值处、限步长处和过零处。

表 15.18　设置断点的调试命令

命　　令	说　　明
tbreak [t]	该命令用来在指定的时间步处设置断点，如果该处的断点已经存在，则该命令可以清除断点。如果不指定时间，则该命令会在当前时间步上设置或清除断点
ebreak	该命令用来在求解器出现错误时使能（或关闭）断点。如果求解器检测到模型中有一个可修复的错误，那么利用这个命令可以终止仿真。如果用户不设置断点，或者关闭了断点，那么求解器会修复这个错误，并继续仿真，但不会把错误通知给用户
nanbreak	无论仿真过程中何时出现数值上溢、下溢（NaN）或无限值（Inf），利用这个命令都可以令调试器中断仿真。如果设置了这个断点模式，则使用该命令可以清除这种设置
xbreak	当调试器遇到模型中有限制仿真步长的状态，而这个仿真步长又是求解器所需要的，那么利用这个命令可以暂停仿真。如果 xbreak 模式已经设置，再次使用该命令则可以关闭该模式
zcbreak	当在仿真时间步之间发生过零时，利用这个命令可以中断仿真。如果 zcbreak 模式已经设置，再次使用该命令则可以关闭该模式

（1）在时间步处设置断点

若要在时间步上设置断点，则可在调试器窗口的 Break at time 文本框（在 GUI 模式下）内输入时间，或者用 tbreak 命令输入时间，这会使调试器在模型的 Outputs.Major 方法中指定时间处的第一个时间步的起始时刻即停止仿真。例如，在调试模式下启动 S15_48 模型，并输入下列命令：

```
tbreak 9
continue
```

该命令会使调试器在时间步 9.2967 处的 S15_48.Outputs.Major 方法中暂停仿真。这个时间值是由 continue 命令指定的：

```
%------------------------------------------------------------------%
%
[Tm = 9.296715943821223      ]  S15_48.Outputs.Major
(sldebug @22):
```

（2）在无限值处中断

当仿真的计算值是无限值或者超出了运行仿真的计算机所能表示的数值范围时，选择调试器窗口中的 NaN values 复选框，或者输入 nanbreak 命令都可以令调试器中断仿真。这个选项对于指出 Simulink 模型中的计算错误是非常有用的。

（3）在限步长处中断

当模型使用变步长求解器，而且求解器在计算时遇到了限制其步长选择的状态时，选择调试器窗口中的 Step size limited by state 复选框或者输入 xbreak 命令都可以使调试器中断仿真。当仿真的模型在解算时要求过多的仿真步数时，这个命令在调试模型时就非常有用了。

（4）在过零处中断

当模型中包含了可能产生过零的模块，而 Simulink 又检测出了非采样过零时，那么选择调试器窗口中的 Zero crossings 复选框或者输入 zcbreak 命令都会使调试器中断仿真。之后，Simulink 会显示出模型中出现过零的位置、时间和类型（上升沿或下降沿）。

例如，下面的语句可在 zeroxing 模型执行的开始时刻设置过零中断：

```
>> sldebug zeroxing
%--------------------------------------------------------------%
[TM = 0                    ] zeroxing.Simulate
(sldebug @0):>> zcbreak
Break at zero crossing events              : enabled
输入 continue 命令继续仿真，则在 TZ = 0.4 时检测到上升过零：
(sldebug @0): continue
2 Zero crossing detected at the following locations
6 0: 5: 1 Staturate   'zeroxing / Saturation'
7 0: 5: 2 Staturate   'zeroxing / Sturation'
Zerocrossing Events detected. Interrupting model execution
%--------------------------------------------------------------%
[Tm = 0.4                  ] zeroxing.zc.SearchLoop
      (sldebug @55):>>
```

（5）在求解器错误处中断

如果求解器检测到在模型中出现了可以修复的错误，那么可以选择调试器窗口中的 Solver Errors 复选框，或者在 MATLAB 命令行窗口中输入 ebreak 命令来终止仿真。如果用户不设置或者关闭了这个断点，那么求解器会修复这个错误，并继续进行仿真，但这个错误消息不会通知给用户。

15.6　S 函数

MATLAB 中的 S 函数为用户提供了扩展 Simulink 功能的一种强大机制。通过编写 S 函数，用户可以向 Simulink 模块中添加自己的算法，该算法可以采用 MATLAB 语言编写，也可以用 C 语言编写。只要遵循一定的规则，用户就可以在 S 函数中实现任意算法。

15.6.1　S 函数概述

1．S 函数的定义

S 函数是系统函数（System Function）的简称，是指采用非图形化的方式描述一个模块。S 函数使用特定的调用语法，这种语法可以与 Simulink 中的方程求解器相互作用，S 函数中的程序从求解器中接收信息，并对求解器发出的命令做出适当的响应。

这种作用方式与求解器和内嵌的 Simulink 模块之间的作用很相似。S 函数的格式是通用的，它们可以用在连续系统、离散系统和混合系统中。

完整的 S 函数结构体系包含描述一个动态系统所需的全部能力，所有用户的使用情况（比如用于显示目的）都是这个默认体系结构的特例。

S 函数允许用户向 Simulink 模型中添加用户自己的模块。它作为与其用户语言相结合的接口程序，可以用 MATLAB、C、C++、Fortran 或 Ada 语言创建自己的模块，并使用这些语言提供的强大功能。用户只需要遵守一些简单的规则即可。

例如，用 M 语言编写的 S 函数可以调用工具箱和图形函数；用 C 语言编写的 S 函数可以实现对操作系统的访问。

用户还可以在 S 函数中实现用户算法，编写完 S 函数之后，用户可以把 S 函数的名称放在 S-Function 模块中，并利用 Simulink 中的封装功能自定义模块的用户接口。

2．S 函数的工作方式

若要创建 S 函数，用户必须知道 S 函数的工作方式，若要理解 S 函数的工作方式，也就要求理解 Simulink 仿真模型的过程，因此也就需要用户理解模块的数学含义。

（1）Simulink 模块的数学含义

Simulink 中模块的输入、状态和输出之间都存在数学关系，模块输出是采样时间、输入和模块状态的函数。图 15.57 描述了模块中输入和输出的流程关系。

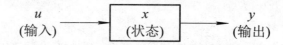

图 15.57　模块输入和输出流程关系

下面的方程表示了模块输入、状态和输出之间的数学关系：

$y = f_o(t,x,u)$（输出）

$x_c = f_d(t,x,u)$（微分）

$x_{d_{i+1}} = f_u(t,x,u)$（更新）

这里，$x = x_c + x_d$。

（2）Simulink 仿真过程

Simulink 模型的仿真执行过程包括两个阶段。

第一个阶段是初始化阶段。在这个过程中，模块的所有参数都被传递给 MATLAB 进行求值，因此所有的参数都被确定下来，并且模型的层次被展开，但是原子子系统仍被作为单独的模块进行对待。

另外，Simulink 把库模块结合到模型中，并传递信号宽度、数据类型和采样时间，确定模块的执行顺序，并分配内存，最后确定状态的初值和采样时间。

然后 Simulink 进入第二个阶段，仿真开始，也就是开始仿真循环过程。仿真是由求解器控制的，它计算模块的输出，更新模块的离散状态，计算连续状态，在采用变步长求解器时，求解器还需要确定时间步长。求解器计算连续状态时包括下面几个步骤：

每个模块按照预先确定的顺序计算输出，求解器为待更新的系统提供当前状态、时间和输出值，反过来，求解器又需要状态导数的值。

求解器对状态的导数进行积分，计算新的状态的值。

状态计算完成后，模块的输出更新再进行一次。这里，一些模块可能会发出过零警告，促使求解器探测出发生过零的准确时间。

在每个仿真时间步期间，模型中的每个模块都会重复这个循环过程，Simulink 会按照初始化过程所确定的模块执行顺序来执行模型中的模块。

而对于每个模块，Simulink 都会调用函数，以计算当前采样时间中的模块状态、微分和模块输出。这个过程会一直继续下去，直到仿真结束。

这里把系统和求解器在仿真过程之间所起的作用总结一下。求解器的作用是传递模块的输出，对状态导数进行积分并确定采样时间，求解器传递给系统的信息包括时间、输入和当前状态。

系统的作用是计算模块的输出，对状态进行更新，计算状态的导数和生成过零事件，并把这些信息提供给求解器。

在 S 函数中，求解器和系统之间的对话是通过不同的标志来控制的。求解器在给系统发送标志的同时也发送数据，系统使用这个标志来确定所要执行的操作，并确定所要返回的变量的值。

求解器和系统之间的关系可以用图 15.58 来进行描述。

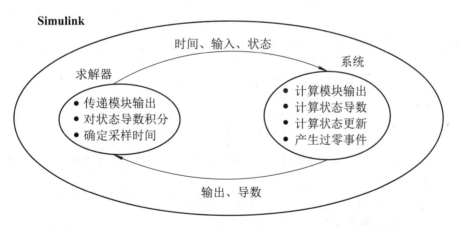

图 15.58　求解器和系统之间的关系

（3）S 函数的控制流

S 函数的调用顺序是通过 flag 标志来控制的。在仿真初始化阶段，通过设置 flag 标志为 0 来调用 S 函数，并请求提供数量（包括连续状态、离散状态和输入、输出的个数）、初始状态和采样时间等信息。

然后，仿真开始，设置 flag 标志为 4，请求 S 函数计算下一个采样时间，并提供采样时间。接下来设置 flag 标志为 3，请求 S 函数计算模块的输出。然后设置 flag 标志为 2，更新离散状态。

当用户还需要计算状态导数时，可设置 flag 标志为 1，由求解器使用积分算法计算状态的值。计算出状态导数和更新离散状态之后，通过设置 flag 标志为 3 来计算模块的输出，这样就结束了一个时间步的仿真。

当到达结束时间时，设置 flag 标志为 9，结束仿真，过程如图 15.59 所示。

（4）S 函数回调方法

S 函数是由一组 S 函数回调方法组成的，这些回调方法在每个仿真阶段执行不同的任务。在模型仿真过程中，在每次仿真阶段，Simulink 都会为模型中的每个 S-Function 模块调用合适的方法。S 函数回调方法可以执行的任务包括：

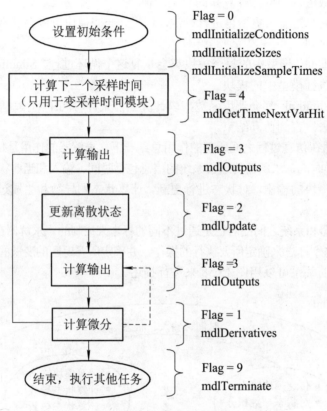

图 15.59　仿真过程示意图

- 初始化——在首次仿真循环开始之前，Simulink 会初始化 S 函数。在这个过程中，Simulink 会执行下面的操作。
  - ➢ 初始化 SimStruct，这是一个包含 S 函数信息的仿真结构。
  - ➢ 设置输入端口和输出端口的个数及维数。
  - ➢ 设置模块采样时间。
  - ➢ 分配空间和 sizes 数组。
- 计算下一个采样时间点——如果用户已经创建了一个变采样时间模块，那么此时会计算下一个采样点的时间，也就是计算下一个步长。
- 以最大时间步计算输出——在本次调用结束后，所有模块的输出端口在当前时间步上都是有效的。
- 以最大时间步更新离散状态——在本次调用中，所有模块都应该执行一次更新，也就是为下一次仿真循环更新一次离散状态。

- 积分——这主要应用于具有连续状态和/或非采样过零的模型。如果用户的 S 函数带有连续状态，那么 Simulink 会在最小时间步上调用 S 函数的输出和微分部分，因此 Simulink 也就可以为用户的 S 函数计算状态。如果用户的 S 函数（只是对 C MEX 文件）带有非采样的过零，那么 Simulink 会在最小时间步上调用用户 S 函数的输出和过零部分，因此也就可以确定过零产生的具体位置。

15.6.2　M 文件 S 函数

M 文件 S 函数是由如下形式的 MATLAB 函数组成的：

```
[sys, x0, str, ts] = f (t, x, u, flag, p1, p2, …)
```

S 函数包含 4 个输出：sys 包含某个子函数的返回值，它的含义随标志 flag 的不同而不同；x0 为所有状态的初始化向量；str 是一个空矩阵；ts 返回的是采样时间。

f 是 S 函数的名称，它的输入是 t、x、u 和 flag，后面还可以带一系列的参数。其中，t 是当前时间，x 是对应 S 函数模块的状态向量，u 是模块的输入，flag 标识要执行的任务，p1、p2 是模块的参数。在模型仿真过程中，Simulink 会反复调用 f，同时用 flag 标识需要执行的任务，每次 S 函数执行任务后会把结果返回到具有标准格式的结构中。

M 文件返回的输出向量包含下列元素：

- sys——返回变量的全称，返回的数值取决于 flag 的值。例如，对于 flag = 3，sys 包含 S 函数的输出。
- x0——初始状态值（如果系统中没有状态，则为一个空向量）。除非 flag = 0，否则忽略 x0。
- str——以备将来使用，M 文件 S 函数必须把它设置为空矩阵[ ]。
- ts——包含模块采样时间和偏差值的两列矩阵。

  ➢ 如果想要在每个时间步（连续采样时间）上都运行用户的 S 函数，则设置 ts 为[0 0]。
  ➢ 如果想要用户的 S 函数以与被连接模块相同的速率（继承采样时间）运行，则设置 ts 为[-1 0]。
  ➢ 如果想要用户的 S 函数在仿真开始时间之后，从 0.1 秒开始每 0.25 秒（离散采样时间）运行一次，则设置 ts 为[0.25 0.1]。

用户可以创建执行多个任务，而且每个任务以不同采样速率执行 S 函数，也就是多速率 S 函数，这时，ts 应该以采样时间上升的顺序指定用户 S 函数中使用的所有采样速率。例如，假设用户 S 函数自仿真起始时间开始每 0.25 秒执行一个任务；另一个任务自仿真开始后从 0.1 秒开始每 1 秒执行一次，那么用户的 S 函数应该设置 ts 为[0.25 0;1.0 0.1]。这会使 Simulink 在下列时刻执行 S 函数：[0 0.1 0.25 0.5 0.75 1.0 1.1 …]，用户的 S 函数将确定在每个采样时刻执行的是哪个任务。

用户也可以创建连续执行某些任务的 S 函数（也就是在每个时间步都执行）和以离散间隔执行其用户任务的 S 函数。

编写 M 文件 S 函数时，推荐使用 S 函数模板文件，即 sfuntmp1.m。这个文件存储在 MATLAB 根目录下的 toolbox/simulink/blocks 文件夹中，它包含了完整的 S 函数，并能够对 flag 标志进行跟踪。

S 函数模板文件由一个主函数和一组子函数组成，每个子函数对应一个特定的 flag 值。主函数由一个开关转移结构（switch-case 结构）根据标志将 Simulink 转移到相应的子函数中，这个子函数称为 S 函数调用方法，它执行仿真过程中 S 函数要求的任务。

表 15.19 列出了遵守这个标准格式的 M 文件 S 函数的内容，第二列是文件中包含的所有子函数。

表 15.19 M 文件 S 函数模板包含的子函数

仿真阶段	S 函数指令	flag
初始化，定义基本 S-Function 模块特征，包括采样时间、连续状态和离散状态的初始条件和 sizes 数组	mdlInitializeSizes	flag = 0
计算下一个采样时间（只用于变采样时间模块）	mdlGetTimeOfNextVarHit	flag = 4
给定 t、x、u，计算 S 函数输出	mdlOutputs	flag = 3
更新离散状态、采样时间和最大时间步	mdlUpdate	flag = 2
给定 t、x、u，计算连续状态的导数	mdlDerivatives	flag = 1
终止仿真	mdlTerminate	flag = 9

提示

这里推荐读者在创建 M 文件 S 函数时使用模板中的结构和命名惯例，以便于其他用户理解此处所创建的 M 文件 S 函数，而且也便于用户维护 S 函数。

当调用 M 文件 S 函数时，Simulink 总是把标准的模块参数 t、x、u 和 flag 传递给 S 函数作为函数变量。Simulink 也可以把用户指定的附加的模块专用参数传递给 S 函数，用户可在 S 函数的模块参数对话框中的 S-function parameters 文本框内指定这些参数。

如果模块对话框指定了附加参数，那么 Simulink 会把这些参数作为附加的函数变量传递给 S 函数，在 S 函数变量列表中附加变量在标准变量的后面，并按照模块对话框中对应参数的显示序列排列。

在实现一个连续系统时，mdlInitializeSizes 子函数应做适当的修改，包括确定连续状态的个数、状态初始值和设置采样时间 ts 为 0，表明系统为连续采样。

【例 15-5】 建立积分器 S 函数的状态初始值作为用户输入，系统模型如图 15.60 所示（见下载资源文件 ex15_08）。

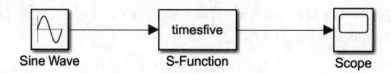

图 15.60 建立积分器系统模型

包含 S 函数的 M 文件代码在 S 函数模板中建模，使用这个模板，用户可以创建与 C 语言 MEX S 函数类似的 M 文件 S 函数，可以更容易地将 M 文件转换为 C MEX 文件。

若要实现不含状态不含参数的系统，则需要对模板做以下修改：

（1）在主函数中，修改函数的名称，并修改文件名使其与函数名称对应。

（2）初始化：在 mdlInitializeSizes 中，确定输入和输出的个数。对于带有至少一个输入和一个输出的简单系统，它总是直接馈通的。

（3）建立 S 函数：

```
function [sys,x0,str,ts] = timesfive(t,x,u,flag)
% Dispatch the flag. The switch function controls the calls to
% S-function routines at each simulation stage.
switch flag,
case 0
```

```
[sys,x0,str,ts] = mdlInitializeSizes;              % 初始化
 case 3
sys = mdlOutputs(t,x,u);                           % 计算输出
 case { 1, 2, 4, 9 }
sys = [];
 otherwise
error(['Unhandled flag = ',num2str(flag)]);        % 错误处理
 end;                                               % 仿真结束
```

（4）输出：在 mdlOutputs 中编写输出方程，并通过变量 sys 返回。例如，在一个将输入乘 5 的 S 函数中，输入方程：

```
function [sys,x0,str,ts] = mdlInitializeSizes
% 调用函数建立大小
sizes = simsizes;
%载入初始化信息
sizes.NumContStates= 0;
sizes.NumDiscStates= 0;
sizes.NumOutputs= 1;
sizes.NumInputs= 1;
sizes.DirFeedthrough=1;
sizes.NumSampleTimes=1;
% 载入系统向量信息
sys = simsizes(sizes);
%
x0 = [];              % 不连续状态
%
str = [];             % 无状态排序
%
ts = [-1 0];          % 继承前一次采样时间
end

function sys = mdlOutputs(~,~,u)
sys = 5*u;
end
```

为了在 Simulink 中测试这个 S 函数，可双击模型中的 S-Function 模块，打开"模块参数"对话框，在 S-function name 文本框内输入 "timesfive"。由于这个模型是不含参数和状态的，因此可不修改 S-function parameters 参数，如图 15.61 所示。

运行仿真，在示波器中显示的波形如图 15.62 所示。

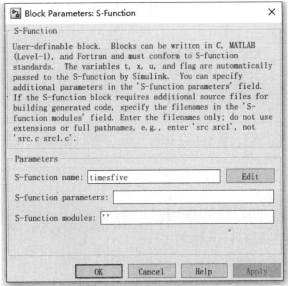

图 15.61　S-function name 文本框

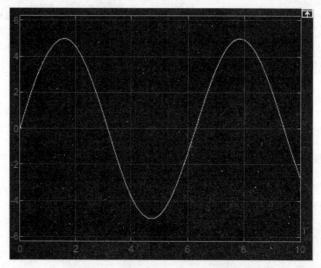

图 15.62　仿真后示波器中显示的波形

15.7　PID 控制的 Simulink 系统仿真实例

在工程实际中，应用最为广泛的调节器控制规律为比例、积分、微分控制，简称 PID 控制，又称 PID 调节。PID 控制器问世至今已有近 70 年历史，以结构简单、稳定性好、工作可靠、调整方便成为工业控制的主要技术之一。在模拟控制系统中，控制器最常用的控制规律是 PID 控制。

PID 控制器是一种线性控制器，它根据给定值 $y_d(t)$ 与实际输出值 $y(t)$ 构成控制偏差：

$$error(t) = y_d(t) - y(t)$$

PID 的控制规律为：

$$u(t) = k_p \left[error(t) + \frac{1}{T_1} \int_0^t error(t)\, \mathrm{d}t + \frac{T_D derror(t)}{\mathrm{d}t} \right]$$

写成传递函数的形式为：

$$G(s) = \frac{U(s)}{E(s)} = k_p \left(1 + \frac{1}{T_s s} + T_D s \right)$$

（1）根据 PID 控制算法，对下列对象进行控制：

$$G(s) = \frac{400}{s^2 + 25s}$$

PID 控制参数为：$k_p = 8$，$k_i = 0.10$，$k_d = 10$。

MATLAB 程序如下：

```
%增量式 PID Increment PID Controller
clear, clc, close   % 删除 workplace 变量、清屏、关掉显示图形窗口
```

```
ts=0.001;                        % 采样时间
sys=tf(400,[1,25,0]);            % 传递函数
dsys=c2d(sys,ts,'z');            % 连续模型离散化
[num,den]=tfdata(dsys,'v');      % 获得分子分母
%PID 控制量
u_1=0.0;u_2=0.0;u_3=0.0;
y_1=0;y_2=0;y_3=0;

x=[0,0,0]';
% 误差
error_1=0;
error_2=0;
for k=1:1:1000
    time(k)=k*ts;

    yd(k)=1.0;
    % PID 参数
    kp=8;                        % 比例系数
    ki=0.10;                     % 积分系数
    kd=10;                       % 微分系数

    du(k)=kp*x(1)+kd*x(2)+ki*x(3);
    u(k)=u_1+du(k);

    if u(k)>=10
        u(k)=10;
    end
    if u(k)<=-10
        u(k)=-10;
    end
    y(k)=-den(2)*y_1-den(3)*y_2+num(2)*u_1+num(3)*u_2;

    error=yd(k)-y(k);
    u_3=u_2;u_2=u_1;u_1=u(k);
    y_3=y_2;y_2=y_1;y_1=y(k);

    x(1)=error-error_1;                  %Calculating P
    x(2)=error-2*error_1+error_2;        %Calculating D
    x(3)=error;                          %Calculating I

    error_2=error_1;
    error_1=error;
end
figure;
subplot(1,2,1);
plot(time,yd,'r',time,y,'b','linewidth',1);
xlabel('time(s)');ylabel('yd,y');
grid on
title(' PID 跟踪响应曲线')
legend('Ideal position signal','Position tracking');
subplot(1,2,2);
```

```
plot(time,yd-y,'r','linewidth',1);
xlabel('time(s)');ylabel('error');
grid on
title(' PID跟踪误差')
```

增量式 PID 阶跃跟踪结果如图 15.63 所示。

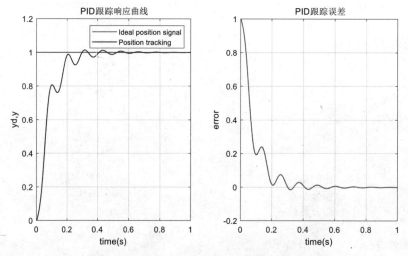

图 15.63　增量式 PID 阶跃跟踪响应曲线及误差

（2）采用 Simulink 中 PID 控制器进行模型控制，搭建相应的 PID 控制仿真文件，如图 15.64 所示。

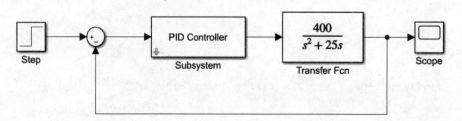

图 15.64　PID 控制仿真

PID 控制器参数设置如图 15.65 所示。

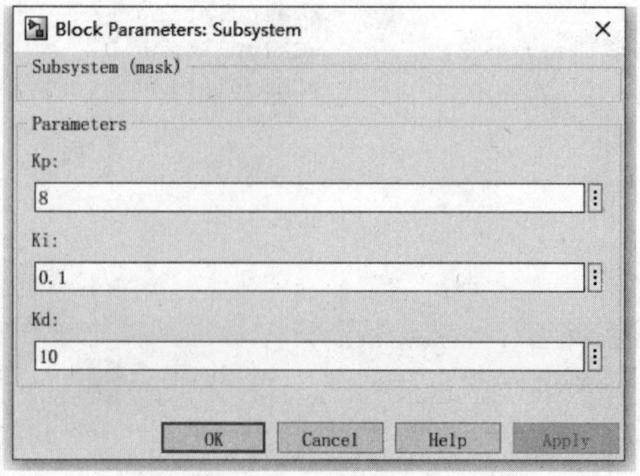

图 15.65　PID 参数设置

对其进行仿真，输出图形如图 15.66 所示。

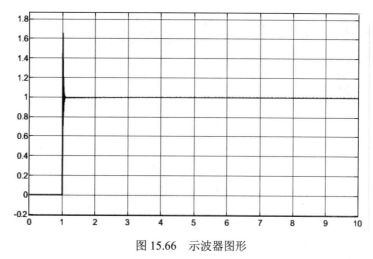

图 15.66　示波器图形

15.8　本　章　小　结

本章重点介绍了 Simulink 的基本功能、模块操作、系统仿真调试及 S 函数的应用。从本章的介绍可以看出，Simulink 具有适应面广、结构和流程清晰及仿真精细、贴近实际、效率高、灵活等优点。基于以上优点，Simulink 已被广泛应用于控制理论和数字信号处理的复杂仿真和设计。

第 16 章 MATLAB 编译器与接口

MATLAB 编译器将 MATLAB 程序转换为独立的应用程序和软件组件，MATLAB 程序外部接口则提供了 MATLAB 与其他编程软件相互配合的软件开发优势。本章将介绍编译器与接口，主要内容包括编译器的安装与配置、编译过程、生成独立程序、接口基础知识、MEX 文件等。

知识要点

- 编译器安装与配置
- 编译过程
- 编译生成独立程序
- 接口编程文件基础
- MEX 文件

16.1 编译器安装与配置

本节介绍编译器的安装与配置的有关知识。

16.1.1 编译器介绍与安装

MATLAB 编译器（Compiler）在第三方 C/C++编译器的支持下，可以将 M 文件转换为独立应用程序、库函数或组件的应用程序发布工具。MATLAB Compiler 的应用具体表现在以下三个方面：

- 创建独立应用程序（.exe 文件）：无须 MATLAB 软件环境的支持，可以在没有安装 MATLAB 的计算机上运行。
- 创建 C/C++共享库，如 Windows 操作系统中的动态链接库文件（.dll）。
- 在 MATLAB Builder 支持下创建 Excel 附件、COM 附件等。

MATLAB Compiler 由三个组件构成：

- MATLAB Compiler: 用于发布应用程序、带交互式命令和命令开关选项的工具命令行。
- MATLAB Compiler Runtime（MCR）：执行 MATLAB 函数所需要的共享函数库。
- Component Technology File（CTF）：利用加密压缩技术，将应用程序所需的 M 文件、MEX 文件等按照依赖关系压缩为可发布的组件包。

在进行应用程序的发布时，需要将编译生成的目标文件，连同相应的 CTF 文件和 MCR 安装文件一起打包发布给终端用户，这样终端用户只需要安装 MCR，而不必安装 MATLAB，即可正常运行发布的应用程序。

另外，在进行动态共享库的发布时，除了发布 CTF 文件和 MCR 安装文件，还需要发布给终端用户动态库文件（DLL）、相应的头文件（.h）及库文件（.lib）。

在使用 MATLAB Compiler 之前，需要安装 MATLAB、MATLAB Compiler 及一个 MATLAB Compiler 支持的第三方 C/C++编译器，而且需要对 MATLAB Compiler 进行合理的配置。本节将介绍编译器的安装和配置。

MATLAB Compiler 的安装过程可包含在安装 MATLAB 中。当用户选择"典型"安装模式时，MATLAB Compiler 会被自动选为 MATLAB 的安装组件；当用户选择"自定义"安装模式时，在默认情况下，MATLAB Compiler 选项是被选中的。

在安装 MATLAB 的过程中，需仔细确认 MATLAB Compiler 组件是否被选中。

16.1.2　编译器配置

编译器需要经过合理的配置后才能使用。通常，在编译第一次使用 MATLAB Compiler 或者更改编译器的安装路径后，都要进行编译器的配置。此外，当用户在选择其他的第三方 C/C++编译器时，也需要重新配置编译器。

MATLAB 提供了 mbuild 函数的 setup 选项来设置第三方的编译器，在命令行窗口输入：

```
mbuild -setup
```

当用户将第三方编译器安装到其默认路径下时，可不运行 mbuild－setup 命令。

输入上述命令后，MATLAB 的命令行显示：

MBUILD 配置为使用 'Microsoft Visual C++ 2010 (C)' 以进行 C 语言编译。

要选择不同的语言，请从以下选项中选择一种命令：

```
mex -setup C++ -client MBUILD
mex -setup FORTRAN -client MBUILD
```

16.2　编　译　过　程

MCR（MATLAB Compiler Runtime）是编译过程的执行工具，本节将介绍 MCR 的安装和编译过程。

16.2.1　MCR 安装

本小节将介绍 Windows 8 64 位操作系统下 MCR 的安装过程。MCR 的安装文件 MCRInstaller.exe 位于下述目录中：

```
%MATLABroot\toolbox\compiler\deploy\win64\MCRInstaller.exe
```

在命令行窗口输入 mcrinstaller 命令可以得到该路径。

双击执行 MCRInstaller.exe，安装程序自动解压缩得到相应的安装文件，并自动启动安装程序，按照安装程序的提示，选择好安装路径即可完成安装，此处不再赘述。

应注意避免将 MCR 安装在 MATLAB 安装路径下。

16.2.2　MCR 编译过程

通过 MATLAB Compiler 编译应用程序。在独立应用程序文件或软件组件生成前，需要提供用于构建应用程序的 M 文件，然后编译器将进行下述操作。

（1）依赖性分析：分析判断输入的 M 文件、MEX 文件及 P 码文件所依赖的函数之间的关系，并产生一个包含上述文件信息的文件列表。

（2）创建接口 C 代码：生成所有用来生成目标组件的代码，包括与从命令行中获得的 M 函数相关 C/C++接口代码；对于共享库和组件，还包括所有的接口函数；对于组件数据文件，其中包括运行时执行 M 代码的相关信息，这些信息中有路径信息以及用来载入 CTF 存档中 M 代码的密钥。

（3）创建 CTF 压缩包：根据依赖性分析得到的文件列表创建 CTF 文件，包含在运行时需要调用的 MATLAB 文件及相应的路径信息。

（4）编译：根据用户指定的编译选项，通过第三方 C/C++编译器，编译生成的 C/C++文件。

（5）链接：将目标文件与相关的 MATLAB 共享库链接起来，生成最终的组件。

16.3　编译生成独立程序

本节介绍编译生成独立程序的有关内容，包括编译命令 mcc 和编译过程的示例说明。

16.3.1　编译命令 mcc

编译命令 mcc 是 MATLAB Compiler 提供的用于进行应用程序发布的命令行工具。该命令的基本调用格式如下：

```
mcc [-options] mfile1 [mfile2 ... mfileN] [C/C++file1 ... C/C++fileN]
```

该命令相关的参数选择较为冗长，用户可以通过在 MATLAB 命令行窗口中输入命令：

```
mcc -?
```

得到 mcc 的帮助文档，或在 MATLAB 帮助文档中搜索 mcc 来获得更多的信息。这里仅简单介绍 mcc 常用的几种使用方法：

- mcc -m myfun，由 myfun.m 文件生成独立的可执行应用程序，myfun.m 需在当前搜索路径下。
- mcc -m myfun1 myfun2，由 myfun1.m 文件和 myfun2.m 文件生成独立可执行应用程序。
- mcc -m -I /files/source -d /files/target myfun，由 myfun.m 文件生成独立可执行应用程序。其中，myfun.m 位于/files/source/目录下，生成的文件保存在/files/target/目录下。
- mcc -W lib:liba -T link:lib myfun1 myfu2，由 myfun1.m 文件和 myfun2.m 文件生成 C 共享函数库。
- mcc -W cpplib:liba -T link:lib myfun1 myfu2，由 myfun1.m 文件和 myfun2.m 文件生成 C++共享函数库。

在使用 mcc 编译时，主要通过设置各种命令选项来控制生成不同类型的目标文件，常用的选项如下：

- a<filename>，将名为<filename>的文件增加到 CTF 压缩文件中，如说明文件 readme 等。

- B<filename>[:<arg>]，指定<filename>作为 MATLAB 编译器的选项文件，该文件中包含了命令行开关选项。
- g，调试，将调试信息嵌入到编译生成的文件中。
- I<path>，将指定的路径<path>增加到搜索路径，MATLAB 将从指定的路径搜索需要的 MATLAB 函数。
- m，生成 C 语言独立可执行应用程序。
- o<outputfilename>，指定编译生成的目标文件名称。
- T<option>，定义不同的编译目标特性。可用的选项包括：
  - codegen，仅生成相应的 C/C++源代码文件。
  - compile:exe，生成相应的 C/C++源代码文件并将其编译生成 OBJ 文件，这些 OBJ 文件可以链接生成可执行程序。
  - compile:lib，生成相应的 C/C++源代码文件并将其编译生成 OBJ 文件，这些 OBJ 文件可以链接生成动态库文件。
  - link:exe，与 compile:exe 类似，生成 OBJ 文件后，将编译可生成最终的可执行程序。
  - link:lib，与 compile:lib 类似，生成 OBJ 文件后，编译可生成最终的动态库文件。
- v，显示编译的详细过程。
- w<option>[:<msg>]，设置 MATLAB Compiler 的警告信息显示。

mcc 的命令行开关选项对大小写较敏感，使用时应注意各字母大小写所代表的不同含义。

16.3.2　编译独立程序

下面通过不同条件下的编译示例说明编译独立程序的操作过程。

【例 16-1】　脚本 M 文件编译独立程序示例。

新建 M 文件，并输入：

```
H=hilb(5)
invH=inv(H)
```

保存该文件为 ex16_01.m，运行该文件，在命令行窗口输出：

```
H =
    1.0000    0.5000    0.3333    0.2500    0.2000
    0.5000    0.3333    0.2500    0.2000    0.1667
    0.3333    0.2500    0.2000    0.1667    0.1429
    0.2500    0.2000    0.1667    0.1429    0.1250
    0.2000    0.1667    0.1429    0.1250    0.1111
invH =
   1.0e+05 *
    0.0002   -0.0030    0.0105   -0.0140    0.0063
   -0.0030    0.0480   -0.1890    0.2688   -0.1260
    0.0105   -0.1890    0.7938   -1.1760    0.5670
   -0.0140    0.2688   -1.1760    1.7920   -0.8820
    0.0063   -0.1260    0.5670   -0.8820    0.4410
```

下面对该文件进行编译，生成独立运行文件。

在命令行窗口输入：

```
mcc -m ex16_01.m
```

程序运行结束后，在当前文件夹生成可执行文件 ex16_01.exe。再双击该文件，或在命令行窗口输入：

```
!ex16_01.exe
```

均可运行该文件。其中，前一种方法得到的图窗口如图 16.1 所示，后一种方法则在命令行窗口输出前面出现的结果。

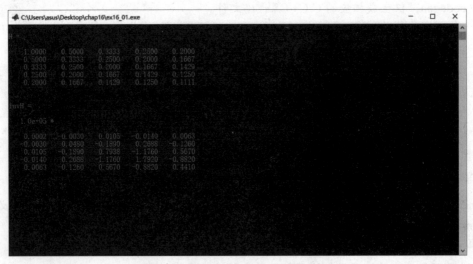

图 16.1　脚本 M 文件编译独立程序示例

【例 16-2】　脚本 M 文件与函数 M 文件联合编译示例。
新建 M 文件，并输入：

```
function value=square16_02(x)
value=x.*x
```

保存为 square16_02.m。然后新建 M 文件，并输入：

```
H=magic(5)
x= square16_02(H)
```

保存该文件为 ex16_02.m，运行该文件，在命令行窗口输出：

```
H =
    17    24     1     8    15
    23     5     7    14    16
     4     6    13    20    22
    10    12    19    21     3
    11    18    25     2     9
x =
   289   576     1    64   225
   529    25    49   196   256
    16    36   169   400   484
   100   144   361   441     9
   121   324   625     4    81
```

下面对这两个文件进行编译，生成独立运行文件。

在命令行窗口输入：

```
mcc -m ex16_02.m square16_02.m
```

程序运行结束后，在当前文件夹生成可执行文件 ex16_02.exe。双击该文件，或在命令行窗口输入：

```
!ex16_02.exe
```

均可运行该文件。其中，前一种方法得到的图窗口如图 16.2 所示，后一种方法则在命令行窗口输出前面出现的结果。

图 16.2　脚本 M 文件与函数 M 文件联合编译示例

【例 16-3】　图形绘制文件编译示例。

新建 M 文件，并输入：

```
t=0:2*pi/100:4*pi;
subplot(121);plot(t,sin(t));title('Sin(x)')
subplot(122);plot(t,cos(t));title('Cos(x)')
pause
```

保存该文件为 ex16_03.m，运行该文件，得到的图形如图 16.3 所示。

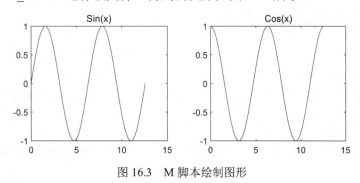

图 16.3　M 脚本绘制图形

下面对该文件进行编译，生成独立运行文件。

在命令行窗口输入:

```
mcc -m ex16_03.m
```

程序运行结束后，在当前文件夹生成可执行文件 ex16_03.exe。双击该文件，或在命令行窗口输入:

```
!ex16_03.exe
```

均可运行该文件，得到的图窗口如图 16.4 所示。

（a）程序运行窗口

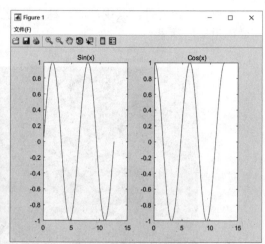

（b）绘图窗口

图 16.4　图形绘制文件编译示例

16.4　接 口 概 述

本节将介绍 MATLAB 接口有关的基础的概述性知识，主要包括 MEX 文件、MAT 文件和计算引擎。这些内容在 MATLAB 接口应用中的情况如下:

- 在 MATLAB 中调用其他语言编写的程序，可通过 MEX 文件实现。
- 使用 MATLAB 与其他编程语言进行数据交互，可通过 MAT 文件实现。
- 在其他语言中使用 MATLAB 提供的计算功能，可通过调用 MATLAB 计算引擎实现。

16.4.1　MEX 文件

MEX 文件是按照一定语言格式编写的一种文件，如 C 语言或 Fortran 语言，其在使用时由 MATLAB 自动调用并执行动态链接函数文件。

使用 MATLAB 的 mex 命令即可简单方便地调用 MEX 文件，该命令的调用格式为:

```
mex filename.ext
```

MEX 文件的调用过程与调用 MATLAB 内建函数的调用过程基本相同。关于 MEX 文件的更多内容，可参考 16.5 节。

16.4.2　MAT 文件

MAT 文件是数据文件的基本文件格式。MAT 文件的后缀名为 mat，其一般的文件名为：

```
filename.mat
```

通过 save 和 load 命令可以实现 MAT 文件的存储和加载。

MAT 文件主要由文件头、变量名和变量数据三部分组成，各部分分别提供 MATLAB 系统相关信息、变量信息和数据信息。使用 MAT 文件具有以下优势：

- 可以完成应用程序和 MATLAB 之间的数据交互。
- 可以通过标准化的独立于操作系统的 MAT 文件来完成不同系统间的数据交换操作。

关于 MAT 文件在接口中的应用内容，本书中略去，读者可参考帮助文件。

16.4.3　计算引擎

通过 MATLAB 计算引擎，可以在其他语言环境下对 MATLAB 进行调用。这时将 MATLAB 作为一个具有计算功能的子函数进行使用，并使其在后台运行，完成计算任务。使用 MATLAB 计算引擎的优势在于：

- 可以调用 MATLAB 完成复杂的数学计算任务，简化编程。例如，使用 C 语言直接编程进行快速傅里叶变换非常复杂，而使用 MATLAB 计算引擎则非常简单。
- 可以为特定任务构建完整的系统，例如使用 C 语言建立用户图形界面，而计算的任务则完全交给 MATLAB 来完成。

关于 MATLAB 计算引擎的更多相关内容，本书略去，读者可参考帮助文件。

16.5　基于 C/C++的 MEX 文件

本节将介绍 MEX 文件的结构和在 MATLAB 中创建 C/C++语言的 MEX 文件的方法。

16.5.1　MEX 文件结构

MEX 是 MATLAB 和 Executable 两个单词的缩写，其意思是 MATLAB 可执行的程序。事实上，MEX 文件使用 C 语言或者 Fortran 语言进行开发，通过编译后，生成的目标文件能够被 MATLAB 执行。被调用的文件在 Microsoft Windows 下的后缀名为 dll。MEX 文件主要用于以下三种情况：

- 对已存的大规模的 C 语言或 Fortran 语言程序，可以在 MATLAB 中进行调用。
- 当 MATLAB 中运行效率不足、存在计算瓶颈时，调用 MEX 文件可大幅提高程序效率。
- 面向硬件编写的 C 语言和 Fortran 程序可以通过 MEX 文件被 MATLAB 调用。

但是，在可以不使用 MEX 文件时，不推荐甚至最好不使用 MEX 文件。MEX 文件可包括几种不同的文件类型，如表 16.1 所示。

表 16.1　MEX 文件类别

类　型	定　义
MEX 源文件	C、C++、Fortran 等源代码文件
MEX 二进制文件	MATLAB 调用的动态链接子程序
MEX 函数库	执行命令所需的 MATLAB C/C++、Fortran 等的 API 参考库
MEX build script	从源文件中创建二进制文件的 MATLAB 函数

本节介绍的 MEX 文件一般指 MEX 源文件，更具体地为 C/C++语言编制的源代码文件，其语法格式满足 C/C++语言的语法格式。然而，尽管在语法格式上没有过多要求，但 MEX 文件在结构上独具特点。

基于 C/C++的一般的 MEX 文件的内容如下所示：

```
#include "mex.h"
/*
 * 注释部分
 */
/* The gateway function  入口函数*/
void mexFunction( int nlhs, mxArray *plhs[],int nrhs, const mxArray *prhs[])
{
/* variable declarations here 变量声明*/
/* code here 代码编辑*/
}
```

从上面的代码格式中可以很明显地看到，该文件是一个标准的 C 语言文件，其程序的语法完全满足标准 C 语言语法要求。然而，其在结构上却有独特之处：

① 头文件的包含语句：所有源文件中必须包含 mex.h 以完成所有 C 语言 MEX 函数的原型声明，还包含了 matrix.h 文件，即对 mx 函数和数据类型的声明和定义。

② C 语言 MEX 源文件的入口函数部分为：

```
void mexFunction(int nlhs, mxArray *plhs[],int nrhs, const mxArray *prhs[])
```

这是 MEX 文件必需的部分，并且书写形式固定，括号里的 4 个变量分别表示输出参数的个数、输出参数、输入参数的个数和输入参数。

③ 程序中，输入输出参数的类型均为 mxArray，或者可以用中文称为"阵列"。阵列是 MATLAB 唯一能处理的对象，在 C 语言程序编写的 MEX 文件中，MATLAB 阵列用结构体 mxArray 定义。

16.5.2　创建 C/C++MEX 文件

使用 C 语言编写一个标量 x 与向量 y 相加并将得到的结果存储在向量 z 中的程序，其典型的形式可能如下所示：

```
void arrayProduct(double x, double *y, double *z, int n)
{
  int i;
  for (i=0; i<n; i++) {
   z[i] = x*y[i];
  }
}
```

在其他程序中调用的格式为：

```
arrayProduct(x,y,z,n)
```

其进行的计算为 z=x*y。

上面是使用 C/C++语言编程实现的方法，使用 MATLAB 通过调用 MEX 文件实现上面功能的步骤包括：

- 定义宏。
- 创建 MEX 源文件计算程序。
- 创建入口函数程序。
- 检查输入参数和输出参数。
- 读取输入数据。
- 准备输出数据。
- 进行计算。
- 编译连接生成 MEX 二进制文件。
- 测试 MEX 文件。

具体命令及其实现步骤如下所示。

【例 16-4】　创建 C MEX 文件示例。

打开编辑器，并输入：

```
/*1. Use Marco 使用宏包括头文件*/
#include "mex.h"
/* 2. The computational routine 计算程序 */
void arrayProduct(double x, double *y, double *z, mwSize n)
{
    mwSize i;
    /* multiply each element y by x */
    for (i=0; i<n; i++) {
        z[i] = x * y[i];
    }
}
/* 3. The gateway function   入口程序*/
void mexFunction( int nlhs, mxArray *plhs[], int nrhs, const mxArray *prhs[])
{
    double multiplier;              /* input scalar  深入标量*/
    double *inMatrix;               /* 1xN input matrix 输入向量 */
    size_t ncols;                   /* size of matrix  向量大小*/
    double *outMatrix;              /* output matrix  输出向量*/
     /* check for proper number of arguments  检查参数*/
    if(nrhs!=2) {
        mexErrMsgIdAndTxt("MyToolbox:arrayProduct:nrhs","Two inputs required.");
    }
    if(nlhs!=1) {
        mexErrMsgIdAndTxt("MyToolbox:arrayProduct:nlhs","One output required.");
    }
    /*4. make sure the first input argument is scalar  确定第一个参数为标量*/
```

```
    if( !mxIsDouble(prhs[0]) || mxIsComplex(prhs[0]) ||
        mxGetNumberOfElements(prhs[0])!=1 ) {
        mexErrMsgIdAndTxt("MyToolbox:arrayProduct:notScalar","Input multiplier must
be a scalar.");
    }
    /* check that number of rows in second input argument is 1  确定第二个参数规模*/
    if(mxGetM(prhs[1])!=1) {
        mexErrMsgIdAndTxt("MyToolbox:arrayProduct:notRowVector","Input must be a row
vector.");
    }
/* 5. get the value of the scalar input  获取参数*/
    multiplier = mxGetScalar(prhs[0]);
    inMatrix = mxGetPr(prhs[1]);
    ncols = mxGetN(prhs[1]);
    plhs[0] = mxCreateDoubleMatrix(1,(mwSize)ncols,mxREAL);
    outMatrix = mxGetPr(plhs[0]);
    /* 6. call the computational routine */
    arrayProduct(multiplier,inMatrix,outMatrix,(mwSize)ncols);
}
```

将文件保存为 **arrayProduct.c**。保存好文件之后，需要建立 MEX 二进制文件，在 MATLAB 命令栏中输入：

```
mex arrayProduct.c
```

得到一个名为 **arrayProduct.mexw64** 的文件，该文件为所需的可执行的 MEX 二进制文件。

下面使用数据进行测试。例如，在命令栏中输入：

```
s = 5.5;
A = [1.4, 27, 3.9];
B=s*A
Bc = arrayProduct(s,A)
```

程序运行后得到的结果为：

```
B =    7.7000  148.5000   21.4500
Bc =   7.7000  148.5000   21.4500
```

这是程序正常使用的情况。下面对程序不正常使用的情况进行测试，在命令栏中输入：

```
s = [5, 1];
A = [1.4, 27, 3.9];
B = arrayProduct(s,A)
```

MATLAB 将弹出错误提示信息：

```
Error using arrayProduct
Input multiplier must be a scalar.
```

上面这个简单的例子说明了创建 MEX 文件的简单方法，其能代表创建 MEX 文件的一般方法。上面的一个例子是使用 C 语言进行编程的，下面一个例子使用 C++进行编程，实现对对象中变量进行赋值。

【例 16-5】 创建 C++MEX 文件示例。

打开编辑器，并输入：

```cpp
#include <iostream>
#include <math.h>
#include "mex.h"
using namespace std;
extern void _main();
class MyData {
public:
  void display();
  void set_data(double v1, double v2);
  MyData(double v1 = 0, double v2 = 0);
  ~MyData() { }
private:
  double val1, val2;
};
MyData::MyData(double v1, double v2)
{
  val1 = v1;
  val2 = v2;
}
void MyData::display()
{
#ifdef _WIN32
    mexPrintf("Value1 = %g\n", val1);
    mexPrintf("Value2 = %g\n\n", val2);
#else
  cout << "Value1 = " << val1 << "\n";
  cout << "Value2 = " << val2 << "\n\n";
#endif
}
void MyData::set_data(double v1, double v2) { val1 = v1; val2 = v2; }
static
void mexcpp(
        double num1,
        double num2
        )
{
#ifdef _WIN32
    mexPrintf("\nThe initialized data in object:\n");
#else
  cout << "\nThe initialized data in object:\n";
#endif
  MyData *d = new MyData;
  d->display();
  d->set_data(num1,num2);
#ifdef _WIN32
  mexPrintf("After setting the object's data to your input:\n");
#else
  cout << "After setting the object's data to your input:\n";
#endif
  d->display();
  delete(d);
```

```
    flush(cout);
    return;
}
void mexFunction( int nlhs, mxArray *[], int nrhs, const mxArray *prhs[] )
{
    double     *vin1, *vin2;
    if (nrhs != 2) {
      mexErrMsgIdAndTxt("MATLAB:mexcpp:nargin",
            "MEXCPP requires two input arguments.");
    } else if (nlhs >= 1) {
      mexErrMsgIdAndTxt("MATLAB:mexcpp:nargout",
            "MEXCPP requires no output argument.");
    }
    vin1 = (double *) mxGetPr(prhs[0]);
    vin2 = (double *) mxGetPr(prhs[1]);
    mexcpp(*vin1, *vin2);
    return;
}
```

将文件保存为 mexcpp.cpp。

保存好文件之后，需要建立 MEX 二进制文件。其实现方法为，在 MATLAB 命令栏中输入：

```
mex mexcpp.cpp
```

由于使用的为 Windows 8 64 位系统，在命令执行完成后得到一个名为 mexcpp.mexw64 的文件，该文件为所需的可执行的 MEX 二进制文件。

下面使用数据进行测试。例如，在命令栏中输入：

```
mexcpp(6,2)
```

程序运行后得到的结果为：

```
The initialized data in object:
Value1 = 0
Value2 = 0
After setting the object's data to your input:
Value1 = 6
Value2 = 2
```

在命令行窗口中输入：

```
mexcpp(1,2,3)
```

在窗口中将弹出如下错误提示信息：

```
Error using mexcpp
MEXCPP requires two input arguments.
```

以上 MEX 文件采用 Microsoft Visual C++ 2010 编译器进行调试。若用户编译未通过，则可尝试使用 mex –setup 命令安装好编译器后再进行编译。

16.5.3　调试 C/C++MEX 文件

MEX 文件也需要调试程序，下面通过简单的例子说明在 Windows 8 系统下使用 Microsoft Visual Studio 2010 调试程序的方法。

（1）选择 Microsoft Visual Studio 2010 编译器，其实现方法为在命令行窗口中输入：

```
mex -setup
```

命令行窗口出现以下内容：

MEX 配置为使用 'Microsoft Visual C++ 2010 (C)' 以进行 C 语言编译。
警告：MATLAB C 和 Fortran API 已更改，现可支持
　　包含 2^32-1 个以上元素的 MATLAB 变量。不久以后，
　　您需要更新代码以利用新的 API。您可以在以下网址找到相关详细信息：
　　http://www.mathworks.com/help/matlab/matlab_external/upgrading-mex-files-to-use-64-bit-api.html。
要选择不同的语言，请从以下选项中选择一种命令：
 mex -setup C++
 mex -setup FORTRAN

（2）使用下列命令对 MEX 源文件进行调试（以【例 16-5】中的程序为例）。

```
mex -g mexcpp.cpp
```

工作目录下将创建一个名为 mexcpp.mexw64.pdb 的文件。

（3）在不退出 MATLAB 的情况下，打开 Microsoft Visual Studio 2010。

（4）将 Visual Studio 2010 的进程关联到 MATLAB 的进程，其实现过程为：单击"工具"|"附加到进程"；在对话框中的可用进程项中选择 MATLAB，单击 OK 按钮确认。

（5）在 Microsoft Visual Studio 2010 中打开 MEX 源文件。

（6）在源文件中设置断点，通过这些断点的设定，可以看到程序运行到特定位置处的变量值、内存位置等情况。

（7）在 MATLAB 中启动 MEX 文件运行，输入命令为：

```
mexcpp(1,2)
```

（8）在运行的过程中，通过单击 Microsoft Visual Studio 2010 中的"调试"|"开始调试程序"，直到程序运行结束。

16.6　本 章 小 结

本章介绍了编译器与接口，主要内容包括编译器的安装与配置、编译过程、生成独立程序、接口基础知识、MEX 文件、MAT 文件和计算引擎等。然而，本章仅仅对 MATLAB 编译器和外部接口应用的知识做了基本的介绍，对于需要进行二次开发的用户，可参考 MATLAB 帮助文档和有关书籍资料。

第五篇

MATLAB 应用

本篇主要介绍使用 MATLAB 实现特定领域应用的操作方法，旨在为读者演示通过使用 MATLAB 进行各专业计算。本篇各章的主要内容如下。

第 17 章　信号处理应用，主要内容包括统计信号处理方法、IIR 滤波器实现、FIR 滤波器实现、信号参数建模和方便操作的 GUI 工具等。通过本章的学习，用户可以了解使用 MATLAB 进行有关信号处理的基本操作的实现方法。

第 18 章　图像处理应用，主要内容包括图像处理基础知识、图像显示、图像运算、图像数据变换、图像分析与增强、图像区域处理和颜色处理等。通过本章的学习，用户可以了解使用 MATLAB 进行有关图像处理的基本操作的实现方法。

第 19 章　小波分析应用，主要结合小波分析的基本概念和基本原理，介绍连续小波分析、一维离散小波分析、二维离散小波分析、去噪和压缩等内容。通过本章的学习，用户可以了解使用 MATLAB 进行有关小波分析的基本操作的实现方法。

第 20 章　偏微分方程应用，主要介绍使用 MATLAB 求解简单偏微分方程的实现方式。通过本章的学习，用户可以了解使用 MATLAB 进行有关偏微分方程求解的基本操作的实现方法。

第 17 章 信号处理应用

MATLAB 在信号处理方面有着广泛而成功的应用，其为信号处理提供了丰富的函数，几乎涵盖了所有成熟的信号处理方法的实现。本章将介绍 MATLAB 实现信号处理的应用，内容包括 MATLAB 信号处理基础知识、统计信号处理、滤波器设计、信号建模等。

知识要点

- 信号处理基础
- 统计信号处理
- IIR 滤波器
- FIR 滤波器
- 参数建模
- GUI 工具

17.1 信号处理基础

信号是一种具有特殊组织的数据，一般按时间先后顺序进行组织。信号在 MATLAB 中表达为向量或矩阵，这使得 MATLAB 有充分的手段处理信号。本节将介绍使用 MATLAB 进行信号处理的基础知识。

17.1.1 连续信号

自然界中，所有信号都是以连续的方式发生，即信号在时间上密不可分；使用时间坐标进行表示时，信号是一条在定义域内不间断的线，在 MATLAB 中可用连续实线进行表示。

【例 17-1】 连续的正弦信号绘制示例。

在命令行窗口输入：

```
t=[0 50];          %时间范围
fun=@sin;          %信号函数
fplot(fun,t);      %绘制信号
```

输出图形如图 17.1 所示。

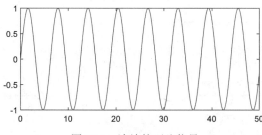

图 17.1 连续的正弦信号

17.1.2 离散信号

连续信号为自然界信号，然而计算机却不能处理连续信号，只能处理离散信号，因为在计算机中所有的数据均是以离散方式进行存储和处理的。下面介绍一些常用离散信号的实现方式。

1. 单位冲激序列

【例 17-2】 产生 1 秒时长的单个和循环单位冲激序列示例。

在命令行窗口输入：

```
t=0:0.05:10;
L=length(t);
x=zeros(1,L);x1=x;
x(ceil(L/2)+1: ceil(L/2)+20)=1;
for k=0:4
  x1(k*40+1: k*40+20)=1;
end
subplot(211);plot(t,x);axis ([0 10 -0.25 1.25])    %单个单位冲激序列，见图 17.2 上图
subplot(212);plot(t,x1); axis ([0 10 -0.25 1.25])   %循环单位冲激序列，见图 17.2 下图
```

输出图形如图 17.2 所示。

2. 单位阶跃序列

【例 17-3】 单位阶跃序列产生示例。

在命令行窗口输入：

```
clear,clf
N=20;
x=ones(1,N);
x(1:9)=0;
xn=0:N-1;
stem(xn,x)
axis([-1 N 0 1.1])
```

输出图形如图 17.3 所示。

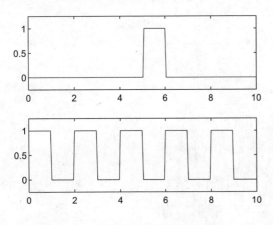

图 17.2　单个和循环单位冲激序列

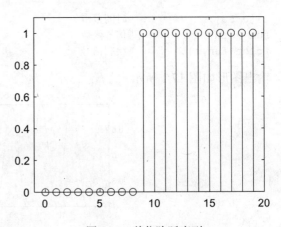

图 17.3　单位阶跃序列

3．斜坡序列

【例 17-4】　斜坡序列发生示例。

在命令行窗口输入：

```
clear,clf
x=[zeros(1,20) ones(1,12)];
x(11:22)=1/12*[1:12];
xn=0:31;
stem(xn,x);axis([1 32 0 1.25])
```

输出图形如图 17.4 所示。

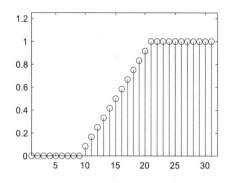

图 17.4　斜坡序列

4．正弦序列

【例 17-5】　正弦序列发生示例。

在命令行窗口输入：

```
clear,clf
N=64;A=4;f=100;fai=1;
xn=0:N-1;
x=A*sin(2*pi*f*(xn/N)+fai);
stem(xn,x)
axis([-1, N, (-A-0.25),(A+0.25)])
```

输出图形如图 17.5 所示。

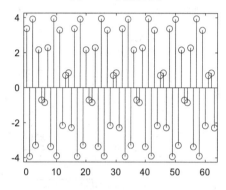

图 17.5　正弦序列

5．实指数序列

【例 17-6】　实指数序列发生示例。

在命令行窗口输入：

```
clear,clf
N=56;A=5;a=0.95;
xn=0:N-1;
x=A*a.^xn;
stem(xn,x)
```

输出图形如图 17.6 所示。

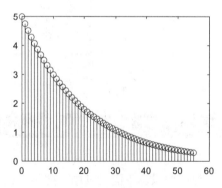

图 17.6　实指数序列

6．复指数序列

【例 17-7】　复指数序列发生示例。

在命令行窗口输入：

```
clear,clf
N=56;A=3;a=0.7;w=0.314;
xn=0:N-1;
x=A*exp(a+j*w*xn);
stem(xn,x)
```

输出图形如图 17.7 所示。

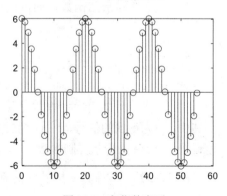

图 17.7　复指数序列

7．随机序列

【例 17-8】 均匀分布的随机序列与高斯随机序列产生示例。

在命令行窗口输入：

```
clear,clf
N=56;
xn=0:N-1;
x_rand=rand(1,N);
x_randn=randn(1,N);
subplot(211);
stem(xn,x_rand)%见图 17.8 上图
subplot(212);
stem(xn,x_randn) %见图 17.8 下图
```

输出图形如图 17.8 所示。

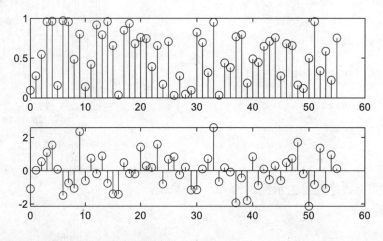

图 17.8 　随机序列

17.1.3 波形发生函数

除前文中提到的常用离散信号外，MATLAB 还提供了多种特殊波形发生函数以支持用户对不同信号的使用要求。下面对其中一些常见的特殊波形发生函数进行介绍。

（1）频率扫描余弦函数：通过使用 chirp 函数可以得到频率扫描余弦函数。该函数的调用格式如下：

```
y=chirp(t,f0,t1,f1)
y=chirp(t,f0,t1,f1,'method')
y=chirp(t,f0,t1,f1,'method',phi)
y = chirp(t,f0,t1,f1,'quadratic',phi,'shape')
```

其中，y 为得到的信号，t、t1 为时间点，f0、f1 为频率点，method 为可选频率发生方法，phi 为相位角设置，shape 为形状控制参数。

【例 17-9】 线性频率扫描余弦函数和抛物线型频率扫描余弦函数发生示例。

在命令行窗口输入：

```
clear,clf
t = 0:0.001:2;
%产生所需的绘图数据
y = chirp(t,150,2,0);                    %线性频率扫描余弦函数
y1 = chirp(t,200,2, 0,'quadratic');      %向下抛物线型频率扫描余弦函数
y2 = chirp(t,100,1,200,'quadratic');     %向上抛物线型频率扫描余弦函数
y3 = chirp(t,100,2,200,'logarithmic');   %对数频率扫描余弦函数
figure
%下面绘制时频谱
subplot(221);spectrogram(y,256,250,256,1E3,'yaxis');colorbar;
                                         %y，参考图 17.9 左上图
subplot(222);spectrogram(y1,128,120,128,1E3,'yaxis');colorbar;
                                         %y1，参考图 17.9 右上图
subplot(223);spectrogram(y2,128,120,128,1E3,'yaxis');colorbar;
                                         %y2，参考图 17.9 左下图
subplot(224);spectrogram(y3,128,120,128,1E3,'yaxis');colorbar;
                                         %y3，参考图 17.9 右下图
```

输出图形如图 17.9 所示。

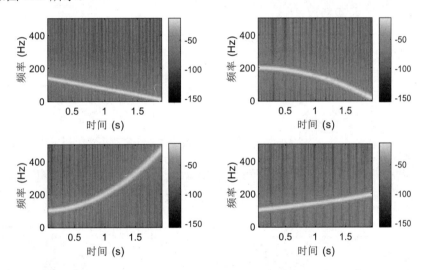

图 17.9 频率扫描余弦函数时频谱

（2）Sinc 函数：使用 sinc 函数可以得到 Sinc 函数。该函数的调用格式如下：

```
y=sinc(x)
```

其中，y 为得到的信号，x 为输入参数。

【例 17-10】 产生 Sinc 函数示例。
在命令行窗口输入：

```
clear,clf
t = (1:10)';
randn('state',0);x = randn(size(t));
ts = linspace(-5,15,600)';
y = sinc(ts(:,ones(size(t))) - t(:,ones(size(ts)))')*x;
plot(t,x,'o',ts,y)
```

输出图形如图 17.10 所示。

（3）高斯震荡正弦脉冲：通过 gauspuls 函数可以得到高斯震荡正弦脉冲。该函数的调用格式如下：

```
yi = gauspuls(t,fc,bw)
yi = gauspuls(t,fc,bw,bwr)
[yi,yq] = gauspuls(...)
[yi,yq,ye] = gauspuls(...)
tc = gauspuls('cutoff',fc,bw,bwr,tpe)
```

其中，y 为返回的信号数据，t 为输入时间点，fc 为中心频率，bw 为频带宽度，bwr 为频带外衰减幅度，其余参数可参考帮助文件。

【例 17-11】　高斯震荡正弦脉冲产生示例。

在命令行窗口输入：

```
clear,clf
%中心频率为50kHz，频带相对宽度为0.6，采样率为1MHz
tc = gauspuls('cutoff',50e3,0.6,[],-40);
t = -tc : 1e-6 : tc;
yi = gauspuls(t,50e3,0.6);
plot(t,yi)
```

输出图形如图 17.11 所示。

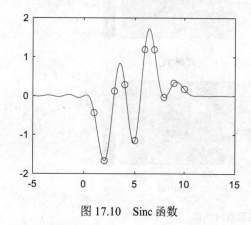

图 17.10　Sinc 函数

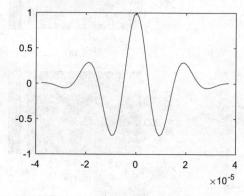

图 17.11　高斯震荡正弦脉冲示例

（4）三角脉冲：使用 tripuls 函数可以得到三角脉冲。该函数的调用格式如下：

```
y=tripuls(T)
y=tripuls(T,w)
y=tripuls(T,w,s)
```

其中，T 为时间向量；w 为脉冲宽度，默认为 1；s 为倾斜程度。

【例 17-12】　三角脉冲产生示例。

在命令行窗口输入：

```
clear,clf
t = -1:0.01:1;w=0.7;s=1;
y=tripuls(t);
y1=tripuls(t,w);
```

```
y2=tripuls(t,w,s);
subplot(131);plot(t,y);              %y，参考图 17.12 左图
subplot(132);plot(t,y1);             %y1，参考图 17.12 中图
subplot(133);plot(t,y2);             %y2，参考图 17.12 右图
```

输出图形如图 17.12 所示。

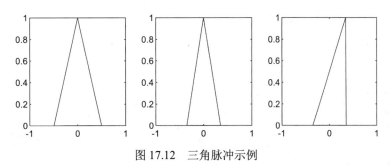

图 17.12　三角脉冲示例

（5）锯齿波：使用 sawtooth 函数可以得到锯齿波。该函数的调用格式如下：

```
y=sawtooth(t)
y=sawtooth(t,width)
```

其中，y 为返回的信号数据，t 为输入时间向量，width 为三角波一个周期内达到最高点时左侧时间与周期时间比。

 该函数默认的周期为 2π。

【例 17-13】　锯齿波产生示例。
在命令行窗口输入：

```
t=0:0.01:60
y=sawtooth(t);
y1= sawtooth(t,0.5);
subplot(211);plot(t,y);  %y，参考图 17.13 上图
subplot(212);plot(t,y1); %y1，参考图 17.13 下图
```

输出图形如图 17.13 所示。

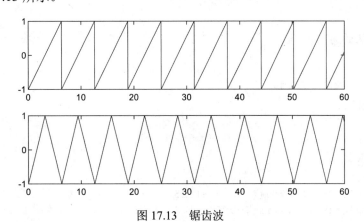

图 17.13　锯齿波

（6）方形脉冲：使用 rectpuls 函数可以得到方形脉冲。该函数的调用格式如下：

```
y=rectpuls(t)
y=rectpuls(t,w)
```

其中，y 为返回的信号数据，t 为时间向量，w 为脉冲宽度。

【例 17-14】 方形脉冲产生示例。

在命令行窗口输入：

```
clear,clf
t = -1:0.01:1;w=0.5;
y= rectpuls(t);
y1= rectpuls (t,w);
subplot(211);plot(t,y);axis([-1 1 -0.1 1.1])      %y，参考图 17.14 上图
subplot(212);plot(t,y1);axis([-1 1 -0.1 1.1])     %y1，参考图 17.14 下图
```

输出图形如图 17.14 所示。

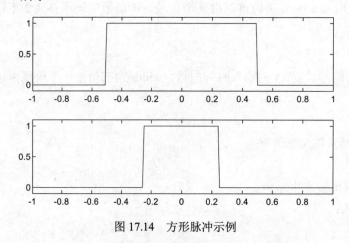

图 17.14　方形脉冲示例

（7）方波：使用 square 函数可以得到方波。该函数的调用格式如下：

```
x=square(t)
x=square(t,duty)
```

其中，x 为返回的信号数据，t 为时间向量，duty 为方波占空比。

提示　该函数默认的周期为 2π。

【例 17-15】 方波产生示例。

在命令行窗口输入：

```
clear,clf
t=0:0.01:60;
y= square (t);
y1= square (t,85);
subplot(211);plot(t,y);axis([-0 60 -1.25 1.25])     %y，参考图 17.15 上图
subplot(212);plot(t,y1);axis([-0 60 -1.25 1.25])    %y1，参考图 17.15 下图
```

输出图形如图 17.15 所示。

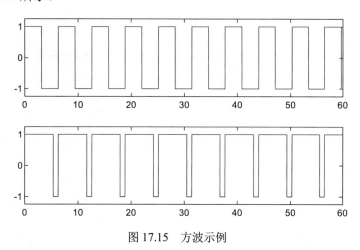

图 17.15　方波示例

（8）脉冲序列：通过 plustran 函数可以发生呈规则变化的脉冲序列。该函数的调用格式如下：

```
y = pulstran(t,d,'func')
y = pulstran(t,d,'func',p1,p2,...)
y = pulstran(t,d,p,fs)
y = pulstran(t,d,p)
y = pulstran(...,'func')
```

其中，t 为时间向量；d 为脉冲时间中心向量；func 为函数类型，可选 gauspuls、rectpuls、tripuls 分别产生高斯震荡脉冲、方形脉冲和三角脉冲；p1、p2 为函数参数；fs 为采用频率；y 为输出向量。

【例 17-16】　脉冲序列发生示例。

在命令行窗口输入：

```
clear,clf
t = 0 : 1/1e3 : 1;
d = [0.1 0.4 0.6 0.9]';
y = pulstran(t,d,'tripuls',0.1,0);
d1=[0.1 : 1/1E1 : 1 ; 0.95.^(1:10)]';
y1 = pulstran(t,d1,'gauspuls',100,0.5);
y2= pulstran(t,d,'rectpuls',0.1);
subplot(311);plot(t,y); axis([0 1 -1.25 1.25])     %y，参考图 17.16 上图
subplot(312);plot(t,y1); axis([0 1 -1.25 1.25])    %y1，参考图 17.16 中图
subplot(313);plot(t,y2); axis([0 1 -1.25 1.25])    %y2，参考图 17.16 下图
```

输出图形如图 17.16 所示。

（9）压控振荡波：通过 vco 函数可以发生压控振荡波。该函数的调用格式如下：

```
y=vco(x,fc,fs)
y=vco(x,[FminFmax],fs)
```

其中，x 为频率点上与采样频率的比值，fc 为参考频率，fs 为采样频率，[Fmin Fmax]为频率发生范围，y 为输出时间序列。

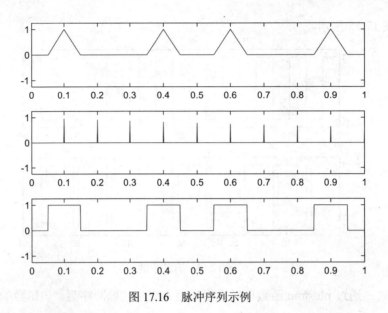

图 17.16　脉冲序列示例

【例 17-17】　压控振荡波发生示例。

在命令行窗口输入：

```
clear,clf
fs = 1000;t = 0:1/fs:2;
x = vco(sawtooth(2*pi*t,0.75),[0.1 0.4]*fs,fs);
subplot(211);plot(t(1:500),x(1:500))
subplot(212);spectrogram(x,kaiser(256,5),220,512,fs,'yaxis')
```

输出图形如图 17.17 所示。

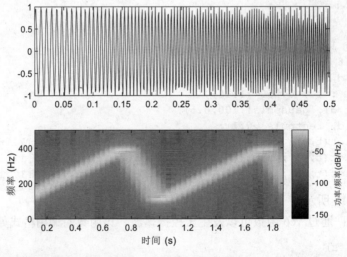

图 17.17　压控振荡波示例

17.1.4　信号基本运算

信号的基本运算包括延迟、相加、相乘、翻转、求和、求积、卷积等，下面介绍这些操作的实现方式。

（1）信号延迟：信号延迟指给定离散信号 x(n)，若信号 y(n)定义为 y(n)=x(n-k)，那么 y(n)是信号 x(n)在时间轴上右移 k 个抽样周期得到的新序列。

【例 17-18】 信号延迟示例。

在命令行窗口输入：

```
clear,clf
N=100;w=100; xn=(0:N-1)/100*6*pi;
x1= sin(xn); x2=sin (xn-pi/2);
subplot(211);plot(xn,x1); axis([-pi/2 6*pi -1.1 1.1])
                            %原始信号，参考图17.18 上图
subplot(212);plot(xn,x2);axis([-pi/2 6*pi -1.1 1.1])
                            %延迟信号，参考图17.18 下图
```

输出图形如图 17.18 所示。

（2）信号相加：信号相加即数据相加，但信号长度不相等或者位置不对应时，首先应该使两者的位置对齐，然后通过 zeros 函数左右补零使其长度相等后再相加。

【例 17-19】 信号相加示例。

在命令行窗口输入：

```
clear,clf
N=100;w=100; xn=(0:N-1)/100*6*pi;
x1= sin(xn); x2=sin (xn-pi/2);
subplot(311);plot(xn,x1); axis([-pi/2 6*pi -1.1 1.1])
                            %原始信号，参考图17.19 上图
subplot(312);plot(xn,x2);axis([-pi/2 6*pi -1.1 1.1])
                            %延迟信号，参考图17.19 中图
subplot(313);plot(xn,x1+x2);axis([-pi/2 6*pi -2.2 2.2])
                            %叠加信号，参考图17.19 下图
```

输出图形如图 17.19 所示。

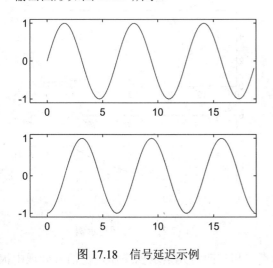

图 17.18 信号延迟示例

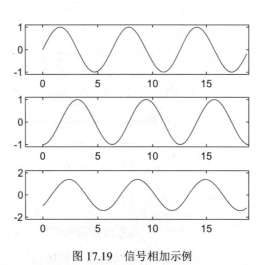

图 17.19 信号相加示例

（3）信号相乘（点乘）：信号序列进行点乘运算之前，应对其进行与相加运算一样补齐的操作。

【**例 17-20**】 信号相乘示例。

在命令行窗口输入：

```
clear,clf
N=100;w=100; xn=(0:N-1)/100*6*pi;
x1= sin(xn); x2=sin (xn-pi/2);
subplot(311);plot(xn,x1); axis([-pi/2 6*pi -1.1 1.1])
                                    %原始信号，参考图17.20上图
subplot(312);plot(xn,x2);axis([-pi/2 6*pi -1.1 1.1])
                                    %延迟信号，参考图17.20中图
subplot(313);plot(xn,x1.*x2);axis([-pi/2 6*pi -1.2 1.2])
                                    %乘积信号，参考图17.20下图
```

输出图形如图 17.20 所示。

（4）信号翻转：信号翻转的操作为调换信号中数据的先后顺序，可用 **fliplr** 函数实现此操作。该函数的调用格式如下：

```
B = fliplr(A)
```

其中，A 为输入信号向量，B 为返回的信号向量。

【**例 17-21**】 信号翻转示例。

在命令行窗口输入：

```
clear,clf
N=56;A=5;a=0.95;xn=0:N-1;
x=A*a.^xn;
rx= fliplr(x);
subplot(211);plot(xn,x)        %翻转前信号，见图17.21上图
subplot(212);plot(xn,rx)       %翻转后信号，见图17.21下图
```

输出图形如图 17.21 所示。

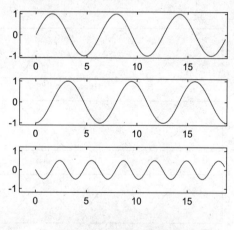

图 17.20　信号相乘示例

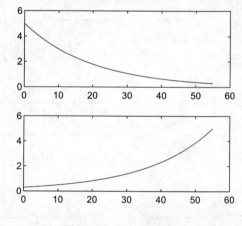

图 17.21　信号翻转示例

（5）信号和积：信号和与信号积操作即为向量元素求和与向量元素求积操作，在信号处理中很少使用，在此不详述。

（6）信号卷积：卷积是信号处理中常用的处理方式，使用前文中提到的 conv 函数可以实现。

【例 17-22】　信号卷积示例。

在命令行窗口输入：

```
clear,clf
A=[0,1,0]
B=[2 0 1 3]
C=conv(A,B)
```

输出结果如下：

```
A =
    0    1    0
B =
    2    0    1    3
C =
    0    2    0    1    3    0
```

17.2　统计信号处理

本节主要讨论统计信号处理方法和应用相关内容，包括相关性与协方差、频谱分析、窗函数、功率谱估计、时频分析、特殊变换方法和重新采样。

17.2.1　相关性与协方差

MATLAB 提供了 xcorr 函数和 xcov 函数，用于进行互相关系数和协方差系数计算。xcorr 函数的调用格式如下：

```
c=xcorr(x,y)
c=xcorr(x)
c = xcorr(x,y,'option')
c=xcorr(x,'option')
c=xcorr(x,y,maxlags)
c=xcorr(x,maxlags)
c=xcorr(x,y,maxlags,'option')
c=xcorr(x,maxlags,'option')
[c,lags]=xcorr(...)
```

其中，x、y、c 分别为输入数据和返回的计算结果，option 可选有偏计算'biased'和无偏计算'unbiased'以及'coeff'和'none'，maxlags 设置结果范围，lags 获取计算范围参数。

xcov 函数的调用格式如下：

```
v=xcov(x,y)
v=xcov(x)
v = xcov(x,'option')
[c,lags]=xcov(x,y,maxlags)
[c,lags]=xcov(x,maxlags)
[c,lags]=xcov(x,maxlags)
[c,lags]=xcov(x,y,maxlags,'option')
```

其中，v 为返回的协方差，其余参数的意义同 xcorr 函数中参数的意义一致。

【例 17-23】 相关性与协方差计算示例。

在命令行窗口输入：

```
clear,clf
ww = randn(10,1);
[c_ww,lags] = xcorr(ww,10,'coeff');
subplot(311);stem(ww)                  %随机离散时间序列，参考图17.22上图
subplot(312);stem(lags,c_ww)           %自相关计算结果，参考图17.22中图
[cov_ww,lags] = xcov(ww,10,'coeff');
subplot(313);stem(lags,cov_ww)         %协方差计算结果，参考图17.22下图
```

输出图形如图 17.22 所示。

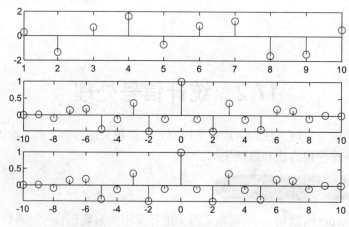

图 17.22 相关性与协方差计算示例

17.2.2 频谱分析

使用傅里叶变换式进行频谱分析的方法简单而且有效。MATLAB 提供的 fft 快速傅里叶变换函数可以用来进行频谱变换，其语法格式为：

```
Y = fft(X)
Y = fft(X,n)
Y = fft(X,[],dim)
Y = fft(X,n,dim)
```

其中，X、Y 为输入与输出数据，n 为变换长度，dim 为维度。

提示

fft 函数对于逆变换的函数为 ifft。

【例 17-24】 频谱分析示例。

在命令行窗口输入：

```
clear,clf
Fs = 500;            % 采用频率
T = 1/Fs;            % 采样间隔
L = 1000;            %信号长度
t = (0:L-1)*T;       % 时间向量
```

```
x = 1.5*cos(2*pi*80*t) + sin(2*pi*200*t);        % 产生正弦合成信号
y = x + 2*randn(size(t));                        % 添加白噪声
subplot(121);plot(Fs*t(1:50),y(1:50))
title('Original Signal');xlabel('time (ms)')
NFFT = 2^nextpow2(L);
Y = fft(y,NFFT)/L;
f = Fs/2*linspace(0,1,NFFT/2+1);
subplot(122);plot(f,2*abs(Y(1:NFFT/2+1)))        %绘制频谱时采用的数据范围为前半部分数据
title('Spectrum')
xlabel('Frequency (Hz)')
ylabel('|Y(f)|')
```

输出图形如图 17.23 所示。其中，左图为时域上的信号，右图为频域的谱值。从右图中可以看到，在 80Hz 和 200Hz 处出现了明显的峰值。

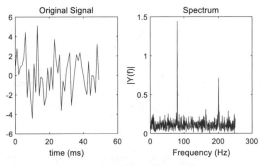

图 17.23　频谱分析示例

提示　进行 fft 变换后的数据，需要除以序列长度才能得到真实数据。

17.2.3　窗函数

窗函数是截断信号的一种工具。加窗可以减少由于无限序列截断带来的吉布斯效应，因而在功率谱估计和滤波器设计中有着重要的应用。常见的窗函数如表 17.1 所示。

表 17.1　常见的窗函数

窗　函　数	实现函数	窗　函　数	实现函数
矩形窗	rectwin	汉宁窗	hann
巴特窗	bartlett	凯瑟窗	kaiser
三角窗	triang	切比雪夫窗	chebwin
海明窗	hamming	高斯窗	gausswin

1．矩形窗

【例 17-25】　矩形窗及其频率响应曲线。

在命令行窗口输入：

```
clear,clf
n = 50;
```

```
w = rectwin(n);
wvtool(w)
```

输出图形如图 17.24 所示。其中,左图为时域窗函数,右图为窗函数在频域的响应,其横坐标采用的是归一化频率。

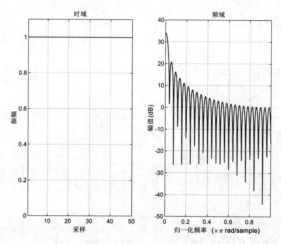

图 17.24   矩形窗及其频率响应曲线

2. 巴特窗

巴特窗是两个矩形窗的卷积,窗的长度为奇数点和偶数点时可分别得到三角窗和梯形窗。

【例 17-26】   创建不同长度的巴特窗,并绘制频率响应曲线。
在命令行窗口输入:

```
clear,clf
w1= bartlett(7); wvtool(w1);%见图17.25
w2= bartlett(8); wvtool(w2);%见图17.26
```

输出图形如图 17.25 与图 17.26 所示。

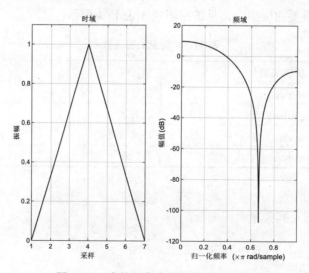

图 17.25   窗的长度为奇数点时的巴特窗

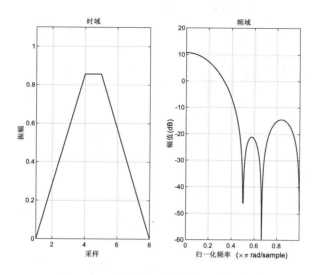

图 17.26 窗的长度为偶数点时的巴特窗

3. 海明窗

【例 17-27】 海明窗及其频率响应曲线。

在命令行窗口输入：

```
clear,clf
L=32;
wvtool(hamming(L))
```

输出图形如图 17.27 所示。

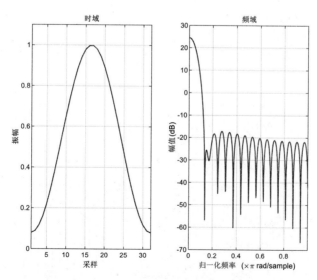

图 17.27 海明窗及其频率响应曲线

4. 汉宁窗

【例 17-28】 汉宁窗及其频率响应曲线。

在命令行窗口输入：

```
clear,clf
L=32
wvtool(hann(L))
```

输出图形如图 17.28 所示。

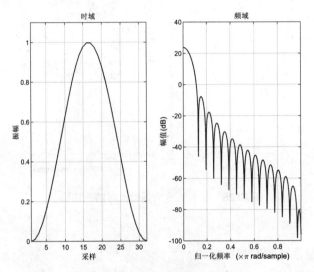

图 17.28　汉宁窗及其频率响应曲线

5. 凯瑟窗

【例 17-29】　凯瑟窗及其频率响应曲线。

在命令行窗口输入：

```
clear,clf
w = kaiser(32,2.5);
wvtool(w)
```

输出图形如图 17.29 所示。

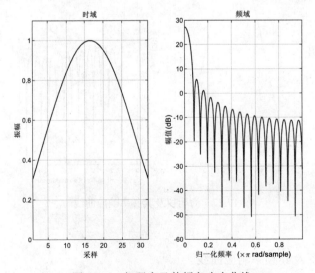

图 17.29　凯瑟窗及其频率响应曲线

17.2.4 经典谱估计

功率谱估计方法可分为以下三种：

- 非参数经典谱估计方法：直接使用信号进行谱估计，包括周期图法、Welch 法等。
- 参数现代谱估计方法：认为信号由白噪声通过线性系统模型产生，常用的方法有 Yule-Walker 自回归法、Burg 方法等。
- 子空间法：子空间法通过信号的自相关矩阵求取功率谱。

MATLAB 提供的常用谱估计方法函数如表 17.2 所示。

表 17.2　常用谱估计方法

方　法	描　述	函　数
周期图法	功率谱密度估计	spectrum.periodogram, periodogram
Welch 法	平均周期图法	spectrum.welch, pwelch, cpsd, tfestimate, mscohere
Yule-Walker 法	以自相关分析为基础的 AR 方法	spectrum.yulear, pyulear
Burg 法	以线性预测为基础的 AR 方法	spectrum.burg, pburg
协方差法	以最小前向预测误差为基础的 AR 方法	spectrum.cov, pcov

经典谱估计方法中最常用的为周期图法和 Welch 法，对应 MATLAB 函数分别为 periodogram 或 spectrum.periodogram（与 psd 命令配合）以及 pwelch 或 spectrum.welch（与 psd 命令配合）。

【例 17-30】　与 psd 命令配合进行周期图法和 Welch 法谱估计示例。

在命令行窗口输入：

```
clear,clf
fs = 500;                               %采样频率
t = (0:5*fs)./fs;                       % 时长 10s
f = 150;                                %频率
xn = cos(2*pi*t*200)+randn(size(t));
subplot(321);plot(t,xn);                %原始信号，参考图 17.30 左上图
Hrect = spectrum.periodogram;
subplot(322);psd(Hrect,xn,'Fs',fs,'NFFT',1024);
                                        %默认窗型周期图法，参考图 17.30 右上图
Hhamm = spectrum.periodogram('Hamming');
subplot(323);psd(Hhamm,xn,'Fs',fs,'NFFT',1024);
                                        %海明窗周期图法，参考图 17.30 左中图
Hs = spectrum.periodogram('rectangular');
subplot(324);psd(Hs,xn,'Fs',fs,'NFFT',1024); %矩形窗周期图法，参考图 17.30 右中图
Hs = spectrum.welch('rectangular',150,50);
subplot(325);psd(Hs,xn,'Fs',fs,'NFFT',512); %矩形窗 Welch 法，参考图 17.30 左下图
Hs = spectrum.welch('Hamming',150,50);
subplot(326);psd(Hs,xn,'Fs',fs,'NFFT',512); %海明窗 Welch 法，参考图 17.30 右下图
```

输出图形如图 17.30 所示。

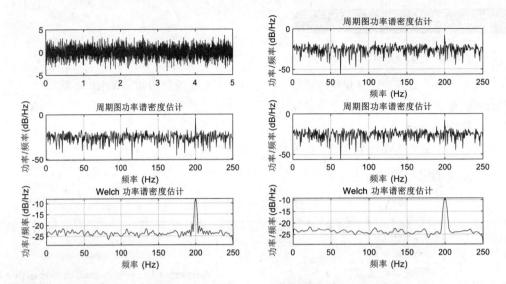

图 17.30　与 psd 命令配合进行周期图法和 Welch 法谱估计示例

1. 周期图法 periodogram 函数

periodogram 函数的常用调用格式如下：

```
[Pxx,w] = periodogram(x)
[Pxx,w] = periodogram(x,window)
[Pxx,w] = periodogram(x,window,nfft)
[Pxx,f] = periodogram(x,window,nfft,fs)
[Pxx,f] = periodogram(x,window,f,fs)
[Pxx,f] = periodogram(x,window,nfft,fs,'range')
[Pxx,w] = periodogram(x,window,nfft,'range')
```

其中，x 为待估计的信号，window 为窗函数类型，nfft 为进行傅里叶变换时采用的长度，fs 为采样频率，'range'为设置变换采用的转换范围。

【例 17-31】　周期图法谱估计示例。

在命令行窗口输入：

```
clear,clf
Fs = 1000;
t = 0:1/Fs:.3;
x = cos(2*pi*t*200)+0.1*randn(size(t));
periodogram(x,[],'onesided',512,Fs)
```

输出图形如图 17.31 所示。

2. Welch 法 pwelch 函数

pwelch 函数常用的调用格式如下：

```
[Pxx,w] = pwelch(x)
[Pxx,w] = pwelch(x,window)
[Pxx,w] = pwelch(x,window,noverlap)
[Pxx,w] = pwelch(x,window,noverlap,nfft)
```

```
[Pxx,w] = pwelch(x,window,noverlap,w)
[Pxx,f] = pwelch(x,window,noverlap,nfft,fs)
[Pxx,f] = pwelch(x,window,noverlap,f,fs)
[...] = pwelch(x,window,noverlap,...,'range')
```

其中的参数与 periodogram 函数参数相同。

【例 17-32】　Welch 法谱估计示例。

在命令行窗口输入：

```
clear,clf
Fs = 1000;
t = 0:1/Fs:1-(1/Fs);
x = cos(2*pi*t*200) + randn(size(t));
pwelch(x,128,120,length(x),Fs,'onesided')
```

输出图形如图 17.32 所示。

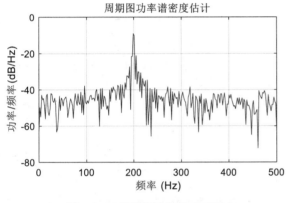

图 17.31　周期图法谱估计示例

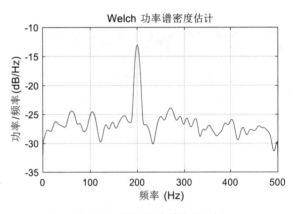

图 17.32　Welch 法谱估计示例

17.2.5　现代谱估计

现代谱估计方法即前文中提到的参数谱估计方法，其相关函数如表 17.2 所示。

【例 17-33】　功率谱估计对比。

在命令行窗口输入：

```
clear,clf
load mtlb
Hwelch = spectrum.welch('hamming',256,50);
subplot(221);psd(Hwelch,mtlb,'Fs',Fs,'NFFT',1024)      %参考图 17.33 左上图
Hyulear = spectrum.yulear(14);
subplot(222);psd(Hyulear,mtlb,'Fs',Fs,'NFFT',1024)     %参考图 17.33 右上图
Hburg = spectrum.burg(14);
subplot(223);psd(Hburg,mtlb,'Fs',Fs,'NFFT',1024)       %参考图 17.33 左下图
Hcov = spectrum.cov(14);
subplot(224);psd(Hcov,mtlb,'Fs',Fs,'NFFT',1024)        %参考图 17.33 右下图
```

输出图形如图 17.33 所示。其中，左上图为 Welch 法估计效果，其余分别为 Yule-Walker 方法、Burg 方法和协方差法分别进行估计的效果。由此可见，AR 方法能得到更平滑的谱估计。

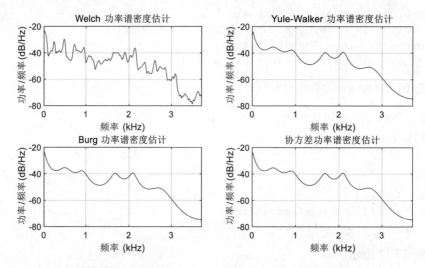

图 17.33 功率谱估计对比

最常用的时频分析方法为基于傅里叶变换的短时傅里叶变换方法。MATLAB 实现短时傅里叶变换采用的函数为 spectrogram，其调用格式如下：

```
S=spectrogram(x)
S=spectrogram(x,window)
S=spectrogram(x,window,noverlap)
S=spectrogram(x,window,noverlap,nfft)
S=spectrogram(x,window,noverlap,nfft,fs)
[S,F,T]=spectrogram(x,window,noverlap,F)
[S,F,T]=spectrogram(x,window,noverlap,F,fs)
[S,F,T,P]=spectrogram(...)
spectrogram(...)
```

其中，x 为输入信号，window 为窗函数，noverlap 为重合点数，nfft 为计算使用数据点数，F 为频率向量，T 为时间向量，P 为谱值矩阵。

【例 17-34】 时频分析示例。

在命令行窗口输入：

```
clear,clf
fs = 1000;
t = 0:1/fs:2;
x = vco(sawtooth(2*pi*t,0.75),[0.1 0.4]*fs,fs);
subplot(121);
plot(t(1:200),x(1:200))
xlabel('Time (Seconds)'); ylabel('Amp');        %时域图形，见图 17.34 左图
subplot(122);
[S,F,T,P] = spectrogram(x,256,250,256,1E3);
surf(T,F,10*log10(P),'edgecolor','none');
axis tight;
xlabel('Time (s)'); ylabel('Hz');
```

```
view(0,90);
colorbar                                    %时频分析图，见图 17.34 右图
```

输出图形如图 17.34 所示。

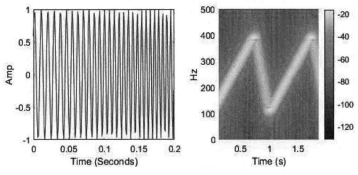

图 17.34　短时傅里叶变换时频分析示例

17.2.7　特殊变换

除给予傅里叶变换的信号处理方法外，常用的信号处理方法还有 Chirp Z 变换、离散余弦变换、希尔伯特变换和倒谱变换。本小节将分别介绍这几种变换方法的实现方式。

1. Chirp Z 变换

MATLAB 提供 czt 函数进行 Chirp Z 变换，其调用格式如下：

```
y=czt(x,m,w,a)
y=czt(x)
```

其中，x 为输入信号数据，y 为输出数据；m 为变换长度，w 为系数形式，a 为常数，这三个参数必须为标量。

【例 17-35】　Chirp Z 变换计算带通滤波器响应频率示例。
在命令行窗口输入：

```
clear,clf
h = fir1(30,[0.4 0.6],rectwin(31));
fs = 1000; f1 = 200; f2 = 300;
m = 1024;
w = exp(-j*2*pi*(f2-f1)/(m*fs));
a = exp(j*2*pi*f1/fs);
y = fft(h,1000);
z = czt(h,m,w,a);
fy = (0:length(y)-1)'*1000/length(y);
fz = ((0:length(z)-1)'*(f2-f1)/length(z)) + f1;
subplot(121);
plot(fy(1:500),abs(y(1:500)));
axis([1 500 0 1.2])
xlabel('Hz'); ylabel('Magnitude');
title('Magnitude Response using FFT')     %傅里叶变换，见图 17.35 左图
subplot(122);
plot(fz,abs(z));
```

```
axis([f1 f2 0 1.2])
xlabel('Hz'); ylabel('Magnitude');
title('Magnitude Response using CZT ')          % Chirp Z 变换，见图 17.35 右图
```

输出图形如图 17.35 所示。其中，左图为使用 FFT 变换求得的响应频率范围内的响应表现，右图为使用 Chirp Z 得到的局部频率响应。

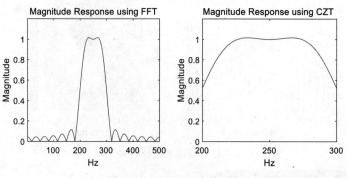

图 17.35　Chirp Z 变换示例

2．离散余弦变换

离散余弦变换与离散傅里叶变换相似，既可以进行变换，也可以进行逆变换重建信号。MATLAB 提供 dct 函数和 idct 函数分别进行离散余弦变换和其逆变换。dct 函数的调用格式如下：

```
y=dct(x)
y=dct(x,n)
```

其中，x 为输入信号数据，y 为输出数据，n 为变换长度。

idct 函数调用格式如下：

```
x = idct(y)
x = idct(y,n)
```

相关参数可参考 dct 函数。

【例 17-36】　离散余弦变换与逆变换示例。

在命令行窗口输入：

```
clear,clf
x = (1:128).' + 50*sin((1:128).'*2*pi/40);
X = dct(x);
%下面程序将总和小于1                              %较小能量系数归零，并重建信号
[XX, ind] = sort(abs(X),1,'descend');
ii = 1;
while (norm([XX(1:ii);zeros(128-ii,1)]) <= 0.999*norm(XX))
ii = ii+1;
end
disp(['系数和占总能量99%的系数总个数为: ',num2str(ii)]);
XXt = zeros(128,1);
XXt(ind(1:ii)) = X(ind(1:ii));
xt = idct( XXt);
subplot(221);
```

```
plot(1:128,x);title('Original signal')        %原始信号，见图17.36左上图
subplot(222);
plot(1:128, X);title('DCT coefficients')       %离散余弦变换系数，见图17.36右上图
subplot(223);
plot(1:128, XXt); title('Compressed DCT coefficients')
                                               %压缩后系数，见图17.36左下图
subplot(224);
plot(1:128, xt); title('Reconstructed signal') %重建信号，见图17.36右下图
```

输出结果如下：

系数和占总能量 99%的系数总个数为：11

输出图形如图 17.36 所示。

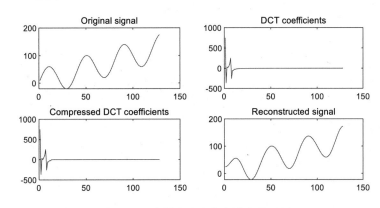

图 17.36　离散余弦变换与逆变换示例

3. 希尔伯特变换

MATLAB 提供 hilbert 函数进行希尔伯特变换，该函数的调用格式如下：

```
x = hilbert(xr)
x = hilbert(xr,n)
```

其中，xr 为输入信号数据，x 为输出数据，n 为变换长度。

【例 17-37】　希尔伯特变换示例。
在命令行窗口输入：

```
clear,clf
fs=2048;
t = (0:1/fs:1);
x = sin(2*pi*60*t)+0.05*randn(1,length(t));
y = hilbert(x);
subplot(311);
plot(t(1:50), x(1:50));title('Signal')         %原始信号，见图17.37上图
subplot(312);
plot(t(1:50),real(y(1:50)));title('Real Part')  %实部系数，见图17.37中图
subplot(313);
plot(t(1:50),imag(y(1:50))); title('Imaginary Part')  %虚部系数，见图17.37下图
```

输出图形如图 17.37 所示。其中，中图为实部，下图为虚部，两者相位差为 90°。

4．倒谱变换

倒谱变换是在语言信号和图形信号处理中常见的一种非线性信号处理技术。MATLAB 通过 cceps 函数和 icceps 函数实现倒谱变换和逆倒谱变换。

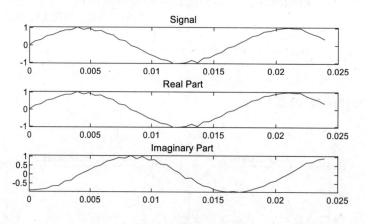

图 17.37　希尔伯特变换示例

cceps 函数的调用格式如下所示：

```
xhat=cceps(x)
[xhat,nd]=cceps(x)
[xhat,nd,xhat1]=cceps(x)
[...]=cceps(x,n)
```

其中，x 为输入信号数据，xhat 和 xhat1 为输出倒谱数据，n 为变换长度，nd 为返回的延迟数据点数。

【例 17-38】　使用倒谱变换检测回声示例。

在命令行窗口输入：

```
clear,clf
t = 0:0.01:1.27;
s1 = cos(2*pi*45*t);
s2 = s1 + 0.5*[zeros(1,20) s1(1:108)];        %添加回声信号
c0= cceps(s1);
c = cceps(s2);
subplot(221)
plot(t,s1);title('Pure signal');axis ([0 1.27 -1.5 1.5])
                                        %无回声信号，见图 17.38 左上图
subplot(222)
plot(t,s2);title('Signal with echo') ;axis ([0 1.27 -1.5 1.5])
                                        %有回声信号，见图 17.38 右上图
subplot(223)
plot(t,c0);title('Cepstral of pure signal')    %无回声信号倒谱，见图 17.38 左下图
subplot(224)
plot(t,c);title('Cepstral of signal with echo')   %有回声信号，见图 17.38 右下图
```

输出图形如图 17.38 所示。图中，0.2s 处出现的峰值表明回声信号出现。

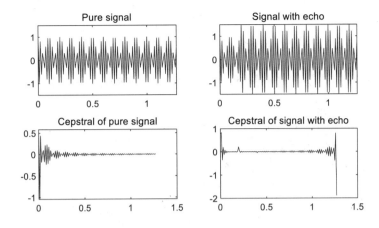

图 17.38 使用倒谱变换检测回声示例

17.2.8 重采样

MATLAB 提供了许多函数实现重新以低频率或高频率进行采样的操作。常见的函数如表 17.3 所示。

表 17.3 重采样函数

操 作	函 数	操 作	函 数
重采样中使用 FIR 滤波器	upfirdn	下采样	downsample
三次样条插值	spline	插值处理	interp
重新采样	resample	低通滤波下采样	decimate

在表 17.3 中，最具有通用形的函数为 resample 函数，下面仅说明此函数，其余函数如有需要可参考帮助文件。resample 函数的调用格式如下：

```
y=resample(x,p,q)
y=resample(x,p,q,n)
y = resample(x,p,q,n,beta)
y = resample(x,p,q,b)
[y,b] = resample(x,p,q)
```

其中，x 为待采样的原始信号数据，p、q 设置采样频率为原来的 p/q 倍，n 设置插值使用的点数，beta 设置采用凯瑟窗长度，b 为滤波器系数。

【例 17-39】 重采样示例。

在命令行窗口输入：

```
clear,clf
t = 0:.00025:1;
x = sin(2*pi*30*t) + sin(2*pi*60*t);
p=1;q=4;
y = resample(x,p,q);
subplot(121)
stem(x(1:120)), axis([0 120 -2 2])      %绘制原信号，见图 17.39 左图
title('Original Signal')
subplot(122)
```

```
stem(y(1:30))                              %绘制重采样信号，见图17.39右图
title('Resampled Signal')
```

输出图形如图 17.39 所示。

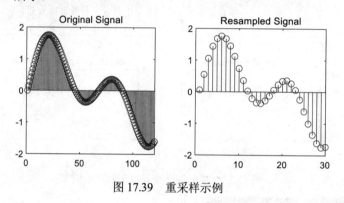

图 17.39　重采样示例

17.3　IIR 滤波器

本节将介绍使用经典法和直接法设置 IIR 滤波器在 MATLAB 中的实现方式。

17.3.1　经典法 IIR 滤波器设计

利用模拟滤波器的设计理论设计 IIR 数字滤波器是目前广泛采用的设计方法，常见的经典法设计的 IIR 滤波器包括：

- 巴特沃斯滤波器。
- 切比雪夫 I 型滤波器。
- 切比雪夫 II 型滤波器。
- 椭圆滤波器。

1. 巴特沃斯滤波器

巴特沃斯滤波器可用于设计低通、高通、带通和带阻滤波器，其实现的过程如下：

（1）求出最小滤波器阶数和截止频率

根据滤波器设计要求用 buttord 函数求出最小滤波器阶数和截止频率，其调用格式为：

```
[n,Wn]=buttord(Wp,Ws,Rp,Rs)
[n,Wn]=buttord(Wp,Ws,Rp,Rs,'s')
```

其中，Wp 和 Ws 分别是通带和阻带归一化频率（截止频率），其取值范围为 0~1（其值为 1 时，代表采样频率的一半）；Rp 和 Rs 分别是通带和阻带的震荡系数；n 为返回的最小阶数，Wn 为截止频率。当采用第二种格式设计模拟滤波器时，Wp 和 Ws 分别是通带和阻带的拐角圆频率（截止频率）。不同类型（高通、低通、带通和带阻）滤波器对应的 Wp 和 Ws 值遵循以下规则。

- 高通滤波器：Wp 和 Ws 为标量且 Wp>Ws。
- 低通滤波器：Wp 和 Ws 为标量且 Wp<Ws。

- 带通滤波器：Wp 和 Ws 为二元向量且 Wp 被 Ws 包含。
- 带阻滤波器：Wp 和 Ws 为二元向量且 Wp 包含 Ws。

（2）求出滤波器系数

butter 函数可设计低通、高通、带通和带阻的数字和模拟 IIR 滤波器，其调用格式如下：

```
[z,p,k]=butter(n,Wn)
[z,p,k] = butter(n,Wn,'ftype')
[b,a]=butter(n,Wn)
[b,a]=butter(n,Wn,'ftype')
[A,B,C,D]=butter(n,Wn)
[A,B,C,D] = butter(n,Wn,'ftype')
[z,p,k]=butter(n,Wn,'s')
[z,p,k] = butter(n,Wn,'ftype','s')
[b,a]=butter(n,Wn,'s')
[b,a]=butter(n,Wn,'ftype','s')
[A,B,C,D]=butter(n,Wn,'s')
[A,B,C,D] = butter(n,Wn,'ftype','s')
```

其中，n 为阶次，Wn 为归一化截止频率，z 为零点，p 为基点，k 为增益，ftype 为滤波器类型，'s' 表示 Wn 用弧度表示，[A,B,C,D]为滤波器系数。

【例 17-40】　高通巴特沃斯滤波器示例。

在命令行窗口输入：

```
clear,clf
fs=2000;                  %采样频率
N=256;                    % N/fs 秒数据
n=0:N-1;t=n/fs;           %时间向量
fL=100;
fH=700;
s= cos(2*pi*fL*t)+ cos(2*pi*fH*t);
subplot(321);plot(t,s);
title('Imput signal'); xlabel('t/s');ylabel('Magnitude');
                                     %原信号，见图 17.40 左上图
sfft=fft(s);
subplot(322);
plot((1:length(sfft)/2)*fs/ length(sfft),2*abs(sfft(1:length(sfft)/2))/
length(sfft));
    title('Spectrum'); xlabel('Frequency/Hz');ylabel('Magnitude');
                                  %原信号频谱，见图 17.40 右上图%设计高通滤波器：
Wp = 512/fs; Ws = 384/fs;         %截止频率 512Hz,阻带截止频率 384Hz
[n,Wn] = buttord(Wp,Ws,3,30)      %阻带衰减大于 30db，通带振荡小于 3db
                %估算得到 Butterworth 低通滤波器的最小阶数 N 和 3dB 截止频率 Wn
[a,b]=butter(n,Wn,'high');        %设计 Butterworth 低通滤波器
[h,f]=freqz(a,b,fs);              %求数字低通滤波器的频率响应
f=f*fs/pi;                        %进行对应的频率转换
subplot(3,2,[3 4]);
plot(f(1:length(f)/2),abs(h(1:length(f)/2)));
                        %绘制 Butterworth 低通滤波器的幅频响应图
title('Butterworth'); xlabel('Frequency/Hz'); ylabel('Magnitude');
```

449

```
                                          %见图 17.40 中图
grid;
sF=filter(a,b,s);                         %叠加函数 s 经过低通滤波器以后的新函数
subplot(325);
plot(t,sF);                               %绘制叠加函数 s 经过低通滤波器以后的时域图形
title('Output signal');xlabel('t/s');ylabel('Magnitude');
                                          %滤波后信号，见图 17.40 左下图
SF=fft(sF);
subplot(326);
plot((1:length(SF)/2)*fs/ length(SF),2*abs(SF(1:length(SF)/2))/length(SF));
title('Filtered signal spectrum');
xlabel('Frequency/Hz');ylabel('Magnitude');      %滤后信号频谱，见图 17.40 右下图
```

输出结果如下：

```
n =    12
Wn =    0.2503
```

输出图形如图 17.40 所示。

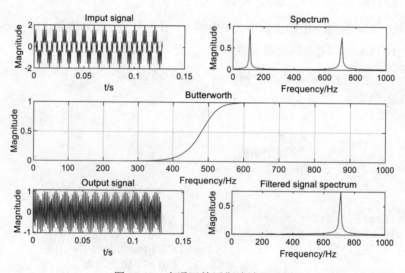

图 17.40   高通巴特沃斯滤波器示例

上面例子给出了高通巴特沃斯滤波器的设计和高通滤波的实现方法，对于其他一般的经典低通滤波器，其设计方法和滤波的方法与例中的操作方法一致。

【例 17-41】   设计一个带阻滤波器，其带阻频率为 60～200Hz，波动小于 3dB，在通带两侧 50Hz 范围内信号衰减达到 30dB。

在命令行窗口输入：

```
clear,clf
Ws = [60 200]/500; Wp = [50 250]/500;
Rp = 3; Rs = 30;
[n,Wn] = buttord(Wp,Ws,Rp,Rs)
[b,a] = butter(n,Wn,'stop');
freqz(b,a,2048,1000)
title('Butterworth Bandstop Filter')
```

输出结果如下：

```
n =
    12
Wn =
    0.1002    0.4570
```

输出图形如图 17.41 所示。

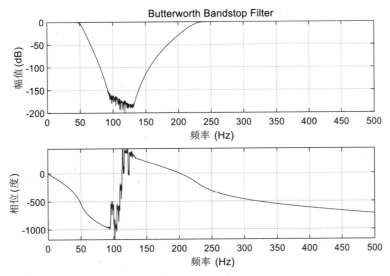

图 17.41 带阻滤波器设计示例

2. 切比雪夫 I 型滤波器

切比雪夫 I 型滤波器的 MATLAB 设计和实现过程与巴特沃斯滤波器的设计实现过程一致。其中涉及的滤波器设计函数包括 cheb1ord 和 cheby1 函数。

cheb1ord 函数的调用格式为：

```
[n,Wp]=cheb1ord(Wp,Ws,Rp,Rs)
[n,Wp]=cheb1ord(Wp,Ws,Rp,Rs,'s')
```

cheby1 函数的调用格式为：

```
[z,p,k]=cheby1(n,R,Wp)
[z,p,k]=cheby1(n,R,Wp,'ftype')
[b,a]=cheby1(n,R,Wp)
[b,a]=cheby1(n,R,Wp,'ftype')
[A,B,C,D]=cheby1(n,R,Wp)
[A,B,C,D]=cheby1(n,R,Wp,'ftype')
[z,p,k]=cheby1(n,R,Wp,'s')
[z,p,k] = cheby1(n,R,Wp,'ftype','s')
[b,a]=cheby1(n,R,Wp,'s')
[b,a]=cheby1(n,R,Wp, 'ftype','s')
[A,B,C,D]=cheby1(n,R,Wp,'s')
[A,B,C,D]=cheby1(n,R,Wp,'ftype','s')
```

两个函数中相关的参数可参考巴特沃斯滤波器相关函数参数。

【例 17-42】 切比雪夫 I 型滤波器设计示例。

在命令行窗口输入：

```
clear,clf
Wp = 100/500; Ws = 150/500;
Rp = 3; Rs = 30;
[n,Wp] = cheb1ord(Wp,Ws,Rp,Rs)
[b,a] = cheby1(n,Rp,Wp);
freqz(b,a,512,1000);
title('Chebyshev Type I Lowpass Filter')          %低通滤波器，见图 17.42
Wp = [100 200]/500; Ws = [50 250]/500;
Rp = 3; Rs = 30;
[n,Wp] = cheb1ord(Wp,Ws,Rp,Rs)
[b,a] = cheby1(n,Rp,Wp);
freqz(b,a,512,1000);
title('Chebyshev Type I Bandpass Filter')         %带通滤波器，见图 17.43
```

输出图形如图 17.42 和图 17.43 所示。

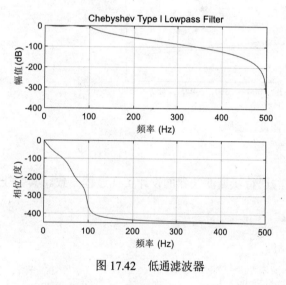

图 17.42　低通滤波器

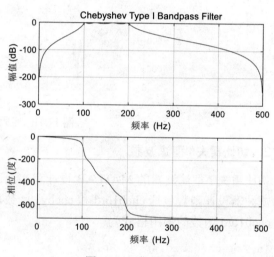

图 17.43　带通滤波器

3. 切比雪夫 II 型滤波器

切比雪夫 II 型滤波器的设计过程与前两种滤波器的设计过程一致。其中涉及的滤波器设计函数包括 cheb2ord 和 cheby2 函数，这两个函数的使用方法与切比雪夫 I 型滤波器的 cheb1ord 和 cheby1 函数的使用方法基本一致。

【例 17-43】 切比雪夫 II 型滤波器设计示例。

在命令行窗口输入：

```
clear,clf
Wp = 100/500; Ws = 150/500;
Rp = 3; Rs = 30;
[n,Wp] = cheb2ord(Wp,Ws,Rp,Rs)
[b,a] = cheby2(n,Rp,Wp);
freqz(b,a,512,1000);
```

```
title('Chebyshev Type II Lowpass Filter')        %低通滤波器，见图 17.44
Wp = [100 200]/500; Ws = [50 250]/500;
Rp = 3; Rs = 30;
[n,Wp] = cheb2ord(Wp,Ws,Rp,Rs)
[b,a] = cheby2(n,Rp,Wp);
freqz(b,a,512,1000);
title('Chebyshev Type II Bandpass Filter')        %带通滤波器，见图 17.45
```

输出图形如图 17.44 和图 17.45 所示。

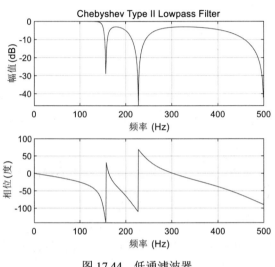

图 17.44 低通滤波器

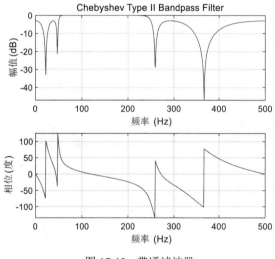

图 17.45 带通滤波器

4．椭圆滤波器

椭圆滤波器的设计过程与前三种滤波器的设计过程一致。其中涉及的函数为 ellipord 和 ellip 函数，这两个函数的调用方式可以参考前文中经典滤波器设计函数的调用方式。

【例 17-44】 椭圆低通滤波器设计示例。

在命令行窗口输入：

```
clear,clf
Wp = 100/500; Ws = 150/500;
Rp = 3; Rs = 30;
[n,Wp] = ellipord(Wp,Ws,Rp,Rs)
[b,a] = ellip(n,Rp,Rs,Wp);
freqz(b,a,512,1000);
title('Elliptic Lowpass Filter')        %低通滤波器，见图 17.46
Wp = [100 200]/500; Ws = [50 250]/500;
Rp = 3; Rs = 30;
[n,Wp] = ellipord(Wp,Ws,Rp,Rs)
[b,a] = ellip(n,Rp,Rs,Wp);
freqz(b,a,512,1000);
title('Elliptic Bandpass Filter')        %带通滤波器，见图 17.47
```

输出图形如图 17.46 和图 17.47 所示。

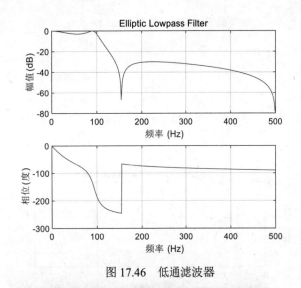

图 17.46　低通滤波器

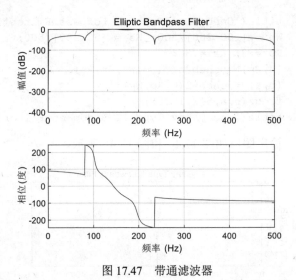

图 17.47　带通滤波器

17.3.2　直接法 IIR 滤波器设计

直接法与经典法不同，其可直接针对滤波器的频率响应进行设计。实现直接法 IIR 滤波器设计的函数之一为 yulewalk，其调用格式为：

```
[b,a]=yulewalk(n,f,m)
```

其中，f 为归一化频率点，m 为频率点处的响应需求，两者的向量长度要一致；b，a 为返回的滤波器系数。

【例 17-45】　直接法设计滤波器示例。

在命令行窗口输入：

```
clear,clf
f = [0 0.35 0.70 1];
m1 = [1 1 0 0];
[b,a] = yulewalk(8,f,m1);
[h,w] = freqz(b,a,512);
subplot(211)
plot(f,m1,w/pi,abs(h),'--');legend('Target','Designed')
title('Lowpass Filter')                          %低通滤波器，见图 17.48 上图
m2 = [0 1 1 0 0 1 1 0 0 1 1];
f = [0 0.1 0.2 0.3 0.4 0.5 0.6 0.7 0.8 0.9 1];
[b,a] = yulewalk(10,f,m2);
[h,w] = freqz(b,a,512)
subplot(212)
plot(f,m2,w/pi,abs(h),'--');legend('Target','Designed')
title('Multichanner Filter')                     %多通带滤波器，见图 17.48 下图
```

输出图形如图 17.48 所示。

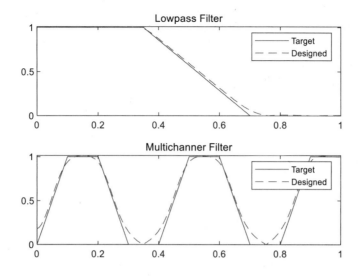

图 17.48　直接法设计滤波器示例

17.4　FIR 滤波器

本节主要介绍 MATLAB 实现窗函数法和约束最小二乘法进行 FIR 滤波器设计的方法。

17.4.1　窗函数法

MATLAB 提供函数 fir1 实现窗函数法 FIR 滤波器设计，该函数调用格式如下：

```
b = fir1(n,Wn)
b = fir1(n,Wn,'ftype')
b = fir1(n,Wn,window)
b = fir1(n,Wn,'ftype',window)
b = fir1(...,'normalization')
```

其中，n 为滤波器阶次；Wn 为归一化截止频率；ftype 为滤波器类型；window 为窗口类型，默认为海明窗；normalization 设置是否对设计的响应进行归一化操作。

【例 17-46】　窗函数法设计的滤波器示例。

在命令行窗口输入：

```
clear,clf
b1 = fir1(60,0.35);
figure(1); freqz(b1,1,512);title('Lowpass filter') %低通滤波器，见图 17.49
b2 = fir1(60,0.35,'high');
figure(2); freqz(b2,1,512);title('Highpass filter') %高通滤波器，见图 17.50
b3 = fir1(68,[0.35 0.65]);
figure(3); freqz(b3,1,512);title('Bandpass filter') %带通滤波器，见图 17.51
b4 = fir1(68,[0.35 0.65],'stop');
figure(4); freqz(b4,1,512);title('Bandstop filter') %带阻滤波器，见图 17.52
```

输出图形如图 17.49~图 17.52 所示。

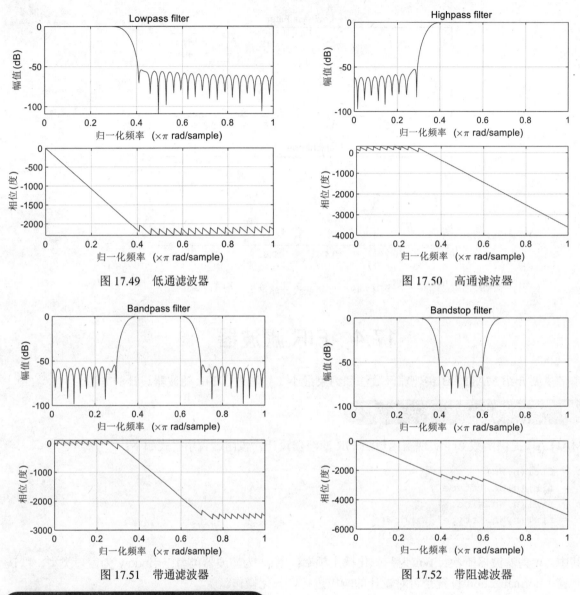

图 17.49　低通滤波器　　　　　　　　　　图 17.50　高通滤波器

图 17.51　带通滤波器　　　　　　　　　　图 17.52　带阻滤波器

17.4.2　约束最小二乘法

MATLAB 提供 fircls 和 fircls1 函数用于进行约束最小二乘法 FIR 滤波器设计。

fircls 函数可用于设计多通带滤波器设计，该函数的调用格式如下：

```
b = fircls(n,f,amp,up,lo)
fircls(n,f,amp,up,lo,'design_flag')
```

其中，n 为滤波器阶次，f 为归一化频率向量，amp 为设计相应复制向量，up 和 lo 分别为在频带上的响应幅值边界，b 为输出的滤波器结构数据，design_flag 提供检测滤波器设计结果的途径。

fircls1 函数可用于低通、高通滤波器的设计，该函数的调用格式如下：

```
b = fircls1(n,wo,dp,ds)
b = fircls1(n,wo,dp,ds,'high')
```

```
b = fircls1(n,wo,dp,ds,wt)
b = fircls1(n,wo,dp,ds,wt,'high')
b = fircls1(n,wo,dp,ds,wp,ws,k)
b = fircls1(n,wo,dp,ds,wp,ws,k,'high')
b = fircls1(n,wo,dp,ds,...,'design_flag')
```

其中的参数可以参考 fircls 命令和本章前文中出现的命令。

【例 17-47】 约束最小二乘法 FIR 滤波器设计示例。

在命令行窗口输入：

```
clear,clf
n = 55; wo = 0.3;
dp = 0.02; ds = 0.008;
b1 = fircls1(n,wo,dp,ds);
figure(1); freqz(b1,1,512);title('Lowpass filter')        %低通滤波器，见图 17.53
f=[0 0.1 0.2 0.3 0.4 0.5 0.6 0.7 0.8 0.9 1];a=[1 0 0 1 1 0 0 1 1 0];
up=[1.02 0.01 0.01 1.02 1.02 0.01 0.01 1.02 1.02 0.01];
lo =[0.98 -0.01 -0.01 0.98 0.98 -0.01 -0.01 0.98 0.98 -0.01];
b2 = fircls(n,f,a,up,lo);
figure(2); freqz(b2,1,512);title('Multiband filter')      %多通带滤波器，见图 17.54
```

输出图形如图 17.53 和图 17.54 所示。

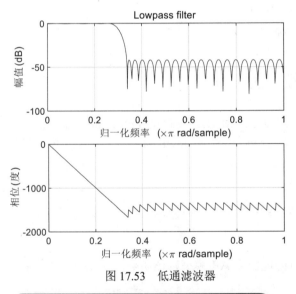

图 17.53　低通滤波器

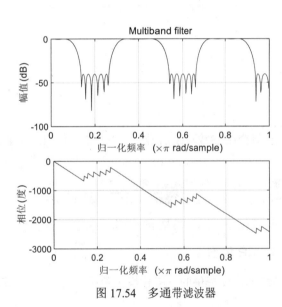

图 17.54　多通带滤波器

17.4.3　其他 FIR 滤波器设计方法

MATLAB 还提供了其他函数来实现 FIR 滤波器。下面介绍使用 **cfirpm** 函数设计任意滤波器的设计方法。该函数的常用调用格式如下：

```
b = cfirpm(n,f,a)
b = cfirpm(n,f,a,w)
b = cfirpm(n,f,@fresp)
```

其中，n 为阶次，f 为频率分界点，fresp 设置使用的滤波方法，a 设置多通道滤波，w 为权重因子向量。

【例 17-48】 使用 cfirpm 函数设计一个任意响应的滤波器。

在命令行窗口输入：

```
clear,clf
b = cfirpm(38,[-1 -0.5 -0.4 0.3 0.4 0.8], [5 1 2 2 2 1], [1 10 5]);
freqz(b,1,512);
```

输出图形如图 17.55 所示。

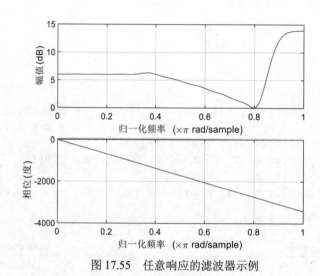

图 17.55　任意响应的滤波器示例

17.5　参　数　建　模

本节介绍参数建模信号处理方法在 MATLAB 中的实现方式。MATLAB 提供 arburg、arcov、armcov、aryule、lpc、levinson、prony 和 stmcb 等函数用于时域建模，提供 invfreqz、invfreqs 等函数用于频域建模。

17.5.1　时域建模

时域模型有 AR 模型和 ARMA 模型。本小节将介绍这两种模型常用的实现方法。

1. AR 模型

MATLAB 提供的 AR 建模函数中的 lpc 函数可以方便地建立 AR 模型，该函数的调用格式如下：

```
[a,g] = lpc(x,p)
```

其中，x 为输入信号数据，p 为阶次，a 为模型参数，g 为模型误差相关参数。

【例 17-49】 AR 模型建模示例。

在命令行窗口输入：

```
clear,clf
randn('state',0);s= randn(50000,1);
x = filter(1,[1 1/2 1/3 1/4],s);
x = x(45904:50000);
```

```
a= lpc(x,3);
est_x = filter([0 -a(2:end)],1,x);          % 估计得到的信号
e = x - est_x;                               % 预测误差
[acs,lags] = xcorr(e,'coeff');               % 预测误差的自相关参数
subplot(121)
plot(1:50,x(4001:4050),1:50,est_x(4001:4050),'--');
title('Original Signal vs. LPC Estimate');
                                   % 图 17.56 左图为预测信号与原始信号的对比图形
xlabel('Sample Number'); ylabel('Amplitude'); grid;
legend('Original Signal','LPC Estimate')
subplot(122);plot(lags,acs);
title('Autocorrelation of the Prediction Error');
                                   % 图 17.56 右图为预测误差的自相关系数
xlabel('Lags'); ylabel('Normalized Value'); grid;
```

输出图形如图 17.56 所示。

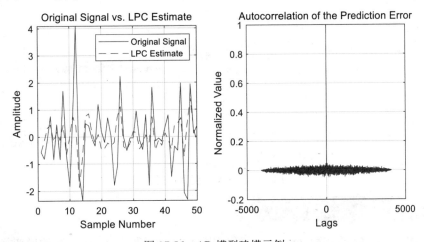

图 17.56　AR 模型建模示例

2. ARMA 模型

MATLAB 提供的 AR 建模函数中的 prony 函数可以方便地建立 AR 模型，该函数的调用格式如下：

```
[Num,Den] = prony(impulse_resp,num_ord,denom_ord)
```

其中，impulse_resp 为输入信号数据，num_ord 为分子阶次，denom_ord 为分母，Num 为模型分子系数，Den 为模型分母系数。

【例 17-50】　ARMA 模型建模示例。
在命令行窗口输入：

```
clear,clf
randn('state',0);
s= randn(50000,1);
x = filter(1,[1 1/2 1/3 1/4],s);
x = x(46904:50000);
[b,a] = prony (x,3,3);
est_x = filter(b,a,x);
e = x - est_x;
```

```
[acs,lags] = xcorr(e,'coeff');
subplot(121)
plot(1:50,x(3001:3050),1:50,est_x(3001:3050),'--');
title('Original Signal vs. ARMA model');
xlabel('Sample Number'); ylabel('Amplitude'); grid;
legend('Original Signal',' ARMA model ')          %图17.57 左图为建模信号与原始信号的对比
subplot(122)
plot(lags,acs);
title('Autocorrelation of the Prediction Error');
xlabel('Lags'); ylabel('Normalized Value'); grid;   % 图17.57 右图为模型误差的自相关系数
```

输出图形如图 17.57 所示。

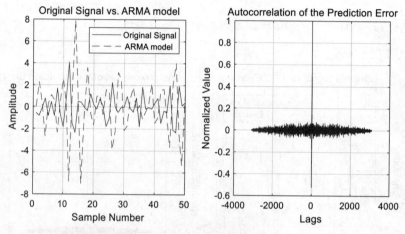

图 17.57   ARMA 模型建模示例

17.5.2   频域建模

MATLAB 提供 invfreqs 函数和 invfreqz 函数实现对 freqs 函数和 freqz 函数的逆变换，从而实现在频域进行信号建模的功能。下面说明 invfreqz 函数的使用方法，该函数的常用调用格式如下：

```
[b,a] = invfreqz(h,w,n,m)
```

其中，[b,a]为返回的建模向量，b 为模型分子系数，a 为模型分母系数，h 为频率响应情况，w 为频率采样点向量，n 为分子的阶次，m 为分母的阶次。

【例 17-51】   freqz 函数的逆变换操作与频域参数建模示例。
在命令行窗口输入：

```
clear,clf
a = [1 2 3 2 3 1]; b = [1 2 3 2 1];
[h,w] = freqz(b,a,64);
[binv,ainv] = invfreqz(h,w,4,5)
[b1,a1] = butter(8,0.5)
[h1,w1] = freqz(b1,a1,64);
[b1inv,a1inv] = invfreqz(h1,w1,6,6)
figure(1);freqz(b,a,256);title('Original')%原始模型频率响应
figure(2);freqz(b1inv,a1inv,256); title('Estimated') %估计模型频率响应
```

输出结果如下：

```
binv =
    1.0000    2.0000    3.0000    2.0000    1.0000
ainv =
    1.0000    2.0000    3.0000    2.0000    3.0000    1.0000
b1 =
    0.0093  0.0741  0.2595  0.5190  0.6487  0.5190  0.2595  0.0741  0.0093
a1 =
    1.0000  -0.0000  1.0609  -0.0000  0.2909  0.0000  0.0204  0.0000  0.0002
b1inv =
    0.0093    0.0687    0.2174    0.3776    0.3828    0.2173    0.0551
a1inv =
    1.0000   -0.5835    1.1905   -0.5686    0.3815   -0.1139    0.0227
```

输出图形如图 17.58 和图 17.59 所示。

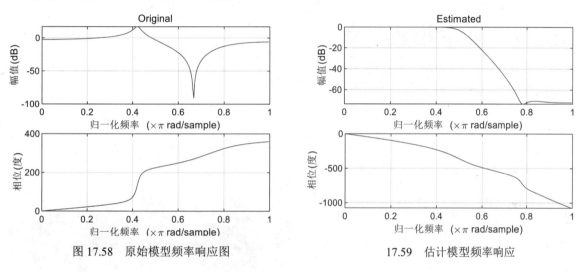

图 17.58　原始模型频率响应图　　　　17.59　估计模型频率响应

17.6　信号处理可视化工具

MATLAB 提供了丰富的信号处理可视化工具，以方便进行信号处理的有关操作，这些工具包括：

- 信号处理综合工具。
- 波形查看器。
- 谱分析查看器。
- 滤波器可视化工具。
- 滤波器设计与分析工具。
- 滤波处理工具。

下面简要介绍这些可视化工具。

17.6.1　信号综合处理工具

使用信号处理可视化 SPTool 可以分析信号、设计滤波器、分析滤波器、对信号滤波处理以及分析信号频谱。

在命令行窗口（输出窗口）输入 sptool 可以打开信号处理综合工具 SPTool，如图 17.60 所示。

在图 17.60 所示的可视化中有 3 个列表框 Signals、Filters 和 Spectra，其中的列表参数分别为信号、滤波器和频域谱。其中：

- Signals 列表框下的 View 按钮可以用于打开波形查看器。
- Filters 列表框下的 View 按钮可以用于打开滤波器可视化工具。
- Filters 列表框下的 New 和 Edit 按钮可以用于打开滤波器设计与分析工具。
- Filters 列表框下的 Apply 按钮可以用于打开滤波处理工具。
- Spectra 列表框下的 View 按钮可以用于打开谱分析查看器。

17.6.2　信号浏览器

在信号处理综合工具 SPTool 窗口的 Signals 列表框下，选择 train 并单击"查看"按钮，打开"信号浏览器"窗口，如图 17.61 所示。

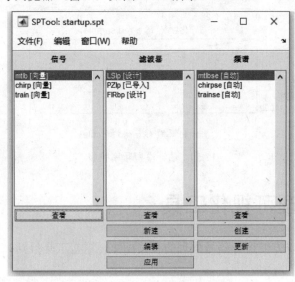

图 17.60　信号处理综合工具

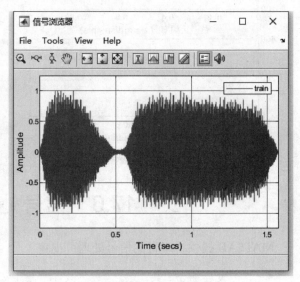

图 17.61　信号浏览器

在信号浏览器中，可以对信号波形进行查看操作，包括放大、缩小、查找极值等操作。相关的操作方式很简单，这里不做介绍。

17.6.3　频谱查看器

在信号处理可视化工具 SPTool 窗口的"频谱"列表框下，选择 trainse 并单击"查看"按钮，打开如图 17.62 所示的"频谱查看器"窗口。

在频谱查看器中，也提供了信号浏览器类似的功能。另外，在频谱查看器中还可以使用"方法"下拉列表设置谱分析的方法、使用 Nfft 设置窗口的数据长度等。

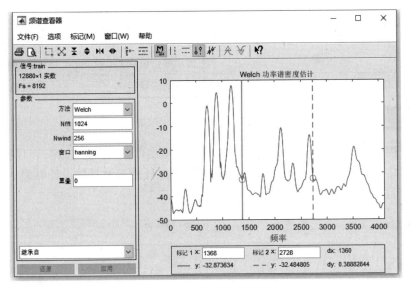

图 17.62　谱分析查看器

17.6.4　滤波器可视化工具

在信号处理可视化工具 SPTool 窗口的"滤波器"列表框下选择 LSlp 并单击"查看"按钮，打开如图 17.63 所示的"滤波器可视化工具"窗口。

该工具除提供常规的显示方式功能外，还提供了图形注释功能，包括添加文字、线和箭头等。另外，滤波器可视化工具还提供了滤波器不同性能的显示功能，如表 17.4 所示。

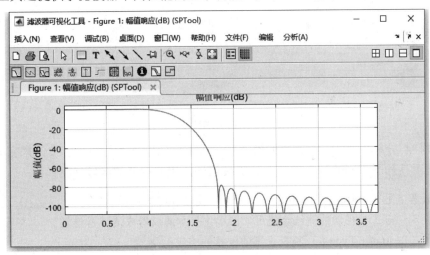

图 17.63　滤波器可视化工具

表 17.4　滤波器显示功能按钮

功　　能	按　　钮	功　　能	按　　钮
显示响应幅值	按钮	显示相位角	按钮
显示前两者	按钮	显示群延迟	按钮
显示相位延迟	按钮	显示冲击响应	按钮

（续表）

功　能	按　钮	功　能	按　钮
显示跃阶响应	按钮 ⌐	显示零点极点	按钮 ⊕
显示滤波器参数	按钮 ₀₀	显示滤波器信息	按钮 ①

17.6.5　滤波器设计与分析工具

在信号处理可视化工具 SPTool 窗口的"滤波器"列表框中单击"新建"按钮，可以打开 Filter Designer（滤波器设计）窗口，如图 17.64 所示，将显示默认的 FIR 低通滤波器的设计界面。

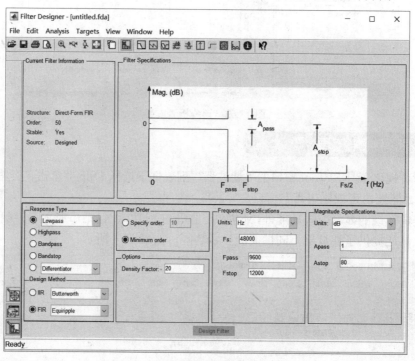

图 17.64　滤波器设计与分析工具

在滤波器设计与分析工具中，滤波器的设计和分析工作应使用不同的功能按钮来完成。工具栏提供与滤波器可视化工具几乎相同的功能按钮，除工具栏外，相关功能的区域包括：

- 当前滤波器信息（Current Filter Information）：提供当前滤波器的信息。
- 滤波器设定：与工具栏功能键结合使用，图形化显示滤波器或滤波器设置。
- 响应类型（Response Type）：可以设置滤波器的响应类型。
- 设计方法（Design Method）：可以选择滤波器的设计方法。
- 滤波器阶数（Filter Order）：可以设置指定阶次或自动采用最小阶次。
- 频率设定（Frequency Specification）：可以设置滤波器的频率参数。
- 幅值设定（Magnitude Specification）：可以设置响应幅值单位、通带和阻带响应幅值。

17.6.6　滤波处理工具

下面通过示例对信号处理可视化工具的使用方法进行讲解。

【例 17-52】　　使用图形可视化工具进行滤波处理操作。

（1）在信号处理可视化工具 SPTool 窗口的"信号"列表框下选择 train，在"滤波器"列表框下选择 LSlp 并单击"应用"按钮，打开"应用滤波器"对话框，如图 17.65 所示。

（2）在"应用滤波器"对话框中可以设置滤波算法和输出信号名。在本例中采用默认的参数，单击"确定"按钮确认。此时在"信号"列表下自动添加了滤波处理后的信号 sig1。

图 17.65　　"应用滤波器"对话框

（3）在信号处理可视化工具 SPTool 窗口的"频谱"下单击"创建"按钮，弹出"频谱查看器"窗口。所有的参数都使用默认参数，单击"应用"按钮确认，谱分析查看器得到的谱分析结果如图 17.66 所示。

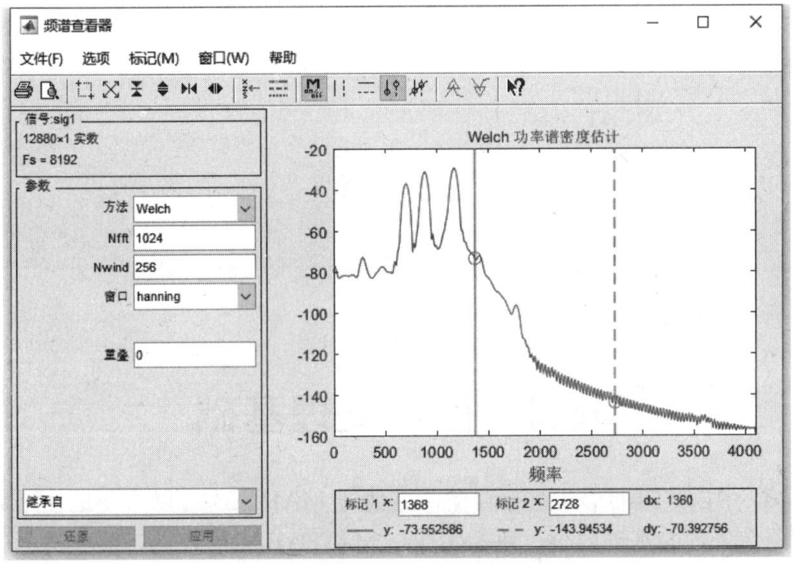

图 17.66　　频谱查看器

将图 17.66 与图 17.62 对比，即将滤波后信号的功率谱结构与滤波器的功率谱结构进行对比，可以发现滤波后信号在高频段大幅衰减。

17.7　本 章 小 结

本章介绍了 MATLAB 信号处理方面的基础知识，包括统计信号处理方法、IIR 滤波器的 MATLAB 实现、FIR 滤波器的 MATLAB 实现、信号参数建模的 MATLAB 实现和 GUI 工具等内容。

本章的目的在于为读者提供用于学习 MATLAB 的专题学习内容。然而，对于信号处理而言，本章介绍的内容远远不够，有需要的读者可查阅文献和 MATLAB 帮助文档学习更多的信号处理方法。

第 18 章　图像处理应用

MATLAB 在图像处理方面的应用较为成熟，为图像处理提供了丰富的函数。本章将以函数为重点介绍对象，介绍 MATLAB 图像处理应用方面的内容，具体包括图像处理基础、图像显示、图像运算、图像变换、图像分析、图像增强、区域处理、颜色处理、图像的数学形态学运算等。

知识要点

- 图像处理基础
- 图像显示
- 图像运算
- 图像变换
- 图像分析
- 图像增强
- 区域处理
- 颜色处理
- 图像的数学形态学运算

18.1　图像处理基础

图像在 MATLAB 中以数组的形式进行存储，这使得 MATLAB 可以方便地使用数学函数对图像进行处理。下面介绍图像处理的基础内容，包括图像在 MATLAB 中的表达、图像类型、图像文件和图像数据读写等。

18.1.1　图像表达

在 MATLAB 中，图像可以以像素索引和空间位置两种方式进行表达。

（1）像素索引

使用像素索引时，图像被视为离散单元，按照空间顺序从上往下、从左往右排列，如图 18.1 所示。使用像素索引时，像素值与索引有一一对应的关系。例如，位于第 2 行第 2 列的像素值存储在矩阵元素(2,2)中。

（2）空间位置

空间位置图像表达方式将图像与空间位置联系起来，使用空间位置连续值取代像素索引离散值进行表示，如图 18.2 所示。例如，包含 1024 列 768 行的图像，使用默认的空间位置表示为：X 向数据存储位置为[1,1024]、Y 向数据存储位置为[1,768]，并且数据存储位置为坐标范围的中点位置，所以使用的位置范围分别为[0.5,1024.5]和[0.5,768.5]。

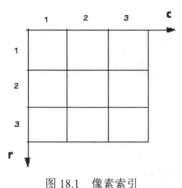

图 18.1　像素索引

图 18.2　空间位置

与像素索引不同，空间位置的存储方式可以将空间方位逆转，比如将 X 向数据存储位置定义为 [1024,1]。还可以使用非默认的空间位置进行表示。

【例 18-1】　空间位置存储的 MAGIC 图像示例。

在命令行窗口输入：

```
A= magic(6);
X = [19.5 24.5]; X1 = [24.5 19.5];
y = [8.0 13.0]; y1 = [13.0 8.0];
subplot(121);
image(A,'XData',X,'YData',y), axis image, colormap(gray)    %正向灰度图，见图18.3左图
subplot(122);
image(A,'XData',X1,'YData',y1), axis image, colormap(gray)   %逆向灰度图，见图18.3右图
```

输出图形如图 18.3 所示。

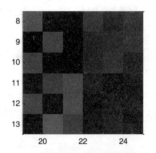 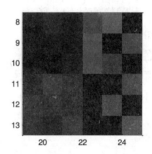

图 18.3　使用空间位置存储的 MAGIC 图像示例

18.1.2　图像类型与文件

本小节介绍图像类型和文件有关的内容，包括图像类型、类型转换和文件格式等。

1. 图像类型

MATLAB 中图像类型分为 4 类：二进制图、灰度图、索引图（伪彩色）和 RGB 图（真彩色）。下面具体介绍这 4 类图像类型。

（1）二进制图

在二进制图中，像素的取值为两个离散数值 0 或 1 中的一个，分别代表黑与白。图 18.4 所示为一幅典型的二进制图像。

（2）灰度图

灰度图通常由 unit8、unit16、单精度类型或双精度类型的数组描述，其实质是数据矩阵，该矩阵中的数据均代表了一定范围内的灰度级，每个元素与图像的一个像素点相对应，通常 0 代表黑色，1、255或 65635（为数据矩阵的取值范围上限）代表白色。灰度图带有像素值矩阵，但一般情况下，灰度图像不与颜色映射表一起保存。图 18.5 所示为一个典型的双精度灰度图及其像素值矩阵。

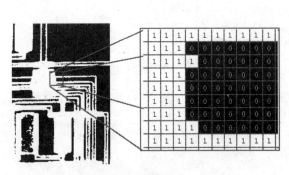

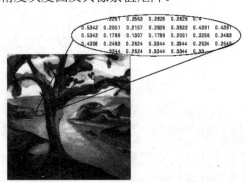

图 18.4　二进制图的像素值图　　　　　　图 18.5　灰度图及其像素值矩阵

（3）索引图

索引图（又称伪彩色图）包括像素值矩阵和调色板矩阵两部分，将像素值直接作为调色板下标。其中像素值可以是 unit8、unit16 或双精度类型的，调色板矩阵 map 是一个 m×3 的矩阵，其元素的值在[0,1]之间，各行分别标识红色、绿色和蓝色部分的颜色深度。

索引图将像素值直接映射为调色板数据。调色板矩阵通常与索引图像存储在一起，当装载图像时，MATLAB 自动将调色板矩阵与图像同时装载。

图 18.6 所示为索引图像的结构。图中，图像的像素用整型数据标识，并将该整数作为存储在颜色映射表中的颜色数据的指针。

像素值矩阵与调色板矩阵之间的关系依赖于图像数据矩阵的类型。如果图像数据矩阵是单精度类型或双精度类型，则数据值 1 指向 map 矩阵中的第一行，数据值 2 指向 map 中的第二行，以此类推；如果像素值矩阵是 unit8 或 unit16 类型时，那么数据 0 标识矩阵 map 中的第一行，数据 1 将指向 map 中的第二行，以此类推；在图 18.6 所示的图像中，像素值矩阵用的是双精度类型，数值 5 指向颜色映射表中的第 5 行。

（4）RGB 图

RGB 图（又称真彩色图）使用 R、G、B 三个分量标识一个像素的颜色，R、G、B 分别代表红、绿、蓝 3 种不同的基础颜色，通过三基色可以合成任意颜色。所以对一个尺寸为 n×m 的彩色图像来说，在 MATLAB 中则会存储一个 n×m×3 的多维数据数组，其中数组中的元素定义了图像中每一个像素的红、绿、蓝颜色值。

RGB 图像不使用调色板，每一个像素的颜色由存储在相应位置的红、绿、蓝颜色分量的组合来确定；图形文件格式把 RGB 图像存储为 24 位的图像时，红、绿、蓝分量分别占用 8 位，图像理论上可以有 2^{24} 种颜色；因为这种颜色精度能够再现图像的真实色彩，所以 RGB 图像又被称为真彩图像。

图 18.7 所示为一幅典型的双精度 RGB 图像。如需确定像素(2,3)的颜色，需要查看一组数据 RGB(2,3,1:3)。如果(2,3,1)数值为 0.5012、(2,3,2)数值为 0.1111、(2,3,3)数值为 0.8903，则像素(2,3)的 RGB 颜色为(0.5012 红色，0.1111 绿色，0.8903 蓝色)。若某像素的值为(1,1,1)，则图形为纯白色；若像素为(0,0,0)，则图形为纯黑色。

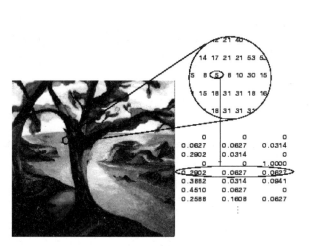

图 18.6　索引图的像素值与调色板矩阵

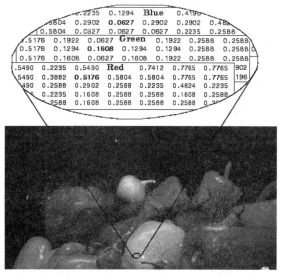

图 18.7　真彩色图与其调色板矩阵

【例 18-2】　　查看不同调色板的数据单独作用时的颜色变化情况。

在命令行窗口输入：

```
RGB=reshape(ones(64,1)*reshape(jet(64),1,192),[64,64,3]);
R=RGB(:,:,1);
G=RGB(:,:,2);
B=RGB(:,:,3);
subplot(141);imshow(R);title('Red')    %调色板红色数据，见图18.8(a)
subplot(142);imshow(G);title('Green')  %调色板绿色数据，见图18.8(b)
subplot(143);imshow(B);title('Blue')   %调色板蓝色数据，见图18.8(c)
subplot(144);imshow(RGB);title('RGB')  %调色板RGB数据，见图18.8(d)
```

输出图形如图 18.8 所示。

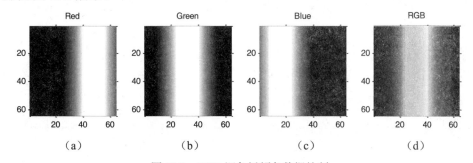

图 18.8　RGB 调色板颜色数据绘制

2．类型转换

在图像操作中经常需要对图像的类型进行转换。例如，索引彩色图转换成 RGB 图才能使用滤波器进行滤波操作。下面介绍一些 MATLAB 图像处理应用中常用的类型转换。

（1）图像颜色筛选转换

MATLAB 提供 dither 函数通过筛选算法转换图像类型，该函数的调用格式如下：

```
X = dither(RGB, map)
X = dither(RGB, map, Qm, Qe)
BW = dither(I)
```

其中，RGB 为真彩色图，map 为调色板，Qm 为沿每个颜色轴反转颜色图的量化的位数，Qe 为颜色空间计算误差的量化位数，X 为得到的索引图。若 Qe<Qm，则不进行筛选操作。最后一种格式将灰度图 I 转换为二进制图 BW。

【例 18-3】 图像颜色筛选转换示例。

在命令行窗口输入：

```
I = imread('cameraman.tif');
subplot(121); imagesc(I); colormap(gray);%灰度图，见图18.9左图
BW = dither(I);
subplot(122); imagesc(BW); %二进制图，见图18.9右图
```

输出图形如图 18.9 所示。

图 18.9　图像颜色筛选转换示例

（2）灰度图/二进制图转换为索引图

MATLAB 提供 gray2ind 函数将灰度图/二进制图转换成索引图，该函数的调用格式为：

```
[X, map] = gray2ind(I,n)
[X, map] = gray2ind(BW,n)
```

其中，I 为灰度图，map 为调色板矩阵，X 为索引图，n 为灰度级数 n，BW 为二进制图。

【例 18-4】 将二进制图转换为索引图示例。

在命令行窗口输入：

```
I = imread('cameraman.tif');
BW = dither(I);
[X, map] = gray2ind(BW,16);
whos BW X map
```

输出结果如下：

```
Name        Size            Bytes  Class      Attributes
BW          256x256         65536  logical
X           256x256         65536  uint8
map         16x3              384  double
```

（3）索引图转换为灰度图

MATLAB 提供 ind2gray 函数将索引图转换为灰度图，该函数的调用格式为：

```
I= ind2gray(X,map)
```

将具有调色板矩阵的索引色图 X 转换成灰度图 I，其中 map 为调色板矩阵。

【例 18-5】　将索引图转换为灰度图示例。

在命令行窗口输入：

```
load trees
I = ind2gray(X,map);
imshow(X,map)              %索引图，见图 18.10 左图
figure,imshow(I)          %灰度图，见图 18.10 右图
```

输出图形如图 18.10 所示。

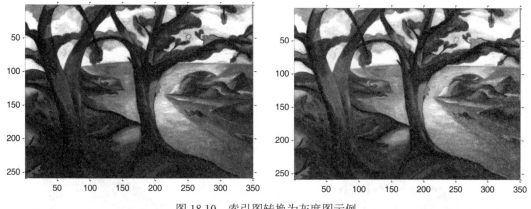

图 18.10　索引图转换为灰度图示例

（4）RGB 图转换为灰度图

MATLAB 提供 rgb2gray 函数将 RGB 图转换成灰度图，该函数的调用格式为：

```
I = rgb2gray(RGB)
newmap = rgb2gray(map)
```

其中，参数 RGB 为 RGB 图，I 为灰度图，map 和 newmap 为调色板矩阵。

【例 18-6】　将 RGB 图转换为灰度图示例。

在命令行窗口输入：

```
[X,map] = imread('trees.tif');
gmap = rgb2gray(map);
figure, imshow(X,map);
figure, imshow(X,gmap);
```

注意

如果 rgb2gray 函数输入为 RGB 图，则图像可以是无符号类型或双精度类型，输出与输入图像类型相同。如果输入为调色板图，则输入和输出的图像均为双精度类型。

（5）RGB 图转换为索引图

MATLAB 提供 rgb2ind 函数将 RGB 图转换成为索引图，该函数的调用格式为：

```
[X,map] = rgb2ind(RGB, n)
X = rgb2ind(RGB, map)
[X,map] = rgb2ind(RGB, tol)
[...] = rgb2ind(..., dither_option)
```

其中，参数 RGB 为 RGB 图；X 为索引图；map 为调色板矩阵；n 为颜色位数；tol 为误差，取值范围为 0.0～1.0；dither_option 设置采用的方法，包括直接转换、均匀量化、最小量化颜色图近似，除直接转换方法外，其他方法在不指定选项 nodither 时自动进行图像筛选。

【例 18-7】 RGB 图转换为索引图示例。

在命令行窗口输入：

```
imfile = fullfile(MATLABroot, 'toolbox','MATLAB','demos','html', 'logodemo_01.png');
RGB = imread(imfile,'PNG');
figure('Name','RGB Truecolor Image')
imagesc(RGB);axis image%RGB 图，见图 18.11 左图
[IND,map] = rgb2ind(RGB,32);
figure('Name','Indexed image with 32 Colors')
imagesc(IND);colormap(map);axis image%索引图，见图 18.11 右图
```

输出图形如图 18.11 所示。

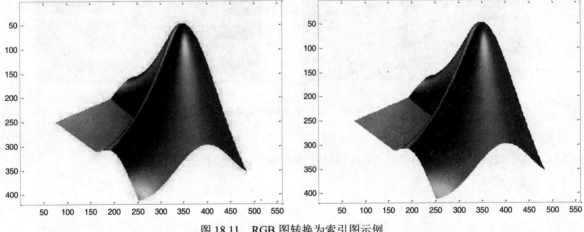

图 18.11　RGB 图转换为索引图示例

（6）索引图转换为 RGB 图

MATLAB 提供使用 ind2rgb 函数将索引图像转换成真彩图像，该函数调用格式为：

```
RGB= ind2rgb(X,map)
```

其中，参数 RGB 为 RGB 图，X 为索引图，map 为调色板矩阵。

（7）阈值法从灰度图产生索引图

MATLAB 提供 grayslice 函数通过设定阈值将灰度图转换成索引图，该函数的调用格式为：

```
X = grayslice(I, n)
```

其中，I 为灰度图，n 为均匀量化等级数，X 为索引图。

（8）将矩阵转换为灰度图像

MATLAB 提供 mat2gray 函数将数据矩阵转换为灰度图像，该函数的调用格式为：

```
I = mat2gray(A, [amin amax])
I = mat2gray(A)
```

其中，I 为灰度图，A 为矩阵；[amin amax]将数据矩阵 A 转换为图像 I，amin 对应灰度 0（最暗即黑），amax 对应灰度 1（最亮即白），未设置时，则将 A 矩阵中最小设为 amin，最大设为 amax。

【例 18-8】　将矩阵转换为灰度图像示例。

在命令行窗口输入：

```
A=rand(50);
I = mat2gray(A,[0.5 1]);
I1= mat2gray(A);
subplot(121);imshow(I);  %参考图 18.12 左图
subplot(122);imshow(I1); %参考图 18.12 右图
```

输出图形如图 18.12 所示。

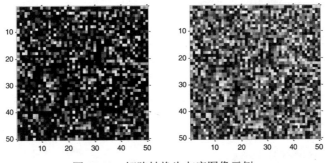

图 18.12　矩阵转换为灰度图像示例

3. 文件格式

图像格式是存储图像采用的格式，根据操作系统、图像处理软件的不同，所支持的图像格式可能不同。目前常用的图像格式有 BMP、GIF、TIFF、PCX、JPEG、PSD、PCD 和 WMF 等。MATLAB 支持大部分的图像格式。

在 MATLAB 中，可以使用 imfinfo 函数来获取图像文件信息。虽然根据文件类型的不同，获取的信息也不一样，但对于所有格式图像文件，都可以获取以下信息：

- 文件名。
- 文件格式。
- 文件格式版本。
- 文件修改日期。
- 文件大小。
- 横向像素量。
- 纵向像素量。
- 像素值位数。
- 图像类型，真彩色、灰度值等。

【例 18-9】 获取图像文件信息示例。

在命令行窗口输入：

```
info = imfinfo('trees.tif')
```

输出结果如下：

```
info =
  包含以下字段的 8×1 struct 数组:
    Filename
    FileModDate
    FileSize
    Format
    FormatVersion
    Width
    Height
    BitDepth
    ColorType
  %%%更多输出项已省略%%%
```

18.1.3 图像数据读写

图像数据的读写是学习 MATLAB 处理图像的入门知识。

1. 读数据

MATLAB 提供 imread 函数读取程序支持格式的文件，该函数的调用格式如下：

```
A = imread(filename, fmt)
[X, map] = imread(...)
[...] = imread(filename)
[...] = imread(URL,...)
[...] = imread(...,Param1,Val1,Param2,Val2...)
```

相应的使用方法可以参考本章中的例子。

2. 写数据

MATLAB 提供 imwrite 命令将 MATLAB 工作区中的图像数据写入支持格式的图像文件中。该函数的调用格式如下：

```
imwrite(A,filename,fmt)
imwrite(X,map,filename,fmt)
imwrite(...,filename)
imwrite(...,Param1,Val1,Param2,Val2...)
```

其中，A 和 X 为工作区中的图像数据，filename 与 fmt 分别为文件名和扩展名，Param$n$ 和 Val$n$ 为将要写入的参数。

【例 18-10】 写图像数据到文件示例。
在命令行窗口输入：

```
clear,clc
load trees                          %下载读入图像数据
```

```
whos                                    %查看数据结构
imwrite(X,map,'myTrees.bmp')            %写数据到 myTrees.bmp 文件中
```

在查看数据结构时，输出窗口将显示下面的内容：

```
Name        Size            Bytes   Class       Attributes
X           258x350         722400  double
caption     1x66            132     char
map         128x3           3072    double
```

输出的文件按默认路径存储在当前工作目录中，可以双击将其打开。

18.2　图　像　显　示

通过图像显示，可以直观地查看和验证图像数据并进行操作。本节将介绍图像显示的有关知识，包括标准图像显示技术和特殊图像显示技术。

18.2.1　标准图像显示技术

MATLAB 提供 image 函数创建一个句柄图形图像对象、提供 imagesc 函数用于缩放显示图像，还有 imshow 函数。与 image 和 imagesc 函数类似，imshow 函数可用于创建句柄图形图像对象。此外，该函数也可以自动设置各种句柄属性和图像特征，优化绘图效果。下面重点介绍 imshow 函数。

imshow 函数的调用格式如下：

```
imshow(I)
imshow(I,[low high])
imshow(RGB)
imshow(BW)
imshow(X,map)
imshow(filename)
himage = imshow(...)
imshow(..., param1, val1, param2, val2,...)
```

相关的参数可以参考前文中出现的命令，这里不再介绍。

根据用户使用的参数和 MATLAB 设置的不同，imshow 函数在调用时除完成属性设置外，还可以设置其他的图窗口对象和坐标轴对象的属性以定制显示效果。

【例 18-11】　图像显示示例。

在命令行窗口输入：

```
I = imread('cameraman.tif');
subplot(121);imshow(I);                 %第一种格式，显示灰度图，见图 18.13 左上图
subplot(122);h = imshow(I,[0 80]);      %第二种格式，显示灰度图，见图 18.13 右上图
[X,map] = imread('trees.tif');
figure;imshow(X,map)                     %第五种格式，显示 RGB 图，见图 18.13 左下图
figure;imshow('liftingbody.png')         %第六种格式，显示文件中的图，见图 18.13 右下图
```

输出图形如图 18.13 所示。

图 18.13　图像显示示例

18.2.2　特殊图像显示技术

MATLAB 提供了一些实现特殊显示功能的函数，与图形函数相结合，为图像显示提供了特殊的显示技术，包括在图像显示中添加颜色条、显示多帧图像阵列、将图像纹理映射到表面对象上等。

1. 添加颜色条

MATLAB 提供了 colorbar 函数将颜色条添加到坐标轴对象中。如果该坐标轴对象包含一个图像对象，那么添加的颜色条将指示出该图像中不同颜色的数据值。

【例 18-12】　添加颜色条示例。

在命令行窗口输入：

```
I = imread('cameraman.tif');
subplot(211);imshow(I)                  %无颜色条黑白图，见图18.14左上图
subplot(212);imshow(I);colorbar         %有颜色条黑白图，见图18.14左下图
[X,map] = imread('trees.tif');;figure
subplot(211); imshow(X,map)             %无颜色条彩色图，见图18.14右上图
subplot(212); imshow(X,map);colorbar    %有颜色条彩色图，见图18.14右下图
```

输出图形如图 18.14 所示。

2. 显示多帧图像阵列

多帧图像是一个包含多个图像的图像文件。MATLAB 支持的多帧图像的文件格式包括 HDF 和 TIFF 两种。文件一旦被读入 MATLAB，多帧图像的显示帧数就由矩阵的第四维数值来决定。通过 montage 函数可实现多帧显示，该函数的调用格式如下：

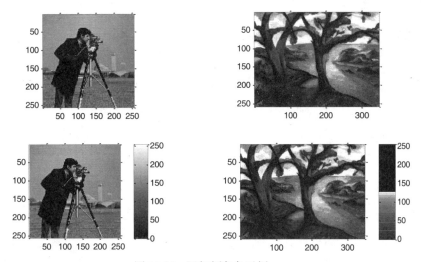

图 18.14　添加颜色条示例

```
montage(filenames)
montage(I)
montage(X, map)
montage(..., param1, value1, param2, value2, ...)
h = montage(...)
```

其中，filenames 为文件名；I 可为二进制图、灰度图或真彩色图；X 为索引图，map 为颜色矩阵；param*n* 和 value*n* 为参数对。

【例 18-13】　显示多帧图像阵列示例。

在命令行窗口输入：

```
load mri
montage(D,map)%显示所有图像，见图 18.15 左图
figure;montage(D, map, 'Indices', 1:9); %显示部分图像，见图 18.15 右图
```

输出图形如图 18.15 所示。

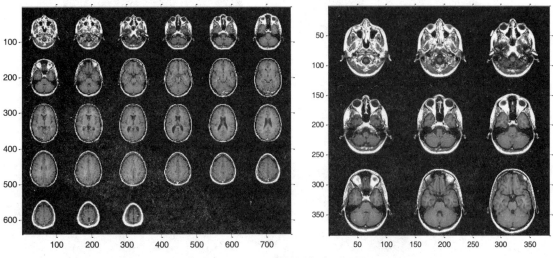

图 18.15　显示多帧图像阵列示例

除了多帧显示之外，还可以使用 immovie 函数从多帧图像阵列中创建动画。

提示

3. 子图像显示

MATLAB 专门为图像显示定制的子图像显示函数为 subimage 函数，该函数的调用格式如下：

```
subimage(X, map)
subimage(I)
subimage(BW)
subimage(RGB)
subimage(x, y...)
h = subimage(...)
```

其中，x、y 为非默认空间坐标系参数，其余参数可参考前文中出现的函数中的参数。

【例 18-14】 子图像显示示例。

在命令行窗口输入：

```
load mandrill
[X2,map2] = imread('forest.tif');
subplot(1,2,1), subimage(X,map)        %子图 1，见图 18.16 左图
subplot(1,2,2), subimage(X2,map2)      %子图 2，见图 18.16 右图
```

输出图形如图 18.16 所示。

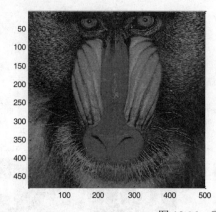 

图 18.16 子图像显示示例

4. 纹理映射

MATLAB 提供了对图像进行纹理映射处理的函数 warp，使之显示在三维空间中。三维的面可以是柱面、球面以及自定义的三维曲面。warp 函数的调用格式如下：

```
warp(X,map)
warp(I,n)
warp(BW)
warp(RGB)
warp(z,...)
warp(x,y,z...)
h = warp(...)
```

相关的参数可参考前文中出现的命令。

【例 18-15】 纹理映射示例。

在命令行窗口输入：

```
t = 0:pi/10:2*pi;
[x,y,z] = cylinder(2+cos(t));
I= imread('peppers.png');
subplot(121);imshow(I);              %原始图形，见图 18.17 左图
subplot(122);warp(x,y,z,I);          %映射图形，见图 18.17 右图
```

输出图形如图 18.17 所示。

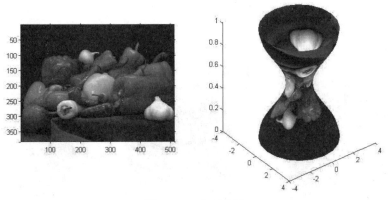

图 18.17 纹理映射

18.3 图 像 运 算

按图像运算的方式，可将运算归为两类：代数运算和空间变换。本节具体介绍这两类运算。

18.3.1 代数运算

MATLAB 支持多种图像代数运算，包括：

- 图像相加或图像加上常数。
- 图像相减或图像减去常数。
- 图像相乘或图像乘以常数。
- 图像相除或图像除以常数。
- 图像相减绝对值差。
- 图像线性组合。
- 图像求补。
- 颜色线性组合。

实现这些功能的函数相对简单，下面以例子说明部分功能的实现方法。

【例 18-16】 图像相加示例。
在命令行窗口输入：

```
X = uint8([255 10 75; 44 225 100]);
Y = uint8([50 50 50; 50 50 50 ]);
Z = imabsdiff(X,Y)
I = imread('cameraman.tif');
J = uint8(filter2(fspecial('gaussian'), I));
K = imadd(I,J);
subplot(131);imshow(I); %原图像，见图 18.18 左图
subplot(132);imshow(J); %过滤后图像，见图 18.18 中图
subplot(133);imshow(K); %前两图相加，见图 18.18 右图
```

输出结果如下：

```
Z = 205    40    25
      6   175    50
```

输出图形如图 18.18 所示。

图 18.18　图像相加示例

【例 18-17】　图像求补示例。

在命令行窗口输入：

```
I = imread('moon.tif');
J = imcomplement(I);
subplot(121);imshow(I); %求补前图，见图 18.19 左图
subplot(122);imshow(J); %求补后图，见图 18.19 右图
```

输出图形如图 18.19 所示。

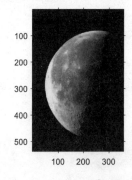 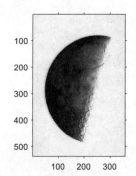

图 18.19　图像求补示例

【例 18-18】　颜色线性组合将 RGB 值转换为灰度值示例。

在命令行窗口输入：

```
imfile = fullfile(MATLABroot, 'toolbox','MATLAB','demos','html', 'logodemo_01.png');
RGB = imread(imfile,'PNG');
M = [0.70, 0.09, 0.11];
gray = imapplymatrix(M, RGB);figure
subplot(1,2,1), imshow(RGB)          %原始图形，见图 18.20 左图
subplot(1,2,2), imshow(gray)         %转换后图形，见图 18.20 右图
```

输出图形如图 18.20 所示。

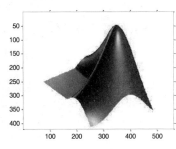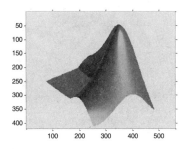

图 18.20　颜色线性组合示例

18.3.2　空间变换

空间变换时 MATLAB 图像处理应用中的几何运算，其提供的函数可以支持所有的图像类型，可实现对图像的部分几何操作，包括：

- 缩放图像。
- 旋转图像。
- 修剪图像。
- 空间变换。
- 逆空间变换。
- 锥形缩减与膨胀。
- 创建万格盘。

下面简单介绍部分操作的实现方式。

1. 缩放图像

MATLAB 提供的 imresize 函数通过插值方法可以实现缩放图像大小，调用格式如下：

```
B = imresize(A, scale)
B = imresize(A, [numrows numcols])
[Y newmap] = imresize(X, map, scale)
[...] = imresize(..., method)
[...] = imresize(..., parameter, value, ...)
```

其中，A 为原图，B 为输出图；scale 为缩放系数；[numrows numcols]为缩放后的大小；map 与 newmap 为颜色矩阵；参数 method 用于指定插值的方法，可选的值为'nearest'、'bilinear'和'bicubic'，分别代表临近插值方法、双线性插值方法和双立方插值方法。

【例 18-19】　缩放图像示例。

在命令行窗口输入：

```
[X, map] = imread('trees.tif');
[Y, newmap] = imresize(X, map, 0.5);
imshow(Y, newmap)
subplot(1,2,1), subimage(X, map)         %原图，见图18.21左图
subplot(1,2,2), subimage(Y, newmap)      %缩放后图，见图18.21左图
```

输出图形如图 18.21 所示。

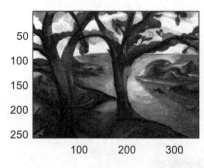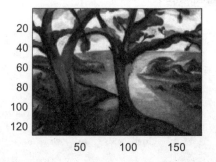

图 18.21   缩放图像示例

2. 旋转图像

MATLAB 提供的 imrotate 函数用于旋转图像，调用格式为：

```
B = imrotate(A,angle)
B = imrotate(A,angle,method)
B = imrotate(A,angle,method,bbox)
```

其中，A 为原图；B 为输出图；angle 为角度；bbox 为返回的图像；method 用于指定插值的方法，可选的值为 nearest、bilinear 和 bicubic，分别代表临近插值方法、双线性插值方法和双立方插值方法。

【例 18-20】   图像旋转示例。

在命令行窗口输入：

```
I = imread('cameraman.tif');
J = imrotate(I,-15,'bilinear');
subplot(121);imshow(I);  %旋转前图像，见图18.22左图
subplot(122);imshow(J);  %旋转后图像，见图18.22右图
```

输出图形如图 18.22 所示。

图 18.22   图像旋转示例

3．修剪图像

MATLAB 提供的 imcrop 函数可将图像裁剪成指定矩形区域，常用的调用格式为：

```
I = imcrop
I2 = imcrop(I)
X2 = imcrop(X, map)
I = imcrop(h)
I2 = imcrop(I, rect)
X2 = imcrop(X, map, rect)
[...] = imcrop(x, y,...)
[I2 rect] = imcrop(…)
```

其中，I 与 I2 分别为输入、输出图像，X 和 X2 也如此；map 为颜色矩阵；rect 为矩阵裁剪范围。

【**例 18-21**】　图像修剪示例。

在命令行窗口输入：

```
I = imread('trees.tif');
J = imcrop(I,[75 68 130 112]);
subplot(121);imshow(I);%待修剪图形，见图 18.23 左图
subplot(122);imshow(J);%修剪后图形，见图 18.23 右图
```

输出图形如图 18.23 所示。

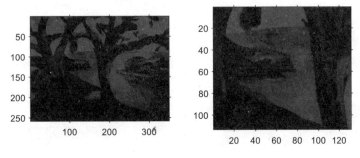

图 18.23　修剪图像

4．空间变换

MATLAB 提供的 imtransform 函数可进行二维空间变换，调用格式如下：

```
B = imtransform(A,tform)
B = imtransform(A,tform,interp)
[B,xdata,ydata] = imtransform(...)
[B,xdata,ydata] = imtransform(...,Name,Value)
```

其中，A 为输入图形，B 为输出图形；tform 为转换矩阵，interp 为插值方法，Name 与 Value 为控制参数，xdata 与 ydata 为图形的输出范围。

【**例 18-22**】　空间变换示例。

在命令行窗口输入：

```
I = imread('peppers.png');
tform = maketform('affine',[1 0 0; .5 1 0; 0 0 1]);
```

```
J = imtransform(I,tform);
subplot(121);imshow(I);    %变换前图像，见图 18.24 左图
subplot(122);imshow(J);    %变换后图像，见图 18.24 右图
```

输出图形如图 18.24 所示。

图 18.24　空间变换示例

18.4　图　像　变　换

图像变换技术在众多领域有着十分重要的作用。本节将主要介绍应用最多的傅里叶变换、离散余弦变换等。

18.4.1　二维傅里叶变换

二维傅里叶变换在图像信号处理中有着极其重要的应用。MATLAB 提供 fft2 函数对离散数据进行快速傅里叶变换、ifft2 函数对离散数据进行快速逆傅里叶变换。

fft2 函数的调用格式如下：

```
Y = fft2(X)
Y = fft2(X,m,n)
```

相应的逆变换函数 ifft2 常用的调用格式如下：

```
Y = ifft2(X)
Y = ifft2(X,m,n)
```

其中，m、n 为矩阵的维度值，X 和 Y 为待变换数据和输出数据。

【例 18-23】　图像二维傅里叶变换示例。

在命令行窗口输入：

```
f = zeros(30,30);f(12:18,10:20) = 1;
subplot(221);imshow(f,'InitialMagnification','fit')    %原始图像，见图 18.25 左上图
F = fft2(f);F2 = log(abs(F));
subplot(222);imshow(F2,[-1 5],'InitialMagnification','fit');
                                                       %绝对幅值，见图 18.25 右上图
colormap(jet); colorbar
F = fft2(f,256,256);subplot(223);
imshow(log(abs(F)),[-1 5]); colormap(jet); colorbar    %对数幅值，见图 18.25 左下图
```

```
F = fft2(f,256,256);F2 = fftshift(F);subplot(224);
imshow(log(abs(F2)),[-1 5]); colormap(jet); colorbar    %对数幅值，见图 18.25 左下图
```

输出图形如图 18.25 所示。

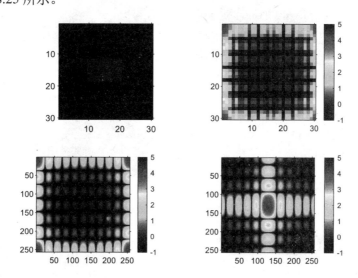

图 18.25　图像二维傅里叶变换示例

18.4.2　离散余弦变换

离散余弦变换（DCT）常用于图像的压缩操作中。例如，JPEG 图像格式的压缩算法采用的是 DCT。MATLAB 提供的 dct2 函数可用于进行图像的离散余弦变换，相关的调用格式如下：

```
B = dct2(A)
B = dct2(A,m,n)
B = dct2(A,[m n])
```

其中的参数可以参考 fft2 函数。其逆函数为 idct2，其调用格式如下：

```
B = idct2(A)
B = idct2(A,m,n)
B = idct2(A,[m n])
```

相关参数同 dct2 中的参数一样，可参考前文中的函数。

【例 18-24】　离散余弦变换与逆变换示例。

在命令行窗口输入：

```
RGB = imread('autumn.tif');
I = rgb2gray(RGB);
J = dct2(I);
subplot(221);imshow(RGB);              %原始图，见图 18.26 左上图
subplot(222);imshow(I);                %将用于变换的灰度图，见图 18.26 右上图
subplot(223); imshow(log(abs(J)),[])
colormap(jet(64)), colorbar            %变换系数，见图 18.26 左下图
J(abs(J) < 10) = 0;
K = idct2(J);
subplot(224);imshow(K,[0 255])         %逆变换得到的图像，见图 18.26 右下图
```

485

输出图形如图 18.26 所示。

图 18.26　离散余弦变换与逆变换示例

18.4.3　其他变换

下面介绍两种其他变换，即 Radon 变换和 fan-beam 变换。

1. Radon 变换

Radon 变换可将图像投影到某个角度的放射线上，相应的函数为 Radon。

【例 18-25】　Radon 变换示例。

在命令行窗口输入：

```
iptsetpref('ImshowAxesVisible','on')
I = zeros(100,100);
I(25:75, 25:75) = 1;
subplot(121); imshow(I)                    %待变换图像，见图 18.27 左图
theta = 0:180;
[R,xp] = radon(I,theta); subplot(122);
imshow(R,[],'Xdata',theta,'Ydata',xp, 'InitialMagnification','fit')
xlabel('\theta (degrees)');ylabel('x''')
colormap(hot), colorbar                    %变换系数图像，见图 18.27 右图
```

输出图形如图 18.27 所示。

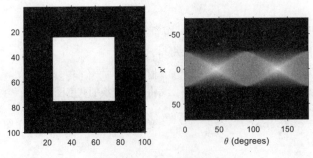

图 18.27　Radon 变换示例

2. fan-beam 变换

fan-beam 变换将图形沿一个点的放射线投影到一条线上，点和线由命令确定。其中，被投影线可以为直线，也可以为曲线。MATLAB 提供的相应函数为 fan-beam。

【例 18-26】　fan-beam 变换示例。

在命令行窗口输入：

```
iptsetpref('ImshowAxesVisible','on')
ph = zeros(100,100);
ph (25:75, 25:75) = 1;
subplot(121);imshow(ph) %待变换图像，见图18.28左图
[F,Fpos,Fangles] = fanbeam(ph,250);
subplot(122);imshow(F,[],'XData',Fangles,'YData',Fpos,'InitialMagnification','fit')
axis normal;xlabel('Rotation Angles (degrees)');ylabel('Sensor Positions (degrees)')
colormap(hot), colorbar %变换系数图像，见图18.28右图
```

输出图形如图 18.28 所示。

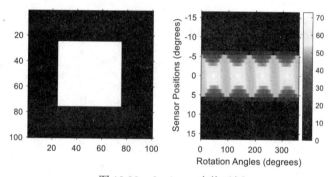

图 18.28　fan-beam 变换示例

18.5　图像分析与增强

MATLAB 图像处理应用支持多种标准的图像处理操作，主要包括像素分析、图像分析、图像调整、图像平滑等。

18.5.1　像素分析

MATLAB 提供了很多函数来获取构成图像数据值的相关信息，主要如表 18.1 所示。

表 18.1　像素分析函数

函　　数	获取信息	函　　数	获取信息
impixel	像素数据值	imhist	图像数据直方图
improfile	沿图像路径数据值	mean2	图像数据平均值
imcontour	图像数据等值线图	std2	图像数据标准差
regionprops	图像区域的特征度量	corr2	图像数据相关系数

1．像素数据值

MATLAB 提供 impixel 函数返回用户指定的图像像素的颜色数据值。impixel 函数可以返回选中像素或像素集的数据值，可以直接将像素坐标作为该函数的输入参数，或用鼠标选中像素。该函数常用的命令方式调用形式为：

```
P = impixel(I,c,r)
P = impixel(X,map,c,r)
P = impixel(RGB,c,r)
```

其中，c 为像素所在的列，r 为像素所在的行，其余各参数的含义如前文中出现的各条命令中的参数含义。

【例 18-27】 像素数据值获取示例。

在命令行窗口输入：

```
RGB = imread('peppers.png');
I = imread('trees.tif');
c = [12 146 210];
r = [104 156 129];
subplot(121);imshow(RGB)      %RGB 图，见图 18.29 左图
subplot(122);imshow(I)        %灰度图，见图 18.29 右图
pixelsRGB = impixel(RGB,c,r)
pixelsI = impixel(I,c,r)
```

输出结果如下：

```
pixelsRGB =
    62    34    63
   166    54    60
    43    31    27
pixelsI =
    18    18    18
   105   105   105
   112   112   112
```

输出图形如图 18.29 所示。

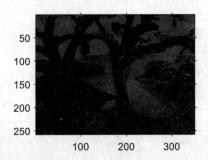

图 18.29　像素数据值获取示例

 【例 18-27】 使用命令方式获取像素坐标来进行操作，其实也可以使用 GUI 方式进行操作，相关的操作可以参考 MATLAB 帮助文件。

2. 沿图像路径数据值

MATLAB 提供了 improfile 函数用于沿着图像中的一条直线段路径或直线路径计算并绘制其颜色值，该函数的命令方式调用格式如下：

```
c = improfile(I,xi,yi)
c = improfile(I,xi,yi,n)
```

其中，I 为灰度图，xi、yi 为路径上各点的坐标，n 为获取的数据点数，c 为获取的数据值。

【例 18-28】　沿图像路径数据值获取示例。

在命令行窗口输入：

```
I = imread('liftingbody.png');
subplot(121);imshow(I)                    %待分析灰度图，见图 18.30 左上图
x = [19 427 416 77];
y = [96 462 37 33];
subplot(122);improfile(I,x,y),grid on;    %获取的灰度图数据图，见图 18.30 右上图
figure
RGB = imread('peppers.png');
subplot(121);imshow(RGB)                   %待分析 RGB 图，见图 18.30 左下图
subplot(122);improfile(RGB,x,y),grid on;
                                            %获取的 RGB 图数据图，见图 18.30 右下图
```

输出图形如图 18.30 所示。

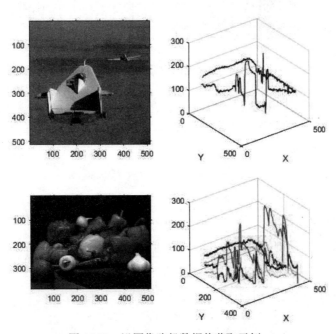

图 18.30　沿图像路径数据值获取示例

3. 图像等值线图

MATLAB 提供了 imcontour 函数显示灰度图的等值线轮廓。该函数能够自动设置坐标轴对象，使得方向和长宽比能够与所显示的图形相匹配，其调用格式如下：

```
imcontour(I)
imcontour(I,n)
imcontour(I,v)
imcontour(x,y,...)
imcontour(...,LineSpec)
[C,handle] = imcontour(...)
```

其中，I 为灰度图，n 为绘制的等值线数，v 为等值线值向量，x、y 为两个方向的极限，LineSpec 为线型，C 为等值线矩阵，handle 为句柄。

【例 18-29】 绘制图像等值线图示例。

在命令行窗口输入：

```
I = imread('circuit.tif');
subplot(1,2,1);imshow(I)%原始图像，见图 18.31 左图
subplot(1,2,2); imcontour(I,3)% 等值线图，见图 18.31 右图
```

输出图形如图 18.31 所示。

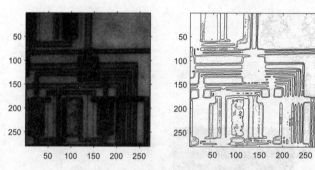

图 18.31　绘制图像等值线图示例

4．图像直方图

MATLAB 提供了 imhist 函数来创建图像直方图、显示索引图像或灰度图像中的像素值分布，该函数的调用格式如下：

```
imhist(I)
imhist(I, n)
imhist(X, map)
[counts,x] = imhist(...)
```

其中，I 为灰度图，n 为绘制的直条数，X 为索引图，map 为颜色矩阵，counts 是计数，x 为直条位置向量。

【例 18-30】 绘制图像直方图示例。

在命令行窗口输入：

```
I = imread('cameraman.tif');
subplot(2,2,1);imshow(I)                        %待统计灰度图，见图 18.32 左上图
subplot(2,2,2);imhist(I,32)                     %灰度图统计直方图，见图 18.32 右上图
load trees
subplot(2,2,3);imshow(X, map)                   %待统计索引图，见图 18.32 左下图
subplot(2,2,4);imhist(X, map)                   %索引图统计直方图，见图 18.32 右下图
```

输出图形如图 18.32 所示。

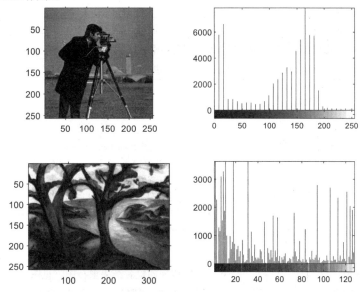

图 18.32 绘制图像直方图示例

5．其他统计方式

其他统计方式包括图像数据统计量和图像区域的特征度量等，相关的操作与前文中介绍的 MATLAB 统计操作基本一致，这里不再讲述。

18.5.2 图像分析

MATLAB 图像分析技术可以提取图像的结构信息，常用的情况包括灰度图边缘检测、行四叉树分解、获取四叉树分解块值、设置四叉树分解块值等。

1．灰度图边缘检测

MATLAB 提供 edge 函数进行灰度边缘检测，该函数常用的调用格式如下：

```
BW = edge(I)
BW = edge(I,method,thresh,direction/sigma)
```

该函数返回与 I 大小一样的二进制图像 BW，其中元素 1 为 I 中的边缘。其中，method 不同取值的设置方法如表 18.2 所示。thresh 用于指定灵敏度阈值，对于'sobe'和'prewitt'方法指定方向。该函数中的 direction 为字符串，'horizontal'表示水平方向，'vertical'表示垂直方向，'both'表示两个方向（默认值），sigma 指定标准差。

表 18.2 method 取值

method 取值	设置方法
'sobel'	默认值，用导数的 sobel 近似值检测边缘，在梯度最大点返回边缘
'prewitt'	使用导数的 prewitt 近似值检测边缘，在梯度最大点返回边缘
'roberts'	使用导数的 roberts 近似值检测边缘，在梯度最大点返回边缘

（续表）

method 取值	设置方法
'log'	使用高斯滤波器的拉普拉斯运算对 I 进行滤波，通过寻找 0 相交检测边缘
'zerocross'	使用指定的滤波器对 I 滤波器后，寻找 0 相交检测边缘
'canny'	使用由高斯滤波器计算得到的局部最大梯度来检测边缘

【例 18-31】 灰度图边缘检测示例。

在命令行窗口输入：

```
I = imread('cameraman.tif'); subplot(231);imshow(I);   %原图，见图 18.33 左上图
BW1 = edge(I,'prewitt'); J1 = imcomplement(BW1);
subplot(232);imshow(J1);     %'prewitt'方法检测结果求补图，见图 18.33 中上图
BW2 = edge(I,'canny'); J2 = imcomplement(BW2);
subplot(233);imshow(J2);     %'canny 方法检测结果求补图，见图 18.33 右上图
BW3 = edge(I,'canny',0.7); J3 = imcomplement(BW3);
subplot(234);imshow(J3);     %'canny 方法阈值检测结果求补图，见图 18.33 左下图
BW4 = edge(I,'canny',0.7, 'horizontal'); J4 = imcomplement(BW4);
subplot(235);imshow(J4);     %'canny 方法阈值横向检测结果求补图，见图 18.33 中下图
BW5 = edge(I,'canny',0.7, 'vertical'); J5 = imcomplement(BW5);
subplot(236);imshow(J5);      %'canny 方法阈值竖向检测结果求补图，见图 18.33 右下图
```

输出图形如图 18.33 所示。

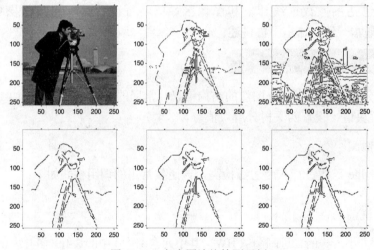

图 18.33　灰度图边缘检测示例

2．行四叉树分解

MATLAB 提供的 qtdecomp 函数用于将图像分成 4 块等大小的方块，然后判断每块是否满足测试标准，如果满足就不再分解，否则继续分成 4 块，并对每块应用测试标准；反复迭代下去，直到所有块均满足标准；得到的结果一般会包含不同大小的块。该函数的调用格式如下：

```
S = qtdecomp(I)
S = qtdecomp(I, threshold)
S = qtdecomp(I, threshold, mindim)
S = qtdecomp(I, threshold, [mindim maxdim])
S = qtdecomp(I, fun)
```

其中，I 为灰度图像，S 为返回的四叉树结构稀疏矩阵，threshold 为 0~1 之间的阈值，mindim 为最小分解尺度，fun 用于判断是否继续分解函数。

【例 18-32】 行四叉树分解示例。

在命令行窗口输入：

```
I = imread('liftingbody.png');
S = qtdecomp(I,.27);
blocks = repmat(uint8(0),size(S));
for dim = [512 256 128 64 32 16 8 4 2 1];
  numblocks = length(find(S==dim));
  if (numblocks > 0)
    values = repmat(uint8(1),[dim dim numblocks]);
    values(2:dim,2:dim,:) = 0;
    blocks = qtsetblk(blocks,S,dim,values);
  end
end
blocks(end,1:end) = 1;
blocks(1:end,end) = 1;
blocks = imcomplement(blocks);
subplot(121);imshow(I);              %原始图像，见图 18.34 左图
subplot(122);imshow(blocks,[]);      %分解后图像求补图，见图 18.34 右图
```

输出图形如图 18.34 所示。

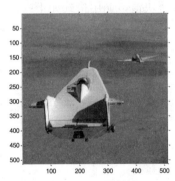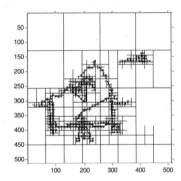

图 18.34　行四叉树分解示例

3. 获取四叉树分解块值

MATLAB 提供 qtgetblk 函数用于获取四叉树分解块值，调用格式如下：

```
[vals, r, c] = qtgetblk(I, S, dim)
[vals, idx] = qtgetblk(I, S, dim)
```

其中，I 为灰度图像，S 为返回的四叉树结构稀疏矩阵，dim 为尺度信息，vals 为获取的分解值数组，r 与 c 为包含块左上角行列坐标的向量，idx 为块左上角线性索引的向量。

【例 18-33】 获取四叉树分解块值示例。

在命令行窗口输入：

```
I = [1  1  1  1  2  3  6  6
     1  1  2  1  4  5  6  8
```

```
               1    1    1    1   10   15    7    7
               1    1    1    1   20   25    7    7
              20   22   20   22    1    2    3    4
              20   22   22   20    5    6    7    8
              20   22   20   20    9   10   11   12
              22   22   20   20   13   14   15   16];
S = qtdecomp(I,5);
[vals,r,c] = qtgetblk(I,S,4);
vals
```

输出结果如下：

```
vals(:,:,1) =
     1    1    1    1
     1    1    2    1
     1    1    1    1
     1    1    1    1
vals(:,:,2) =
    20   22   20   22
    20   22   22   20
    20   22   20   20
    22   22   20   20
```

4．设置四叉树分解块值

MATLAB 提供的 qtsetblk 函数用于设置四叉树分解块值，调用格式如下：

```
J = qtsetblk(I, S, dim, vals)
```

该函数中的参数如 qtgetblk 函数所示。

【例 18-34】　设置四叉树分解块示例。
在命令行窗口输入：

```
I = [1    1    1    1    2    3    6    6
     1    1    2    1    4    5    6    8
     1    1    1    1   10   15    7    7
     1    1    1    1   20   25    7    7
    20   22   20   22    1    2    3    4
    20   22   22   20    5    6    7    8
    20   22   20   20    9   10   11   12
    22   22   20   20   13   14   15   16];
S = qtdecomp(I,5);
newvals = cat(3,zeros(4),ones(4));
J = qtsetblk(I,S,4,newvals)
```

输出结果如下：

```
J =
     0    0    0    0    2    3    6    6
     0    0    0    0    4    5    6    8
     0    0    0    0   10   15    7    7
     0    0    0    0   20   25    7    7
     1    1    1    1    1    2    3    4
```

```
1    1    1    1    5    6    7    8
1    1    1    1    9   10   11   12
1    1    1    1   13   14   15   16
```

18.5.3　图像调整

通过图像调整技术可以改善图像质量,本小节介绍图像调整的一些应用,包括图像灰度或颜色调整、使用直方图调整灰度、图像色彩增强等。

1．图像灰度或颜色调整

MATLAB 中提供的 imadjust 函数可直接调整灰度或颜色的范围,从而直接调整灰度或颜色。该函数的调用格式如下:

```
J = imadjust(I)
J = imadjust(I,[low_in; high_in],[low_out; high_out])
J = imadjust(I,[low_in; high_in],[low_out; high_out],gamma)
newmap = imadjust(map,[low_in; high_in],[low_out;high_out],gamma)
RGB2 = imadjust(RGB1,...)
```

其中,[low_in; high_in]到[low_out; high_out]为 I 到 J 的映射;gamma 设置采用的映射方式,默认为 1,表示线性。其余参数可参考前文其他命令。

【例 18-35】　灰度或颜色调整示例。

在命令行窗口输入:

```
I = imread('cameraman.tif');
J = imadjust(I);
RGB1 = imread('football.jpg');
RGB2 = imadjust(RGB1,[.2 .3 0; .6 .7 1],[]);
subplot(221);imshow(I)              %灰度图原图,见图 18.35 左上图
subplot(222);imshow(J)              %灰度图调整图,见图 18.35 右上图
subplot(223);imshow(RGB1)           % RGB 图原图,见图 18.35 左下图
subplot(224);imshow(RGB2)           % RGB 图灰度图,见图 18.35 右下图
```

输出图形如图 18.35 所示。

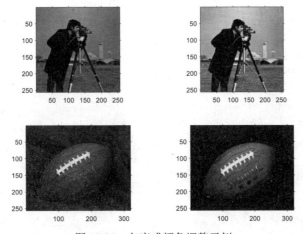

图 18.35　灰度或颜色调整示例

使用 imadjust 可以增加灰度图的灰度和亮度，如下例所示。

【例 18-36】 灰度和亮度调整示例。

在命令行窗口输入：

```
I = imread('pout.tif');
J = imadjust(I,[0 0.5],[0.5 1]);
subplot(221);imshow(I)          %原图，见图18.36左上图
subplot(223);imhist(I,64)       %原图统计直方图，见图18.36左下图
subplot(222);imshow(J)          %调亮后的图，见图18.36右上图
subplot(224);imhist(J,64)       %调亮后的统计直方图，见图18.36右下图
```

输出图形如图 18.36 所示。

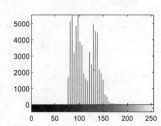 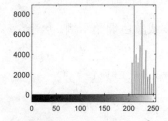

图 18.36　灰度和亮度调整示例

2. 使用直方图调整灰度

MATLAB 提供的 histeq 函数通过直方图均衡增强对比度。该过程首先进行直方图均衡，再通过转换灰度图像亮度值或索引图像的颜色图值来增强图像对比度，输出图像的直方图近似于给定的直方图。该函数的调用格式如下：

```
J = histeq(I, hgram)
J = histeq(I, n)
[J, T] = histeq(I,...)
newmap = histeq(X, map, hgram)
newmap = histeq(X, map)
[newmap, T] = histeq(X,...)
```

其中，I 为原始灰度图，J 为输出图像，n 为离散灰度级数目，hgram 为给定直方图。其余参数可参考本章其他命令。

【例 18-37】 使用直方图调整灰度示例。

在命令行窗口输入：

```
I = imread('cameraman.tif');
[J,T] = histeq(I);
```

```
subplot(221);imshow(I)          %原始图像，见图 18.37 左上图
subplot(222);imshow(J)          %调整后的图像，见图 18.37 右上图
subplot(223); plot((0:255)/255,T)  %变换曲线，见图 18.37 左下图
subplot(224);imhist(J,64)       %调整后图像的直方统计图，见图 18.37 右下图
```

输出图形如图 18.37 所示。

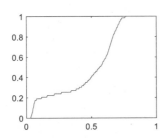
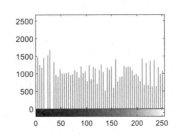

图 18.37　使用直方图调整灰度示例

3．图像色彩增强

MATLAB 提供了 decorrstretch 函数进行图像色彩增强处理，该函数的调用格式如下：

```
S = decorrstretch(I)
S = decorrstretch(I, TOL)
```

其中，I 为输入的灰度图，S 为返回的多通道图，TOL 为控制因子。

【例 18-38】　图像色彩增强示例。

在命令行窗口输入：

```
[X, map] = imread('forest.tif');
S = decorrstretch(ind2rgb(X, map),'tol',0.01);
subplot(121); imshow(X,map)     %原图，见图 18.38 左图
subplot(122); imshow(S)         %增强图，见图 18.38 右图
```

输出图形如图 18.38 所示。

图 18.38　图像色彩增强示例

18.5.4 图像平滑

图像平滑可以减少图像噪声，常用方法包括线性滤波、中值滤波、自适应滤波等。

1. 线性滤波

线性滤波可以从图像中去除特定成分的噪声。MATLAB 提供了 imfilter 函数来实现线性滤波，该函数的调用格式如下：

```
B = imfilter(A, H)
B = imfilter(A, H, option1, option2,...)
```

其中，A、B 为图像数据，H 为滤波器类型，option 为设置选项。

【例 18-39】 线性滤波示例。
在命令行窗口输入：

```
originalI= imread('cameraman.tif');
subplot(121);imshow(originalI)        %原图，见图18.39左图
h = fspecial('motion', 50, 45);
filteredI = imfilter(originalI, h);
subplot(122);imshow(filteredI)        %过滤图，见图18.39右图
```

输出图形如图 18.39 所示。

图 18.39　线性滤波示例

2. 中值滤波

中值滤波是一种非线性信号处理方法，可以克服线性滤波带来的图像细节模糊问题，且适用于滤除脉冲干扰及图像扫描噪声。对一些细节特别是点、线、尖顶部多的图像，不宜采用中值滤波方法。

MATLAB 提供了 medfilt2 函数来实现中值滤波，该命令的调用格式如下：

```
B = medfilt2(A, [m n])
B = medfilt2(A)
B = medfilt2(A, 'indexed', ...)
B = medfilt2(..., padopt)
```

其中，A 为输入图像，B 为滤后图像，[m n]设置过滤参数范围，'indexed'设置使用索引，padopt 设置边缘拓展方法。

【例 18-40】 图像中值滤波示例。
在命令行窗口输入：

```
I = imread('eight.tif');
J = imnoise(I,'salt & pepper',0.05);
K = medfilt2(J);
subplot(131);imshow(I)          %原图,见图 18.40 左图
subplot(132);imshow(J)          %加噪声图,见图 18.40 中图
subplot(133);imshow(K)          %过滤后图,见图 18.40 右图
```

输出图形如图 18.40 所示。

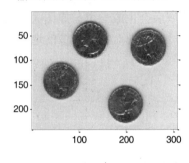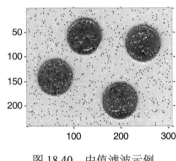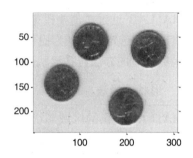

图 18.40　中值滤波示例

3. 自适应滤波

MATLAB 提供了 wiener2 函数来实现自适应滤波,其对高斯白噪声的去除效果最好。该函数的调用格式如下:

```
J = wiener2(I,[m n],noise)
[J,noise] = wiener2(I,[m n])
```

其中,I 为输入图形,J 为输出图形,[m n]设置采用的相邻点数,noise 为假设的噪声类型或返回的噪声数据。

【例 18-41】　自适应滤波示例。

在命令行窗口输入:

```
I = imread('eight.tif');
subplot(131);imshow(I)          %原图,见图 18.41 左图
J = imnoise(I,'gaussian',0,0.025);
subplot(132);imshow(J)          %加噪声图,见图 18.41 中图
K = wiener2(J,[5 5]);
subplot(133);imshow(K)          %过滤后图,见图 18.41 右图
```

输出图形如图 18.41 所示。

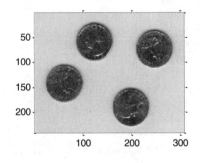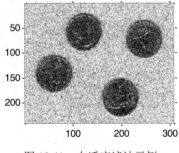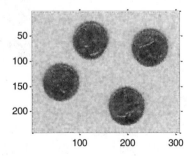

图 18.41　自适应滤波示例

18.6　图像区域处理

本节介绍图像区域处理的相关内容，包括区域设置、区域滤波、区域填充等。

18.6.1　区域设置

MATLAB 通过二值掩模来实现对特定区域的设置，即选定一个区域后会生成一个与原图大小相同的二值图像，选定的区域为白色，其余部分为黑色；通过掩模图像，就可以实现对特定区域的选择性处理。区域设置的方法包括形状选择法和属性选择法。

1．形状选择法

MATLAB 提供的区域形状选择函数如表 18.3 所示。

表 18.3　区域形状选择函数

函　　数	区域形状	函　　数	区域形状
impoint	可拉伸点	imellipse	椭圆区域
imline	可拉伸线	impoly、roipoly	多边形区域
imrect	矩形区域	imfreehand	自由选择区域

【例 18-42】　图像椭圆区域设置示例。

在命令行窗口输入：

```
subplot(121), imshow('pout.tif');                %原图像，见图 18.42 左图
subplot(122), imshow('pout.tif');
h = imellipse(gca, [120 100 50 100]);
addNewPositionCallback(h,@(p) title(mat2str(p,3)));
fcn = makeConstrainToRectFcn('imellipse',get(gca,'XLim'),get(gca,'YLim'));
setPositionConstraintFcn(h,fcn);                 %设置区域后的效果图，见图 18.42 右图
```

输出图形如图 18.42 所示。

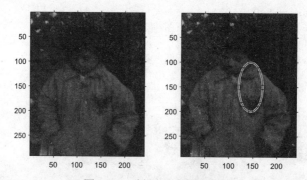

图 18.42　椭圆区域设置示例

2．属性选择法

属性选择法通过图像属性进行选择。目前，MATLAB 提供的 roicolor 函数通过基于颜色的选择方法设置区域。该函数的调用格式如下：

```
BW = roicolor(A,low,high)
BW = roicolor(A,v)
```

其中，A 为输入图形，BW 为输出图形，low 为颜色下限，high 为颜色上限，v 为目标颜色向量。

【例 18-43】　通过颜色选择区域示例。

在命令行窗口输入：

```
load trees
BW = roicolor(X,10,20);
BW =imcomplement(BW);
figure,imshow(X,map)              %原始图像，见图 18.43 左图
figure,imshow(BW)                 %设置区域后的效果图，见图 18.43 右图
```

输出图形如图 18.43 所示。

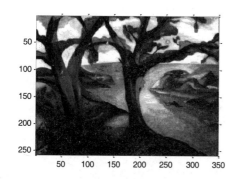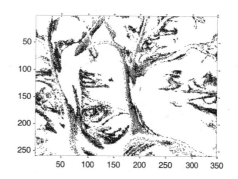

图 18.43　通过颜色选择区域示例

18.6.2　区域滤波

区域滤波操作可以分解为三步：读入灰度图、设置处理区域以及滤波操作。MATLAB 提供了 roifilt2 函数进行滤波操作，该函数的调用格式如下：

```
J = roifilt2(h, I, BW)
J = roifilt2(I, BW, fun)
```

其中，h 为滤波器结构，I 为输入图像，J 为输出图像，BW 为二值掩模图像，fun 为采用的函数句柄。

【例 18-44】　区域滤波示例。

在命令行窗口输入：

```
I = imread('eight.tif');
c = [222 272 300 270 221 194];
r = [21 21 75 121 121 75];
BW = roipoly(I,c,r);
H = fspecial('unsharp');
J = roifilt2(H,I,BW);
subplot(121);imshow(I)            %原始图像，见图 18.44 左图
subplot(122);imshow(J)            %区域滤波后的效果图，见图 18.44 右图
```

输出图形如图 18.44 所示。

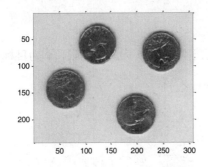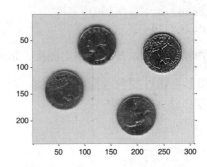

图18.44　区域滤波操作示例

18.6.3　区域填充

区域填充的操作过程同区域滤波的操作过程一致。MATLAB 提供了 roifill 函数进行滤波操作，该函数的调用格式如下：

```
J = roifill
J = roifill(I)
J = roifill(I, c, r)
J = roifill(I, BW)
[J,BW] = roifill(...)
J = roifill(x, y, I, xi, yi)
[x, y, J, BW, xi, yi] = roifill(...)
```

其中，I 为输入图形，J 为输出图像，c 和 r 分别代表列和行，BW 为掩模图形，x、y 和 xi、yi 分别为两个方向的坐标。

【例 18-45】　区域填充示例。
在命令行窗口输入：

```
I = imread('eight.tif');
c = [10 10 110 110];
r = [100 200 200 100];
J = roifill(I,c,r);
subplot(121);imshow(I)          %原始图像，见图18.45左图
subplot(122);imshow(J)          %区域填充后的效果图，见图18.45右图
```

输出图形如图 18.45 所示。

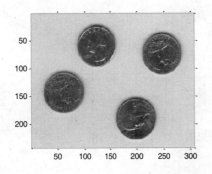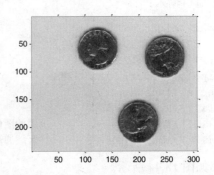

图18.45　区域填充示例

18.7　图像颜色处理

本节将简单介绍 MATLAB 图像工具箱处理彩色与灰度的相关内容，主要包括显示颜色位数、减少颜色和转换颜色。

18.7.1　显示颜色位数

显示颜色位数是指像素的显示位数，常见位数值有 8、16、24、32 位。在 MATLAB 中，可以使用下列命令来读取屏幕颜色显示位数：

```
get(0,'ScreenDepth')
```

在笔者的系统中运行的结果为：

```
ans = 32
```

18.7.2　减少颜色

MATLAB 提供了 rgb2ind 函数，可将真彩色图转换为索引图，并在转换的过程中减少图像的颜色数量。使用该函数进行转换时，可使用量化转换（包括一致量化和最小方差量化）和调色板转换。

【例 18-46】　量化转换减少颜色示例。

在命令行窗口输入：

```
RGB = imread(fullfile(MATLABroot, 'toolbox','MATLAB','demos','html',
'logodemo_01.png'));
[X1,map1] = rgb2ind(RGB, 0.1);
[X2,map2] = rgb2ind(RGB,185);
subplot(131);imshow(RGB);          %原始图像，见图 18.46 左图
subplot(132);imshow(X1,map1);      %一致量化后，见图 18.46 中图
subplot(133);imshow(X1,map2);      %最小方差量化后，见图 18.46 右图
```

输出图形如图 18.46 所示。

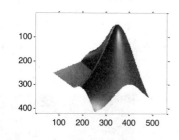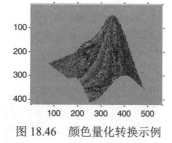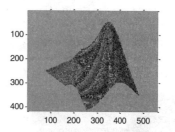

图 18.46　颜色量化转换示例

【例 18-47】　调色板转换减少颜色示例。

在命令行窗口输入：

```
RGB = imread('peppers.png');
X= rgb2ind(RGB,colorcube(128));
subplot(121);imshow(RGB);          %原始图像，见图 18.47 左图
subplot(122);imshow(X);            %减少颜色后的图像，见图 18.47 右图
```

输出图形如图 18.47 所示。

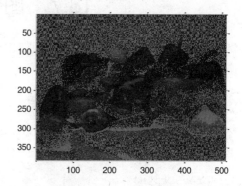

图 18.47　调色板转换减少颜色示例

18.7.3　转换颜色

MATLAB 提供了较多的函数来进行颜色转换操作，如表 18.4 所示。下面以简单的示例来对转换颜色的操作进行说明。

表 18.4　转换颜色函数

函　　数	功　　能	函　　数	功　　能
ntsc2rgb	将 NTSC 值转换到 RGB 颜色空间	ycbcr2rgb	将 YCbCr 值转换到 RGB 颜色空间
rgb2ntsc	将 RGB 值转换到 NTSC 颜色空间	makecform	创建颜色转换结构
rgb2ycbcr	将 RGB 值转换到 YCbCr 颜色空间	applycform	应用设备无关颜色空间转换

【例 18-48】　转换颜色示例。

在命令行窗口输入：

```
RGB = imread('peppers.png');
NTSC = rgb2ntsc(RGB);
RGB2 = ntsc2rgb(NTSC);
subplot(131);imshow(RGB);        %原始图像，见图 18.48 左图
subplot(132);imshow(NTSC);       %颜色转换后图像，见图 18.48 中图
subplot(133);imshow(RGB2);       %颜色转换回来后原始图像，见图 18.48 右图
```

输出图形如图 18.48 所示。

图 18.48　转换颜色示例

18.8 图像的数学形态学运算

数学形态学是一门建立在集论基础上的学科,是几何形态学分析和描述的有力工具。数学形态学的历史可回溯到 19 世纪。1964 年法国的 Matheron 和 Serra 在积分几何的研究成果上将数学形态学引入图像处理领域,并研制了基于数学形态学的图像处理系统。数学形态学可以用来解决抑制噪声、特征提取、边缘检测、图像分割、形状识别、纹理分析、图像恢复与重建、图像压缩等图像处理问题。

18.8.1 膨胀处理

在 MATLAB 中,imdilate 函数用于实现膨胀处理,该函数的调用方法为:

```
J=imdilate (I, SE)
J= imdilate (I, NHOOD)
J= imdilate (I, SE,PACKOPT)
J= imdilate (…,PADOPT)
```

其中,SE 表示结构元素;NHOOD 表示一个只包含 0 和 1 作为元素值的矩阵,用于表示自定义形状的结构元素;PACKOPT 和 PADOPT 是两个优化因子,分别可以取值 ispacked 、notpacked、same、full,用来指定输入图像是否为压缩的二值图像和输出图像的大小。

【例 18-49】 为对灰度图像进行膨胀处理。

```
i=imread('tire.tif');    %读取图像
se=strel('ball',5,5);
i2=imdilate(i,se);       %进行膨胀处理
subplot(1,2,1);
imshow(i);
title('原始图像') ;
subplot(1,2,2);
imshow(i2);
title('膨胀处理后的图像')
```

运行结果如图 18.49 所示。

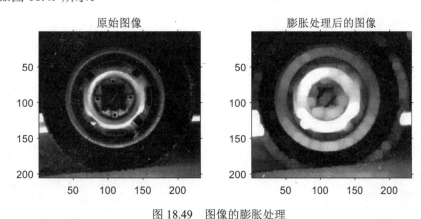

图 18.49 图像的膨胀处理

18.8.2　腐蚀处理

在 MATLAB 中，imerode 函数用于实现腐蚀处理，该函数的调用方法为：

```
J= imerode (I, SE)
J= imerode (I, NHOOD)
J= imerode (I, SE,PACKOPT)
J= imerode (…,PADOPT)
```

imerode 函数与 imdilate 函数的参数含义相似，不再赘述。

【例 18-50】　对二值图像进行腐蚀处理。

```
i=imread('circles.png');    %读取图像
se=strel('line',11,90);
bw=imerode(i,se);           %进行腐蚀处理
subplot(1,2,1);
imshow(i);
title('原始图像') ;
subplot(1,2,2);
imshow(bw);
title('二值图像腐蚀处理后') ;
```

运行结果如图 18.50 所示。

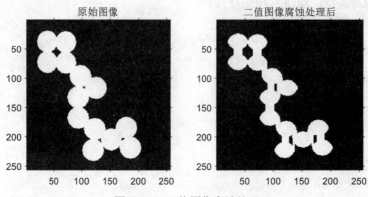

图 18.50　二值图像腐蚀处理

【例 18-51】　对灰度图像进行腐蚀处理。

```
i=imread('eight.tif');        %读取图像
se=strel('ball',5,5);
i2=imerode(i,se);   %对灰度图像进行腐蚀
subplot(1,2,1);
imshow(i);
title('原始图像') ;
subplot(1,2,2);
imshow(i2);
title('灰度图像腐蚀处理') ;
```

运行结果如图 18.51 所示。

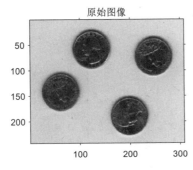
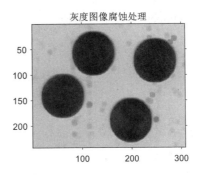

图 18.51　灰度图像腐蚀处理

18.8.3　图像的开运算

在 MATLAB 中，imopen 函数可用于实现图像的开运算，调用方法为：

- IM2=imopen(IM,SE)：用结构元素 SE 来执行图像 IM 的开运算。
- IM2=imopen(IM,NHOOD)：用结构元素 NHOOD 执行图像 IM 的开运算。

【例 18-52】　为对图像进行开运算。

```
i=imread('testpat1.png');          %读取图像
subplot(1,2,1);
imshow(i);
title('原始图像') ;
se=strel('disk',7);
i0=imopen(i,se);
subplot(1,2,2);
imshow(i0);                        %开运算
title('开运算') ;
```

运行结果如图 18.52 所示。

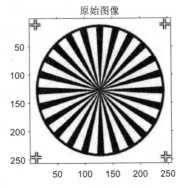
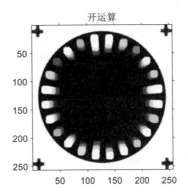

图 18.52　图像的开运算

18.8.4　图像的闭运算

在 MATLAB 中，imclose 函数可用于实现图像的闭运算，调用方法为：

```
IM2=imclose(IM,SE)
IM2=imclose(IM,NHOOD)
```

imclose 函数与 imopen 函数用法类似。

【例 18-53】 对图像进行闭运算。

```
i=imread('circles.png');          %读取图像
subplot(1,2,1);
imshow(i);
title('原始图像') ;
se=strel('disk',10);
bw=imclose(i,se);                 %闭运算
subplot(1,2,2);
imshow(bw);
title('闭运算') ;
```

运行结果如图 18.53 所示。

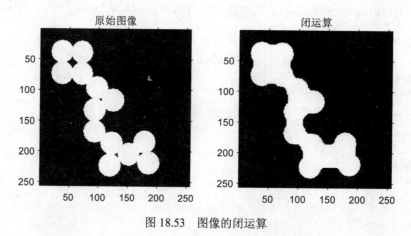

图 18.53　图像的闭运算

18.9　本章小结

　　本章介绍了 MATLAB 图像处理应用的基础知识，包括图像表达、图像类型及其转换方式、图像文件格式及其读写方式等，并在此基础上对图像处理应用进行了说明，包括图像显示、图像运算、图像数据变换、图像分析与增强、图像区域处理和颜色处理、图像的数学形态学运算等内容。本文中介绍的内容对图像处理相关工作而言仅是很小的一部分，更多内容可参考 MATLAB 图像处理相关帮助。

第19章　小波分析应用

小波分析是从 20 世纪后期发展起来的一种时频分析方法，在信号处理、图形处理等领域有着重要的应用。本章将介绍小波分析在 MATLAB 中的实现方式，主要内容包括小波基函数、连续小波分析、离散小波分析、去噪和压缩等。

知识要点

- 小波变换
- 小波基函数
- 连续小波分析
- 一维离散小波分析
- 二维离散小波分析
- 去噪
- 压缩

19.1　小波分析基础

本节介绍小波变换的有关基础知识，包括小波变换、常用小波基函数和小波基函数设计等内容。

19.1.1　小波变换

如果函数 $\psi(x)$ 满足：

$$C_\psi = \int \frac{|\hat{\psi}(\omega)|^2}{|\omega|} \mathrm{d}\omega < \infty$$

定义如下的积分变换（ $f(x)$ 以 $\psi(x)$ 为基的积分连续小波变换）：

$$\left(W_\psi f\right)(a,b) = |a|^{-\frac{1}{2}} \int f(x) \overline{\psi(\frac{x-b}{a})} \mathrm{d}x \ , \quad f(x) \in L^2(R)$$

其中，a 为尺度因子（与频率相关的缩放），b 为时间平移因子。如果 $\hat{\psi}(\omega)$ 连续，则：

$$\hat{\psi}(0) = 0 \Leftrightarrow \int_{-\infty}^{+\infty} \psi(t)\,\mathrm{d}t = 0$$

提示

这里的 $\psi(t)$ 又称为母小波或小波基函数，其伸缩、平移可构成 $L^2(R)$ 的一个标准正交基。

19.1.2 常用小波基函数

常用的小波基函数包括 Haar 小波、Daubechies 小波、Biorthogonal 小波、Coiflets 小波、Symlets 小波、Morlet 小波、Mexican Hat 小波以及 Meyer 小波。

通过 waveinfo 函数可以查看小波基函数的信息，该函数的调用格式为：

```
waveinfo('wname')
```

其中，'wname'为小波标识字符串。

通过 wavefun 函数可以计算小波波形参数，该函数可通过如下格式调用：

```
[PSI,XVAL] = wavefun('wname',ITER)
[PHI,PSI,XVAL] = wavefun('wname',ITER)
```

其中，PHI、PSI 和 XVAL 分别代表得到的小波波形参数，ITER 为迭代数。

通过 wfilters 函数可以查看小波基代表的基函数的结构，该函数的调用格式如下：

```
[Lo_D,Hi_D,Lo_R,Hi_R] = wfilters('wname')
```

其中，[Lo_D,Hi_D,Lo_R,Hi_R]代表由分解低通滤波器系数、分解高滤波器系数、重建低通滤波器系数和重建高通滤波器系数。

【例 19-1】 查看 Haar 小波的信息。

在命令行窗口输入：

```
waveinfo('haar')
```

输出结果如下：

```
Information on Haar wavelet.
    Haar Wavelet
    General characteristics: Compactly supported
    wavelet, the oldest and the simplest wavelet.
    scaling function phi = 1 on [0 1] and 0 otherwise.
    wavelet function psi = 1 on [0 0.5[, = -1 on [0.5 1] and 0 otherwise.
    Family              Haar
    Short name          haar
    Examples            haar is the same as db1
    Orthogonal          yes
    Biorthogonal        yes
    Compact support     yes
    DWT                 possible
    CWT                 possible
    Support width       1
    Filters length      2
    Regularity          haar is not continuous
    Symmetry            yes
    Number of vanishing
    moments for psi     1
```

```
Reference: I. Daubechies,
Ten lectures on wavelets,
CBMS, SIAM, 61, 1994, 194-202.
```

【例 19-2】　查看 db 小波（Daubechies 小波）的波形。
在命令行窗口输入：

```
wav = 'db';
for i = 1:12
    [phi,psi,xval] = wavefun([wav,num2str(i)]);
subplot(4,3,i);plot(xval,psi);  %绘制小波波形
axis tight;grid on
    title([wav,num2str(i)])
end
```

输出图形如图 19.1 所示。

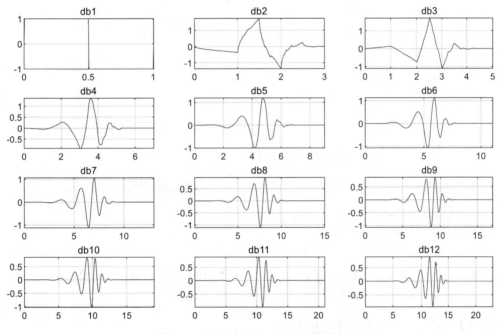

图 19.1　db 小波（db1~db12）的波形

【例 19-3】　查看 Symlets 小波中的 sym8 小波基函数的滤波器结构。
在命令行窗口输入：

```
[LoD,HiD,LoR,HiR] = wfilters('sym8');
subplot(221);
stem(LoD);
title('Lowpass Analysis Filter');      %低通分解滤波器，见图 19.2 左上图
subplot(222);
stem(HiD);
title('Highpass Analysis Filter');     %高通分解滤波器，见图 19.2 右上图
```

511

```
subplot(223);
stem(LoR);
title('Lowpass Synthesis Filter');        %低通重建滤波器，见图19.2左下图
subplot(224);
stem(HiR);
title('Highpass Synthesis Filter');       %高通重建滤波器，见图19.2右下图
```

输出图形如图19.2所示。

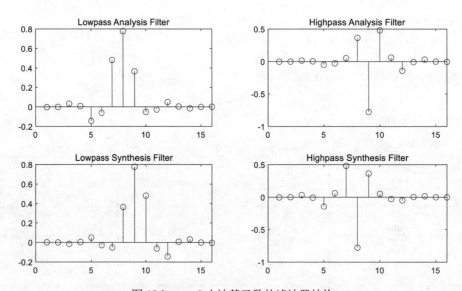

图19.2 sym8 小波基函数的滤波器结构

另外，使用 centfrq 可以计算小波基函数的中心频率，该函数的调用格式如下：

```
FREQ = centfrq('wname')
FREQ = centfrq('wname',ITER)
[FREQ,XVAL,RECFREQ] = centfrq('wname',ITER,'plot')
```

其中，FREQ 为中心频率，XVAL 为 x 向坐标值，RECFREQ 为重建频率，'plot'设置绘图，ITER 为迭代次数，'wname'为小波名称。

【例19-4】 计算小波中心频率示例。
在命令行窗口输入：

```
iter = 8;
subplot(121)
cfreq1 = centfrq('db2',8,'plot')          %db2 小波基函数及近似正弦波，见图19.3左图
subplot(122)
cfreq2 = centfrq('db9',8,'plot')          %db9 小波基函数及近似正弦波，见图19.3右图
```

输出结果如下：

```
cfreq1 =    0.6667
cfreq2 =    0.7059
```

输出图形如图 19.3 所示。

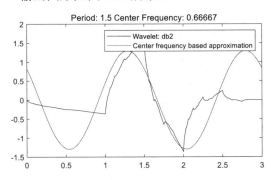
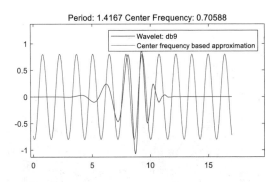

图 19.3　中心频率正弦波近似

19.2　连续小波分析

本节介绍一维连续小波变换在 MATLAB 中的实现方式，包括命令实现方式和 GUI 实现方式。

19.2.1　连续小波变换

MATLAB 提供了 cwt 函数来实现一维连续小波变换。该函数的调用格式如下：

```
coefs = cwt(x,scales,'wname')
coefs = cwt(x,scales,'wname','plot')
coefs = cwt(x,scales,'wname','coloration')
[coefs,sgram] = cwt(x,scales,'wname','scal')
[coefs,sgram] = cwt(x,scales,'wname','scalCNT')
coefs = cwt(x,scales,'wname','coloration',xlim)
```

其中，x 为待变换的数据，coefs 为得到的小波分解系数，scales 为设置的尺度向量，'wname'设置采用的小波基函数，xlim 为向量设置进行小波变换的数据范围，'plot'设置绘制小波变换谱，sgram 为绘制尺度谱的参数，'scal'设置绘制尺度谱，'scalCNT'设置绘制等值线形式的尺度谱。

【例 19-5】　连续小波变换示例。
在命令行窗口输入：

```
load vonkoch
vonkoch=vonkoch(1:510);
len = length(vonkoch);
figure
[cw1,sc] = cwt(vonkoch,1:32,'sym2','scal');        %尺度谱，见图 19.4 左图
title('Scalogram')
ylabel('Scale')
figure
[cw1,sc] = cwt(vonkoch,1:32,'sym2','scalCNT');     %尺度谱等值线图，见图 19.4 右图
title('Scalogram Contour')
ylabel('Scale')
```

输出图形如图 19.4 所示。

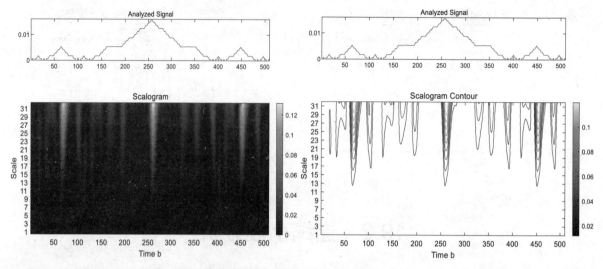

图 19.4　连续小波变换示例

19.2.2　GUI 连续小波变换

本小节介绍如何使用图形可视化方式实现【例 19-5】，操作步骤如下所示。

（1）打开图形可视化工具

在命令行窗口输入 wavemenu 或在主界面 APP 标签下找到 Wavelet Analyzer 应用图标并单击，可以进入 Wavelet Analyzer 对话框，如图 19.5 所示。

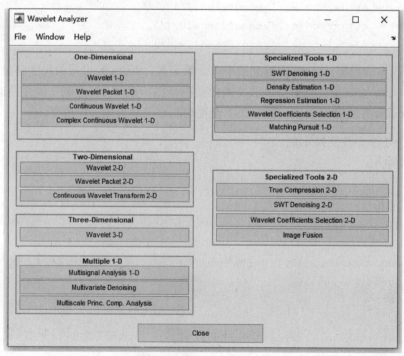

图 19.5　Wavelet Analyzer 对话框

在 Wavelet Analyzer 对话框中单击 Continuous Wavelet 1-D 按钮，弹出 Continuous Wavelet 1-D 对话框。

（2）加载信号

首先读取信号。在命令行窗口输入：

```
load vonkoch
vonkoch=vonkoch(1:510);
```

将待分析信号读入工作区。

然后加载信号。在 Continuous Wavelet 1-D 对话框中的 File 菜单下，选择 Import Signal from Workspace 命令，然后在弹出的 Import from Workspace 中选中变量 vonkoch，单击 OK 按钮确认，这时就完成了信号的加载。

（3）设置小波变换参数

在 Continuous Wavelet 1-D 对话框右侧找到 Wavelet 选项，选择 sym 并设置参数为 2，在 Coloration 下拉列表框中默认选择 init + by scale + abs，在 Colormap 中选择 pink。

（4）小波变换并查看结果

单击 Analyze 按钮，得到的结果如图 19.6 所示。

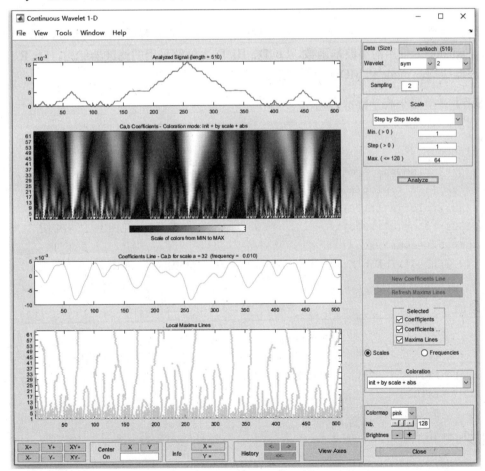

图 19.6　参数设置及分析结果

19.3 一维离散小波分析

本节介绍一维离散小波分析在 MATLAB 中的实现方式，包括命令方式和 GUI 方式。

19.3.1 一维离散小波变换与重构

1. 单层小波分析

使用 dwt 函数和 idwt 函数可以实现单层一维离散小波变换与重构。dwt 的调用格式如下：

```
[cA,cD] = dwt(X,'wname')
[cA,cD] = dwt(X,Lo_D,Hi_D)
[cA,cD] = dwt(...,'mode',MODE)
```

idwt 函数的调用格式如下：

```
X = idwt(cA,cD,'wname')
X = idwt(cA,cD,Lo_R,Hi_R)
X = idwt(...,'mode',MODE)
```

在以上两条命令中，X 为待分解或重建后的数据，cA 为小波分解后的近似系数，cD 为小波分解后的细节系数，'wname'为使用的小波基函数，Lo_D、Hi_D 为分解采用的滤波器结构，Lo_R、Hi_R 为重建采用的滤波器结构，'mode'和 MODE 设置信号延展方法。

【例 19-6】 单层小波分析示例。
在命令行窗口输入：

```
load noisdopp;
[A,D] = dwt(noisdopp,'sym4');
subplot(3,2,[1 2]);plot(noisdopp(1:200));      %原始信号，见图 19.7 上图
subplot(323);plot(A(1:100))                    %近似系数，见图 19.7 左中图
subplot(324);plot(D(1:200))                    %细节系数，见图 19.7 右中图
X = idwt(A,D, 'sym4');
subplot(3,2,[5 6]);plot(X(1:200))              %原始信号，见图 19.7 下图
whos
```

输出结果如下：

```
Name          Size          Bytes  Class      Attributes
A             1x515          4120  double
D             1x515          4120  double
X             1x1024         8192  double
noisdopp      1x1024         8192  double
```

输出图形如图 19.7 所示。

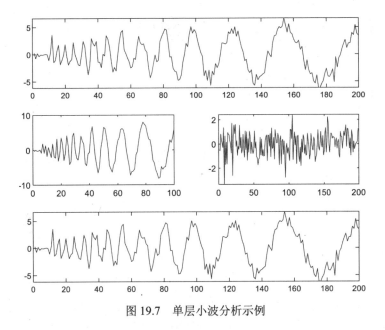

图 19.7 单层小波分析示例

2. 多层小波分析

在 MATLAB 中，用于多层离散小波分解和重建的函数为 wavedec 函数和 waverec 函数。wavedec 函数的调用格式如下：

```
[C,L] = wavedec(X,N,'wname')
[C,L] = wavedec(X,N,Lo_D,Hi_D)
```

waverec 函数的调用格式如下：

```
waverec(wavedec(X,N,'wname'),'wname')
X = waverec(C,L,Lo_R,Hi_R)
X = waverec(C,L,'wname')
```

其中，C 为分解得到的系数，L 为不同层次分解系数的长度向量，N 为分解的层次，其余参数可参考前文中的命令。

使用 appcoef 函数和 detcoef 函数可以获取多层小波分解过程中得到的分解参数。appcoef 函数用于获取近似分解系数，调用格式如下：

```
A = appcoef(C,L,'wname',N)
A = appcoef(C,L,'wname')
A = appcoef(C,L,Lo_R,Hi_R)
A= appcoef(C,L,Lo_R,Hi_R,N)
```

其中，A 为获得的近似分解系数。其余参数可参考本小节中的其他函数。

detcoef 函数用于获取细节分解系数，调用格式如下：

```
D = detcoef(C,L,N)
D = detcoef(C,L)
```

其中，D 为获得的小波分解细节系数。其余参数可参考本小节中的其他函数。

另外，在进行重建时，可以选择特定层次的系数进行重建。相应的函数为 wrcoef，该函数的调用格式如下：

```
X = wrcoef('type',C,L,'wname',N)
X = wrcoef('type',C,L,Lo_R,Hi_R,N)
X = wrcoef('type',C,L,'wname')
X= wrcoef('type',C,L,Lo_R,Hi_R)
```

其中，type 设置采用分解系数，a 为近似系数，d 为细节系数。其余各参数的含义如前文中的命令所示。

【例 19-7】 多层小波分析示例。

在命令行窗口输入：

```
load noisdopp; s = noisdopp; ls = length(s);
[c,l] = wavedec(s,3,'db5');
a0 = waverec(c,l,'db5');
figure;
subplot(311);plot(s);              %原信号，见图 19.8 上图
subplot(312);plot(c);              %小波分解系数，见图 19.8 中图
subplot(313);plot(a0)              %重构信号，见图 19.8 下图
A1 = appcoef(c,l, 'db5',1);
A2 = appcoef(c,l, 'db5',2);
A3 = appcoef(c,l, 'db5',3);
D1 = detcoef(c,l,1);
D2 = detcoef(c,l,2);
D3 = detcoef(c,l,3);
figure;
subplot(321);plot(A1);            %一层分解近似系数，见图 19.9 左上图
subplot(323);plot(A2);            %二层分解近似系数，见图 19.9 左中图
subplot(325);plot(A3);            %三层分解近似系数，见图 19.9 左下图
subplot(322);plot(D1);            %一层分解细节系数，见图 19.9 右上图
subplot(324);plot(D2);            %二层分解细节系数，见图 19.9 右中图
subplot(326);plot(D3);            %三层分解细节系数，见图 19.9 右下图
XA1 = wrcoef('a',c,l, 'db5',1);
XA2 = wrcoef('a',c,l, 'db5',2);
XA3 = wrcoef('a',c,l, 'db5',3);
XD1 = wrcoef('d',c,l, 'db5',1);
XD2 = wrcoef('d',c,l, 'db5',2);
XD3 = wrcoef('d',c,l, 'db5',3);
figure;
subplot(321);plot(XA1); xlim([1 length(s)])      %一层分解近似系数重构，见图 19.10 左上图
subplot(323);plot(XA2); xlim([1 length(s)])      %二层分解近似系数重构，见图 19.10 左中图
subplot(325);plot(XA3); xlim([1 length(s)])      %三层分解近似系数重构，见图 19.10 左下图
subplot(322);plot(XD1); xlim([1 length(s)])      %一层分解细节系数重构，见图 19.10 右上图
subplot(324);plot(XD2); xlim([1 length(s)])      %二层分解细节系数重构，见图 19.10 右中图
subplot(326);plot(XD3); xlim([1 length(s)])      %三层分解细节系数重构，见图 19.10 右下图
```

输出结果如图 19.8~图 19.10 所示。

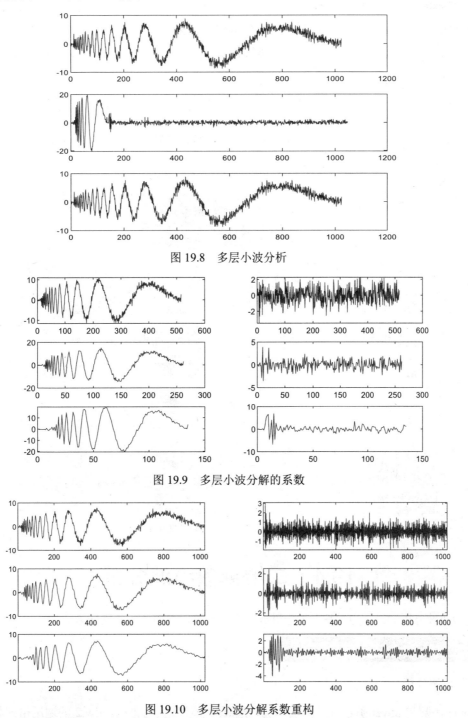

图 19.8　多层小波分析

图 19.9　多层小波分解的系数

图 19.10　多层小波分解系数重构

3．其他一维离散小波分析函数

MATLAB 还提供了很多其他一维离散小波分析函数，但基本的分解函数功能均可用本小节介绍的几个函数实现，故对其他函数不再进行介绍，如有需要可参考 MATLAB 帮助文档。

19.3.2　GUI 一维离散小波分析

下面通过 GUI 方式实现【例 19-7】中的部分多层小波分析功能。

01 打开 GUI 工具。在 Wavelet Analyzer 对话框中单击 Wavelet 1-D 按钮，弹出 Wavelet 1-D 对话框。

02 加载信号。参考 19.2.2 小节的方法，加载信号。

03 设置小波分析参数。在 Wavelet 1-D 对话框中设置 Wavelet 后的两个选项分别为 db 和 5，设置 Level 为 3，设置 Display mode 为 Separate mode。

04 求解并查看求解结果。单击 Analyze 按钮进行求解，求解的结果如图 19.11 所示。

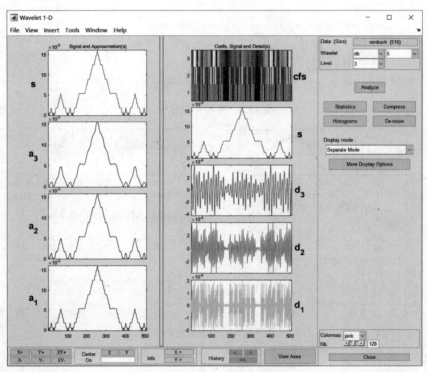

图 19.11　GUI 方式实现小波分解

19.4　二维离散小波分析

二维离散小波分析的操作方式基本与一维离散小波一致，下面介绍其操作方式。

19.4.1　二维离散小波变换与重构

1. 单层小波分析

使用 dwt2 函数和 idw2t 函数可以实现单层一维离散小波变换与重构。dwt2 的调用格式如下：

```
[cA,cH,cV,cD] = dwt2(X,'wname')
[cA,cH,cV,cD] = dwt2(X,Lo_D,Hi_D)
[cA,cH,cV,cD] = dwt2(...,'mode',MODE)
```

idwt2 函数的调用格式如下：

```
X = idwt2(cA,cH,cV,cD,'wname')
X = idwt2(cA,cH,cV,cD,Lo_R,Hi_R)
X = idwt2(...,'mode',MODE)
```

在以上两条命令中，X 为待分解或重建后的数据，cA 为小波分解后的近似系数，cH 为横向细节系数，cV 为竖向细节系数，cD 对角细节系数，'wname'为使用的小波基函数，Lo_D、Hi_D 为分解采用的滤波器结构，Lo_R、Hi_R 为重建采用的滤波器结构，'mode'和 MODE 设置信号延展方法。

【例 19-8】　单层二维离散小波分析示例。
在命令行窗口输入：

```
load woman;
nbcol = size(map,1);
sX = size(X);
[cA1,cH1,cV1,cD1] = dwt2(X,'db4');
cod_X = wcodemat(X,nbcol);
cod_cA1 = wcodemat(cA1,nbcol);
cod_cH1 = wcodemat(cH1,nbcol);
cod_cV1 = wcodemat(cV1,nbcol);
cod_cD1 = wcodemat(cD1,nbcol);
dec2d = [cod_cA1, cod_cH1; cod_cV1, cod_cD1];
A0 = idwt2(cA1,cH1,cV1,cD1,'db4',sX);
de=max(max(abs(X-A0)))
subplot(131);imshow(X,map);              %原图，见图 19.12 左图
subplot(132);imshow(dec2d,map);          %分解图，见图 19.12 中图
subplot(133);imshow(A0,map);             %重建图，见图 19.12 右图
```

输出结果如下：

```
de =   3.4174e-10
```

输出图形如图 19.12 所示。

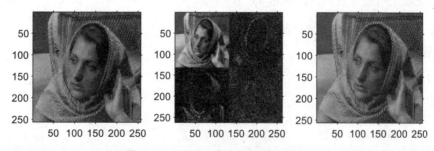

图 19.12　单层二维离散小波分析示例

2. 多层小波分析

在 MATLAB 中，用于二维多层离散小波分解和重建的函数为 wavedec2 函数和 waverec2 函数。wavedec2 函数的调用格式如下：

```
[C,S] = wavedec2(X,N,'wname')
[C,S] = wavedec2(X,N,Lo_D,Hi_D)
```

waverec2 函数的调用格式如下：

```
X = waverec2(C,S,'wname')
X = waverec2(C,S,Lo_R,Hi_R)
waverec2(wavedec2(X,N,'wname'),'wname')
```

其中，C 为分解得到的系数，S 为不同层次分解系数的块大小，N 为分解的层次，其余参数可参考前文中的命令。

使用 appcoef2 函数和 detcoef2 函数可以获取多层小波分解过程中得到的分解参数。appcoef2 函数用于获取近似分解系数，调用格式如下：

```
A = appcoef2(C,S,'wname',N)
A = appcoef2(C,S,'wname')
A = appcoef2(C,S,Lo_R,Hi_R)
A= appcoef2(C,S,Lo_R,Hi_R,N)
```

其中，A 为获得的近似分解系数。其余参数可参考本小节中其他函数。

detcoef 函数用于获取细节分解系数，调用格式如下：

```
D = detcoef2(O,C,S,N)
```

其中，D 为获得的小波分解细节系数；O 为细节系数选择字符，可选'h'、'v'和'd'；其余参数可参考本小节中其他函数。

另外，在进行重建时，可以选择特定层次的系数进行重建。相应的函数为 wrcoef2，该函数的调用格式如下：

```
X = wrcoef2('type',C,S,'wname',N)
X = wrcoef2('type',C,S,Lo_R,Hi_R,N)
X = wrcoef2('type',C,S,'wname')
X= wrcoef2('type',C,S,Lo_R,Hi_R)
```

其中，type 设置采用的分解系数，可选'a'、'h'、'v'和'd'；其余各参数的含义可参照前文中的命令。

【例 19-9】 二维多层离散小波分析示例。

在命令行窗口输入：

```
load woman;
[row col]=size(X);
[C,S] = wavedec2(X,2,'db4');
rX = waverec2(C,S, 'db4');
de=max(max(abs(X-rX)));
ca2 = appcoef2(C,S, 'db4',2);
cdh2 = detcoef2('h',C,S,2);
cdv2 = detcoef2('v',C,S,2);
cdd2 = detcoef2('d',C,S,2);
```

```
imerge1=[ca2(1:row/4,1:col/4), cdh2(1:row/4,1:col/4);...
cdv2(1:row/4,1:col/4), cdd2(1:row/4,1:col/4)];
cdh1 = detcoef2('h',C,S,1);
cdv1 = detcoef2('v',C,S,1);
cdd1 = detcoef2('d',C,S,1);
imerge0=[imerge1(1:row/2,1:col/2), cdh1(1:row/2,1:col/2);...
cdv1(1:row/2,1:col/2), cdd1(1:row/2,1:col/2)];
aX2 = wrcoef2('a',C,S,'db4',2);
colormap(pink(255))
subplot(221); image(X)          %原图，见图 19.13 左上图
subplot(223); image(rX)         %重建图，见图 19.13 左下图
subplot(222); image(aX2)        %近似系数重建图，见图 19.13 右上图
subplot(224); image(imerge0)    %分解图，见图 19.13 右下图
```

输出图形如图 19.13 所示。

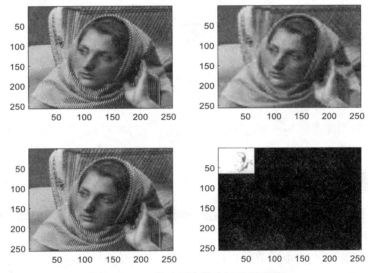

图 19.13　二维多层离散小波分析示例

3. 其他二维离散小波分解函数

MATLAB 还提供了很多其他二维离散小波分析函数，但基本的分解函数的功能均可用本小节介绍的几个函数实现，故对其他函数不再进行介绍，如有需要可参考 MATLAB 帮助文档。

19.4.2　GUI 二维离散小波分析

下面通过 GUI 方式实现【例 19-9】中的部分小波分析功能。

01 打开 GUI 工具。在 Wavelet Analyzer 对话框中单击 Wavelet 2-D 按钮，弹出 Wavelet 2-D 对话框。

02 加载图像。参考 19.2.2 小节中的方法加载图像。

03 设置小波分析参数。在 Wavelet 1-D 对话框中设置 Wavelet 为 haar，设置 Level 为 2。

04 求解并查看求解结果。单击 Analyze 按钮进行求解。

05 单击右下图中的左上角小图，然后单击 Visualize 按钮，出现右上图，如图 19.14 所示。

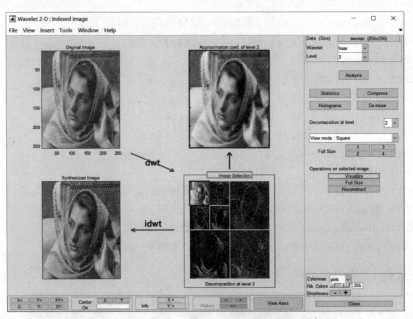

图 19.14　二维离散小波分析示例

19.5　去噪与压缩

小波分析在信号和图像去噪与压缩方面已经取得了广泛的应用，本节简单介绍使用 MATLAB 进行小波去噪与压缩的实现方法。

19.5.1　小波去噪与压缩

MATLAB 提供了很多用于小波去噪与压缩的函数，这里仅简单介绍其中部分函数，更多的内容可参考 MATLAB 帮助。

使用 ddencmp 函数和 wdencmp 函数就可以完成普通的去噪与压缩。ddencmp 函数的调用格式如下：

```
[THR,SORH,KEEPAPP,CRIT] = ddencmp(IN1,IN2,X)
[THR,SORH,KEEPAPP] = ddencmp(IN1,'wv',X)
[THR,SORH,KEEPAPP,CRIT] = ddencmp(IN1,'wp',X)
```

其中，IN1 为去噪'den'或压缩'cmp'选项；IN2 为小波'wv'或小波包'wp'方法；X 为输入的信号，可以为一维或二维信号；THR 为计算得到的默认阈值；SORH 代表软阈值或硬阈值方法；KEEPAPP 保存近似系数；CRIT 为使用小波包方法时的计算准则。

wdencmp 函数的调用格式如下：

```
[XC,CXC,LXC,PERF0,PERFL2]=wdencmp('gbl',X,'wname',N,THR,SORH,KEEPAPP)
wdencmp('gbl',C,L,'wname',N,THR,SORH,KEEPAPP)
[XC,CXC,LXC,PERF0,PERFL2]= wdencmp('lvd',X,'wname',N,THR,SORH)
[XC,CXC,LXC,PERF0,PERFL2]= wdencmp('lvd',C,L,'wname',N,THR,SORH)
[XC,CXC,LXC,PERF0,PERFL2]= wdencmp('lvd',X,'wname',N,THR,SORH)
[XC,CXC,LXC,PERF0,PERFL2]= wdencmp('lvd',C,L,'wname',N,THR,SORH)
```

其中，X 为输入的信号；XC 为输出的去噪或压缩信号；[CXC,LXC]代表 XC 的小波分解结构；PERF0 和 PERFL2 为 L^2 范数压缩量；'gbl'设置使用全局正阈值 THR，'lvd'设置使用各层独立阈值；[C,L]为前文中通过分解得到的系数矩阵和长度向量；N 为分解层次；THR 为阈值；SORH 代表软阈值或硬阈值方法。

另外，上面提到的函数在压缩方面的效果并不好。使用 wcompress 函数可取得更好的压缩效果，该函数的调用格式如下：

```
wcompress('c',X,SAV_FILENAME,COMP_METHOD)
wcompress(...,'ParName1',ParVal1,'ParName2',ParVal2,...)
[COMPRAT,BPP] = wcompress('c',...)
XC = wcompress('u',SAV_FILENAME)
XC = wcompress('u',SAV_FILENAME,'plot')
XC = wcompress('u',SAV_FILENAME,'step')
```

该命令中的参数涉及较广，本书不进行具体讨论，如需了解可参考 MATLAB 帮助文档。

【例 19-10】　一维信号小波去噪示例。

在命令行窗口输入：

```
load leleccum; indx = 2601:3100;
x = leleccum(indx);
[thr,sorh,keepapp] = ddencmp('den','wv',x);
xd = wdencmp('gbl',x,'db3',2,thr,sorh,keepapp);
subplot(211)
plot(x); title('Original Signal');xlim([0 500])      %原信号，见图 19.15 上图
subplot(212)
plot(xd); title('Denoised Signal'); xlim([0 500])    %去噪后信号，见图 19.15 下图
```

输出图形如图 19.15 所示。

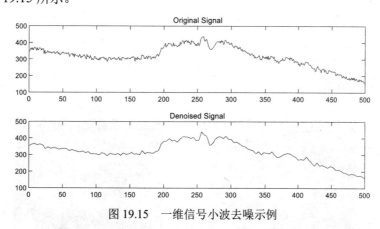

图 19.15　一维信号小波去噪示例

【例 19-11】　二维图像小波去噪示例。

在命令行窗口输入：

```
load sinsin;
Y = X + 18*randn(size(X));
```

```
[thr,sorh,keepapp] = ddencmp('den','wv',Y);
xd = wdencmp('gbl',Y,'sym4',2,thr,sorh,keepapp);
subplot(131)
imagesc(X); title('Original Image');          %原图，见图19.16左图
subplot(132);
imagesc(Y); title('Noisy Image');             %加噪声图，见图19.16中图
subplot(133)
imagesc(xd); title('Denoised Image');         %去噪后图，见图19.16右图
```

输出图形如图 19.16 所示。

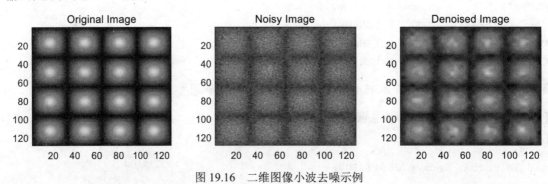

图 19.16　二维图像小波去噪示例

【例 19-12】　二维图像小波压缩示例。

在命令行窗口输入：

```
X = imread('wpeppers.jpg');
[cr,bpp] = wcompress('c',X,'wpeppers.wtc','spiht','maxloop',12);
Xc = wcompress('u','wpeppers.wtc');
delete('wpeppers.wtc')
subplot(1,2,1); image(X);  title('Original image'), axis square
                                %原图，见图19.17左图
subplot(1,2,2); image(Xc); title('Compressed image'), axis square
                                %压缩图，见图19.17右图
```

输出图形如图 19.17 所示。

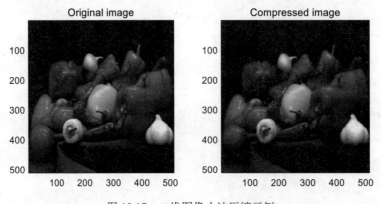

图 19.17　二维图像小波压缩示例

19.5.2　GUI 小波去噪与压缩

本小节介绍如何使用 GUI 工具实现 19.5.1 小节中三个例子的方法。

1．一维信号去噪

下面通过 GUI 工具实现【例 19-10】中的一维信号小波去噪功能。

01 打开 GUI 工具。在 Wavelet Analyzer 对话框中单击 SWT Denoising 1-D 按钮，弹出 Stationary Wavelet Transform Denoising 1-D 对话框。

02 加载信号。参考 19.2.2 小节中的方法加载信号。

03 设置小波分解参数。在 Stationary Wavelet Transform Denoising 1-D 对话框中设置 Wavelet 后的两个选项分别为 db 和 3、Level 为 2。

04 小波分解后设置去噪参数。单击 Decompose Signal 按钮进行分解。然后设置 Select thresholding 下的选项为 Fixed from threshold，并选中 soft 单选按钮。

05 小波去噪并查看结果。单击 De-noise 按钮进行去噪，得到的结果如图 19.18 所示。

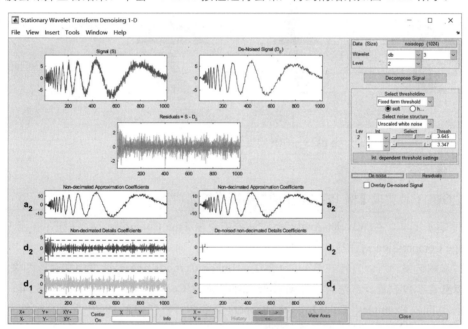

图 19.18　GUI 实现一维信号小波去噪示例

2．二维图像去噪

下面通过 GUI 工具实现【例 19-11】中的二维图像去噪功能。

01 打开 GUI 工具。在 Wavelet Analyzer 对话框中单击 SWT Denoising 2-D 按钮，弹出 Stationary Wavelet Transform Denoising 2-D 对话框。

02 加载图像。参考 19.2.2 小节中的方法加载图像（注意加载的为处理前的噪声信号）。然后设置 Colormap 为 pink、Nb. Colors 为 92。

03 设置小波分析参数。在 Stationary Wavelet Transform Denoising 2-D 对话框中设置 Wavelet 后的两个选项分别为 sym 和 4、Level 为 2。

04 图形分解并设置去噪。单击 Decompose Image 按钮进行分解，然后设置 Select thresholding method 下的选项为 Fixed from threshold，并选中 soft 单选按钮。

05 单击 De-noise 按钮进行去噪，得到的结果如图 19.19 所示。

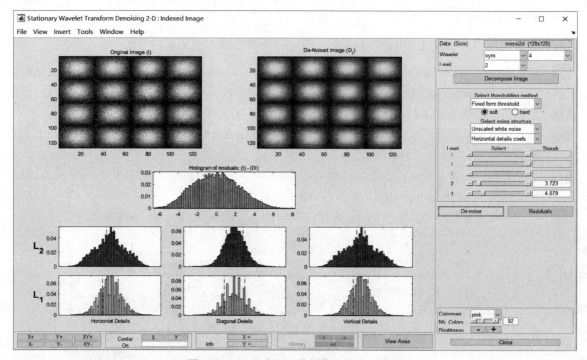

图 19.19　GUI 实现二维图像小波去噪示例

3．二维图像压缩

下面通过 GUI 工具实现【例 19-12】中的二维图像压缩功能。

01 打开 GUI 工具。在 Wavelet Analyzer 对话框中单击 True Compress 2-D 按钮，弹出 Wavelet 2-D -- Image Compression 对话框。

02 查看求解结果。可以直接在 Wavelet 2-D -- Image Compression 对话框中加载该图像压缩的求解结果以查看参数设置。方法为：在 Wavelet 2-D Image Compression 对话框中打开 File 菜单，在菜单中选择 File | Examples | Color Images | Peppers 命令即可打开如图 19.20 所示的界面。

或者采用如下步骤：

01 加载图像。或者单击 File，选择 Import Signal from 工作区，然后在弹出的 Import from 工作区中选中信号 X，并在下拉框中选择 True Color Images 选项，单击 OK 按钮确认。

02 设置小波分析参数并分解。在 Wavelet 2-D -- Image Compression 对话框中设置 Wavelet 后的两个列表框分别为 bior 和 4.4，设置 Level 为 9，单击 Decompose Image 进行分解。

03 设置压缩参数并压缩。在 Wavelet 2-D -- Image Compression 对话框中设置 Compression Method 为 SPIHT、Nb. Encoding Loop 为 11，单击 Compress 按钮进行压缩。

04 查看压缩结果。压缩后得到的图形如图 19.20 所示。

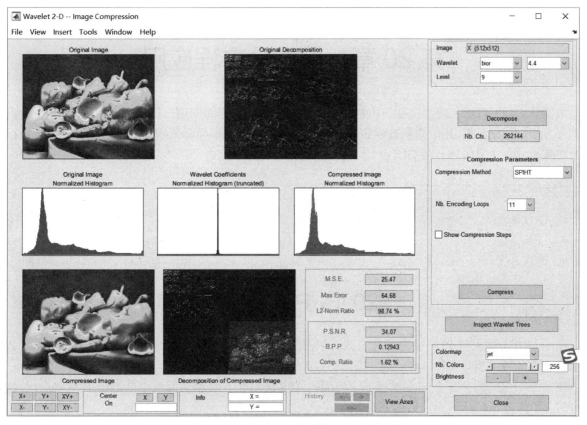

图 19.20　GUI 实现二维图像小波压缩示例

19.6　本 章 小 结

本章介绍了小波分析在 MATLAB 中的实现方式，主要内容包括小波基函数、连续小波分析、离散小波分析、去噪和压缩等。小波分析目前已经发展成为一门学科，涉及的知识较丰富，本书仅介绍了其在 MATLAB 中的部分实现功能，如需了解更多 MATLAB 功能或小波分析理论，可参考 MATLAB 帮助文档与相关书籍资料。

第20章　偏微分方程应用

偏微分方程（PDE）应用在数学和物理等学科方面有着广泛的应用。在 MATLAB 中提供了专门的偏微分方程应用工具箱,用于求解数学和物理等学科领域的常见偏微分方程。本章介绍 PDE 在 MATLAB 中的求解方式,主要内容包括 GUI 介绍、求解设置和求解示例。

知识要点

- GUI 界面
- 求解设置
- 方程类型

20.1　PDE 应用

使用 GUI 方式求解 PDE 问题相对简捷,这也是本章主要叙述的 PDE 求解方式。下面简单介绍 PDE 应用 GUI 的有关内容。

在命令行窗口输入命令 pdetool 或在主界面的 APP 选项卡下的 APP 面板中单击 PDE Modeler 按钮,均可进入 PDE Modeler 界面,如图 20.1 所示。

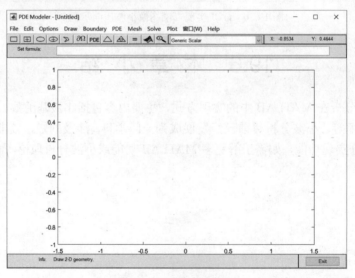

图 20.1　PDE 应用 GUI

该 GUI 和 MATLAB 提供的其他 GUI 的结构基本一致,包括菜单栏、工具栏、主操作界面和信息条等。

- 菜单栏: 提供控制建模所有操作的功能选项。
- 工具栏: 提供常用操作的快捷方式。其中,位于右端的弹出菜单提供现有的应用模型的快捷选择方式,位于右端的信息显示栏显示鼠标当前位置的坐标值。

- 主操作界面: 用于提供 2-D 几何构型的绘制, 显示网格划分和绘制求解结果之处。
- 信息条: 提供当前操作的信息或工具栏按钮的信息。

20.2 PDE 求解设置

20.2.1 PDE 求解过程

PDE 求解的过程可以分为以下步骤:

(1) 确定 PDE 类型。常见的 PDE 类型包括:

- 通用问题
- 通用系统 (二维的偏微分方程组) 问题
- 平面应力问题
- 平面应变问题
- 电学问题
- 电磁学问题
- 交流电电磁学问题
- 直流电导电介质问题
- 热传导问题
- 扩散问题

在确定问题的类型后, 可以使用函数 assempde 对 PDE 加以描述。根据问题的类型, 在 PDE Specification 窗口中填入 c、a、f、d 等系数 (函数), 这样就确定了待解的偏微分方程。

提示 assempde 对应的 GUI 可以通过选择界面上的 PDE | PDE Specification 得到, 如图 20.2 所示。

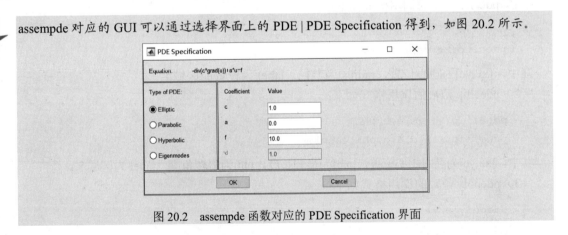

图 20.2 assempde 函数对应的 PDE Specification 界面

(2) 定义 2D 几何构型。可以使用下面的函数画出域的几何图形:

- pdeellip: 画椭圆。
- pdecirc: 画圆。
- pderect: 画矩形。
- pdepoly: 画多边形。

pdetool 提供了类似于函数那样画圆、椭圆、矩形、多边形的工具，可以用鼠标在 pdetool 的画图窗中直接画出几何图形。

使用得到的图形的名称可以构建复杂的几何图形。

（3）定义边界条件。可以采用的方法包括：

- 使用函数 assemb 直接描述边界条件。
- 使用 pdetool 提供的边界条件对话框，在对话框里填入 g、h、q、r 等边界条件。

（4）划分网格。可以采用的方法如下：

- 使用函数进行划分，包括 initmesh 基本划分、refinemesh 精细划分等。
- 在 pdetool 窗口中直接单击划分网格的按钮，划分的方法与上面的函数相对应。

（5）求解 PDE。经过前面的步骤后就可以解方程了。部分解方程函数如下：

- adaptmesh：解方程的通用函数。
- poisolv：矩形有限元解椭圆形方程。
- parabolic：解抛物线型方程。
- hyperbolic：解双曲线型方程。

（6）绘制求解结果。通过绘制的图形可以查看求解结果。如果求解精度达不到要求，还可以再进入划分网格步骤，细化网格后再进行求解。

20.2.2 2D 几何构型

使用 pdecirc、pdeellip、pdepoly 和 pderect 可以分别绘制圆形区域、椭圆形区域、多边形区域和矩形区域。

（1）pdecirc 函数的调用格式如下：

```
pdecirc(xc,yc,radius)
pdecirc(xc,yc,radius,label)
```

其中，[xc,yc]为圆心位置，radius 为半径，label 为设置的区域名。

（2）pdeellip 函数的调用格式如下：

```
pdeellip(xc,yc,a,b,phi)
pdeellip(xc,yc,a,b,phi,label)
```

其中，[xc,yc]为椭圆中心位置，[a,b]为半轴长度，phi 为旋转角度，label 为区域名。

（3）pdepoly 函数的调用格式如下：

```
pdepoly(x,y)
pdepoly(x,y,label)
```

其中，x、y 分别对应各点的 x 轴坐标和 y 轴坐标，label 为区域名。

（4）pderect 函数的调用格式如下：

```
pderect(xy)
pderect(xy,label)
```

其中，xy=[xmin xmax ymin ymax]为区域大小；label 为设置的区域名。

【例 20-1】 2D 简单几何构型绘制示例。

在命令行窗口输入：

```
pdecirc(0,0,1,'circ1')
pdeellip(3,3,1,0.3,pi/4,'ellip1')
pdepoly([-3 -2 -2.5],[0 0 1],'poly1')
pderect([-3 -1 -1 -2],'rect1')
```

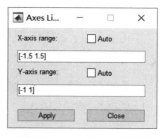

图 20.3 Axes limits 对话框

然后在弹出的 PDE Modeler 窗口中选择 Options | Axes limits，打开 Axes limits 对话框（见图 20.3），设置其中的 X-axis range 和 Y-axis range 均为 Auto，单击 Apply 按钮确认。然后关闭 Axes limits 对话框，得到 PDE Modeler 窗口中的图形如图 20.4 所示。

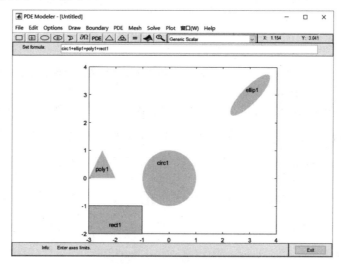

图 20.4 得到的二维图形

另外，使用 GUI 提供的按钮也可以很容易地创建本例中的图形，具体步骤这里不做介绍，如有需要可亲自操作。

20.2.3 划分网格

划分网格的命令为 initmesh，如需细化网格可以使用 refinemesh 函数，还可以通过 adaptmesh 设置网格自适应生成。下面介绍前两个函数的使用方式。

（1）initmesh 函数的调用格式为：

```
[p,e,t]=initmesh(g)
[p,e,t]=initmesh(g,'PropertyName',PropertyValue)
```

其中，g 为待划分的图形，'PropertyName'和 PropertyValue 设置划分属性，p、e、t 分别代表得到的点、边缘和三角形矩阵。

（2）refinemesh 函数的调用格式为：

```
[p1,e1,t1]=refinemesh(g,p,e,t)
[p1,e1,t1]=refinemesh(g,p,e,t,'regular')
```

```
[p1,e1,t1]=refinemesh(g,p,e,t,'longest')
[p1,e1,t1]=refinemesh(g,p,e,t,it)
[p1,e1,t1]=refinemesh(g,p,e,t,it,'regular')
[p1,e1,t1]=refinemesh(g,p,e,t,it,'longest')
```

其中，p1、e1、t1 分别代表细化后得到的点、边缘和三角形矩阵；it 设置进行网格细化的区域；默认的划分方式为'regular'，将所有的网格划分为 4 个，可选'longest'将最长边缘划分为两段。

【例 20-2】 网格划分和网格细化示例。

在命令行窗口输入：

```
[p,e,t]=initmesh('lshapeg','hmax',inf);
subplot(2,2,1), pdemesh(p,e,t)              %第一次划分绘图，见图 20.5 左上图
[p,e,t]=refinemesh('lshapeg',p,e,t);
subplot(2,2,2), pdemesh(p,e,t)              %第一次细化绘图，见图 20.5 右上图
[p,e,t]=refinemesh('lshapeg',p,e,t);
subplot(2,2,3), pdemesh(p,e,t)              %第二次细化绘图，见图 20.5 左下图
[p,e,t]=refinemesh('lshapeg',p,e,t);
subplot(2,2,4), pdemesh(p,e,t)              %第三次细化绘图，见图 20.5 右下图
```

输出图形如图 20.5 所示。

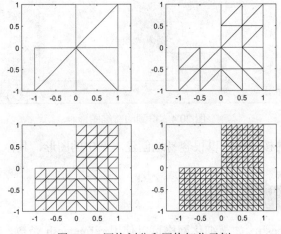

图 20.5　网格划分和网格细化示例

20.3　PDE 求解

下面对椭圆方程、抛物线方程、双曲线方程和特征值方程的求解进行介绍，并对椭圆方程求解过程进行示例说明。

20.3.1　方程类型介绍

1．椭圆方程

椭圆方程具有如下形式：

$$-\nabla(c\nabla u) + au = f$$

其中，∇ 是 Laplace 算子，u 是待解的未知函数，c、a、f 是已知的实值标量函数。方程在二维平面域 Ω 上。在边界$\partial\Omega$ 上，方程的边界条件一般可以写成如下形式：

- 第一类边界条件（Dirichlet 条件）：

$$hu = r$$

- 第二类边界条件（Neumann 条件）：

$$\vec{n}(c\nabla u) + qu = g$$

在两个偏微分方程构成方程组的情况下，边界条件可以写成如下形式：

- Dirichlet 条件：

$$h_{11}u_1 + h_{12}u_2 = r_1$$

$$h_{21}u_1 + h_{22}u_2 = r_2$$

- Neumann 条件：

$$\vec{n}(c_{11}\nabla u_1) + \vec{n}(c_{12}\nabla u_2) + q_{11}u_1 + q_{12}u_2 = g_1$$

$$\vec{n}(c_{21}\nabla u_1) + \vec{n}(c_{22}\nabla u_2) + q_{21}u_1 + q_{22}u_2 = g_2$$

- 混合条件：

$$\vec{n}(c_{11}\nabla u_1) + \vec{n}(c_{12}\nabla u_2) + q_{11}u_1 + q_{12}u_2 = g_1 + h_{11}u$$

$$\vec{n}(c_{21}\nabla u_1) + \vec{n}(c_{22}\nabla u_2) + q_{21}u_1 + q_{22}u_2 = g_2 + h_{12}u$$

其中，g、h、q、r 是边界上$\partial\Omega$ 的复值函数，$\vec{n}$ 是边界$\partial\Omega$ 上向外的单位法线。

2．抛物线方程

抛物线方程具有如下形式：

$$d\left(\frac{\partial u}{\partial t}\right) - \nabla(c\nabla u) + au = f$$

考虑抛物线方程的初值为：

$$u(x, 0) = u_0(x), x \in \Omega$$

其边界条件类似椭圆边值问题，这里仅讨论 Neumann 条件，即$\vec{n}(c\nabla u) + qu = g$。可以将抛物线方程写成：

$$\rho C\frac{\partial u}{\partial t} - \nabla\cdot(k\nabla u) + h(u - u_\infty) = f$$

如果系数与时间无关，方程就是标准的椭圆方程：

$$-\nabla(c\nabla u) + au = f$$

PDE 应用提供的求解抛物线方程的函数是 hyperbolic。

3．双曲线方程

双曲线方程具有如下形式：

$$d(\frac{\partial^2 u}{\partial t^2}) - \nabla(c\nabla u) + au = f$$

该方程类似于抛物线方程。考虑上式的初值和边界条件：

$$u(x,0) = u_0(x), x \in \Omega$$

$$\frac{\partial u}{\partial t}(x,0) = v_0(x)$$

对于区域 Ω 做三角剖分，与抛物线方程处理方法一样，可以得到二阶常微分方程组：

$$M\frac{d^2 V}{dt^2} + K\mathrm{V} = F$$

初值为 $V_i(0) = u_0(x_i), \frac{d}{dt}V_i(0) = V_0(x_i)$。其中，$K$ 是刚度矩阵，M 是质量矩阵。PDE 应用提供的求解双曲线方程的函数是 hyperbolic。

4．求解特征值方程

特征值方程具有如下形式：

$$-\nabla(c\nabla u) + au = \lambda d u$$

按有限元基底将 u 展开，两边同乘基函数，再在区域上做积分，可以得到广义特征值方程：

$$KU = \lambda MU$$

其中对应于右边项的质量矩阵的元素为：

$$M_{i,j} = \int_\Omega d(x)\varphi_j(x)\varphi_j(x)dx$$

在通常情况下，当函数 $d(x)$ 为正时，质量矩阵 M 为正定对称矩阵；同样，当 $c(x)$ 是正的而且在 Dirichlet 边界条件下，刚度矩阵 K 也是正定的。

PDE 应用中提供的求解特征值问题的命令函数是 pdeeig 函数。

20.3.2　PDE 求解示例

下面对一个椭圆偏微分方程的求解过程进行说明。

【例 20-3】　使用 pdetool 求解泊松方程 $-\Delta u = f$ 示例。

通过以下步骤进行求解：

01　启动 pdetool 界面。在 MATLAB 命令行窗口中输入"pdetool"，弹出 PDE Toolbox 对话框，选择 PDE Toolbox 对话框中的 Options｜Grid，在界面中添加栅格。

02　绘制 2D 构型。单击矩形绘制按钮，在绘图界面上将鼠标从(−1,0.2)拖动到(1,−0.2)，得到矩形 R1。

提示

通常使用拖动鼠标的方法不能获得精确的图形，这时可以双击图形进行修改。对 R1 要获得精确图形，可以双击 R1，并在弹出的对话框中依次设置前 4 个参数分别为 0.5、0、0.4、0.4，如图 20.6 所示。单击 OK 按钮确认，可以获得精确图形。

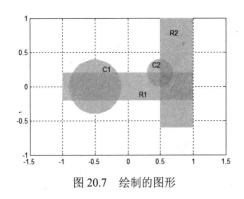

图 20.6　设置矩形精确尺寸

按照前面类似的方法创建。

- 圆区域 C1：圆心(–0.5,0)，半径 0.4。
- 圆区域 C2：圆心(0.5,0.2)，半径 0.2。
- 矩形区域 R2：两个对角点为(0.5,–0.6)和(1,1)。

在 Set formula 中设置公式为(R1+C1+R2)-C2，得到的图形如图 20.7 所示。

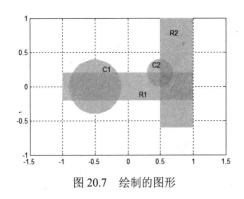

图 20.7　绘制的图形

03　设置边界条件。选择 PDE Toolbox 对话框中的 Boundary｜Boundary Mode，得到的图形如图 20.8 所示。选择 Boundary｜Remove All Subdomain Borders，删除所有子区域边界线，得到的图形如图 20.9 所示。

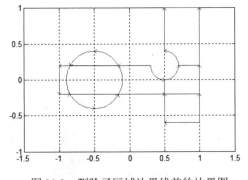

图 20.8　删除子区域边界线前的边界图

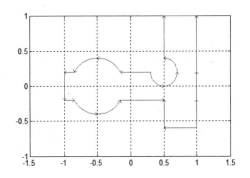

图 20.9　删除子区域边界线后边界图

按住 Shift 键，用鼠标选中所有圆弧项，然后在任意选取线上双击，弹出 Boundary Condition 对话框，设置 Condition type 为 Neumann，设置 g 为-5，如图 20.10 所示。

04　设置 PDE 选项。选择 PDE｜PDE Specification，弹出 PDE Specification 对话框，在 Type of PDE 选项下选择 Elliptic，设置 c、a、f 参数分别为 1.0、0 和 10，如图 20.11 所示。

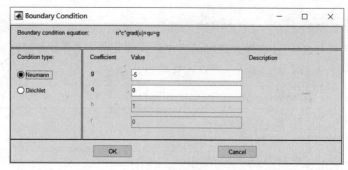

图 20.10　边界条件设置

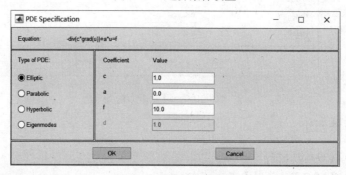

图 20.11　设置 PDE 选项

05 划分网格。选择 Mesh│Initialize Mesh 或单击工具栏上的相应按钮，得到的图形如图 20.12（a）所示；选择 Mesh│Refine 细化网格，得到的图形如图 20.12（b）所示。

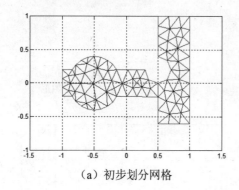

（a）初步划分网格　　　　　　　　　　　　（b）细化网格

图 20.12　划分网格

06 求解与结果查看。选择 Solve│Solve PDE 或单击工具栏中的"="按钮，求解偏微分方程。求解得到的结果如图 20.13 所示。

选择 Plot│Parameters，弹出 Plot Selection 对话框，选中其中的 Height(3-D plot)复选框，如图 20.14 所示，单击 Plot 按钮确认。绘制的求解结果如图 20.15 所示。

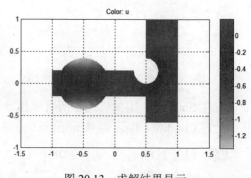

图 20.13　求解结果显示

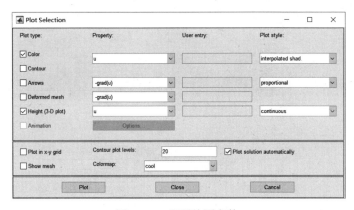

图 20.14 设置绘图参数

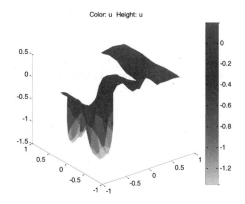

图 20.15 3D 绘制结果

07 获得可运行结果。单击 File 下的 Save as 选项，并保存为 M 文件。M 文件中的代码为：

```
function pdemodel
[pde_fig,ax]=pdeinit;
pdetool('appl_cb',1);
set(ax,'DataAspectRatio',[1 1 1]);
set(ax,'PlotBoxAspectRatio',[1.5 1 1]);
set(ax,'XLim',[-1.5 1.5]);
set(ax,'YLim',[-1 1]);
set(ax,'XTickMode','auto');
set(ax,'YTickMode','auto');
pdetool('gridon','on');
% 2-D 几何构型
pderect([-1 1 -0.20000000000000001 0.20000000000000001],'R1');
pderect([0.5 1 1 -0.59999999999999998],'R2');
pdeellip(-0.5,0,0.40000000000000002,0.40000000000000002,0,'C1');
pdecirc(0.5,0.20000000000000001,0.20000000000000001,'C2');
set(findobj(get(pde_fig,'Children'),'Tag','PDEEval'),'String','(R1+C1+R2)-C2')
% 边界条件
pdetool('changemode',0)
pdetool('removeb',[8 10 11 13 16 23 26 ]);
pdesetbd(19,'neu',1,'0','-5')
pdesetbd(18,'neu',1,'0','-5')
pdesetbd(17,'neu',1,'0','.'-5')
pdesetbd(16,'neu',1,'0','-5')
pdesetbd(15,'neu',1,'0','-5')
pdesetbd(14,'neu',1,'0','-5')
pdesetbd(13,'neu',1,'0','-5')
pdesetbd(12,'dir',1,'1','0')
pdesetbd(11,'dir',1,'1','0')
pdesetbd(10,'dir',1,'1','0')
pdesetbd(9,'dir',1,'1','0')
```

```
pdesetbd(8,'dir',1,'1','0')
pdesetbd(7,'dir',1,'1','0')
pdesetbd(6,'dir',1,'1','0')
pdesetbd(5,'dir',1,'1','0')
pdesetbd(4,'dir',1,'1','0')
pdesetbd(3,'dir',1,'1','0')
pdesetbd(2,'dir',1,'1','0')
pdesetbd(1,'dir',1,'1','0')
% 划分网格
setappdata(pde_fig,'Hgrad',1.3);
setappdata(pde_fig,'refinemethod','regular');
setappdata(pde_fig,'jiggle',char('on','mean',''));
pdetool('initmesh')
pdetool('refine')
% PDE 参数
pdeseteq(1,'1.0','0.0','10.0','1.0','0:10','0.0','0.0','[0 100]')
setappdata(pde_fig,'currparam',['1.0 ';'0.0 ';'10.0';'1.0 '])
% 求解参数
setappdata(pde_fig,'solveparam',char('0','1000','10','pdeadworst',…
'0.5','longest','0','1E-4','','fixed','Inf'))
%绘图参数
setappdata(pde_fig,'plotflags',[1 1 1 1 1 1 1 1 0 0 0 1 1 0 1 0 0 1]);
setappdata(pde_fig,'colstring','');
setappdata(pde_fig,'arrowstring','');
setappdata(pde_fig,'deformstring','');
setappdata(pde_fig,'heightstring','');
% 求解 PDE
pdetool('solve')
```

运行该文件，然后选择 Plot | Plot Solution 可以查看结果。

20.4　本　章　小　结

本章介绍了 PDE 在 MATLAB 中的求解方式，主要内容包括 GUI 介绍、求解设置和求解示例。求解偏微分方程是数学领域的一大难题，而且本文仅对非常简单的偏微分方程进行了介绍，读者若想更好地使用 MATLAB 的偏微分方程应用工具箱，还需查阅更多资料和 MATLAB 帮助文档来获得更多的帮助。